云南省人工经济园林引种区土地利用生态安全及优化配置

赵筱青　顾泽贤　著

科 学 出 版 社

北 京

内 容 简 介

本书以云南省21世纪以来桉树、橡胶和茶等人工经济园林种植规模较大的普洱市西盟佤族自治县、孟连傣族拉祜族佤族自治县和澜沧拉祜族自治县为研究区，综合运用地理学、环境学、土地学、规划学、生态学等多学科理论和方法，以遥感和GIS技术为支撑，分析人工经济园林种植后土地利用格局的变化特点；运用二元Logistic回归模型揭示土地利用时空变化的重要影响因素；通过模糊综合评价模型和景观生态安全度模型，分析土地利用变化引起的生态安全时空分异特征；从土地生态安全角度，以社会、经济和生态等综合效益最大为目标，研究人工经济园林引种区土地利用优化配置方法及模式。

本书适合于地理学、生态学、农学、资源环境学和土地规划学等领域研究人员及高校师生阅读参考。

云S（2021）13号

图书在版编目（CIP）数据

云南省人工经济园林引种区土地利用生态安全及优化配置/赵筱青，顾泽贤著.——北京：科学出版社，2021.4

ISBN 978-7-03-068375-5

Ⅰ.①云…　Ⅱ.①赵…②顾…　Ⅲ.①人工林－经济林－土地利用－生态安全－研究－云南②人工林－经济林－土地利用－优化配置－研究－云南　Ⅳ.①S727.3②F321.1

中国版本图书馆CIP数据核字（2021）第050002号

责任编辑：郑述方／责任校对：樊雅琼
责任印制：罗　科／封面设计：墨创文化

科学出版社出版
北京东黄城根北街16号
邮政编码：100717
http://www.sciencep.com

成都锦瑞印刷有限责任公司印刷
科学出版社发行　各地新华书店经销
*
2021年4月第　一　版　开本：787×1092　1/16
2021年4月第一次印刷　印张：17 3/4　插页：24
字数：460 000

定价：198.00元

（如有印装质量问题，我社负责调换）

前　言

随着人口、资源、环境和发展之间的矛盾不断加剧，如何实现人类社会与资源环境协调发展已成为人们重点关注的话题。人类活动使城市化进程加快、农用地减少，影响了土地生态系统的结构和功能，造成土地质量下降、土地生态环境恶化等问题，由此对土地生态安全产生影响，威胁着区域人地关系的和谐发展。由于过程与格局之间作用与反作用的关系，合理的土地利用/覆被格局可以保护和维持区域生态安全，而不合理的土地利用/覆被格局则难以保障甚至会损坏区域生态安全。优化配置土地利用的结构和布局，指导其变化过程，使土地利用/覆被格局达到合理状态，是改变和维持区域生态安全的重要途径之一。因此，土地利用生态安全研究和优化配置成为土地资源可持续利用的研究热点。

地理学以“形态—格局—过程—效应—机理—优化”的研究思路贯穿始终。土地利用/覆被变化是人地关系的重要表征，土地利用生态安全时空分异的描述与解释是地理学中地表环境差异性研究的核心，土地利用变化机制的探索是界定地理学中地表环境变化影响因素的关键，土地利用优化配置是地理学中格局、优化研究的重要方法和途径。加强地理学基础理论研究，其与环境学、生态学、土地学、规划学等交叉学科融合与渗透，扩展了地理学对地理格局、过程、机理、优化的研究深度，可以直接服务于国家发展需要。

21 世纪以来云南省西南部土地利用受经济利益的驱动，大部分耕地和天然林地逐渐被桉树、橡胶和茶等人工经济园林所替代。这些人工经济园林在解决当地经济问题的同时，由于引种规模快速扩张，不仅对云南省天然林的发展空间和耕地的保护红线造成了威胁，也引起了当地土地生态安全的变化，对生态环境具有潜在影响。目前，关于人工经济园林的可持续经营发展问题及人工经济园林引种区长远的土地利用发展模式，均缺乏系统的、深入的研究。土地利用格局、影响机制、生态安全和土地利用优化配置等问题的探究不仅是人工经济园林引种区面临的焦点问题之一，也是人工经济园林引种对土地利用格局影响与生态安全变化、地区土地资源可持续等研究热点的综合与发展。

基于以上问题，笔者选择云南省西南部生物多样性丰富，21 世纪以来桉树、橡胶和茶等人工经济园林大面积引种的普洱市西盟佤族自治县、孟连傣族拉祜族佤族自治县和澜沧拉祜族自治县为研究区，分析人工经济园林大规模种植后产生的土地利用时空变化及影响机制，研究土地利用生态安全时空分异特征，探索人工经济园林引种区的土地利用模式。本书在国家自然科学基金项目“云南大规模桉树引种区土地生态安全时空分异及其优化配置研究”（项目号：41361020）、“云南尾叶桉类林引种的环境影响与生态安全格局研究”（项目号：40961031）和“云南桉树引种区生态系统服务供需演变、耦合机制与平衡调控”（项目号：42061052）等资助下，进行了系列研究和实践，希望能为人工经济园林引种模式的进一步研究提供思路和方法，为引种区土地资源的有效利用和管理提供案例借鉴，为山区土地生态安全和可持续发展提供理论依据和参考。

全书共三篇 9 章。第一篇论述了土地利用生态安全及优化配置研究的理论与方法；第二篇分析了人工经济园林引种区的土地利用时空变化、影响因素及生态安全时空分异特征；第三篇研究了人工经济园林引种区的土地利用优化方法及应用。

全书由赵筱青教授负责整编统稿、定稿，各章撰写人员如下：前言由赵筱青撰写；第 1 章由赵筱青、顾泽贤撰写；第 2 章由顾泽贤、高翔宇、唐薇、郑田甜、谢鹏飞、张龙飞、王兴友、普军伟撰写；第 3 章由顾泽贤、普军伟、高翔宇、赵筱青撰写；第 4 章由赵筱青、王兴友、顾泽贤、普军伟、卢飞飞撰写；第 5 章由赵筱青、顾泽贤、普军伟、王兴友撰写；第 6 章由赵筱青、顾泽贤撰写；第 7 章由赵筱青、张龙飞、郑田甜撰写；第 8 章由赵筱青、谢鹏飞、谭琨撰写；第 9 章由赵筱青、顾泽贤、普军伟撰写。除本书作者外，几年来参加此项研究工作的老师还有朱光辉高级实验师、孙正宝助理研究员，参加此项工作的研究生先后有饶辉、杨红辉、杜虹蓉等。在此对上述师生为本书所做的贡献表示衷心感谢！

本书在研究和撰写过程中得到杨树华教授、谈树成教授、陈俊旭副教授等的支持和关心，得到了云南大学领导和校科学技术处的大力支持，野外调研过程得到了有关部门和公司企业的积极协助，特别是云南金光集团金澜沧公司的支持，在此一并表示诚挚的感谢。

赵筱青

2020 年 3 月于云南大学

目　　录

第一篇　土地利用生态安全及优化配置研究的理论与方法

第二篇　人工经济园林引种区的土地利用时空变化、影响因素及生态安全时空分异特征

第一篇　土地利用生态安全及优化配置研究的理论与方法

土地利用生态安全是指在一定时空范围内，确保土地资源合理开发利用和生态环境良性循环的情况下，土地生态系统保障人类社会经济可持续发展的同时保障自身完整性和健康性的整体水平；土地利用优化配置是指在一定时空范围内，以土地利用的某种或多种效益最优为目标，依据土地资源自身特性和有关土地适宜性状况，对区域内各种土地利用类型进行更加合理的数量安排和空间布局的过程。土地利用生态安全及优化配置研究是维持土地生态系统相对平衡、提高土地利用效率和效益的科学基础，是合理规范用地需求、实现土地资源可持续利用的重要保障。前人为土地利用生态安全及优化配置研究提供了良好的、完整的理论知识和方法体系，梳理相关理论与方法是开展这两方面研究的重要前期工作。

第1章 研究背景及意义

1.1 研究背景

随着人口、经济、资源和环境问题的日益凸显，可持续发展已成为当今世界关注的热点问题，可持续发展战略也成为21世纪各国正确处理和协调人与自然相互关系的共同发展战略（王恩涌等，2000；Department of Economic and Social Affairs in United Nations，2019）。由此，如何在有限的土地资源上实现区域综合发展，确保土地利用的可持续性、提高土地利用效率，成为当今地理学、资源学、管理学和生态学等学科研究的热点方向之一。

人类社会能否可持续发展，关键在于能否协调好人地关系（Li et al.，2017）。随着经济技术水平的提高，人类对土地利用的程度逐渐加大，这对土地生态系统的结构与功能产生了较大影响，土地利用合理与否和区域可持续发展息息相关。国内外学者对土地利用变化特征（赵筱青等，2019）、土地利用变化驱动力（Zhao et al.，2018）、土地利用动态模拟与预测（Yu et al.，2019）、土地利用变化效应（路昌等，2017）等方面进行了多视角、多方法的研究。其中，土地利用变化效应研究表明，土地利用过程明显影响了土地生态系统的结构和功能，并引起地球表层的气候、水文、生物多样性、生态系统服务价值及净初级生产力等的重大变化，进而威胁到区域的生态安全（赵筱青和易琦，2018）。

在人类活动和社会发展加强的情况下，土地利用与开发大多注重经济产出，忽视了生态效益，土地利用不合理所产生的生态问题逐渐凸显，土地生态不断恶化，水土流失、土壤沙化、森林面积减少、草场退化等生态问题逐渐显现，严重威胁着人类的生存和发展（Feng et al.，2018；Peng et al.，2018）。由于生态环境恶化等问题的加剧，人们认识到影响国家或区域安全的因素不仅包括军事安全、政治安全和经济安全，还包括生态安全，因此生态系统健康、生态系统安全等评价逐渐兴起。在中国，每年6.1%～9.0%的国内生产总值（GDP）因生态安全问题遭受损失，最高损失达当年GDP的11.0%（高长波等，2006）；2020年，国内的绿色投资需求将达到每年1.7万亿～2.9万亿元人民币（Kennedy et al.，2016）。因此，生态安全是国家与区域实现可持续发展的基础，土地利用生态安全成为21世纪人类可持续发展面临的一个新主题，是地理学、生态学等学科的研究热点。

土地利用优化配置是对区域土地进行数量结构和空间布局的优化调整，是为了满足区域内生态、经济和社会的发展需求，根据一定的科学方法和技术，对区域有限的土地资源进行多层次安排、设计、组合和布局。在土地利用生态安全研究受到广泛关注的同时，土地利用优化配置可以引导政府、社会及个人按照自然规律，合理适度地开发利用土地资源及土地所蕴含的其他资源（Cui et al.，2019）。其不仅能为改善区域的土地利用生态安全状况提供科学参考，也是实现土地资源合理利用、人类社会与资源环境之间协调可持续发展的重要途径（Xie et al.，2018）。

中国国土面积广大、经济发展水平较快，各地区土地利用状况差异巨大，土地利用生态安全状态也具有地域性。目前，国内土地利用生态安全方面的研究主要集中在土地利用变化剧烈的城市化区域（Su et al.，2016；李杨帆等，2017）、生态环境较为脆弱的农牧交错区、矿产资源开发区、地质灾害多发的流域与山区等（王娟等，2008；韦仕川等，2008；谢花林，2008；蒙吉军等，2011；Du et al.，2013），很少有学者对大面积人工经济园林引种区土地利用生态安全进行研究。受经济利益的驱动，近20年来桉树、橡胶和茶等人工经济树种在我国发展十分迅猛，这些树种的大面积种植，取代了原来的荒草地、水田、旱地、常绿阔叶林地、灌木林地及针叶林地等土地利用/覆被类型，人类活动的干扰使区域土地利用结构和布局发生了较大的改变（顾泽贤等，2016），对种植区的生物多样性、土壤含水量、土壤养分等产生了巨大影响（高天明等，2012；Zhao et al.，2012；赵筱青等，2012，2016），进而影响土地生态系统的结构与功能，使区域生态安全状况发生变化。为了改善区域的生态安全状况，学者们展开了土地利用生态安全的分异研究，寻找并发现人类活动对土地生态的影响机制（黄烈佳和杨鹏，2019；Peng and Zhou，2019）。同时，依靠一定的科学技术和管理手段，在空间尺度上对区域有限的土地资源进行多层次安排、设计、组合和布局以提高土地利用效率和效益，避免不合理的土地利用开发活动，维持土地生态系统的相对平衡，以实现土地资源的可持续利用（魏伟等，2016）。因此，土地利用优化配置对减少区域性地质灾害、实现人地关系和谐发展、保护区域生态环境等有重要意义，是实现人类社会与资源环境之间协调可持续发展的重要途径，土地利用生态安全及其优化配置已成为当今社会关注的重点问题。

云南省人工经济园林在解决当地经济发展问题的同时，由于引种规模无序扩张，不仅对云南省天然林的生长空间造成了威胁，也引起了当地的生态安全效应变化，对生态环境具有潜在影响。目前，无论支持人工经济园林发展还是持保留意见，以及人工经济园林引种区长远的土地利用发展模式（吴绍洪等，2007；于福科等，2009；马晓等，2012）均缺乏系统的、深入的研究。研究人工经济园林引种区的土地利用格局变化、生态安全变化和土地利用优化配置不仅是人工经济园林引种区面临的焦点问题之一，还是人工经济园林引种对土地利用格局与生态安全格局影响、地区土地资源可持续利用等研究热点的综合与发展。因此，从土地利用变化特征和影响因素方面开展人工经济园林引种区土地利用和生态安全的时空分异研究，从土地利用效应预测与动态模拟方面开展人工经济园林引种区土地利用的优化配置研究，对促进土地利用的可持续性、提高土地利用效率具有重要意义。

1.2 研究意义

以云南省生物多样性丰富，桉树、橡胶和茶等人工经济园林大面积引种的普洱市西盟佤族自治县（简称西盟县）、孟连傣族拉祜族佤族自治县（简称孟连县）和澜沧拉祜族自治县（简称澜沧县）为研究区，分析人工经济园林大规模种植后产生的土地利用时空变化及影响机制，研究土地利用生态安全时空分异特征，探索人工经济园林引种区的土地利用结构与模式。一方面，为进一步研究人工经济园林引种模式提供思路和方法，为引种区土地资源的高效利用和管理提供案例借鉴；另一方面，为山区可持续发展与环境保护管理，尤其是为人工经济园林引种区生态安全和土地合理利用提供理论依据和参考。

1.3　研究内容与结构

本书对土地利用时空变化特征及影响因素、土地生态安全和土地利用优化的国内外最新研究进展和发展趋势进行了总结，并以桉树、橡胶和茶等人工经济园林引种集中且规模大的云南省普洱市西盟县、孟连县和澜沧县（边三县）为研究对象，综合运用地理学、环境学、管理学、景观生态学等多学科理论和方法，以遥感和 GIS 技术为支撑，重点研究：①从数量变化、利用程度、土地流向、土地利用动态度四方面分析边三县土地利用现状和动态变化，运用二元 Logistic 回归模型探究土地利用时空变化的影响因素；②通过模糊综合评价模型和景观生态安全度模型分析西盟县土地利用变化引起的生态安全时空分异特征，从中选择较优模型分析其他两县的生态安全时空分异特征；③基于 MAS-LCM 模型、MAS—CLUE-S 模型和 GMDP-ACO 算法等对人工经济园林引种区进行土地利用优化配置和模拟的案例研究。

全书共三篇（9 章），第一篇（第 1、2 章）主要论述了土地利用生态安全及优化配置研究的理论与方法，第二篇（第 3～5 章）分析研究了人工经济园林引种区的土地利用时空变化、影响因素及生态安全时空分异特征；第三篇（第 6～9 章）对人工经济园林引种区的土地利用优化配置及模拟进行案例研究和分析归纳，最后对研究成果从方法、结果及展望方面进行了总结。

技术路线如图 1-1 所示。

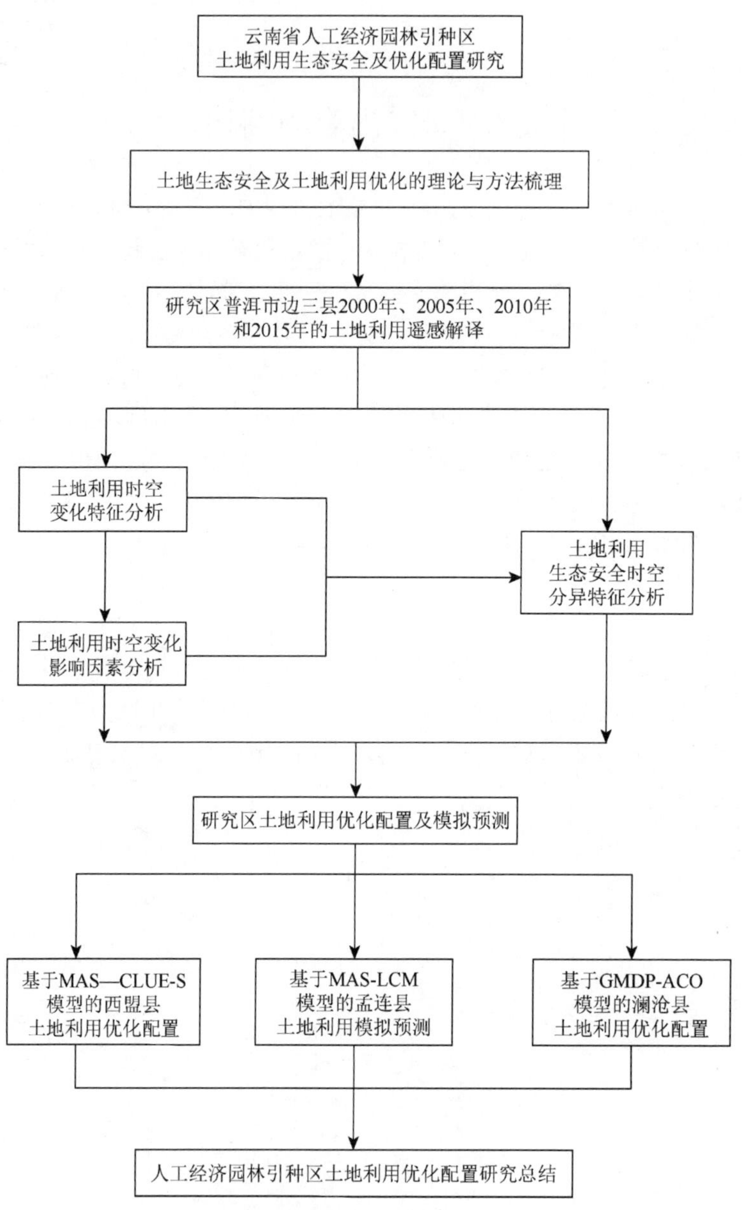
云南省人工经济园林引种区
土地利用生态安全及优化配置研究
土地生态安全及土地利用优化的理论与方法梳理
研究区普洱市边三县2000年、2005年、2010年
和2015年的土地利用遥感解译
土地利用时空
变化特征分析
土地利用时空变化
影响因素分析
土地利用
生态安全时空
分异特征分析
研究区土地利用优化配置及模拟预测
基于MAS—CLUE-S
模型的西盟县
土地利用优化配置
基于MAS-LCM
模型的孟连县
土地利用模拟预测
基于GMDP-ACO
模型的澜沧县
土地利用优化配置
人工经济园林引种区土地利用优化配置研究总结
图 1-1　技术路线图

第 2 章　土地生态安全及土地利用优化的理论与方法

2.1　土地利用时空变化特征及影响因素研究进展

2.1.1　土地利用时空变化特征研究进展

1. 土地利用时间变化特征研究进展

土地利用时间变化特征主要包括土地利用类型的数量变化、程度变化、变化速率、变化方向等几个方面（表 2-1）。土地利用数量变化主要通过变化面积表示；土地利用程度变化表示人类利用土地比例的增减情况；土地利用变化速率描述区域土地利用变化的速度，可比较土地利用变化的区域差异性及为预测未来土地利用变化趋势提供依据；土地利用变化方向通常用土地利用转移矩阵表示，可定量描述土地利用类型间的转移变化情况。

表 2-1　土地利用时间变化特征分析方法

类型	形式	含义及特点	案例
土地利用数量变化	$\Delta S = U_b - U_a$	反映土地利用变化的程度	马松增等（2013）；杨静等（2013）
土地利用程度变化	$\Delta L = L_b - L_a$ $L = 100 \times \sum_{i=1}^{n} A_i \times C_i$	反映区域土地利用的集约程度，易于对该模型进行扩展，但分级时主观性较强	刘红兵（2008）；杨云川等（2016）
土地利用变化速率	$K_1 = \frac{U_b - U_a}{U_a} \times \frac{1}{T}$	反映类型变化的速率；隐含了土地利用类型变化的线性假设	马松增等（2013）
	$K_2 = \frac{U_b - U_a}{U_a}$	反映土地利用变化速率，未隐含线性变化关系	伍星等（2008）；牛涛等（2013）
土地利用变化方向	$\begin{bmatrix} 矩阵 & x_1 & x_2 & \cdots & x_m \\ x_1 & S_{11} & S_{12} & \cdots & S_{1m} \\ x_2 & S_{21} & S_{22} & \cdots & S_{2m} \\ \vdots & \vdots & \vdots & & \vdots \\ x_m & S_{m1} & S_{m2} & \cdots & S_{mm} \end{bmatrix}$	反映研究期初、期末的土地利用类型结构及研究时段内各土地利用类型的转移变化情况	马才学等（2015）；李涛等（2016）

注：ΔS 为研究区某时段内某土地利用类型的变化面积；U_a、U_b 分别为研究时段初期 a 时与末期 b 时某土地利用类型的面积；L_a、L_b 分别为 a、b 年土地利用程度；ΔL 为研究区土地利用程度的变化值；L 为土地利用程度指数；A_i 为区域第 i 级土地分级指数；C_i 为研究区第 i 级土地利用程度的面积百分比；K_1 与 K_2 为研究区某时段内某土地利用类型的年变化速率和总变化速率；T 为研究时段。

2. 土地利用空间变化特征研究进展

土地利用空间变化特征主要包括土地利用相对变化率、多度、重要度、景观格局指数、重心转移测度模型、综合土地利用动态度和空间双向变化动态度指数等（表 2-2）。土地利用相对变化率反映土地利用变化程度的空间差异；多度与重要度用于分析引起土地利用空间变化的主要土地利用类型；景观格局指数（多样性、均匀度、优势度等）主要分析土地利用结构的空间特征及变化；重心转移测度模型主要用于分析土地利用空间格局的变化；综合土地利用动态度表示研究区域在一定时间范围内的各土地利用类型的变化速度；空间双向变化动态度指数可反映某一土地利用类型动态变化的空间转移过程及动态变化的剧烈程度。土地利用与生态安全之间具有必然联系：土地利用类型空间的变化速率影响生态安全值的空间变化速率；土地利用类型具有不同的生态安全属性，因而主要土地利用类型发生变化时，将对生态安全的时空分异产生较大影响。

表 2-2　土地利用空间变化特征分析方法

类型	形式	含义及特点	案例
土地利用相对变化率	$R=\dfrac{\dfrac{K_b}{K_a}}{\dfrac{C_b}{C_a}}$ $R=\dfrac{\lvert K_b-K_a\rvert\times C_a}{K_a\times\lvert C_b-C_a\rvert}$	反映土地利用变化程度的空间差异，$R>1$ 表明研究区该土地利用类型变化比较全区域大	崔志刚（2009）；童小容等（2018）
土地利用变化多度	$D_d=\dfrac{N_i}{N}\times 100\%$	反映某土地利用类型变化的空间分布频次，D 越大说明该变化类型在空间上分布越广泛	胡召玲等（2007）
土地利用变化重要度	$\mathrm{IV}=D_d+B$	反映某土地利用类型变化对区域整体土地利用变化的重要程度，识别主要的空间变化类型	
景观格局指数	$H=-\sum_{i=1}^{n}P_i\ln P_i$	反映土地利用的多样性，H 越大说明不同土地利用类型越多，面积相差越小，结构越均匀（土地利用没有景观格局中基质与廊道的概念，影响其含义）	杨文轩等（2013）
	$E=-\lg\sum_{i=1}^{n}(P_i)^2\Big/\lg(n)$	反映各土地利用类型在空间上的分配均匀程度（土地利用没有景观格局中基质与廊道的概念，影响其含义）	
	$D_y=H_{\max}+\sum_{i=1}^{n}P_i\ln P_i$	反映土地利用结构组成中某一种或几种类型所占优势的程度（土地利用没有景观格局中基质与廊道的概念，影响其含义）	

续表

类型	形式	含义及特点	案例
重心转移测度模型	$X_t=\sum_{m=1}^{n}(C_{tm}\times X_m)\Big/\sum_{m=1}^{n}C_{tm}$ $Y_t=\sum_{m=1}^{n}(C_{tm}\times Y_m)\Big/\sum_{m=1}^{n}C_{tm}$	反映研究区域内各土地利用类型重心的空间迁移特点，可分析土地利用质量的空间变化趋势	常春艳等（2012）
综合土地利用动态度	$L_c=\frac{\sum_{i=1}^{n}\Delta\mathrm{LU}_{ij}}{2\sum_{i=1}^{n}\mathrm{LU}_i}\times\frac{1}{T}\times 100\%$ $L_{ct}=\frac{\sum_{i=1}^{n}\Delta\mathrm{LU}_{ij}}{\sum_{i=1}^{n}\mathrm{LU}_i}\times 100\%$	反映区域土地利用变化的剧烈程度，是刻画土地利用类型变化速度区域差异的指标，可反映区域内的社会经济活动对土地利用的综合影响	杨云川等（2016）；许茜等（2017）
空间双向变化动态度指数	$\mathrm{RS}_i=\frac{\Delta U_{i_{\mathrm{in}}}+\Delta U_{i_{\mathrm{out}}}}{U_{i_a}}\times\frac{1}{T}\times 100\%$	反映某土地利用类型动态变化的空间转移过程，测算该类土地利用类型转移量的动态变化剧烈程度	李涛等（2016）

注：R 为土地利用相对变化率；K_a、K_b 分别为研究区某土地利用类型期初 a 时和期末 b 时的面积；C_a、C_b 分别为研究区该土地利用类型期初和期末的面积。D_d 为土地利用变化多度；N_i 为该种变化类型的图斑数；N 为该区域全部变化图斑的总数。IV 为土地利用变化重要度；B 为某土地利用变化类型的图斑总面积占所有变化图斑总面积的百分比。H 为土地多样性指数；i 为某一类土地利用类型；n 为土地利用类型的总数；P_i 为 i 类土地利用类型所占的比重。E 为土地利用类型均匀度指数。D_y 为土地利用优势度指数。X_t、Y_t 分别为第 t 年某土地利用类型分布重心的坐标；C_{tm} 为第 m 个小区该类型的面积；X_m、Y_m 为第 m 个小区几何中心的坐标。L_c 为区域内研究时段的综合土地利用动态度；LU_i 为监测起始时第 i 类土地利用类型面积；$\Delta\mathrm{LU}_{ij}$ 为监测时间段内第 i 类土地利用类型转换到 j 类土地利用类型面积的绝对值；T 为监测时间长度，当 T 的时间段设定为年时，L_c 为该研究区域土地利用年变化率。RS_i 为第 i 类土地利用类型的空间动态变化度指数；$\Delta U_{i_{\mathrm{in}}}$ 为研究时段 T 内其他土地利用类型转为 i 类型的面积之和；$\Delta U_{i_{\mathrm{out}}}$ 为研究时段 T 内 i 土地利用类型转为其他类型的面积之和；U_{i_a} 为研究期初第 i 类土地利用类型的面积。

2.1.2　土地利用影响因素研究进展

随着社会经济的发展，地球表面的土地利用类型由自然植被覆盖向土地利用转变。建设用地扩张、森林植被砍伐、人工林过度引种等不合理的土地利用方式，使区域内的土壤质量、气候、生物多样性、生态系统价值发生变化，对区域乃至全球的生态安全造成威胁（Zhao et al.，2012；Shu et al.，2014；Zhao and Xu，2015；Slowinski et al.，2017）。为了使不合理的土地利用方式带来的负面效应最小化，需要从不同尺度识别土地利用变化的影响因素。

土地利用空间模式是一系列社会经济、自然环境因素综合影响的结果，并在漫长的时间里不断变化（Müller et al.，2011）。因此，已有的研究常将土地利用影响因素分为社会经济因素及自然环境因素两大类。

1. 社会经济因素影响研究

影响土地利用的社会经济因素主要包括基础设施建设、当地社区发展、政策的限制与支持、技术水平和当地文化等（Mitsuda and Ito，2011）。Meneses 等（2017）提出随着时间的推移，高速公路、工业综合体或建筑物面积的不断扩大，会在一定程度上影响土地利用的变化，区域之间不同的用地政策及方式也会对土地利用变化产生一定的影响；Li 等（2017）提出天津市 2000～2015 年的土地利用变化过程中，土地政策的制定对土地利用变化有着直接的影响，此外产业布局及区域发展战略对其也有间接的影响；马才学等（2015）指出耕地保护、退耕还林及中部崛起等相关政策对武汉市的土地利用时空变化存在着影响，并对土地利用格局产生了较为直接的影响。除上述所提到的政策因素外，Kleemann 等（2017）提出农村人口的增长、丛林火灾、道路网络都是影响土地利用变化的重要间接因素。对研究区而言，申晨等（2016）指出，2005～2014 年随着普洱市城镇化和工业化水平的不断提高，社会生产力的发展和市场需求等因素都加快了土地开发利用的程度，森林面积逐渐减少，农业用地开发扩张；王喆等（2016）指出，2000～2014 年普洱市边三县（西盟县、孟连县和澜沧县）退耕还林政策、生态保护区规划、基本农田保护区规划的实施，为三县新增造林、农田保护等提供了良好的支持，桉树林的引种使部分天然林转变为人工经济园林，糯扎渡水电站的修建导致水域面积增加和植被覆盖度下降，思澜公路和国道 214 线的兴修及拓建导致沿途的植被严重退化。整体上看，社会经济因素是土地利用变化的重要驱动力。相对而言，虽然地域文化和技术水平是土地利用空间分布的诸多影响因素之一，但两者对土地利用空间分布的影响机制尚不清楚（Zhao et al.，2018）。

2. 自然环境因素影响研究

社会经济因素对土地利用有着较直接、快速的影响，自然环境因素则是土地利用格局形成的基础（李京京等，2016）。气候、土壤及水文均为影响土地利用的主要自然因素（常春艳等，2012），由坡度及海拔表征的地形地貌因素在土地利用驱动研究中也受到重视，其被认为与气候变化、水文效应等过程有较大的关系（Du et al.，2014；Newman et al.，2014）。因此，影响土地利用变化的因素主要由地形、土壤及气候条件所表征（Müller and Zeller，2002；Rutherford et al.，2008）。对于研究区而言，普洱市边三县地处中国西南山区，地形地貌、土壤肥力和水分条件是影响区域土地利用变化的重要因素（Zhao et al.，2018）。

土地利用的变化是一系列复杂因素相互作用的结果（Lambin et al.，2001），同一区域的不同土地利用类型间都存在着明显的差异。社会经济因素通常对土地利用的影响更深远、更广泛、更频繁（Satake and Iwasa，2006），但自然因素同样对土地利用有着决定性的影响，两者共同交互影响着区域内的土地利用变化。只有将两者纳入土地利用时空变化分析中，才能找到区域土地利用变化机制。

2.2　土地生态安全研究进展

2.2.1　土地生态安全评价研究进展

土地生态安全研究源于环境问题爆发后兴起的“生态安全”研究（李昊等，2016），土地生态安全研究的理论和方法也建立在生态安全研究上（Mao et al.，2013），集地理学、生态学、环境科学等学科于一体（陈星和周成虎，2005），目前已成为相关学科研究的前沿任务和重要领域（Feng et al.，2018）。

现阶段，学者们对土地生态安全的理解和定义基本可分为三种情况：

其一，强调土地生态系统自身的健康。认为土地生态安全是指特定研究区域内土地资源所处的生态环境，处于没有或少受污染威胁的健康、平衡、可持续状态，包括土地自然生态安全、土地经济生态安全和土地社会生态安全，且土地自然生态安全是土地生态安全的核心基础，即没有土地的自然生态安全，土地所处的整个系统环境就无法达到可持续发展状态（郭凤芝，2004；栾乔林等，2015）。

其二，强调土地生态系统对人类提供稳定的生态服务或者保障的能力。认为土地生态安全是指一个地区的全部土地资源对实现其可持续发展具有稳定的供给状态和良好的保障能力，使土地资源的数量、质量和结构始终处于一种有效供给状态，从而满足当代人和未来世代人发展的动态需要（谢俊奇和吴次芳，2004；王小玉和张安明，2008；姚瑶，2013）。

其三，综合上述两种情况，即在确保土地生态系统健康的条件下强调土地生态系统对人类的服务功能。认为在一定时空范围内，确保土地资源合理开发利用和生态环境良性循环的条件下，土地生态系统既能保障其结构与功能的状态与变化不被损害，又能保障人类社会经济可持续发展的态势（Feng et al.，2018）。

相对而言，第三种理解与定义是目前比较全面的概念描述，受到广大学者的认可。虽然对于土地生态安全存在不同的表述，但在其性质上有一定共识：土地生态安全的多系统性和多尺度性；土地生态安全与土地生态风险互为反函数；土地生态安全是一个相对的、动态的概念；土地生态安全的威胁往往具有区域性和局部性；土地生态安全在一定范围内可以调控（高长波等，2006；王耕等，2007）。综合以上观点，本书中土地利用生态安全指在一定时空范围内，确保土地资源合理开发利用和生态环境良性循环的情况下，土地生态系统保障人类社会经济可持续发展的同时保障自身完整性和健康性的整体水平。

1. 土地生态安全评价指标体系构建

由于地理空间的地域性和复杂性，目前已有的土地利用生态安全指标体系多样。现阶段主要是将土地生态系统划分为各种子系统，从而构建指标体系。其划分方案主要有自然-社会-经济系统（李玉平和蔡运龙，2007；王庆日等，2010）、压力-状态-响应（PSR）模型（吕建树等，2012；李璇琼等，2013）及其扩展模型、土地利用物质输入系统-生态系统-物质输出系统（李赛红，2012）、土地生态分类系统-响应系统（方萍，2011）、水土资源系统-生态环境系统-社会经济系统（盛东等，2010）、生态环境-环境保护-社会进步模型（高春风，2004）等。其中，PSR 模型的扩展模型主要包括驱动力-压力-状态-响应（DPSR）模型（Zuo et al.，2005）、驱动力-压力-状态-影响-响应（DPSIR）模型（张继权等，2011）、驱动力-状态-响应（DSR）模型（谈迎新和於忠祥，2012）、驱动力-压力-状态-响应-控制（DPSRC）模型（杨俊等，2008）和驱动力-压力-状态-暴露-响应（DPSER）

模型（Rogers，1997）等。此外，蒙吉军等（2011）、喻峰等（2006）还将 PSR 模型及扩展模型与自然-社会-经济模型结合起来构建生态安全指标体系；Li 和 Cai（2011）采用综合网络分析法（ANP）、社会-经济-自然复合生态系统（SENCE）和 PSR 模型，提出 ANP-PSR-SENCE 框架构建指标体系。

但是，尚未形成适用于人工经济园林引种区的土地利用生态安全评价指标体系。生态安全是一个复杂系统，包括了自然、社会、经济、资源等多方面因素，又可以分为生态安全环境系统、资源系统、响应系统等子系统。进一步看，生态安全要素之间不是单一的因果关系链，而是一个因果关系网，在这个关系网内，各因素的相互作用导致了生态系统的自组织。在自组织状态下，生态系统的演变导致生态安全变化。因此，生态安全不是静态的，而是一个不断发生变化的动态过程。在选择生态安全指标体系时不仅要考虑生态安全指标之间的因果关系，还要着重考虑其动态性。在建立生态安全指标体系时，需要将体现因果关系的模型与生态系统分类模型进行紧密结合，构建综合体现生态安全机制的指标体系。同时针对人工经济园林引种区而言，生态安全状况与其他区域存在一定的差异性，需要根据不同的尺度和区域特点构建指标体系。

2. 土地生态安全评价方法

目前，土地利用生态安全评价方法研究主要有综合指数法（魏彬等，2009；Li et al.，2010）、生态足迹法（Chu et al.，2017）、物元评价模型法（Ou et al.，2017）、聚类分析法（马瑛，2007）、TOPSIS 模型（吕建树等，2012）、空间主成分分析法（Zou and Yoshino，2017）、优度评估法（王庆日等，2010）、多准则评价法（修丽娜，2011）、遗传投影寻踪插值模型法（刘海娟和陆凡，2013）、数字地面法（Kang et al.，2005）、模糊综合评价法和景观生态学方法（王兴友，2015）等。这些方法各有特点（表 2-3），其中，模糊综合评价法能较好地融合 PSR 模型与自然-社会-经济模型来构建生态安全评价指标体系，而景观生态学方法可以从生态系统本身对生态安全进行估算，因此选用这两种方法进行研究区的土地生态安全评价并对比分析。

表 2-3　生态安全主要评价模型特点

评价模型	代表方法	评价特点
数学方法	综合指数法	综合性、整体性强，计算简单，但将问题简单化，难反映问题本质，指标标准及权重难确定
	模糊综合评价法	较好地解决了评价等级之间界限模糊问题，但指标标准及权重难确定
	聚类分析法	根据原始数据进行客观分类，但无法表现各类别的生态安全程度
	物元评价模型法	通过关联度函数，摆脱“非此即彼”的严格等级划分；但关联度函数难确定与通用
	主成分分析方法	克服了指标之间信息重叠的弊端，表现生态安全的相对等级，但易出现权重与实际相悖的情况
	灰色关联度	对数据要求不高，便于数据缺失情况下的评价，但不能比较各指标的贡献率
	优度评估法	对物元评价模型的优化，但仍存在关联度函数难确定与通用的问题
	遗传投影寻踪插值模型法	具有较强的全局搜索能力、分类能力和排序能力，但指标标准难确定
	TOPSIS 法	只需确定指标的上下限，就能对生态安全分级，但要求各效应函数具有单调性

续表

评价模型	代表方法	评价特点
生态足迹模型	生态足迹法	表达简明，易于理解，但过分强调社会经济对环境的影响，较少考虑生态系统自身条件
景观生态模型	景观安全格局法	由生态系统结构来评价其功能，但土地利用中没有基质、廊道，只适合景观层面上生态安全评价
数字地面模型	数字生态安全法	易与 3S 技术相结合，便于生态安全空间分异研究，并能与上述几种模型相结合使用

2.2.2　土地生态安全时空分异研究进展

目前，土地利用生态安全时空分异特征的研究主要是在土地利用生态安全评价定级的基础上，采用定性描述、马尔可夫矩阵、空间统计学、GIS 叠加分析等方法进行分析。吕建树等（2012）定性分析了济南市生态安全时空分异特征；李璇琼等（2013）定性分析得出丹巴县生态安全状况较差的结论；时卉等（2013）、李钊等（2014）、王耕等（2015）分别采用空间统计学中的全局自相关与局部自相关函数、半变异函数、变异函数对土地利用生态安全空间分异规律进行了探讨。由于一个区域不同生态安全等级之间具有相互转化性，薛亮和任志远（2011）、王耕等（2013）也采用空间马尔可夫矩阵、土地利用生态安全转移矩阵分析了土地利用生态安全时空分异特征；Kang 等（2005）结合 RS 与 GIS 技术，将土地利用生态安全等级图与牧区、农牧交错区、农耕区进行叠加，分析了土地利用生态安全的占比情况；张淑莉和张爱国（2012）将土地利用生态安全图与乡镇图进行叠加，统计分析了各乡镇各生态安全等级所占的比例。

定性分析、GIS 叠加分析及简单的统计分析不能全面反映土地利用生态安全的时空分异特征，而土地利用生态安全转移矩阵、马尔可夫矩阵能有效表现各土地利用生态安全等级面积在时空上的转入与转出面积，反映时间分异特征。空间统计学中的变异函数和半变异函数虽然能较有效反映土地利用生态安全度与地理位置的相关性，但是很难反映出空间上土地利用生态安全值的差异性。

以上研究成果为本书提供了重要的理论依据和实际参考。然而，一方面，由于不同区域影响土地利用变化的生态安全因素不同，还需要对人工经济园林引种区生态安全评价指标体系作进一步探讨；另一方面，近年来研究人员采用了许多定量模型对生态安全进行评价，虽然注意了数学模型所能产生的作用，但是缺乏对各种模型中的基本参数、可信度与准确度等方面的验证研究。尽管评价模型多样，但是很少有学者进行多种模型间土地生态安全评价结果的对比及验证。另外，生态安全现状评价及时间动态变化研究较多，而空间上的分异研究较少。因此，本书在土地利用变化分析基础上，首先采用 D-P-S-R 与自然-社会-经济的耦合模型建立研究区土地利用生态安全评价指标体系，确定生态安全等级阈值，采用模糊综合评价法从全县、乡镇和格网三个空间尺度及 2000 年、2005 年、2010 年和 2015 年四个时间尺度，分析大面积桉树、橡胶等人工经济园林引种区西盟县土地利用生态安全时空分异特征。然后，用景观生态安全度模型分析西盟县土地利用生态安全的时空分异特征，对两种模型的研究结果进行对比分析验证，选择其中适宜的模型应用于孟连县和澜沧县土地利用生态安全时空分异特征的研究。

2.3 土地利用优化研究进展

土地利用优化研究起源于人地矛盾的加剧。随着人口增加和社会经济发展，资源消耗、环境破坏等问题不断深化，如何实现人类社会与资源环境之间的协调可持续发展，已成为当今社会关注的重点问题（Nie et al.，2019）。当前我国处于经济高速增长阶段，一方面，生产建设和社会发展需要大量的土地；另一方面，耕地面积减少、土地质量下降、城镇建设用地无序扩张等诸多土地生态安全问题又日益严重。因此，节约集约用地成为保障国民生计的重要内容。优化和配置现有的土地，提高土地利用效率，确保土地利用的可持续性，实现区域综合发展，已成为当今地理学研究的热点之一（Wu et al.，2018）。

土地利用优化先后经历了数量结构优化和空间布局优化两个阶段。主要涉及地理学、管理学、资源学、生态学、空间几何学、区域经济学和土地经济学等相关学科，包含人-地关系、增长极、土地报酬递减等理论体系。其中，核心为最优化理论，该理论主要通过各种数学方法为优化系统提供解决方案。

自 1995 年“国际地圈-生物圈计划”（IGBP）与“国际全球变化人文因素计划”（IHDP）提出土地利用/覆被变化（LUCC）研究以来，国内外学者对土地利用变化特征（王恩涌等，2000；黄家政等，2014）、土地利用变化驱动力（杨静等，2013）、土地利用生态安全评价（Bürgi et al.，2004；叶长盛和冯艳芬，2013；曾永年等，2014）、土地利用综合效益评估（王国刚等，2013；朱珠等，2012）、土地利用动态模拟与预测（符蓉等，2012；叶欣和裴亮，2013）等领域进行了全面、深入的研究。然而，随着社会经济的发展，以及人们对生态效益考量的比重日益增加，土地利用模拟与预测已经不能满足“土地可持续利用”研究的需求。而土地利用优化配置仍对协调土地资源稀缺性与发展的矛盾、提高土地利用效率、实现区域可持续发展有着重要作用。因此，自 20 世纪 90 年代以来，国内外学者从土地利用覆被/变化模拟与预测的基础出发，对土地利用优化的目标、方法、效益等进行了大量研究（文博等，2014；袁满和刘耀林，2014；Pilehforooshha et al.，2014），探讨了土地利用数量结构及空间结构优化配置的方法和技术，在提高区域土地资源的利用效率、实现区域土地资源的可持续发展方面做出了重要贡献。

2.3.1 土地利用优化的内涵

土地利用优化的内涵是以某一区域土地利用的社会、经济和生态效益最优为决策目标，依据土地资源的自身特性和有关土地适宜性评价结果，对区域内各种土地利用类型进行更加合理的数量安排与空间布局，以提高土地利用的效率和效益，维持土地生态系统的相对平衡，合理规范社会经济各个部门的用地需求，实现土地资源的可持续利用（Wang et al.，2018）。“优化”即按照人类的期望和目标对不合理的土地利用问题所采取的解决办法，从其含义上可知，土地优化配置的对象是土地利用类型和方式在数量上的排列和空间上的布局（黄慧萍和李强子，2017）。因此，时间、空间、用途、数量和效益是土地利用结构优化的五大要素（杨庆朋，2007）。

土地利用数量结构优化考虑的是区域土地利用的数量比例，而空间布局优化配置则是在数量结构优化的基础上，进一步考虑土地利用适宜性、地类图斑空间紧凑性等，实现数量结构在区域空间上的落位。数量结构和空间结构相结合的土地利用优化配置有利于提高土地的利用效率和潜力，避免不合理的人类土地利用开发活动，对减少区域性地质灾害、实现人地关系的和谐发展、保护区域生态环境等有重要意义。

2.3.2　土地利用数量结构优化及模拟研究进展

土地利用数量结构优化是为达到某种社会、经济、生态等目标要求，在区域内土地资源的自然特性、适宜性评价及相关政策规划条件的约束下，对区域内各土地利用类型数量结构进行合理的安排（刘荣霞等，2005；钱敏等，2010）。自 20 世纪初期提出土地利用数量结构优化的概念以来，其研究方法经历了从定性的经验规划方法到定量的模型构建方法的转变，主要经历了如下阶段。

20 世纪 50 年代以来，国外开展了形式多样的土地利用评价与规划，人们合理利用土地的意愿逐步在制定的用地规划中显现，其初衷就是为了解决人地矛盾。研究多采用土宜法和综合平衡法对区域土地利用数量结构进行优化（吴次芳和叶艳妹，2000；Vulević et al.，2018）。

到了 20 世纪 70 年代以后，国外研究的内容主要涉及土地利用优化机理、城镇化发展、工业信息化、农业发展、交通运输业、特殊用地等土地利用结构的研究。此外，也包含土地使用政策对土地利用结构优化的作用研究（刘彦随，1999a）。关于土地利用数量结构优化的研究多采用线性规划建模方法，如 Ren（1997）构建 GIWIN-LRA 模型对土地利用进行优化；Sharifi 和 van Keulen（1994）基于 GIS 技术和线性规划的思路，综合决策模型和规划模型的优势，进行了土地利用的动态优化；Dökmeci 等（1993）首次提出了基于多个决策目标的土地利用规划思路；Huizing 和 Bronsveld（1994）将混合多目标整数规划模型应用于实际的土地利用规划中；Ventara（1992）提出了将 GIS 技术作为一种途径与多目标规划方法相结合，作为解决未来土地利用矛盾的有效方式；王慎敏等（2014）采用精明增长理论与灰色多目标动态规划模型相结合的方法对马鞍山市土地利用数量结构进行了优化。随着土地利用数量结构优化方法与技术的不断提高，其研究对象也经历了从宏观的部门用地规划，到中观的部门内部用地组合，再到微观的地块内部不同土地利用类型的配置三个层次的逐步深入过程。例如，20 世纪 60 年代我国根据土地利用分异规律完成的《全国土地利用现状区划》，把全国分为四个等级共 198 个区（郭娅等，2007）；Gao 等（2010）在同时考虑生态效益及经济效益的前提下，对黄土高原区土地利用进行了优化研究。

目前，在“可持续发展”思想的影响下，土地利用数量结构优化目标也从单一的经济效益最大化逐步发展到以社会、经济、生态等综合效益的考量上来。例如，Wang 等（2004）建立了 GIS/IFMOP 综合模型，从水土保持、森林覆盖率等角度，研究了流域尺度上土地资源优化问题；龚建周等（2010a）基于广州市土地利用结构、地区经济生态与社会特点，结合广州城市总体规划，对土地利用结构进行了经济-生态为导向的多目标优化研究。类似地，曲艺等（2013）以生态优先理念为前提，采用碳氧平衡法确定了区域生态用地约束目标并建立了土地利用结构优化模型；曾娟（2013）按照“压力-状态-响应”的研究思路，构建了基于碳减排的土地利用数量结构优化模型，用于缓解碳减排压力和扭转高风险状态；王建英（2013）依据生物多样性分布现状，运用最小累积阻力模型，划分出基于生物多样性保护的生态用地，并基于分区结果和土地适宜性评价，运用马尔可夫-元胞自动机模型对区域土地利用结构进行了优化。

总之，土地利用数量结构优化方法主要分为传统方法、系统优化方法和仿生优化算法等（表 2-4）。传统方法缺乏对最优方案的定量鉴定；仿生优化算法思路简单，但需要对优化参数有透彻了解；系统优化方法具有严密的逻辑性而应用广泛，特别是灰色线性规划，作为一种动态规划方法，其弥补了其他一些规划方法的不足，具有更强的可操作性，是当前土地利用结构优化研究中最常用的方法之一。

表 2-4　几类常见的土地利用数量结构优化方法

方法名称	方法概述及其优缺点	应用实例
土宜法	根据适宜性评价得到最适宜的各类用地面积，以此规划用地结构。优点在于能较好利用区域土地质量特点安排各类用地规模；缺点在于适宜性所反映的优化目标单一	李玉环和赵庚星（2001）
综合平衡法	依据指标要求计算单项用地面积，并逐步综合，借以达到用地类型之间的综合平衡。优点在于能方便调整各部门的用地需求，思路简单；缺点在于各部门对自身利益的考虑过多，求解困难	曲艺等（2013）
线性规划法	大多参考总体规划的要求设定特定的目标函数，结合某些预测性参数，形成定量化的约束条件，计算各类用地数量。优点在于可以根据实际情况灵活调整参数，缺点在于静态的数学规划结果往往与实际不符，甚至无解	梁烨等（2013）
灰色线性规划	灰色线性规划是在技术系数、约束系数为可变灰数的情况下进行的一种动态线性规划，反映了既定条件下的最优结构。灰色线性规划模型中的约束条件是灰色区间，既可按下限规划，又可按上限规划，还可按区间内的任何一白化值进行规划。优点在于可以根据实际情况调整方案；不足之处是该模型仍然是单目标规划，有时间动态但缺乏目标分异性	刘彦随（1999b）；张巧艳等（2005）
多目标规划	多目标规划是在一定约束条件下完成一组目标函数的求解，这组规划目标之间可能存在一定的冲突，需要根据实际情况来调整不同优先等级。多目标规划优于一般的线性规划法，避免了一般线性规划可解区域局限性的弊端，同时具有系统动力学模型的正负反馈机制，比系统动力学模型更为简单，并且兼顾社会、经济和生态效益；不足之处在于难以得到最优解，需要根据实际情况选择相应的求解算法	马冰滢等（2019）
系统动力学模型	通过优化目标与影响因素之间的反馈机制不断调整以实现优化。优点在于动态反馈能力强；缺点是需要研究者对系统内的各种反馈机制有充分的了解，否则不容易获得最优解	杨莉等（2009）
仿生优化算法	通过模拟自然界的生物现象，从众多随机的可能解中寻找最优解的过程。优点是思路简单，适合求解多目标问题；缺点是优化参数需要细致的调整，否则容易形成局部最优解	刘艳芳等（2005）

2.3.3　土地利用空间布局优化及模拟研究进展

土地利用空间优化配置是指根据一定的规划目标，对区域内的土地资源在空间布局上进行统筹安排，实现区域内土地利用类型方式的组合设计和实地布局（罗鼎等，2009）。

早期学者一般在多准则评价原则的基础上对土地利用进行空间优化配置，如 Rabbinge 和 van Latesteijn（1992）对欧洲长时期土地利用分区的优化配置研究；联合国粮食及农业组织（FAO）和国际应用系统分析学会（IIASA）建立了多准则分析模型、效益最大化模型等用于土地利用空间优化研究（Food and Agriculture Organization of the United Nations，1993；Coskun and Turan，2016）。

20 世纪 90 年代以后，随着 GIS 技术的不断发展，国内外学者在土地利用空间优化领域的研究多采用自主模型或与 GIS 系统结合的空间优化途径，如 Chuvieco（1993）采用 GIS 分析工具和线性规划的研究方式，对土地空间属性进行优化和变量组合，进行了土地规划实验；Cao 和 Ye（2013）采用邻近最优解的线性规划模型探索了土地利用优化配置；Stewart 和 Janssen（2014）采用遗传算法（GA）与 GIS 结合的方法探索了多目标条件下的土地利用优化问题；Zhang 等（2016）采用多智能体系统（MAS），对不同情景模式下的长沙市土地利用空间格局进行了模拟研究。

在近几年的土地利用空间优化配置研究中，仿生优化算法以其优化思路简单、无须考虑复杂的评价指标而成为热点，如 Porta 等（2013）采用普通遗传算法对土地利用进行空间模拟；Wang 等（2018）在控制非点源污染的目标下，通过遗传算法完成了对土地利用的预测和优化配置；谢鹏飞（2016）采用蚁群优化算法（ACO）实现了大面积人工经济园林引种区县域尺度下的土地利用变化模拟；郭小燕等（2015）采用混合蛙跳算法对兰州市土地利用格局进行了优化配置；王越等（2019）采用多智能体粒子群算法，在粮食生产、生态安全和社会经济发展的目标下，构建了耦合 MA-PSO 模型，获得多情景土地利用优化配置方案。归纳起来，土地利用优化的研究范围逐步由农业用地向农林复合用地（任怡，2009）、城镇用地（龚建周等，2010b）、农村住宅用地（李学东等，2018）、旅游用地（王建英等，2017）等用地转换，土地利用空间布局优化越来越受到研究者们的重视。

目前，国内外学者对土地利用空间优化配置的研究主要分成四类：基于理论原则的土地利用空间优化配置、基于 GIS 空间分析模块的土地利用空间优化配置、基于模型构建的土地利用空间优化配置[主要有多智能体系统（MAS）模型、元胞自动机（CA）模型、最小累积阻力（MCR）模型、CLUE-S 模型等]、基于算法优化的土地利用空间优化配置[主要有遗传算法（GA）、人工神经网络（ANN）、粒子群优化算法（PSO）和蚁群优化算法（ACO）等]。

1. 基于理论原则的土地利用空间优化配置

基于理论原则的空间优化配置，主要指在土地综合承载力、景观生态安全格局等基础上，进行土地利用空间优化配置。例如，双文元等（2014）基于 AVC 三力理论，对农村居民点从吸引力、生命力和承载力三个角度进行了适宜性评价，继而优化了农村居民点的用地布局；王晓等（2014）借助空间开发适宜性评价结果，划分城镇建设用地扩展潜力边界，提出了卢龙县的城镇建设用地扩展分区。总之，基于理论原则的土地利用空间优化配置，以已有研究为基础，优化决策因素简单易求。但优化目标过于单一，不能很好地平衡社会、经济及生态等其他方面的优化目标。

2. 基于 GIS 空间分析模块的土地利用空间优化配置

随着地理信息系统技术不断发展，目前主流地理信息类软件如 ArcGIS、ENVI 等的空间分析功能不断完善，以 GIS 空间分析模块为基础的土地利用空间优化方法得到广泛应用。例如，Arefiev 等（2015）基于 GIS 规划方法，从技术、经济、生态和社会四个角度构建模糊模型，为城市空间扩展规划提供了依据。与 GIS 相结合的空间优化方法直接调用 GIS 中已有的工具，可操作性强；缺点是灵活性较差，往往不能很好地适应研究区的实际情况。

3. 基于模型构建的土地利用空间优化配置

模型构建法通过各种驱动因子的相关性分析、回归分析等，得到各用地类型在空间上的分布概率，继而实现土地利用空间优化配置。当前土地利用空间优化常见的模型包括 MCR 模型、CA 模型、CLUE-S 模型等，具体见表 2-5，其中国内以 CLUE-S 和 CA 模型应用最为普遍（陈影等，2016）。基于模型构建的土地利用空间优化配置方法还包括人工神经网络（ANN）模型、系统动力学（SD）模型等，各模型优缺点不同。模型之间的组合、改进也是当前许多学者的研究方向，如王永艳（2014）运用最小累积阻力（MCR）模型划分了县域景观生态安全格局，并采用累计阻力差值模型、空间适宜性与供需压力数量优化相结合的方法对研究区小流域进行了景观格局优化；陈影等（2016）等采用 CLUE-S 与 MOP 耦合模型研究了卢龙县土地利用空间优化。模型法能较为全面地体现人的主观行为，对涉及土地利用的各种社会、经济、生态等限制因素考虑较为充分，因而模拟精度和动态性较好；但该方法需要充分考虑影响用地类型布局的各种因素，同时驱动因子权重设定往往具有一定的主观性，且工作量较大。

表 2-5 基于模型构建的土地利用空间优化配置常用方法

名称	模型概述及特点	应用实例
多智能体系统（MAS）模型	将土地利用中的各个利益主体描述成相互独立的、具有一定智能体（agent）的单元，通过智能体之间自下而上的反馈机制获取整体最优的土地利用布局方案。多智能体模型将复杂问题简单化，能够全面考虑各个部门的用地需求，具备动态协调的能力	Zhang 等（2016）
元胞自动机（CA）模型	将土地利用的最小栅格单元视为一个具有状态集的元胞，根据不同的转换规则，在时间和空间上发生动态变化，实现土地利用格局优化。CA 模型可以简单而有效地模拟不同尺度时间轴上的土地利用格局动态变化，但是这种以邻域为基础的空间几何关系，不能很好模拟地形条件复杂区域的土地利用变化过程	孟成等（2015）

续表

名称	模型概述及特点	应用实例
最小累积阻力（MCR）模型	以景观生态学中“源”、“廊道”和“基质”理论为基础，以“源”向外扩散所经过的“基质”阻力不同，描述地类之间的转换概率，实现土地利用格局优化。MCR 模型在中观尺度的土地利用功能分区研究中有较好的应用效果，但是在“源”的划分和“基质”阻力值的设定方面主观性较强	潘竟虎和刘晓（2015）
CLUE-S 模型	以土地利用动态变化受土地需求驱使为原则，包含非空间和空间模块，非空间模块用于预测土地需求，空间模块通过驱动因子构建各用地类型的转换概率，实现区域土地利用在时间轴上的动态模拟。CLUE-S 适用于小尺度上的土地利用变化模拟，但对飞地较多的区域模拟效果较差	许小亮等（2016）

4. 基于算法优化的土地利用空间优化配置

算法优化过程一般都是受自然界中一些特定现象的启发而来的，如遗传算法（GA）、蚁群优化算法（ACO）等。算法优化的关键在于将自然界的优化过程转换成空间地类的优化过程，包括转换规则、判断机制及终止条件等。当前研究比较热门的几种基于算法的优化方法有遗传算法、模拟退火算法等，具体见表 2-6。基于算法的优化方法，是以逆向思维从问题的解入手，通过对解的随机扰动变异，从这些变异的解中搜寻最佳的优化结果。优点是以概率为基础的全局搜索过程思路简单；缺点在于描述问题的算法参数需要经过反复而细致的调整，否则容易形成局部最优解。

表 2-6　基于算法优化的土地利用空间优化配置常用方法

名称	模型概述及特点	应用实例
遗传算法（GA）	模拟染色体的遗传机制，通过对初始优化结果进行选择、杂交、变异等扰动，不断迭代形成新的优化结果，筛选出最佳优化方案的过程。遗传算法具有高度的自适应机制，但是受遗传算法“染色体”编码方式的影响，GA 不适用于求解高维数优化问题，同时求解过程中会产生大量冗余迭代，往往求解速度较慢	Porta 等（2013）
模拟退火算法（SA）	模拟自然界固体降温过程，主要包括温度产生机制、温度状态接受机制、温度更新准则和算法终止函数四个部分。SA 适用于求解高维数的优化问题，其内部和外部循环温度控制机制可以有效避免形成局部最优解，但基于更新准则的判断函数容易遗失最优解	杨建宇等（2015）
粒子群优化算法（PSO）	模拟鸟类的捕食过程，包括记忆函数、认知函数和经验函数三个部分，其中，记忆函数和认知函数是对鸟类个体的描述，经验函数是对鸟类群体的描述。依据个体和群体之间的认知学习和经验反馈不断搜寻迭代，最终形成最佳优化方案。PSO 同样适用于求解高维数优化问题，但收敛机制不够完善，容易形成局部最优解	黄海（2014）
蚁群优化算法（ACO）	模拟蚂蚁总能在蚁巢与食物之间形成最短路径的现象，包括自适应函数和协作函数，其中，协作函数主要通过信息素蒸发机制来影响蚁群随机选择的概率。ACO 在寻优过程中考虑了自适应机制和群体反馈机制，优化求解速度较快，适用于大尺度的土地利用空间优化问题，但自适应函数的几个参数需要经过反复细致的调整，否则容易形成局部最优解	Mousa 和 El Desoky（2013）

2.4 本章小结

以上成果为研究云南省人工经济园林引种区土地利用生态安全及优化配置提供了重要的理论依据和模型方法参考。土地利用优化的定性定量研究较为成熟，基于模型的土地利用优化方法比较完善，土地利用优化在数量结构、空间布局、生态效益等方面的研究都取得了较大进步。

然而，上述空间优化模型或算法实例中所涉及的研究区多为城市建成区或小流域等区域，其研究区面积较小、生态环境条件单一、土地利用类型简单，很少在优化过程中综合考虑社会和生态效益目标。云南省西南部普洱市边三县（西盟县、孟连县、澜沧县）作为高原山区的农业大县，区域范围大、环境条件复杂、用地类型多样、经济发展落后，土地利用变化驱动因素较上述应用实例区有很大区别。近 20 年来，边三县大量种植桉树、橡胶和茶等人工经济园林，人类活动干扰大，从土地利用生态安全和可持续发展的角度优化边三县的土地利用结构与布局，实现边三县社会、经济、生态可持续发展势在必行。因此，本书在土地利用现状分析的基础上，结合边三县社会、经济、生态协调可持续发展的要求，分析土地利用动态变化和土地利用生态安全时空分异特征，以不同的模型为依托，构建约束条件及目标函数，优化边三县的土地利用数量结构，并进一步实现土地利用空间优化配置。

第二篇　人工经济园林引种区的土地利用时空变化、影响因素及生态安全时空分异特征

人工经济园林的大面积种植，使普洱市边三县土地利用时空特征发生了显著变化。通过对研究区多期遥感影像进行解译，从数量变化、利用程度、土地流向、土地利用动态度四方面探讨边三县土地利用现状和动态变化特征，运用二元Logistic回归模型探究土地利用时空变化的影响因素；通过模糊综合评价模型和景观生态安全度模型分析西盟县土地利用变化引起的生态安全时空分异特征，并选用较优模型分析孟连县和澜沧县的生态安全时空分异特征。土地利用时空变化、影响因素及生态安全分异特征研究是人工经济园林大面积引种区土地利用优化配置的科学基础，可为优化过程提供切入角度与先决条件，也是促进区域土地生态系统良性循环的必要前提。

第 3 章　研究区概况与遥感解译

3.1　研究区概况

3.1.1　自然地理概况

云南省普洱市澜沧县、西盟县、孟连县（以下简称边三县或三县）地处22°01′N～23°16′N，99°09′E～100°35′E，位于普洱市西南部、澜沧江以西（图3-1，本书地图的现势性为2015年）。边三县属亚热带季风气候，常年受印度洋季风的影响，雨量充沛，降水通常集中在5～10月，干湿季节分明，小气候差异显著，夏无酷暑、冬无严寒；以山地为主，坝区面积较小，且境内海拔悬殊，地形地貌十分复杂，植被类型多样。境内水平地带性植被属季风常绿阔叶林，立体气候分明，垂直地带性植被分异明显，主要有热带季雨林、亚热带季风常绿阔叶林、半湿润常绿阔叶林、中山湿性常绿阔叶林和以思茅松为代表的暖热性针叶林。同时引种了大面积的人工经济园林，主要包括思茅松林、西南桦林、桉树林、橡胶林、竹林、板栗、核桃、茶叶和咖啡等，其中以桉树、橡胶和茶为主，发展较为迅速。人工经济园林的大面积引种，取代了三县原有的耕地、常绿阔叶林、灌木林等植被覆盖类型，改变了原有生态系统。土壤类型有砖红壤、赤红壤、红壤、黄棕壤、棕壤和亚高山草甸土、紫色土、石灰岩土、冲积土、水稻土等类别，以赤红壤、红壤面积较大，广泛分布于中山山地河谷丘陵区，坝区多为水稻土。边三县承载着山区各种生物的自然生态过程，人类活动以农业生产为主，形成了自然与农业共存的景观类型。

边三县面积1.19万km^2，国境线长303.19km，境内矿产、水能、森林和民族文化旅游资源丰富，发展旅游文化产业的潜力巨大。其中，澜沧县面积为8728.67km^2，是云南省第二大县，南部与缅甸接壤，国境线长80.56km，县辖区有勐朗、上允、富邦、大山、拉巴、糯扎渡等20个乡（镇），是全国唯一的拉祜族自治县；西盟县面积为1257.98km^2，西部与缅甸佤邦接壤，国境线长89.33km，共辖勐梭、勐卡、翁嘎科、力所、岳宋、新厂和中课7个乡（镇）；孟连县面积为1892.04km^2，西部和南部与缅甸接壤，国境线长133.30km，是通向缅甸、泰国等东南亚国家的重要门户，为省级开放口岸，县辖区有娜允、芒信、勐马、富岩、公信和景信6个乡（镇）。

3.1.2　社会经济概况

随着《滇西南城镇群规划（2012～2030）》的实施，边三县迎来了新的发展机遇，“十三五”规划的深入开展，思澜公路、澜沧景迈机场相继建成，为城镇进一步发展带来了重大机遇，三县进入新一轮快速发展的时期。

图 3-1 研究区区位图

西盟县有佤族、拉祜族、傣族、彝族、哈尼族等 23 种少数民族，少数民族人口占总人口的比例为 93.56%，其中佤族和拉祜族的人口较多。2016 年末全县常住总人口 9.47 万人，其中城镇人口 1.99 万人，城镇化率为 21.01%；人口自然增长率为 6.51‰。2016 年末实现生产总值 122 294 万元，同比增长 11.0%。其中，第一产业增加值 28 160 万元，增长 6.0%；第二产业增加值 26 401 万元，增长 15.1%；第三产业增加值 67 733 万元，增长 11.5%。按常住人口计算，人均生产总值 12 914 元。

孟连县是有傣族、拉祜族、佤族、哈尼族、景颇族等 21 种少数民族聚居的边疆县，县内以傣族、拉祜族和佤族为主体民族。2016 年末全县常住总人口 14.01 万人，其中城镇人口 6.74 万人，城镇化率为 48.08%；人口自然增长率为 6.19‰，保持低速平稳增长；少数民族人口比例为 86.23%。2016 年末实现生产总值 262 037 万元，同比增长 10.5%，增长速率分别比全市、全省、全国高 0.3、1.8、3.8 个百分点。其中，第一产业增加值 99 736 万元，增长 6.2%；第二产业增加值 54 220 万元，增长 16.3%，在第二产业中，工业增加值 29 124 万元，增长 13.9%，建筑业增加值 25 096 万元，增长 19.4%；第三产业增加值 108 081 万元，增长 11.7%。按常住人口计算，人均生产总值 18 750 元，比上年增加 886 元，同比增长 10.0%。

澜沧县分布着拉祜族、汉族、佤族、哈尼族、彝族、傣族、布朗族、回族、白族、蒙古族等 20 多种民族，其中拉祜族、佤族和彝族人口较多。2016 年末全县常住总人口 50.05 万人，其中城镇人口 14.07 万人，城镇化率为 28.12%；人口自然增长率为 6.70‰，保持低速平稳增长。2016 年末实现生产总值 630 517 万元，同比增长 9.4%。其中，第一产业增加值 186 534 万元，增长 6.1%；第二产业增加值 231 237 万元，增长 12.8%，在第二产业中，工业增加值 146 680 万元，增长 12.0%，建筑业增加值 84 689 万元，增长 15.0%；第三产业增加值 212 746 万元，增长 8.5%。按常住人口计算，人均生产总值 12 598 元，同比增长 11.3%。

3.2　遥感影像处理及解译

根据收集的边三县 2000 年、2005 年、2010 年和 2015 年旱季的遥感影像及国土部门的相关资料，解译得到四个时相的土地利用分类数据。

数据来源于地理空间数据云（网址:http://www.gscloud.cn/）的 Landsat 7 ETM 和 Landsat 8 OLI 卫星遥感数据，其中，2000 年、2005 年和 2010 年采用 Landsat 7 ETM 卫星遥感数据，2015 年采用 Landsat 8 OLI 卫星遥感数据，所有影像的云量均控制在 5%以下。

3.2.1　遥感影像处理

遥感解译前需要对影像进行预处理，包括数据导入、大气校正、几何校正、图像融合、图像镶嵌和图像裁剪等几个环节（图 3-2）。需要注意：①地理空间数据云发布的 Landsat 8 OLI 和 Landsat 7 ETM 数据已完成几何校正；②由于 Landsat 7 ETM 机载扫描行校正器（SLC）于 2003 年 5 月 31 日发生故障，遥感图像出现了数据条带丢失的情况，需要对条带丢失部分进行修复，参照中国科学院数据网站上提供的自行修复工具，选择多影像自适应局部回归和多影像固定窗口局部回归算法进行修复（钱乐祥等，2012），所得结果的修复效果较好，可用于后续研究。

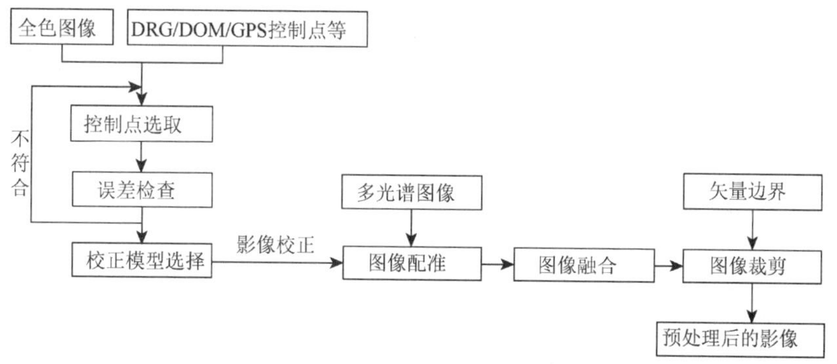

图 3-2　遥感数据预处理流程

1）遥感数据的输入、输出和多波段合成

使用遥感数据之前，需要把各种格式的原始遥感影像输入计算机中，转换为特定遥感图像处理软件能够识别的格式；由于彩色遥感图像的信息量更大，且人眼对彩色物体的分辨能力高于对黑白物体的分辨能力，需要把单波段的原始遥感数据合成为多波段的彩色遥感数据。同时，利用多波段的彩色遥感图像，进行遥感图像不同波段的红、绿、蓝（RGB）三色合成，以提高对不同地物的识别能力（邓书斌，2010）。

遥感影像对不同地物的显示颜色存在差异，根据不同波段的色调组合可以更有效地识别地面物体及土地利用类型。Landsat 7 ETM 陆地成像仪包括 8 个波段，而 Landsat 8 OLI

陆地成像仪包括 9 个波段，可以组合更多的 RGB 方案。根据实际情况，调整波段组合，可以实现增强地物信息识别的效果（表 3-1 和表 3-2）。

表 3-1 Landsat 7 ETM 不同波段组合及用途

波段组合	用途
321	类似于仿制真彩色图像，用于各种地类识别。影像平淡、色调灰暗、彩色不饱和、信息量相对较少
432	标准假彩色。植被呈现各种红色调，其中深红色/亮红色为阔叶林，浅红色为草地等生物量较小的植被；密集的城市地区为青灰色。在植被、农作物、土地利用和湿地分析的遥感方面，是最常用的波段组合
541	非标准假彩色图像。植物类型较丰富，用于研究植物分类
543	非标准接近于真彩色的组合方式。对水体、建成区、森林等地类判读比较有利
743	类似于仿真彩色图像。主要用于居民地、水体识别
345	非标准但接近于真彩色的组合方式。对水系、居民点及市容街道和公园水体、林地的影像判读较有利
754	非标准假彩色图像。画面偏蓝色，用于特殊的地质构造调查
453	非标准假彩色图像。水体地物在图像中比较清楚且边界清晰，对海岸及其滩涂的调查比较合适；对水浇地与旱地的区分明显；对植被会有较准确的显示，但是不易区分植物类型

表 3-2 Landsat 8 OLI 波段合成

波段组合	主要用途	波段组合	主要用途
432	自然真彩色	562	健康植被
764	城市	564	陆地/水
543	标准假彩色，植被、耕地等	753	移除大气影响的自然表面
652	农业	754	短波红外
765	穿透大气层	654	植被分析

2000 年、2005 年和 2010 年判图所用的 Landsat 7 ETM 数据在实际应用过程中，最常用组合方案是 432 波段（即近红外波段、红光波段和绿光波段）配红、绿、蓝三种颜色，形成标准假彩色图像。其地物影像丰富、鲜明、层次好，植被以红色显示，主要用于资源环境和土地利用调查或更新等；其次是 345 波段（即红光波段、近红外波段和短波近红外波段）配红、绿、蓝三种颜色，形成非标准但接近于真彩色的合成方案，利用较丰富的多光谱组合，对水体、建成区、森林等地类判读识别明显。

2015 年判图所用的遥感数据，即 Landsat 8 OLI 陆地成像仪包括了 Landsat 7 ETM 传感器所有的波段，为了避免大气吸收特征，OLI 图像对波段进行了重新调整，比较大的调整是 5 波段（0.845～0.885μm），排除了 0.825μm 波谱下水汽吸收特征；OLI 图像的全色波段 8 波段范围较窄，这种方式可以在全色图像上更好地区分植被和非植被情况。此外，OLI 图像还有两个新增的波段，即蓝色波段（Band 1，0.433～0.453μm，主要应用海岸带观测）和短波红外波段（Band 9，1.360～1.390μm，可用于云检测）。相比于 Landsat 7 ETM 影像，Landsat 8 OLI 影像的组合波段更丰富，解译判读时优势明显。

2）遥感图像的辐射校正

由于自然条件等外部因素的影响，遥感影像往往要受到太阳光照射条件、大气吸收和散射等情况，以及地形因子和其他各种生态环境因子的影响，直观表现为影像的色彩偏差。这使得传感器所接收的地物光谱反射信息不能全部真实地反映地物的波谱特征，降低了图像的识别精度，因此，必须进行辐射校正，改进图像质量（汤国安等，2004；韦玉春等，2019）。

一般情况下辐射校正主要包括三个方面：①传感器的灵敏度特征引起的辐射误差校正，如光学镜头的非均匀性引起的边缘减光现象的校正、光电变换系统的灵敏度特性引起的辐射误差校正等；②光照条件的差异引起的辐射误差校正，如太阳高度角的不同引起的辐射误差校正、地面倾斜引起的辐射误差校正等；③大气的散射和吸收引起的辐射误差校正等（陈趁新等，2014；段依妮等，2014）。

常用的辐射校正方法有绝对辐射归一化和相对辐射归一化，前者是将每幅图像的灰度值转换成地表反射率，后者则是将其他影像的灰度值逐次归一化到参考影像，从而使多时相遥感影像具有相同的辐射尺度（Mousa and El Desoky，2013）。本书采用绝对辐射归一化处理，具体根据 USGS TM 数据处理系统的辐射标定算法（李小文和刘素红，2008），在 ENVI5.1 软件环境下进行辐射定标操作（Landsat 8 OLI 遥感影像已做过辐射校正）。

3）遥感图像的几何校正

几何校正是指从具有几何畸变的图像中消除畸变的过程，即定量地确定图像上像元坐标与地理坐标的对应关系。引起图像几何变形一般分为两大类：系统型和非系统型。系统型一般是由传感器本身引起的，有规律性和可预测性，可以用传感器模型来校正；非系统型的几何变形是不规律的，可能是由传感器平台本身的高度、姿态等状况不稳定造成的，也可能是由地球曲率、空气折射及地形变化等原因导致的（冯学智等，2011）。

遥感影像的几何校正主要通过对地形图、遥感影像上选取的控制点进行重采样，实现几何精度的校正与提高。一般包括两个方面：一是图像像元空间位置的变换；二是像元灰度值的内插。研究中遥感图像几何校正的一般步骤如图 3-3 所示：①确定校正方法。根据遥感图像几何畸变的性质和可用于校正的数据确定几何校正的方法。②确定校正公式。确定原始输入图像上的控制点和几何校正后的图像上像点之间的变换公式，并根据控制点等数据确定变换公式中的未知参数。③验证校正方法、校正公式的有效性。检查几何畸变能否得到充分校正，探讨校正公式的有效性。当判断为无效时，分析其原因，对新的校正公式进行探讨，或对校正中所用的数据进行修正。④重采样、内插。对原始输入图像进行重采样，在重采样中，由于所计算的对应位置坐标不是整数值，必须通过周围像元值内插来求出新的像元值，得到消除几何畸变后的图像（唐娉等，2014）。

本书中采用三县范围地形图进行精度验证。通过扫描已有的地形图作为基准图件，将图像匹配到相应的坐标系统和地图投影，选取易于辨识的地物作为控制点，运用二次多项式法进行对应、拟合、纠正和调整，采用双线性内插法进行图像重采样，最终将遥感影像和地形图之间的匹配精度控制在半个像元之内。

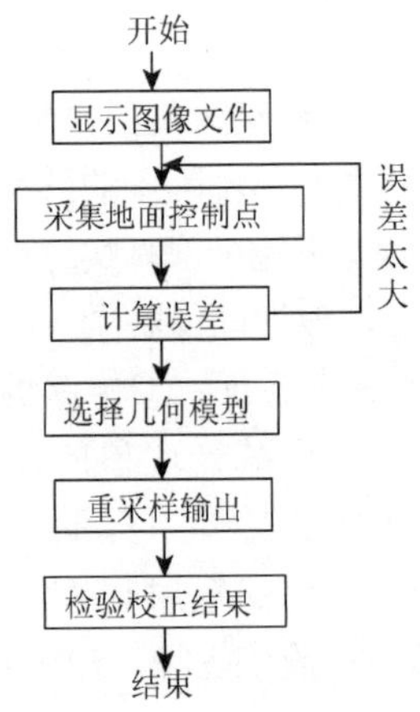

图 3-3　遥感图像的几何校正步骤

4）遥感图像的大气校正

大气是介于卫星传感器与地球表层之间的一层由多种气体及气溶胶组成的介质层。在太阳辐射到达地表再到达卫星传感器的过程中，前后两次经过大气，对太阳辐射产生了较大的影响。因此，需要对影像进行大气校正，以消除所获取遥感影像受到的大气因素干扰。研究采用 ENVI5.1 软件中通用的 FLAASH 模型实现对遥感影像的大气校正，相关参数设置参考已有研究成果得到（张志杰等，2015；Pablito et al.，2016）。

5）遥感图像融合

图像融合是将低分辨率的多光谱影像与高分辨率的单波段影像重采样生成一副高分辨率多光谱影像的图像处理技术，可使处理后的影像既有较高的空间分辨率，又有多光谱特征，从而有利于地物的识别与判定。为了更清晰地识别研究区的土地利用特征，使用 ENVI5.1 的 Gram-Schmidt 工具将多光谱波段与高分辨率波段融合，提高遥感影像的空间分辨率（图 3-4）（邓书斌，2010）。

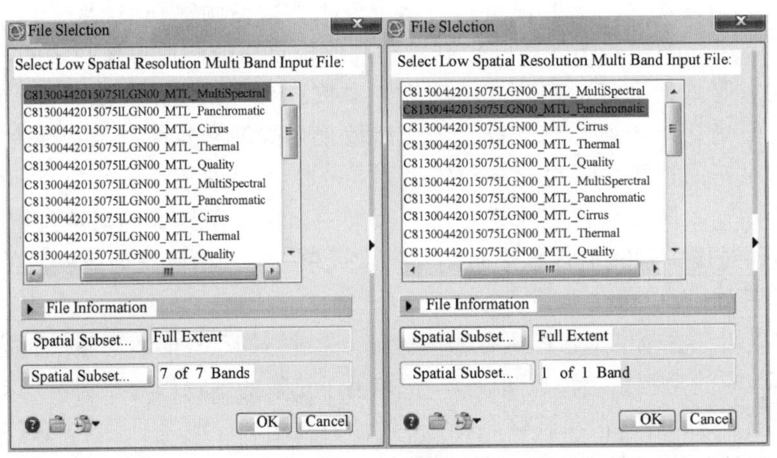

图 3-4　ENVI5.1 软件中的 Gram-Schmidt 融合方法

6）遥感图像的裁剪

图像裁剪是指在实际工作中按照研究区域的行政界线或感兴趣部分将研究区遥感影像从整幅图像上分幅剪切的获取过程。一般对镶嵌之后的遥感图像进行裁剪，去除研究区以外的区域。本书采用边三县的行政边界，通过 ENVI5.1 的 Subset data from ROIs 工具裁剪遥感影像，用于土地利用解译工作（徐永明，2019）。

3.2.2 土地利用遥感解译

土地利用遥感解译，包括分类、调查、识别、验证、评价等。本书通过遥感图像的土地利用分类、土地利用遥感解译标志、监督分类与目视解译、精度检验四个步骤，解译了边三县 2000 年、2005 年、2010 年和 2015 年 Landsat 卫星遥感影像，得到四个时相的土地利用现状图。

1）遥感图像的土地利用分类

遥感图像的土地利用分类是根据图像上不同土地利用类型的光谱特征完成的，也就是通常所说的土地利用分类，合理的土地利用分类体系是研究边三县土地利用时空变化特征规律的前提和基础。根据边三县多年的实地调查结果，按照《土地利用现状分类》（GB/T21010—2017）内容赋予地类属性，将研究区土地利用划分为 11 种类型，即旱地、水田、草地、有林地、灌木林、桉树林、茶园、橡胶园、果园、水域和建设用地（表 3-3）。

表 3-3 三县土地利用分类体系

土地利用类型		地类说明
耕地		指种植农作物的土地，包括熟地，新开发、复垦、整理地，休闲地（含轮歇地、休耕地）；以种植农作物（含蔬菜）为主，间有零星果树或其他树木的土地；临时种植药材、草皮、花卉、苗木等的耕地，临时种植果树、茶树和林木且耕作层未被破坏的耕地，以及其他临时改变用途的耕地
	旱地	指无灌溉水源及设施，主要靠天然降水种植旱生农作物的耕地
	水田	指有水源保证和灌溉设施，在一般年景能正常灌溉，种植水稻、莲藕等水生农作物的耕地，包括实行水生、旱生农作物轮种的耕地和种植蔬菜的非工厂化的大棚用地
草地		指生长草本植物为主的土地
天然林地		指生长天然乔木、竹类、灌木的土地。包括迹地，不包括城镇、村庄范围内的绿化林木用地，铁路、公路、征地范围内的林木，以及河流、沟渠的护堤林
	有林地	指郁闭度≥20%的林地
	灌木林	指灌木覆盖度≥40%的林地
人工经济园林		指通过人工种植形成的，以生产果品、饮料、油料、工业原料和药材为主要目的的园林用地
	桉树林	指人工引种的桉树经济林地，包括所有的幼年和成年桉树林
	茶园	指人工种植的茶树园地
	橡胶园	指人工引种的橡胶园地，包括成林和未成林的橡胶园

续表

土地利用类型	地类说明
果园	指人工种植的果树园地
水域	指陆地水域，以及滩涂、沟渠、沼泽、湿地等用地
建设用地	指人工建造的建成区用地，包括住宅用地、商服用地、工矿仓储用地、公共管理与公共服务用地、交通运输用地、水利设施用地和特殊用地等

2）土地利用遥感解译标志

遥感图像解译包括识别、区分、辨别、分类、评定、评价及对某些特殊重要现象的探测与鉴别。因此，土地利用遥感解译标志的建立有利于解译者对地表土地利用类型做出正确判断、采集和归类。不同的地物，其影像特征和性质不同，因而可根据它们在图像上的变化和差异来识别，其中影像特征包括遥感图像的光谱特征、空间特征、时相特征，表现为色调或颜色、阴影、大小、形状、纹理、图案、位置、组合等。根据影像光谱特征、解译目标等信息，结合野外实地调查，参照有关地理图件，对地物的几何形状、颜色特征、纹理特征和空间分布情况进行分析，并确立土地利用遥感解译标志（表 3-4）。

3）监督分类与目视解译

在遥感影像分类中，按照是否有已知训练样本的分类数据，分类方法分为两大类，即监督分类与非监督分类。由于监督分类根据土地利用遥感解译标志选取了训练样本，一般比非监督分类的精度高、准确性好，故本书使用监督分类进行遥感影像的分类；监督分类后，结合 Google 地图的高清遥感影像（表 3-4），对分类结果进行目视解译，提高影像判读的精度。

4）精度检验

为了保证解译的准确性和真实性，还需要进行实地验证，修改不合理的部分，降低遥感影像解译的误差。根据实地采点验证，研究区土地利用解译结果的精度均处于 88%以上；对解译结果进行 Kappa 系数检验，2000 年、2005 年、2010 年和 2015 年的 Kappa 系数分别为 0.84、0.86、0.83 和 0.88，均大于 0.80，解译效果较好，能够满足研究的需求。

3.2.3 分类后处理及制图

在遥感解译中会产生一些面积很小的图斑，无论是从专题制图的角度，还是从实际应用的角度，都需要将这些细碎图斑进行剔除或重新分类。因此，本书通过细碎斑块去除、聚类与过滤等步骤进行分类后的图斑处理，最终得到研究区边三县 2000 年、2005 年、2010 年和 2015 年的土地利用现状图。

表 3-4　土地利用遥感图像解译标志

土地利用类型	影像特征				遥感影像	Google Earth 卫星混合图	实地示例照片
	色调	纹理	形状	空间分布			
旱地	淡粉色（654 波段），色调比较均匀	影像结构较为均一	几何形状比较明显，边界清晰，呈不规则片状或条带状分布	主要分布在居民点周围的低海拔地区、山前平原、丘陵缓坡地带或者坡地	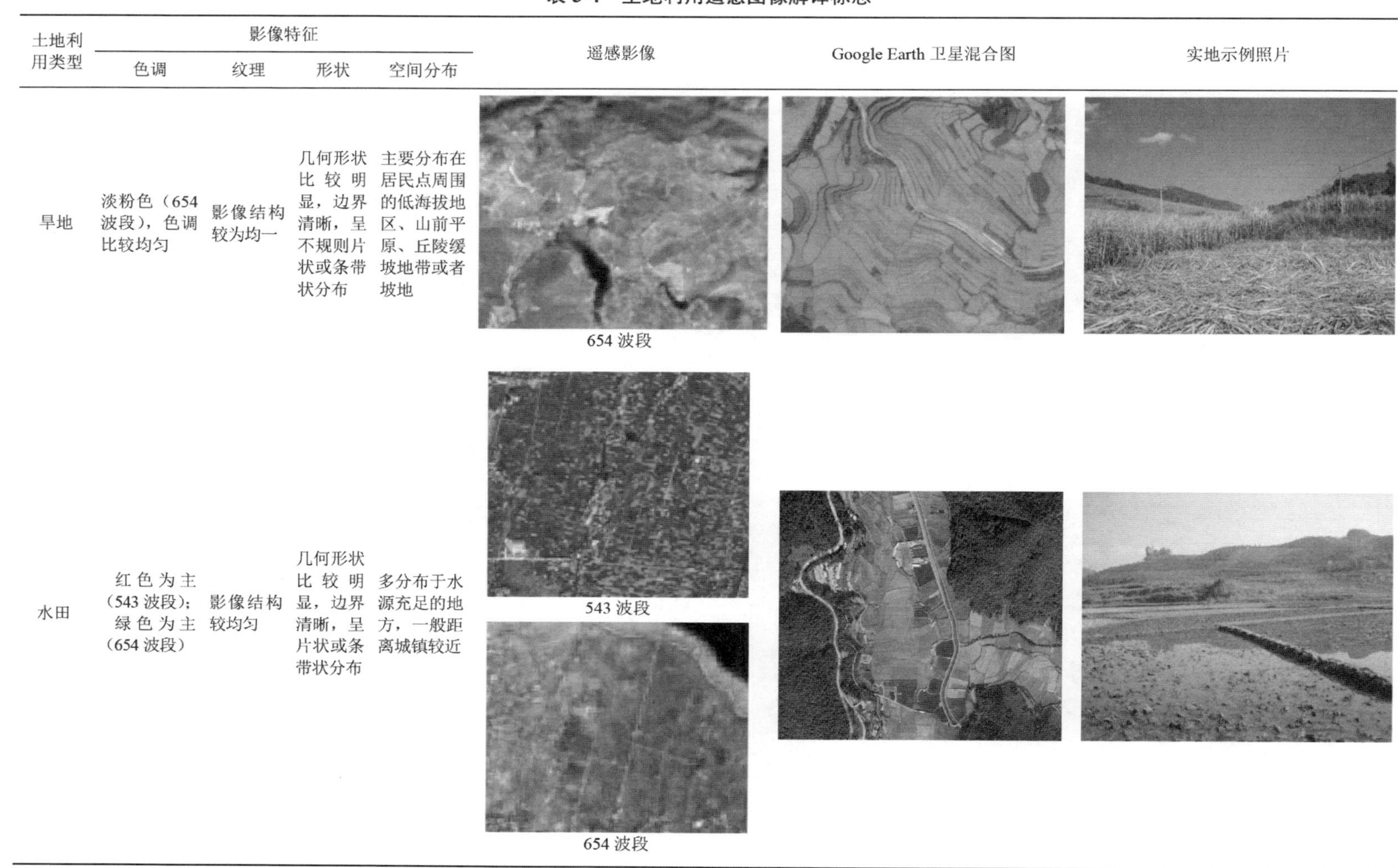 654 波段		
水田	红色为主（543 波段）；绿色为主（654 波段）	影像结构较均匀	几何形状比较明显，边界清晰，呈片状或条带状分布	多分布于水源充足的地方，一般距离城镇较近	543 波段 654 波段		

续表

土地利用类型	影像特征				遥感影像	Google Earth 卫星混合图	实地示例照片
	色调	纹理	形状	空间分布			
草地	浅绿色或亮绿色（654 波段）	影像结构均匀，纹理较细	几何特征明显，呈不规则的片状，边界较清晰	分布区域不规则，旱地外围、湖滨地段皆有	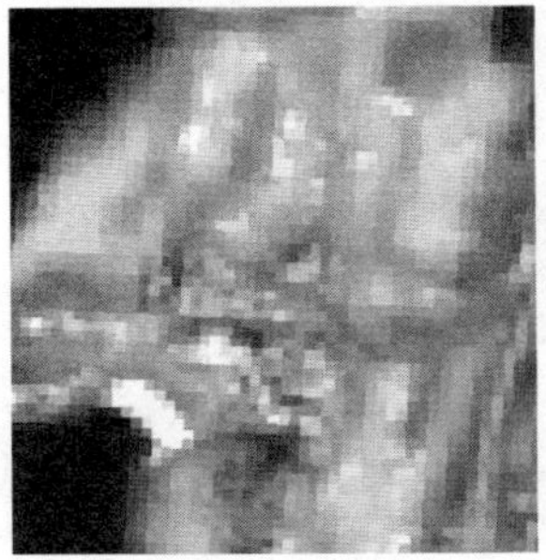 654 波段		
有林地	红色（543 波段）或绿色（654 波段）色泽鲜明	纹理清晰	形状较为规则，呈片状或带状，地块边界清晰但不规则	有林地多数分布在沟道中。阳坡和阴坡皆有分布，相对密集。在阴坡呈墨绿色（654 波段）或者暗红色（543 波段），不规则。在阳坡侵蚀沟中呈浅绿色、浅灰色和深绿色相混杂（654 波段）	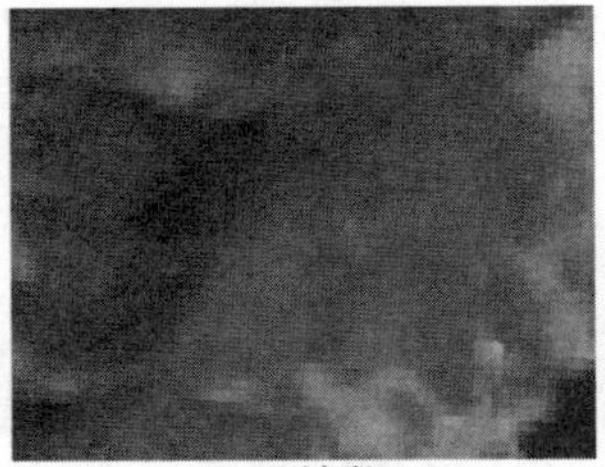 543 波段 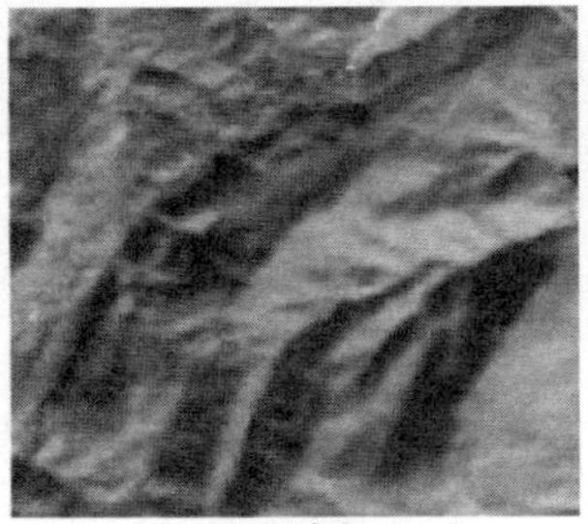 654 波段		

续表

土地利用类型	影像特征				遥感影像	Google Earth 卫星混合图	实地示例照片
	色调	纹理	形状	空间分布			
灌木林	灰绿色（654 波段）	纹理较均匀，但不易识别	形状不规则	多分布在海拔较高的地区或者低山丘陵中谷坡的下部，是林地与草地的过渡地带	654 波段		
桉树林	亮红色（543 波段）	纹理清晰，容易识别	形状相对规则，呈片状或带状分布	多分布在海拔较低的地区或者低山丘陵中谷坡的下部	543 波段		
茶园	暗红、红褐色（543 波段）	纹理较粗糙，不易识别	边界较为模糊，呈不规则的片状或带状分布	主要分布在半山腰地段，一般为片状分布	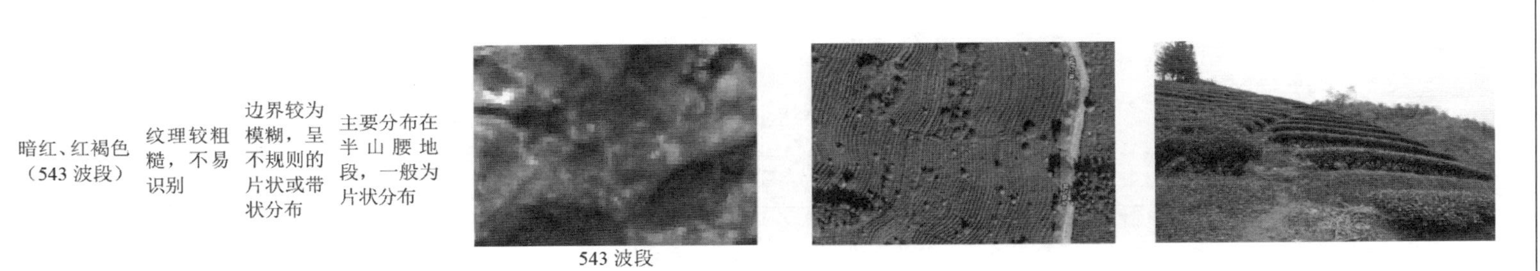 543 波段		

续表

土地利用类型		影像特征				遥感影像	Google Earth 卫星混合图	实地示例照片
		色调	纹理	形状	空间分布			
橡胶园		深青色，略夹带紫色（543波段）	纹理不规则、影像识别度较低	几何特征较明显	分布在山间比较平坦的地区	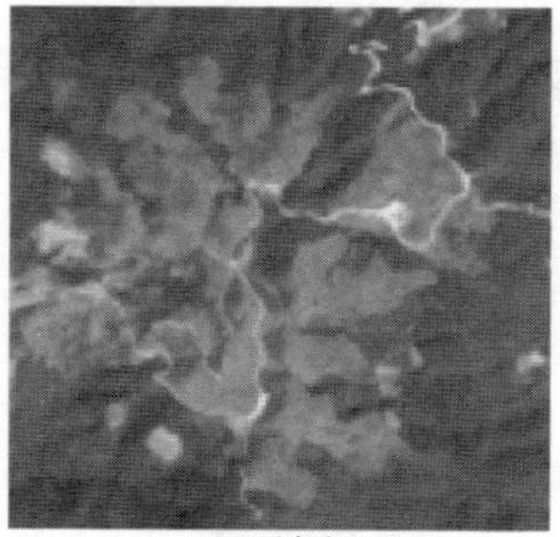 543 波段	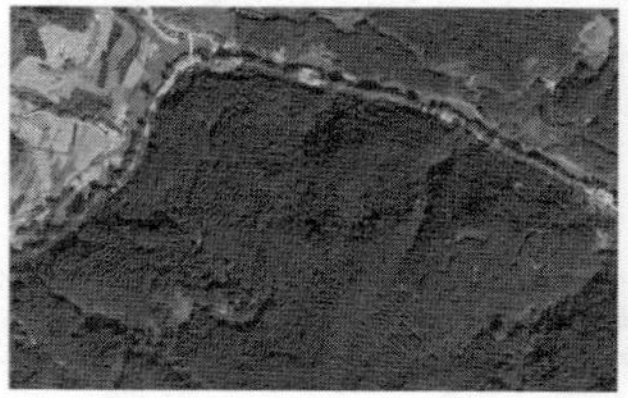	
水域		深蓝色（543波段），色调均匀	纹理均匀、影像识别度高	几何特征明显，边界清晰	在研究区的遥感图像上分布明显	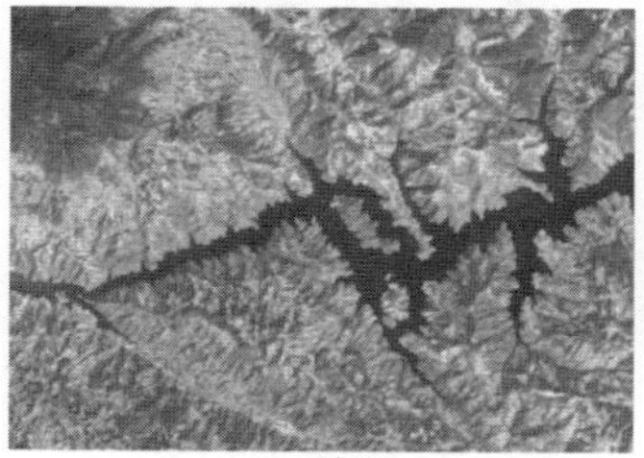 543 波段		
建设用地	城镇用地	紫灰色（654波段），色调均匀、明显	纹理均匀、影像识别度高	有形状但不规则，边缘清晰，特征清晰易辨认	主要分布于地势较平坦的地区，呈大片状出现	 654 波段		

续表

土地利用类型	影像特征				遥感影像	Google Earth 卫星混合图	实地示例照片
	色调	纹理	形状	空间分布			
村庄	紫灰色（654 波段）	纹理均匀、明显	几何形状比较明显，边界较清晰	多分布于阳坡，半山腰偏下，较为平坦的地方，靠近水源，有交通要道。间隙有绿色树木	654 波段		
其他建设用地	亮白色（345 波段），颜色鲜明	纹理均匀、易识别	形状明显，边界清晰	分布较零散	345 波段		

第 4 章　区域土地利用时空变化特征及影响因素分析

运用遥感解译得到边三县 2000 年、2005 年、2010 年和 2015 年土地利用现状图，分析边三县的土地利用数量、速率、程度等时间变化特征，以及土地利用流向、综合土地利用动态等空间变化特征，研究人工经济园林引种引起的土地利用类型/覆被变化特征；通过二元 Logistic 回归模型分析引起土地利用类型/覆被变化的影响因素，便于深度了解土地利用变化机制，指导边三县的土地资源可持续利用。

4.1　西盟县土地利用时空变化特征及影响因素分析

4.1.1　土地利用时空变化特征

1. 数量变化特征分析

西盟县土地利用结构以有林地、旱地等土地利用类型为主（表 4-1 和图 4-1，彩图见附图 1）。2000 年和 2005 年有林地和旱地为全县主要的土地利用类型，其中，2000 年其总面积为 109 341.98hm^2，占全县总面积的 86.92%，有林地和旱地分别占 64.15% 和 22.77%。2005 年其总面积为 101 041.93hm^2，占全县面积的 80.32%，有林地和旱地分别占 57.21%和 23.11%；至 2010 年和 2015 年，有林地、旱地和橡胶园为全县主要的土地利用类型，其中，2010 年其总面积为 106 676.05hm^2，占全县总面积的 84.80%，有林地、旱地和橡胶园分别占 51.00%、22.40%和 11.40%。2015 年，其总面积为 105 723.36hm^2，占全县总面积的 84.04%，有林地、旱地和橡胶园分别占 50.41%、20.89%和 12.74%。

从土地利用类型面积绝对变化量来看，桉树林、茶园、建设用地、水田、水域和橡胶园呈增长趋势；草地、灌木林和有林地呈减少趋势；旱地则先增后减（表 4-1）。2000～2005 年，有林地、橡胶园、桉树林、草地和茶园是西盟县土地利用面积变化最大的地类。其中，有林地和草地面积减少，分别减少 8736.77hm^2 和 1623.58hm^2，而橡胶园、桉树林和茶园面积增加，分别增加了 6457.40hm^2、1715.09hm^2 和 1098.70hm^2。2005～2010 年，有林地、橡胶园和茶园是西盟县土地利用面积变化最大的地类。其中，有林地面积减少 7806.01hm^2，而橡胶园和茶园面积增加，分别增加了 7487.06hm^2 和 1387.07hm^2；2010～2015 年，旱地、橡胶园和有林地是西盟县土地利用面积变化最大的地类。其中，旱地和有林地面积减少，分别减少了 1902.71hm^2 和 739.14hm^2，而橡胶园面积增加了 1689.16hm^2，与前 10 年相比，橡胶园的增长速率变缓。总之，15 年间橡胶园、茶园和桉树林增加面积最多，有林地的面积减少最多，而旱地呈先增后减的趋势。

表 4-1　西盟县土地利用类型面积绝对变化量和变化速率

土地利用类型	面积/hm²				面积绝对变化量/hm²				土地利用变化速率/%			
	2000 年	2005 年	2010 年	2015 年	2000～2005 年	2005～2010 年	2010～2015 年	2000～2015 年	2000～2005 年	2005～2010 年	2010～2015 年	2000～2015 年
旱地	28 640.71	29 077.43	28 178.20	26 275.49	436.72	–899.23	–1 902.71	–2 365.22	2%	–3%	–7%	–8%
水田	5 768.05	6 396.95	6 683.24	7 265.49	628.90	286.29	582.25	1 497.44	11%	4%	9%	26%
有林地	80 701.27	71 964.50	64 158.49	63 419.35	–8 736.77	–7 806.01	–739.14	–17 281.92	–11%	–11%	–1%	–21%
灌木林	692.91	491.25	487.56	457.10	–201.66	–3.69	–30.46	–235.81	–29%	–1%	–6%	–34%
草地	6 317.95	4 694.37	4 143.18	3 579.49	–1 623.58	–551.19	–563.69	–2 738.46	–26%	–12%	–14%	–43%
桉树林	657.70	2 372.79	2 394.06	2 498.44	1 715.09	21.27	104.38	1 840.74	261%	1%	4%	280%
橡胶园	394.90	6 852.30	14 339.36	16 028.52	6 457.40	7 487.06	1 689.16	15 633.62	1 635%	109%	12%	3 959%
茶园	924.03	2 022.73	3 409.80	3 786.42	1 098.70	1 387.07	376.62	2 862.39	119%	69%	11%	310%
水域	68.40	68.53	101.53	249.69	0.13	33.00	148.16	181.29	0%	48%	146%	265%
建设用地	1 631.99	1 857.06	1 902.49	2 237.92	225.07	45.43	335.43	605.93	14%	2%	18%	37%
合计	125797.91							/				

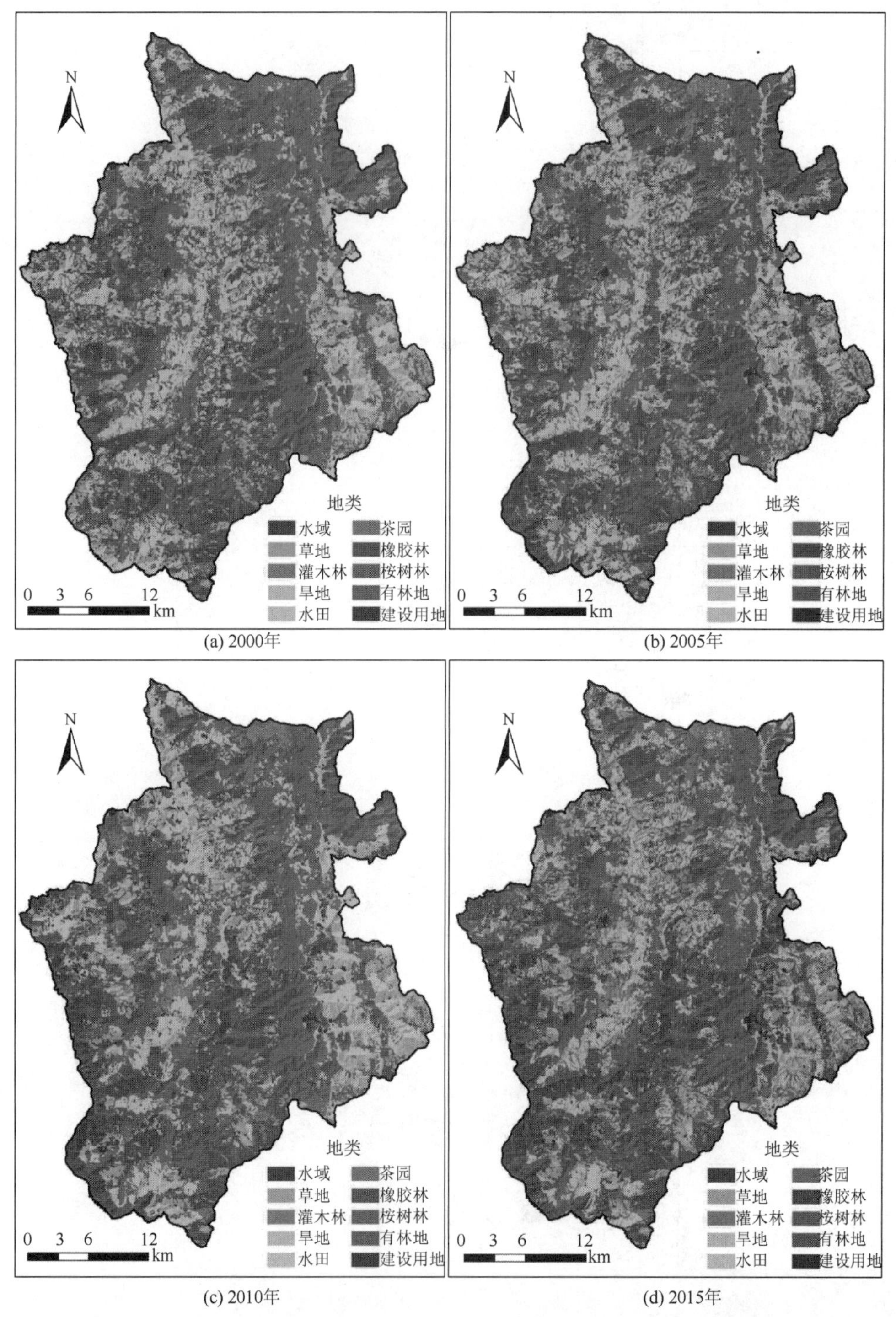

(a) 2000年　(b) 2005年　(c) 2010年　(d) 2015年

图 4-1　西盟佤族自治县 2000 年、2005 年、2010 年、2015 年土地利用现状图

从土地利用类型面积变化速率来看，15 年间橡胶园、茶园、桉树林和水域面积快速

增加，而草地和灌木林则快速减少，这与基期土地利用类型面积有关（表 4-1）。2000～2015 年，橡胶园面积增加速度最快，其变化速率达 3959%；茶园、桉树林和水域增加速度次之，分别为 310%、280%和 265%；而建设用地和水田增加速度相对较慢，分别为 37%和 26%。草地减少的速率最大，达到–43%；灌木林和有林地减少的速率次之，分别为–34%和–21%；而旱地则较为缓慢地减少，其变化速率为–8%。从表 4-1 可以看出，西盟县土地利用变化速率具有一定的时间变化规律：①橡胶园面积在 2000～2005 年、2005～2010 年增加的速率较大，分别达到 1635%和 109%，但 2010～2015 年的增加速率仅为 12%，说明西盟县橡胶园大规模种植主要集中在 2000～2010 年；②桉树林在 2000～2005 年增加的速率较大，达 261%，但 2005～2010 年桉树林增加的速率较低，为 1%，说明西盟县桉树的种植集中于 2000～2005 年；③水域在 2000～2005 年面积未发生变化，但 2000～2015 年水域面积的增加速率为 265%，水域面积的快速增加是因为勐梭镇富母乃水库和南康河二级水电站的建设。

由此可知，2000～2015 年橡胶园的大面积种植（增加 15 633.62hm^2），引起了全县土地利用结构变化。

2. 土地利用程度变化分析

土地利用程度反映了人类在土地利用过程中对土地生态系统的影响程度。土地系统是一个综合的复合系统，借鉴刘纪远（1996）的土地利用程度综合模型对西盟县土地利用程度进行定量表达：

$$L_a = \sum_{i=1}^{n} A_i \times C_i \times 100 \qquad L_a \in (100, 400) \tag{4-1}$$

式中，L_a 为土地利用程度综合指数；A_i 为第 i 级土地利用程度分级指数；C_i 为第 i 级土地利用程度分级面积百分比。

为了更加真实地反映西盟县土地利用程度，将西盟县土地利用类型划分为未利用、自然可再生利用、人工可再生利用和难再生利用四种理想土地利用级，结合陈莹等（2017）、张颖和赵宇鸾（2018）的研究，确定了西盟县各土地利用类型分级指数（表 4-2）。分级指数采用 1～4 数值进行赋值，其中，建设用地为土地开发利用的上限，赋值为 4，利用程度最高，表示建设用地无法进行更加深入的开发利用；草地为土地开发利用的下限，赋值为 1，利用程度最低，表示草地仍有较强的可开发利用空间。

表 4-2　土地利用程度分级指数

类型	未利用级	自然可再生利用级	人工可再生利用级	难再生利用级
土地利用类型	草地	林地、灌木林、水域	旱地、水田、桉树林、茶园、橡胶园	建设用地
分级指数	1	2	3	4

通过式（4-1），全县尺度上，2000 年、2005 年、2010 年和 2015 年西盟县土地利用程度指数分别为 226.50、236.38、243.43 和 245.11，15 年间人类活动对全县土地利用影响的程度逐渐加大（图 4-2）。

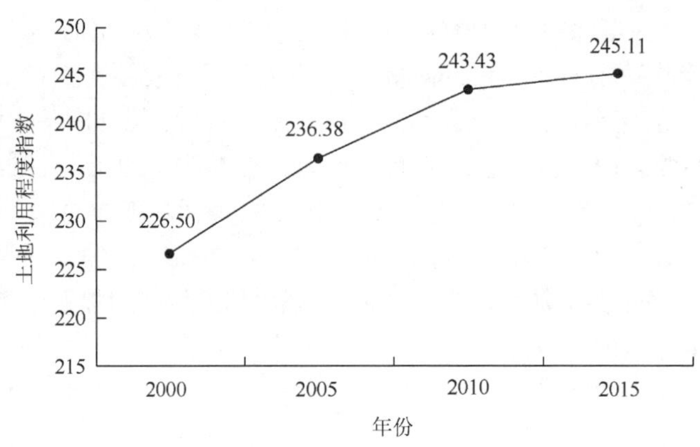

图 4-2　西盟县土地利用程度指数

3. 土地利用流向分析

西盟县桉树林、茶园和橡胶园等人工经济园林的大面积种植，引起了区域内土地利用类型的转换，大面积种植主要集中在 2000～2010 年，而 2010～2015 年，人工经济园林种植速率开始减缓。因此，通过 2000～2010 年、2010～2015 年两个时段开展西盟县的土地利用流向分析。

1）2000～2010 年土地利用流向分析

橡胶园、茶园、桉树林、水田、建设用地和水域转入远大于转出。2010 年橡胶园面积为 14 339.36hm^2，主要由 7430.23hm^2 的有林地和 6489.61hm^2 的旱地转入，其他土地利用类型转入面积较少，而转出面积仅为 43.49hm^2；茶园面积为 3409.80hm^2，主要由 1573.31hm^2 的旱地和 994.99hm^2 的有林地转入，转出面积较少，仅有 92.67hm^2；桉树林面积为 2394.06hm^2，主要由 1310.94hm^2 的有林地和 259.01hm^2 的旱地转入，转出面积仅 21.31hm^2；水田面积为 6683.24hm^2，主要由 1314.58hm^2 的有林地转入，而转出面积较小；建设用地面积主要由 321.46hm^2 的有林地和 130.39hm^2 的旱地转入，转出面积较小；水域面积主要由 32.32hm^2 的有林地和 5.92hm^2 的旱地转入，转出面积较小（表 4-3）。

有林地、草地和灌木林转出大于转入，有林地主要转出为旱地、橡胶园、水田、桉树林、茶园、建设用地和草地，转出面积共有 21 488.12hm^2，而转入的面积仅有 4945.34hm^2，主要是退耕还林政策使陡坡旱地转为有林地；草地主要转出为旱地和有林地，转出面积共 2713.41hm^2，转入面积为 538.64hm^2；灌木林主要转出为有林地，转出面积为 223.63hm^2，转入面积较少。

旱地的转入和转出基本持平，旱地转出为橡胶园、有林地、茶园、桉树林、草地、建设用地、水田、水域和灌木林，转出面积共有 11 406.44hm^2；同时有林地、草地、水田、茶园、建设用地、灌木林、水域和橡胶园转为旱地，转入面积共有 10 943.93hm^2。

表 4-3　西盟县 2000～2010 年土地利用转移矩阵

（单位：hm^2）

土地利用类型	桉树林	草地	茶园	灌木林	旱地	建设用地	水田	水域	橡胶园	有林地	2000 年合计
桉树林	636.39	/	1.06	/	0.15	/	0.14	/	/	19.96	657.70
草地	166.34	3 604.54	1.46	0.75	925.86	0.88	19.79	1.86	15.81	1 580.66	6 317.95
茶园	2.53	/	831.36	/	75.54	0.19	1.49	/	0.03	12.89	924.03
灌木林	18.05	0.68	/	391.34	56.83	/	1.89	/	0.49	223.63	692.91
旱地	259.01	219.16	1 573.31	4.42	17 234.27	130.39	69.03	5.92	6 489.61	2 655.59	2 8640.71
建设用地	/	0.02	5.47	0.28	72.76	1 444.13	7.82	0.30	13.51	87.70	1 631.99
水田	0.80	2.22	2.15	2.09	126.10	5.30	5 268.11	/	35.11	326.17	5 768.05
水域	/	0.10	/	/	1.73	/	/	61.13	3.16	2.28	68.40
橡胶园	/	/	/	4.57	1.93	0.14	0.39	/	351.41	36.46	394.90
有林地	1 310.94	316.46	994.99	84.11	9 683.03	321.46	1 314.58	32.32	7 430.23	59 213.15	80 701.27
2010 年合计	2 394.06	4 143.18	3 409.80	487.56	28 178.20	1 902.49	6 683.24	101.53	14 339.36	64 158.49	125 797.91

2）2010～2015 年土地利用流向分析

橡胶园、水田、茶园、建设用地、水域和桉树林转入远大于转出。2015 年橡胶园面积为 16 028.52hm^2，主要由 2752.77hm^2 的旱地和 711.22hm^2 的有林地转入，其余土地利用类型转入面积较少，转出面积为 1962.10hm^2；水田面积为 7265.49hm^2，主要由有林地和旱地转入，转入面积分别为 969.15hm^2 和 739.44hm^2，转出面积为 1376.99hm^2；茶园面积为 3786.42hm^2，主要由 457.67hm^2 的旱地和 259.26hm^2 的有林地转入，转出面积为 532.96hm^2；建设用地面积为 2237.92hm^2，主要由 203.96hm^2 的有林地和 122.04hm^2 的旱地转入，转出面积仅为 86.43hm^2；水域面积主要由橡胶园和有林地转入，转入面积分别为 72.46hm^2 和 58.63hm^2，而转出面积较小；桉树林面积主要由有林地转入，转入面积为 303.51hm^2，转出面积较小（表 4-4）。

旱地、有林地、草地和灌木林转出大于转入，旱地主要转出为草地和橡胶园，转出面积共有 4877.03hm^2，而转入的面积仅有 2974.32hm^2，主要是退耕还林政策使旱地转为人工经济园林；有林地主要转出为水田和草地，转出面积共 3325.81hm^2，转入面积为 2586.67hm^2；草地主要转出为旱地和有林地，转出面积共 2285.92hm^2，转入面积为 1722.23hm^2；灌木林的转入、转出面积相对较少。

综上所述，西盟县土地利用类型之间的主要转换特征为：①2000～2010 年，橡胶园和桉树林等人工经济园林的大规模种植，取代了大面积的有林地和旱地；而 2010～2015 年，人工经济园林主要取代了旱地。②由于退耕还林政策和人工经济园林大面积种植的影响，有较大面积的旱地转为有林地和橡胶园，同时迫于生计，部分地区森林被砍伐转为旱地。③建设用地不断扩张，有林地和旱地逐渐转为建设用地。④2000～2015 年水域面积增加，勐梭镇富母乃水库、南康河二级水电站的建设①，导致水面上升，覆盖了有林地、橡胶园和旱地。

4. 综合土地利用动态度分析

综合土地利用动态度能表示某一时间段土地利用类型在空间上的变化程度，即空间上哪些区域变化大，哪些区域变化小。参考朱会义和李秀彬（2003）的研究，构建西盟县综合土地利用动态度模型：

$$\mathrm{LC}=\left[\frac{\sum_{i=1}^{n}\dfrac{\Delta \mathrm{LU}_{i-j}}{\mathrm{LU}_i}}{\sum_{i=1}^{n}\mathrm{LU}_i}\right]\times 100\% \tag{4-2}$$

式中，LC 为研究时段内区域综合土地利用动态度；LU_i 为第 i 类土地利用类型研究初期面积；$\Delta\mathrm{LU}_{i-j}$ 为研究初期至末期内第 i 类土地利用类型转换到第 j 类土地利用类型面积的绝对值。

①资料来源：《西盟县大中型水库移民后期扶持规划报告（2011～2015）》。

表 4-4　西盟县 2010～2015 年土地利用转移矩阵

（单位：hm^2）

土地利用类型	桉树林	草地	茶园	灌木林	旱地	建设用地	水田	水域	橡胶园	有林地	2010 年合计
桉树林	2 170.84	121.51	66.80	2.59	3.43	0.90	19.74	/	/	8.25	2 394.06
草地	4.84	1 857.26	17.64	5.41	1 441.91	2.39	54.31	0.13	6.49	752.80	4 143.18
茶园	0.21	8.40	2 876.84	3.63	114.41	10.24	18.05	0.02	15.48	362.52	3 409.80
灌木林	0.90	6.37	4.35	353.38	48.16	0.55	10.69	0.23	17.07	45.86	487.56
旱地	17.55	756.00	457.67	0.76	23 301.17	122.04	739.44	30.80	2 752.77	/	28 178.20
建设用地	/	2.04	13.00	1.96	/	1 816.06	41.14	0.11	28.18	/	1 902.49
水田	0.59	54.31	34.07	17.73	1 096.72	51.72	5 306.25	1.80	120.05	/	6 683.24
水域	/	2.00	/	/	4.26	2.26	0.26	85.51	/	7.24	101.53
橡胶园	/	13.41	56.79	16.78	258.40	27.80	106.46	72.46	12 377.26	1 410.00	14 339.36
有林地	303.51	758.19	259.26	54.86	7.03	203.96	969.15	58.63	711.22	60 832.68	64 158.49
2015 年合计	2 498.44	3 579.49	3 786.42	457.10	26 275.49	2 237.92	7 265.49	249.69	16 028.52	63 419.35	125 797.91

研究通过构建 100m×100m、200m×200m、500m×500m、1000m×1000m 和 2000m×2000m 尺度计算西盟县综合土地利用动态度，经对比分析得出 200m×200m 尺度能较好地反映西盟县综合土地利用动态度的空间差异情况，因此采用这一尺度的分布图分析西盟县综合土地利用动态度（图 4-3，彩图见附图 2）。

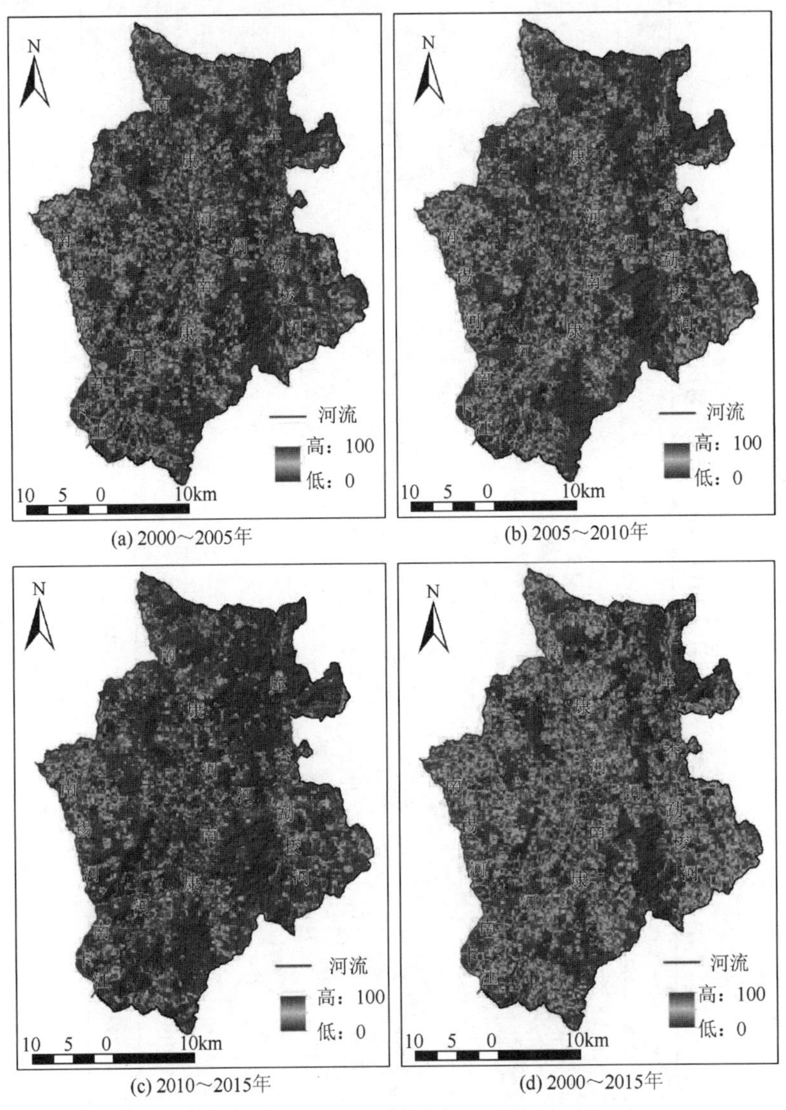

(a) 2000～2005年　(b) 2005～2010年

(c) 2010～2015年　(d) 2000～2015年

图 4-3　西盟佤族自治县综合土地利用动态度

西盟县综合土地利用动态度在 0～100，其值越大说明该区域土地利用变化越大。由图 4-3 可知，西盟县土地利用动态度的空间分布特征：①2000～2015 年西盟县综合土地利用动态度较高的区域分布于南卡江右岸、南康河与库杏河两岸区域，较低的区域主要分布于西盟西北、东北和东南。综合土地利用动态度高的区域与橡胶园、桉树林的种植区大体一致，大面积人工经济园林的快速种植，使得该区土地利用发生快速变化。②西盟县综合土地利用动态度在空间分布上存在时间阶段性。2000～2005 年，动态度最高的区域出现在翁嘎科镇南卡江右岸区域、南康河两岸部分区域和西盟县北部区域；2005～2010 年，西盟县综合土地利用动态度较大的区域主要分布于西盟县南卡江的中部区域、南康河和库杏河两岸；2010～2015 年，西盟县综合土地利用动态度较大的区域分布明显减少，零星分布在西盟县西部和东部区域。三个阶段中，综合土地利用动态度较小的区域均类似，主要分布于西盟西北、东北和东南区。西盟县综合土地利用动态度的阶段性特征与橡胶园、桉树林、茶园等人工经济园林种植的阶段性扩张之间存在密切关系。

4.1.2　土地利用时空变化影响因素分析

研究参考 Mitsuda 和 Ito（2011）构建的土地利用时空分布影响因素概念性框架，结合西盟县实际情况，从社会经济因素和自然环境因素两方面构建西盟县土地利用时空分布影响的指标（表 4-5）。指标数据均在 ArcGIS10.1 软件平台中转化为 30m 分辨率的栅格图层，然后采用 1000m×1000m 等间隔的采样点获取数据，以便用于二元 Logistic 回归模型分析（Zhao et al.，2018）。

表 4-5　土地利用时空分布影响因素

分类	亚分类	变量
社会经济因素	可达性	距主要道路距离（X1）
		距乡村道路距离（X2）
		距乡镇距离（X3）
		距农村居民点距离（X4）
	当地社区的发展	人口总数（X5）
		农村人均纯收入（X6）
	土地利用空间配置	距之前土地利用距离（X7）
	政策限制/鼓励	基本农田政策（X8）
		自然保护区政策（X9）
自然环境因素	地形	坡度（X10）
		海拔（X11）
		坡向（X12）
	土地潜在生产力	土壤有机质（X13）
		土壤类型（X14）
		年平均降水量（X15）
		距河流距离（X16）
		距灌溉沟渠距离（X17）

1. 影响因素选择

社会经济因素反映了人类开发利用自然环境的能力，包括可达性、当地社区的发展、土地利用空间配置和政策限制/鼓励四个方面（Zhao et al.，2018）。距主要道路距离、距乡村道路距离、距政治经济中心距离和距乡镇距离所代表的可达性，常常作为土地利用时空变化影响因素中的社会经济因素（Aguiar et al.，2007；Rosa et al.，2015）。到乡村和市场的可达性与市场扩张和农业商业化相关，影响土地利用的投入与产出，进而影响农户对土地利用的决策（Geist and Lambin，2001）；由人口、收入所代表的当地社区发展也对耕地开垦和退耕还林产生影响，最终影响区域土地利用的时空分布（Mitsuda and Ito，2011）；土地利用的空间配置也对区域土地利用产生影响，其主要原因在于土地利用的扩张总是基于前期的土地利用向外，或呈现飞地方式扩张，如城市建设用地的扩张。土地利用的空间配置可以通过距之前土地利用类型距离等指标进行表征（王兴友，2015）。政策因素在土地利用变化中也起着关键作用，如划定自然保护区、耕地保护和农业补贴等政策限制或鼓励的行为模式，影响人们对土地使用的决策（Cao et al.，2013）。因此，研究选择了自然保护区政策和基本农田政策来分析政策对区域土地利用的影响。另外，尽管技术和文化方面的因素会影响区域土地利用的时空分布情况，但是受到数据收集及空间化的限制，且技术与文化对土地利用空间分布的影响机制尚不明确，因此，这部分指标在研究中被忽略。尽管西盟县存在众多的河流，但是其主要提供灌溉功能而不是运输功能，因此，将其作为自然环境影响因素进行分析。

自然环境因素是区域土地利用时空分布的基础，其将人类活动限制在某个特定的区域范围之内，主要包括地形和土地潜在生产力两方面（Zhao et al.，2018）。坡度、海拔、气候、水文效应、森林分布、建筑成本等之间存在密切关系（Du et al.，2014）。一般情况下，位于低海拔、缓坡区域的有林地有更高的概率被砍伐而转换为耕地，而位于较高海拔、陡坡区域的耕地则有更高的概率被弃耕或转化为橡胶园等人工经济园林（Echeverria et al.，2008）。因此，海拔、坡度是影响区域土地利用时空分布的主要自然环境因素。除此之外，由于作物产量是农业地区农民的主要考虑因素，土地潜在生产力（土壤属性、降水和光照强度）是一个值得思考的因素。西盟县大部分区域属于农村地区，土地潜在生产力是决定农业生产投入产出的重要因素之一，因此，土壤属性、气候条件等因素也将对区域土地利用时空分布产生影响。受土地生产潜力的影响，区域土地利用的空间分布倾向于每种土地利用类型均发生在其最适宜的区域中，位于不适宜区域的土地利用类型将向适宜区域转变。同时，西盟县域的河流主要扮演了灌溉的功能，距河流的距离、距灌溉沟渠的距离也将对土地的潜在生产力产生影响。因此，研究选取土壤有机质、土壤类型、年平均降水量、距河流距离和距灌溉沟渠距离来表征西盟县土地潜在生产力。自然环境因素也对土地利用时空变化产生重大影响。然而，很多土地利用驱动力研究忽略了对自然环境因素的探讨，因为这些因素的变化在很短的时间内通常不明显。总之，土地利用时空变化是自然环境因素与社会经济因素联合作用的结果，只有在土地利用变化分析中共同考虑两组因素的影响时，才能准确识别土地利用时空变化的主要原因。

2. 二元 Logistic 回归分析方法

目前，区域土地利用时空分布影响因素研究主要采用的方法有典型相关分析（Stevenson and White，1995）、一般线性回归（Thorn et al.，2013）、基于距离的线性模型（Su et al.，2016）、野外调查和访谈（Bruno et al.，2014）等。这些方法主要确定驱动因子与土地利用空间分布之间的线性关系，而实际上这种关系是非线性的。在这种情况下，二元 Logistic 回归模型（binary logistic regression model，BLRM）有助于将因变量的回归问题作为非连续变量处理，因此，将变量和因变量表示为非线性关系以确定定量关系（You et al.，2017）。对于土地利用类型来说，一种土地利用类型在空间上的分布很容易通过 0 和 1 来表示，即将土地利用类型作为一个哑变量表示，1 表示该类土地利用类型在空间像元上存在，0 则表示不存在，从而二元 Logistic 回归模型成为一种分析土地利用的空间模式与影响因素之间关系的有效方法。在二元 Logistic 回归模型中，通过以下公式能较方便地计算出某类土地利用类型在空间某一位置分布的概率：

$$p(Y_j=1|x_1,x_2,\cdots,x_n)=\frac{\exp(a+\beta_1x_1+\beta_2x_2+\cdots+\beta_nx_n)}{1+\exp(a+\beta_1x_1+\beta_2x_2+\cdots+\beta_nx_n)} \tag{4-3}$$

$$\mathrm{OR}=\frac{p}{1-p} \tag{4-4}$$

式中，$Y_j(j=0,1,2,\cdots,10)$ 表示第 j 类土地利用类型的空间分布特征，当 j 类土地利用类型在空间上存在时，取值为 1，反之取值为 0；OR 值为发生比，即发生概率与不发生概率的比值，OR 值越大说明发生的概率越高；p 表示在某一个具体空间位置上，土地利用可能发生的概率；$\beta_i(i=0,1,2,\cdots,n)$ 分别为变量 x_i 的系数；a 为截距。

以上公式中，土地利用空间分布数据（x_i）作为因变量，而土地利用时空分布的影响因素则作为变量进行处理。通过得到的 β_i 来表示各变量对区域土地利用时空分布的影响程度。通过受试者工作特征曲线（receiver operating characteristic curve，ROC）来验证二元 Logistic 回归模型的准确性。当 ROC 值大于 0.7 时，说明变量对因变量具有较大的解释性。此外，通过预测正确部分所占百分比（percent correct prediction，PCP）来表示模型的预测能力，其预测能力越高，说明所构建的二元 Logistic 回归模型与现实越接近。为了比较不同变量对土地利用时空分布的影响程度，所有变量均在 SPSS22.0 软件通过 *Z*-score 方法进行标准化处理；二元 Logistic 回归模型的具体操作，也在 SPSS22.0 软件中完成。

3. 西盟县土地利用时空变化影响因素分析

由前面的土地利用分析可知：①西盟县境内土地利用类型主要为有林地和旱地；②2000～2010 年，橡胶园、茶园和桉树林人工经济园林的大面积种植，使区域有林地、旱地等用地类型迅速转变为人工经济园林，引起了区域土地利用多样性、均匀性和优势度等土地景观结构发生变化；③旱地与林地之间存在剧烈转化。因此，将进一步研究有林地、耕地等主要的土地利用类型和橡胶园、茶园、建设用地等变化较为剧烈的土地利用类型时空变化影响因素。为了研究方便，把旱地和水田合并为耕地；在二元 Logistic 回归模型中，基本农田政策（X8）和自然保护区政策（X9）在 SPSS22.0 软件中作为分类变量，对其进行了重新编码，位于自然保护区内被重新编码为 0，非自然保护区内被重新编码为 1，位于基本农田范围内被重新编码为 0，非基本农田区域内被重新编码为 1。在此编码情况下，当 X8、X9 的二元 Logistic 回归 Beta 系数 β 为负值时，表示某土地利用类型空间分布于基本农田或自然保护区内，反之则表示该土地利用类型空间分布于基本农田或自然保护区外。

1）二元 Logistic 回归模型的检验

研究采用 ROC 曲线和 PCP 对二元 Logistic 回归得到的概率 p 与真实的土地利用空间分布一致性进行检验。在 SPSS22.0 软件中将二元 Logistic 回归得到的概率值 p 与相应地类的空间分布进行 ROC 处理，得到 ROC 值。当 ROC 值大于 0.7 时，说明二元 Logistic 回归模型拟合效果较好。由表 4-6 可知，有林地、茶园、耕地、橡胶园和建设用地的 ROC 值均大于 0.7，说明所构建的二元 Logistic 回归模型对耕地、有林地、茶园和建设用地的拟合效果较好。表 4-7～表 4-11 中标准误差的值（S.E.）均较小，也验证了模型的可靠性。

表 4-6　二元 Logistic 回归模型的 ROC 值与 PCP 值

土地利用类型	2000 年		2005 年		2010 年		2015 年	
	ROC	PCP	ROC	PCP	ROC	PCP	ROC	PCP
有林地	0.784	73.80%	0.813	75.40%	0.852	78.00%	0.925	85.10%
茶园	0.915	99.30%	0.879	98.40%	0.901	97.20%	0.986	98.40%
耕地	0.842	79.70%	0.837	80.00%	0.804	77.60%	0.876	82.80%
橡胶园	0.970	99.70%	0.949	94.90%	0.952	92.10%	0.960	92.40%
建设用地	0.932	98.70%	0.929	98.60%	0.924	98.50%	0.979	98.90%

此外，还采用了 PCP 来表示二元 Logistic 回归模型预测的能力，PCP 值越高说明预测能力越好，越能反映现实的土地利用情况。由表 4-6 可知，2000 年耕地和有林地的 PCP 小于 80%，但是仍然大于 70%，说明所构建的二元 Logistic 回归模型对耕地和有林地的预测能力一般；而橡胶园、建设用地和茶园的 PCP 均大于 90%，说明构建的二元 Logistic 回归模型对这几类土地利用类型的预测能力较好。

2）有林地时空分布的影响因素分析

由表 4-7 可知，西盟县 2000 年有林地空间分布的主要影响因素为基本农田政策（X8）、自然保护区政策（X9）、距农村居民点距离（X4）和海拔（X11），其中，基本农田政策（X8）的二元 Logistic 回归 Beta 系数 β 最大为 1.375，OR 值最大为 3.956，说明有林地分布受基本农田政策的限制最强，呈正相关关系，主要分布于非基本农田区域；自然保护区政策（X9）的二元 Logistic 回归 Beta 系数 β 为–0.624，OR 值最小为 0.536，说明有林地分布受自然保护区政策的影响，呈负相关关系，自然保护区内禁止/限制开发或开垦，对林地有较强的保护作用，从而影响林地的空间分布状况；距农村居民点距离（X4）的二元 Logistic 回归 Beta 系数 β 为 0.535，OR 值为 1.708，说明有林地的空间分布与距农村居民点距离呈正相关，离农村居民点越远的区域受到人类的干扰越小，有林地分布的概率越大；海拔（X11）的二元 Logistic 回归 Beta 系数 β 为 0.310，OR 值为 1.364，说明有林地的空间分布与海拔呈正相关，海拔较高的区域适宜有林地生长且人为活动较少，分布的概率较大。此外，距主要道路距离（X1）、距乡村道路距离（X2）、距乡镇距离（X3）和土壤有机质（X13）等因素对有林地空间分布影响程度较低。

2005 年和 2010 年，有林地空间分布的主要影响因素是基本农田政策（X8）、距农村居民点距离（X4）和海拔（X11），自然保护区政策（X9）的影响程度降低。这两年中，基本农田政策（X8）的二元 Logistic 回归 Beta 系数 β 分别为 1.857 和 1.601，OR 值最大分别为 6.407 和 4.959，说明这两年中基本农田政策对有林地分布的影响仍然最大，有林地趋向于分布在非基本农田区域；距农村居民点距离（X4）的二元 Logistic 回归 Beta 系数 β 为 0.600 和 0.562，OR 值为 1.821 和 1.753，说明有林地倾向分布于距农村居民点较远的区域；海拔（X11）的二元 Logistic 回归 Beta 系数 β 为 0.530 和 0.566，OR 值为 1.699 和 1.761，说明有林地的空间分布与海拔呈正相关，主要由于海拔低、近河流两岸区域种植了大面积的橡胶园，使有林地向远离河流两岸的高海拔区域分布。

2015 年，有林地空间分布主要受基本农田政策（X8）和自然保护区政策（X9）的影响，而距农村居民点距离（X4）和海拔（X11）的影响降低，自然保护区政策（X9）的影响程度回升。其中，基本农田政策（X8）的二元 Logistic 回归 Beta 系数 β 最大为 2.257，OR 值最大为 9.553，说明有林地分布受基本农田政策的限制影响仍然最大，主要分布于非基本农田区域，且当基本农田政策变化时，对有林地的分布影响最大；自然保护区政策（X9）的二元 Logistic 回归 Beta 系数 β 为−0.589，OR 值最小为 0.555，说明有林地受自然保护区保护的效果较好。

综上所述，有林地空间分布主要受到基本农田政策、自然保护区政策、距农村居民点距离和海拔的影响。其中，基本农田政策和自然保护区政策是政策因素，基本农田政策确定了优质耕地的范围，使其转移为其他地类的可能性减小，因此对有林地的空间分布也有较强的限制作用；而自然保护区政策禁止开发建设，西盟县勐梭龙潭和三佛祖自然保护区总面积为 50.48km²，自然保护区保护了当地的有林地，限制了外部的干扰；有林地分布与距农村居民点距离和海拔呈现正相关，这主要是因为农村居民点和优质耕地通常分布在平坦且相邻的地区，远离农村居民点的地区缺少人类活动，更利于有林地生长，同时低海拔地区和河流附近种植了橡胶，因此，有林地主要分布在人类干扰较少的高海拔地区。

表 4-7　西盟县有林地时空分布各影响因素二元 Logistic 回归结果

变量	2000 年（ROC＝0.784）			2005 年（ROC＝0.813）			2010 年（ROC＝0.852）			2015 年（ROC＝0.925）		
	β	S.E.	OR	β	S.E.	OR	β	S.E.	OR	β	S.E.	OR
X1	0.149	0.008	1.161	−0.043	0.009	0.958	0.155	0.008	1.167	−0.037	0.008	0.964
X2	0.201	0.010	1.222	0.243	0.010	1.275	0.130	0.100	1.138	0.001	0.042	1.001

续表

变量	2000 年（ROC = 0.784）			2005 年（ROC = 0.813）			2010 年（ROC = 0.852）			2015 年（ROC = 0.925）		
	β	S.E.	OR	β	S.E.	OR	β	S.E.	OR	β	S.E.	OR
X3	0.035	0.009	1.035	−0.457	0.011	0.633	−0.079	0.009	0.924	−0.018	0.008	0.982
X4	0.535	0.010	1.708	0.600	0.010	1.821	0.562	0.010	1.753	−0.126	0.010	0.882
X5	N	N	N	−0.228	0.008	0.796	−0.073	0.008	0.930	−0.015	0.003	0.985
X6	−0.199	0.008	0.820	−0.271	0.009	0.763	−0.043	0.008	0.958	0.191	0.011	1.210
X8	1.375	0.014	3.956	1.857	0.016	6.407	1.601	0.014	4.959	2.257	0.032	9.553
X9	−0.624	0.083	0.536	−0.214	0.079	0.807	−0.270	0.078	0.763	−0.589	0.137	0.555
X10	0.187	0.007	1.205	0.229	0.007	1.258	0.208	0.007	1.231	0.026	0.002	1.026
X11	0.310	0.008	1.364	0.530	0.013	1.699	0.566	0.010	1.761	0.002	0.000	1.002
X12	−0.085	0.007	0.918	−0.139	0.007	0.870	−0.050	0.007	0.951	−0.001	0.000	0.999
X13	0.063	0.007	1.065	N	N	N	N	N	N	−0.017	0.002	0.983
X14	N	N	N	−0.107	0.011	0.899	N	N	N	−0.215	0.023	0.807
X15	N	N	N	−0.432	0.010	0.649	N	N	N	N	N	N
X16	N	N	N	0.433	0.011	1.542	0.093	0.011	1.097	N	N	N
X17	−0.172	0.007	0.842	−0.060	0.008	0.942	−0.151	0.008	0.860	N	N	N
常数 a	0.548	0.083	1.730	−0.757	0.080	0.469	−0.233	0.079	0.792	−0.831	0.236	0.436

注：N 表示在二元 Logistic 回归模型中被剔除的指标，用 N 表示该区域没有值存在或未通过显著性检验。X7 指标四年中都被剔除则不出现在该表中。

3）茶园时空分布的影响因素分析

2000 年，影响茶园空间分布的主要因素是基本农田政策(X8, $\beta = -1.460$)、距主要道路距离(X1, $\beta = -0.972$)、人口总数(X5, $\beta = -0.908$)和距农村居民点距离(X2, $\beta = -0.875$)，均呈现负相关关系，说明茶园倾向于分布在基本农田区内、距主要道路和乡村道路较近及人口较少的区域；而与海拔呈正相关(X11, $\beta = 0.752$)，相关性趋弱，说明茶园主要分布于海拔相对较高的区域，海拔过低会影响茶叶种植。

2005 年，茶园空间分布的影响因素发生了变化，主要为基本农田政策(X8, $\beta = -1.210$)、海拔(X11, $\beta = 0.880$)、距农村居民点距离(X4, $\beta = -0.752$)和距乡镇距离(X3, $\beta = -0.691$)。茶园分布与海拔依旧呈正相关，而与其他因素呈负相关，说明部分茶园分布于基本农田区内，且受到农民管理可达性的影响，主要分布于距乡镇和农村居民点较近的高海拔区域。

2010 年，茶园空间分布的主要影响因素是距农村居民点距离(X4, $\beta = -3.748$)和基本农田政策(X8, $\beta = 2.714$)，说明离农村居民点越远，对茶园种植管理的成本越高，因此，茶园分布于距农村居民点较近区域的概率较高。其次，随茶园种植面积的增加，其更倾向于分布在基本农田外，且基本农田划定区域的变化对茶园的空间分布影响明显；而距乡镇距离（X3）和海拔（X11）对其空间分布的限制逐渐减弱，说明随着种植技术等发展，距乡镇距离和海拔对茶园种植的限制性减弱。

2015 年，茶园空间分布的主要影响因素为基本农田政策(X8, β = –1.659)和自然保护区政策(X9, β = 2.117)，其中与基本农田政策（X8）呈现负相关性，说明茶园分布于基本农田区内；与自然保护区政策（X9）呈现正相关性，说明茶园基本分布于自然保护区外。2015 年距农村居民点距离（X4）已不是影响茶园分布的主要因子，说明随着交通、种植技术等发展，距农村居民点距离（X4）不再是茶园种植的重要限制因素（表 4-8）。

表 4-8　西盟县茶园时空分布各影响因素二元 Logistic 回归结果

变量	2000 年（ROC = 0.915）			2005 年（ROC = 0.879）			2010 年（ROC = 0.901）			2015 年（ROC = 0.986）		
	β	S.E.	OR	β	S.E.	OR	β	S.E.	OR	β	S.E.	OR
X1	–0.972	0.063	0.379	–0.373	0.033	0.689	–0.214	0.032	0.807	–0.121	0.028	0.886
X2	–0.875	0.083	0.417	–0.498	0.051	0.608	N	N	N	N	N	N
X3	–0.163	0.051	0.850	–0.691	0.032	0.501	–0.457	0.043	0.633	–0.114	0.021	0.893
X4	–0.410	0.054	0.664	–0.752	0.038	0.472	–3.748	0.086	0.024	–0.127	0.032	0.881
X5	–0.908	0.066	0.403	–0.265	0.027	0.767	–0.080	0.030	0.923	–0.054	0.010	0.948
X6	0.603	0.065	1.827	0.064	0.024	1.066	N	N	N	–0.180	0.027	0.835
X8	–1.460	0.074	0.232	–1.210	0.050	0.298	2.714	0.121	15.091	–1.659	0.080	0.190
X9	N	N	N	0.617	0.198	1.854	–0.569	0.189	0.566	2.117	0.597	8.309
X10	–0.294	0.041	0.745	–0.257	0.027	0.773	–0.680	0.032	0.506	–0.026	0.005	0.974
X11	0.752	0.060	2.121	0.880	0.049	2.411	N	N	N	N	N	N
X12	0.391	0.040	1.478	0.123	0.025	1.131	N	N	N	0.030	0.372	1.030
X13	–0.154	0.042	0.857	–0.111	0.026	0.895	N	N	N	0.016	0.007	1.016
X14	N	N	N	–0.165	0.038	0.848	–0.155	0.032	0.856	–0.117	0.052	0.889
X15	N	N	N	N	N	N	–0.267	0.038	0.766	N	N	N
X16	0.684	0.058	1.982	0.437	0.040	1.548	0.296	0.040	1.344	0.099	0.153	1.104
X17	0.125	0.036	1.133	–0.124	0.027	0.883	0.250	0.028	1.284	0.157	0.011	1.170
常数 a	–5.918	0.086	0.003	–5.158	0.206	0.006	–9.314	0.239	0.000	–9.707	0.772	0.000

注：N 表示在二元 Logistic 回归模型中被剔除的指标，用 N 表示该区域没有值存在或未通过显著性检验。部分指标四年中都被剔除则不出现在该表中。

综上所述，影响茶园时空分布的主要因素在 2000～2015 年具有一定的差异性。由于 2000 年茶园种植规模较小，空间分布特征不明显。而 2005 年和 2010 年是茶园种植的主要时段，因此，通过这两年的主要影响因素来解释茶园空间分布的特征。西盟县茶园的时空变化主要受到距农村居民点距离和基本农田政策的影响，海拔和距乡镇距离虽有影响但逐渐减弱。国内学者研究了茶园的生态适宜性，金玉香（2015）从自然条件角度评价了临沧（云南普洱西南）茶园的生态适宜性，认为1300～1800m海拔和30°坡度以下最适合种植茶叶；杨洋等（2010）分析了城市、道路和其他社会因素对普洱茶园分布的影响，并指出自然立地条件是茶叶种植的决定性因素。然而，本研究表明，尽管茶园的空间分布与海拔等自然因素密切相关，但由于近年来种植规模增加，以及技术水平和交通条件提高，社会经济因素已成为其主要的推动因素。相对而言，茶园的管理和维护要求高于橡胶园，为了便于农民管理的可达性，茶园主要分布在靠近城镇和农村居民点的地区，近年来随着交通和种植技术的发展，管理成本有所降低；同时，尽管基本农田政策对茶园的分布有很大的限制，但由于市场需求不断增加，存在部分基本农田被茶园占用的情况（图4-1）。

4）耕地时空分布的影响因素分析

由表4-9可知，2000年、2005年、2010年和2015年，虽然耕地空间分布的影响因素历年都存在差异性，但主要受基本农田政策（X8）、自然保护区政策（X9）、距农村居民点距离（X4）和距乡村道路距离（X2）影响。这四年中基本农田政策（X8）的β系数绝对值最大，β系数分别为–1.995、–2.156、–1.813和–2.074，表明基本农田政策影响最大，属于基本农田区域内的均为耕地，当基本农田划定区变化时，耕地分布变化最明显；自然保护区政策（X9）的β系数为0.843、0.882、0.848和1.332，表明耕地的分布也受到自然保护区政策的影响，自然保护区内禁止/限制开发农用地，使耕地倾向于分布在自然保护区外，影响程度在2015年有所增加；距农村居民点距离(X4, β = –0.552, –0.458, –0.514, –0.057)和距乡村道路距离(X2, β = –0.499, –0.337, –0.238, –0.662)与耕地分布呈负相关，说明耕地倾向于分布在距农村居民点和乡村道路较近的区域。至2015年，距农村居民点距离的Beta系数β绝对值减小，距乡村道路距离Beta系数β绝对值先减后增，说明交通条件的改善、乡村道路的建设，方便了农业化肥、农产品的运输及人们的耕作，降低了农业成本，因此距农村居民点距离影响程度减少，而距乡村道路距离影响程度增加，耕地更加倾向于距乡村道路较近的区域。

表4-9　西盟县耕地时空分布各影响因素二元Logistic回归结果

变量	2000年（ROC = 0.842）			2005年（ROC = 0.837）			2010年（ROC = 0.804）			2015年（ROC = 0.876）		
	β	S.E.	OR	β	S.E.	OR	β	S.E.	OR	β	S.E.	OR
X1	–0.167	0.009	0.846	–0.214	0.009	0.808	–0.117	0.009	0.889	0.088	0.009	1.092
X2	–0.499	0.013	0.607	–0.337	0.012	0.714	–0.238	0.011	0.788	–0.662	0.048	0.516
X3	0.059	0.010	1.061	N	N	N	–0.056	0.010	0.945	–0.108	0.009	0.898
X4	–0.552	0.012	0.576	–0.458	0.011	0.632	–0.514	0.011	0.598	–0.057	0.011	0.945
X5	0.041	0.010	1.042	0.153	0.008	1.166	0.183	0.008	1.201	0.090	0.004	1.094
X6	0.146	0.011	1.157	N	N	N	N	N	N	–0.204	0.013	0.815
X8	–1.995	0.016	0.136	–2.156	0.015	0.116	–1.813	0.015	0.163	–2.074	0.031	0.126
X9	0.843	0.121	2.323	0.882	0.113	2.415	0.848	0.109	2.334	1.332	0.204	3.790
X10	–0.170	0.008	0.844	–0.154	0.008	0.857	–0.187	0.008	0.829	–0.017	0.002	0.983

续表

变量	2000 年（ROC = 0.842）			2005 年（ROC = 0.837）			2010 年（ROC = 0.804）			2015 年（ROC = 0.876）		
	β	S.E.	OR	β	S.E.	OR	β	S.E.	OR	β	S.E.	OR
X11	−0.456	0.012	0.634	−0.431	0.009	0.650	−0.169	0.012	0.845	−0.001	0.074	0.999
X12	0.059	0.008	1.061	N	N	N	0.101	0.008	1.106	−0.139	0.151	0.870
X13	N	N	N	N	N	N	−0.032	0.008	0.968	N	N	N
X14	N	N	N	N	N	N	−0.038	0.011	0.962	0.256	0.021	1.292
X15	N	N	N	N	N	N	−0.127	0.009	0.880	0.200	0.090	1.221
X16	−0.120	0.012	0.887	N	N	N	N	N	N	0.073	0.062	1.076
X17	N	N	N	−0.030	0.008	0.970	−0.078	0.008	0.925	N	N	N
常数 *a*	−1.028	0.122	0.358	−0.815	0.114	0.443	−0.934	0.110	0.393	−0.982	0.291	0.375

注：N 表示在二元 Logistic 回归模型中被剔除的指标，用 N 表示该区域没有值存在或未通过显著性检验。部分指标四年中都被剔除则不出现在该表中。

综上所述，耕地空间分布主要受到基本农田政策、自然保护区政策、距农村居民点距离和距乡村道路距离的影响，其中政策因子的影响比较突出。刘旭华等（2005）研究表明，耕地的减少主要受城市扩张和区域经济发展的影响。但自从 1994 年颁布《中华人民共和国基本农田保护条例》以来，全国范围内的基本农田划分工作已经开展，实施对基本农田最严格的保护手段，这些政策对耕地的空间分布起着决定性的作用。近年来，自然保护区对农业的限制作用也越来越明显，保护区内禁止开垦耕地。距农村居民点距离和距乡村道路距离对农田的分布也有很大的影响，由于可达性的限制，耕地的分布与其呈现负相关关系，趋向于分布在靠近居民点和道路的区域。空间距离一直是影响农民行为的主要因素之一，刘康等（2015）研究了南京农用地变迁的驱动力，也得出耕地分布与农村居民点和最近公路的距离有关。到 2015 年，距农村居民点距离的影响减小，距乡村道路距离的影响增加，说明交通条件和农村道路的改善为农业肥料和农产品的运输带来了更多的便利，耕地对居民点的依赖程度有所减弱。

5）橡胶园时空分布的影响因素分析

2000 年，橡胶园的空间分布主要与基本农田政策(X8, $\beta = 2.805$)呈正相关，说明橡胶园倾向于分布在基本农田之外，且当基本农田划定区域发生变化时，对橡胶园分布影响明显；而与海拔(X11, $\beta = -1.973$)、人口总数(X5, $\beta = -1.520$)和土壤类型(X14, $\beta = -1.257$)呈负相关，橡胶园更倾向于分布在海拔较低、人口总数较少的区域，同时对土壤类型有一定要求。

2005 年，橡胶园的空间分布与海拔(X11, $\beta = -2.579$)、土壤类型(X14, $\beta = -0.606$)和距河流距离(X16, $\beta = -0.573$)呈负相关，与距乡镇距离呈正相关(X3, $\beta = 0.748$)，说明橡胶园趋向于分布在距离河流较近、海拔较低而距乡镇较远（人口密集度低）的区域，同时对土壤类型也有一定要求。

2010 年，橡胶园的空间分布与海拔(X11, $\beta = -2.805$)、基本农田政策(X8, $\beta = -1.016$)和距河流距离(X16, $\beta = -0.652$)呈负相关，与年平均降水量(X15, $\beta = 0.999$)和距乡镇距离

(X3, $\beta = 0.910$)呈正相关，海拔较低、接近河流的区域从水、热、光等方面看，更加适宜橡胶的种植，同时随着大面积橡胶的种植，有部分橡胶园占用了基本农田保护区（图 4-1）。

2015 年，橡胶园空间分布主要与基本农田政策(X8, $\beta = -1.445$)有关，说明橡胶园种植面积增加后，部分橡胶园占用了基本农田区域，同时当基本农田区域变化时，对橡胶园分布影响较大（表 4-10）。

表 4-10　西盟县橡胶园时空分布各影响因素二元 Logistic 回归结果

变量	2000 年（ROC=0.970）			2005 年（ROC=0.949）			2010 年（ROC=0.952）			2015 年（ROC=0.960）		
	β	S.E.	OR	β	S.E.	OR	β	S.E.	OR	β	S.E.	OR
X1	−0.721	0.085	0.486	N	N	N	0.179	0.016	1.196	−0.119	0.017	0.888
X2	0.233	0.079	1.262	0.137	0.023	1.147	−0.213	0.020	0.808	−0.407	0.084	0.666
X3	N	N	N	0.748	0.018	2.114	0.910	0.018	2.485	0.154	0.014	1.166
X4	−0.508	0.102	0.602	−0.322	0.025	0.725	−0.175	0.021	0.839	0.043	0.020	1.043
X5	−1.520	0.113	0.219	−0.113	0.020	0.893	0.197	0.013	1.217	−0.044	0.006	0.957
X6	1.240	0.125	3.455	−0.211	0.038	0.810	0.347	0.014	1.415	−0.008	0.019	0.992
X8	2.805	0.309	16.528	N	N	N	−1.016	0.027	0.362	−1.445	0.051	0.236
X10	0.280	0.052	1.324	0.044	0.016	1.045	0.115	0.013	1.121	0.011	0.003	1.011
X11	−1.973	0.142	0.139	−2.579	0.045	0.076	−2.805	0.035	0.061	−0.009	0.184	0.991
X12	−0.344	0.060	0.709	−0.105	0.016	0.901	0.041	0.013	1.042	N	N	N
X13	−0.916	0.077	0.400	−0.079	0.020	0.924	0.043	0.016	1.044	0.022	0.004	1.023
X14	−1.257	0.167	0.285	−0.606	0.038	0.546	−0.224	0.028	0.799	−0.634	0.045	0.530
X15	N	N	N	N	N	N	0.999	0.027	2.716	0.002	0.173	1.002
X16	N	N	N	−0.573	0.034	0.564	−0.652	0.025	0.521	N	N	N
X17	N	N	N	0.207	0.019	1.229	0.265	0.016	1.303	0.074	0.007	1.077
常数 a	−12.598	0.382	0.000	−6.136	0.052	0.002	−4.355	0.036	0.013	3.376	0.416	29.263

注：N 表示在二元 Logistic 回归模型中被剔除的指标，用 N 表示该区域没有值存在或未通过显著性检验。部分指标四年中都被剔除则不出现在该表中。

综上所述，2000～2015 年，橡胶园空间分布的影响因素存在波动，与茶园类似，主要原因是橡胶园种植的规模在 15 年内有所增加。2000 年时橡胶园种植面积很小，此后 2005 年和 2010 年种植规模大幅增加，2015 年时种植规模有所减缓。因此，采用 2005 年和 2010 年的结果解释橡胶园空间分布的特征最具代表性。橡胶园的时空变化主要受海拔、距乡镇距离和距河流距离的影响，种植面积增加后，基本农田政策、年平均降水量和土壤类型也是重要的影响因素。Ray 等(2016)研究发现气候是影响橡胶园种植分布的重要因素；Raj 等(2005)研究发现潮湿的土壤条件有利于橡胶的生长，而土壤水分不足的区域将限制橡胶的生长。

总体来看，低海拔区域具有良好的水、热、光等气候条件，同时低海拔区域一般距河流较近，土壤中含水量充足，更加适合种植橡胶（Li et al.，2012）。因此，橡胶园倾向于分布在靠近河流、降水富集的低海拔地区（图 4-1）。同时，从人类行为意识方面看，橡胶园与耕地不同，其管理范围更广、方式更粗放，因而在居民点附近主要分布耕地的情况下，橡胶园倾向于分布在离乡镇、居民点较远的区域；但随着橡胶的大规模种植，部分橡胶园也占据了高质量的基本农田区域。

6）建设用地时空分布的影响因素分析

2000 年、2005 年和 2010 年，建设用地空间分布的主要影响因素是距农村居民点距离（X4）、基本农田政策（X8）和坡度（X10）。另外，自然保护区政策（X9）在 2010 年也发挥了关键作用。建设用地的空间分布与影响因素距农村居民点距离(X4, $\beta = -4.219, -3.786, -3.748$)和坡度(X10, $\beta = -0.709, -0.710, -0.680$)呈负相关，而与基本农田政策(X8, $\beta = 2.373, 2.709, 2.714$)呈正相关，说明建设用地主要是在原有农村居民点的基础上不断向外扩张，并倾向于分布在坡度较小的、适宜建设的区域；由于基本农田保护政策禁止建设用地占用基本农田区，建设用地倾向分布于基本农田区外。

2015 年，建设用地空间分布的主要影响因素为基本农田政策(X8, $\beta = 2.223$)、自然保护区政策(X9, $\beta = -0.521$)和海拔(X11, $\beta = -0.493$)，其与基本农田政策保持着显著的正相关，与自然保护区政策和海拔呈负相关，说明建设用地倾向于分布在基本农田以外、海拔较低的区域，但也有部分建设用地占用了自然保护区空间（表 4-11）。

表 4-11　西盟县建设用地时空分布各影响因素二元 Logistic 回归结果

变量	2000 年（ROC=0.932）			2005 年（ROC=0.929）			2010 年（ROC=0.924）			2015 年（ROC=0.979）		
	β	S.E.	OR	β	S.E.	OR	β	S.E.	OR	β	S.E.	OR
X1	−0.220	0.035	0.803	−0.162	0.031	0.851	−0.214	0.032	0.807	−0.129	0.031	0.879
X3	−0.220	0.034	0.803	−0.302	0.032	0.739	−0.457	0.043	0.633	−0.139	0.025	0.870
X4	−4.219	0.104	0.015	−3.786	0.088	0.023	−3.748	0.086	0.024	−0.035	0.029	0.965
X5	0.113	0.030	1.120	N	N	N	−0.080	0.030	0.923	N	N	N
X8	2.373	0.115	10.728	2.709	0.123	15.008	2.714	0.121	15.091	2.223	0.200	9.238
X9	N	N	N	N	N	N	−0.569	0.189	0.566	−0.521	0.227	0.594
X10	−0.709	0.035	0.492	−0.710	0.033	0.492	−0.680	0.032	0.506	−0.123	0.007	0.884
X11	0.319	0.042	1.376	0.212	0.046	1.236	N	N	N	−0.493	0.206	0.611
X14	−0.244	0.040	0.783	−0.240	0.038	0.787	−0.155	0.032	0.856	0.091	0.072	1.095
X15	N	N	N	N	N	N	−0.267	0.038	0.766	−0.305	0.241	0.737
X16	N	N	N	0.131	0.042	1.139	0.296	0.040	1.344	N	N	N
X17	0.215	0.029	1.240	0.225	0.028	1.252	0.250	0.028	1.284	0.019	0.009	1.019

续表

变量	2000 年（ROC=0.932）			2005 年（ROC=0.929）			2010 年（ROC=0.924）			2015 年（ROC=0.979）		
	β	S.E.	OR	β	S.E.	OR	β	S.E.	OR	β	S.E.	OR
常数 a	−10.318	0.163	0.000	−10.004	0.156	0.000	−9.314	0.239	0.000	−2.167	0.685	0.115

注：N 表示在二元 Logistic 回归模型中被剔除的指标，用 N 表示该区域没有值存在或未通过显著性检验。部分指标四年中都被剔除则不出现在该表中。

综上所述，西盟县建设用地的时空变化主要受距农村居民点距离、基本农田政策、坡度和海拔的影响。建设用地与距农村居民点距离呈负相关，一方面，说明建设用地分布于离农村居民点较近的区域；另一方面，随着人口的增加，建设用地主要在原有农村居民点的基础上不断扩张。2000～2015 年中，虽然基本农田的影响力有所下降，但仍是建设用地扩张的主要限制因素之一，建设用地往往分布在基本农田区域以外。杨子生（2015）对山区建设用地进行了适宜性评估，研究指出坡度小于 8°的地区建筑工程条件良好，而陡坡地区的建设用地不仅增加了施工成本，而且易引起地质灾害、生态环境破坏等后果，导致坡度成为制约建设用地布局的重要指标之一。近年来，自然保护区政策和海拔的影响有所增加。尽管自然保护区内禁止大规模人类活动，但仍有部分建设用地分布于自然保护区内。2015 年时，建设用地的分布与海拔呈负相关，说明建设用地主要分布在低海拔地区，主要因为西盟县位于山区，高海拔地区不适宜人类生存。另外，山区海拔与坡度有密切关系，高海拔地区往往坡度较大，不利于施工及建设。

4.2　孟连县土地利用时空变化特征及影响因素分析

4.2.1　土地利用时空变化特征

通过土地利用变化数量、速率、程度等时间变化特征，以及土地利用流向、综合土地利用动态等空间变化特征，分析孟连县 2000～2015 年的土地利用时空变化特征（图 4-4，彩图见附图 3）。

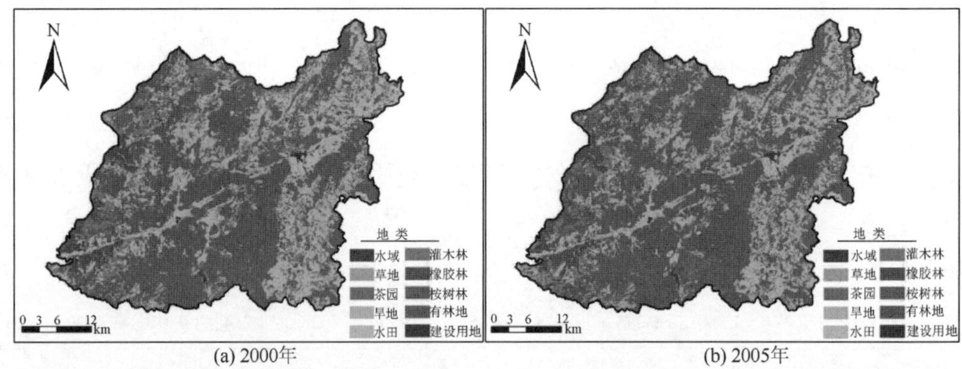

(a) 2000年　　(b) 2005年

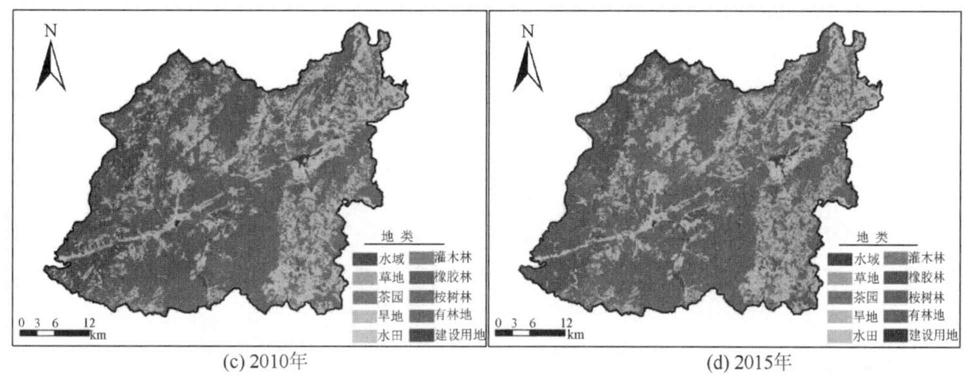

(c) 2010年 (d) 2015年

图 4-4 孟连傣族拉祜族佤族自治县 2000 年、2005 年、2010 年、2015 年土地利用现状图

1. 数量变化特征分析

孟连县土地利用结构以有林地、旱地、橡胶园等土地利用类型为主（表 4-12 和图 4-4）。2000 年和 2005 年有林地和旱地为全县主要的土地利用类型，其中，2000 年其总面积为 152 771.86hm^2，占全县总面积的 80.74%，有林地和旱地分别占 56.12%和 24.62%。2005 年其总面积为 145 935.05hm^2，占全县总面积的 77.13%，有林地和旱地分别占 56.88%和 20.25%；2010 年和 2015 年有林地、旱地和橡胶园为全县主要的土地利用类型，其中，2010 年其总面积为 161 776.94hm^2，占全县总面积的 85.50%，有林地、旱地和橡胶园分别占 54.63%、20.28%和 10.59%。2015 年其总面积为 160 987.22hm^2，占全县总面积的 85.09%，有林地、旱地和橡胶园分别占 52.24%、19.35%和 13.50%。

由此可知，2000～2015 年橡胶园的大面积种植（增加 16 177.64hm^2），引起了全县土地利用结构变化。

从土地利用类型面积绝对变化量来看，桉树林、茶园、建设用地和橡胶园呈增长趋势；草地、灌木林、旱地和水田呈减少的趋势；水域和有林地则先增后减（表 4-12）。2000～2005 年，旱地、橡胶园、灌木林、桉树林、茶园和有林地是孟连县土地利用面积变化最大的地类。其中，旱地和灌木林面积减少，分别减少了 8268.03hm^2 和 3299.07hm^2，橡胶园、桉树林、茶园和有林地面积增加，分别增加 5800.71hm^2、2839.66hm^2、1721.69hm^2 和 1431.22hm^2；2005～2010 年，橡胶园、有林地、灌木林、茶园和桉树林是孟连县土地利用面积变化最大的地类。其中，有林地和灌木林面积减少，分别减少了 4265.91hm^2 和 4225.88hm^2，橡胶园、茶园和桉树林面积增加，分别增加了 4880.42hm^2、2144.33hm^2 和 1579.18hm^2；2010～2015 年，橡胶园、有林地、旱地和建设用地是孟连县土地利用面积变化最大的地类。其中，有林地和旱地面积减少，分别减少了 4519.84hm^2 和 1766.39hm^2，橡胶园和建设用地面积增加，分别增加了 5496.51hm^2 和 613.67hm^2。总之，15 年间橡胶园、桉树林和茶园增加面积最多，旱地、灌木林和有林地的面积减少最多。

表 4-12　孟连县土地利用类型面积绝对变化量和变化速率

土地利用类型	面积/hm²				面积绝对变化量/hm²				土地利用变化速率/%			
	2000 年	2005 年	2010 年	2015 年	2000～2005 年	2005～2010 年	2010～2015 年	2000～2015 年	2000～2005 年	2005～2010 年	2010～2015 年	2000～2015 年
桉树林	/	2 839.66	4 418.84	4 434.61	2 839.66	1 579.18	15.77	4 434.61	/	55.61	0.36	/
草地	2 551.42	2 279.93	2 159.10	2 533.01	−271.49	−120.83	373.91	−18.41	−10.64	−5.30	17.32	−0.72
茶园	1 813.17	3 534.86	5 679.19	5 679.89	1 721.69	2 144.33	0.70	3 866.72	94.95	60.66	0.01	213.26
灌木林	12 072.76	8 773.69	4 547.81	4 543.34	−3 299.07	−4 225.88	−4.47	−7 529.42	−27.33	−48.17	−0.10	−62.37
旱地	46 582.12	38 314.09	38 380.89	36 614.50	−8 268.03	66.80	−1766.39	−9 967.62	−17.75	0.17	−4.60	−21.40
建设用地	463.29	482.84	607.44	1 221.11	19.55	124.60	613.67	757.82	4.22	25.81	101.03	163.57
水田	9 503.55	9 461.36	9 232.55	9 235.05	−42.19	−228.81	2.50	−268.50	−0.44	−2.42	0.03	−2.83
水域	668.34	736.29	782.39	570.03	67.95	46.10	−212.36	−98.31	10.17	6.26	−27.14	−14.71
橡胶园	9 359.87	15 160.58	20 041.00	25 537.51	5 800.71	4 880.42	5 496.51	16 177.64	61.97	32.19	27.43	172.84
有林地	106 189.74	107 620.96	103 355.05	98 835.21	1 431.22	−4 265.91	−4 519.84	−7 354.53	1.35	−3.96	−4.37	−6.93
合计	189 204.26				/							

从土地利用类型面积变化速率来看，15 年间茶园、橡胶园、桉树林和建设用地面积快速增加，而灌木林和旱地则快速减少，这与基期土地利用类型面积有关(表 4-12)。2000～2015 年，茶园面积增加最快，达到 213.26%；橡胶园和建设用地增加速率次之，分别为 172.84%和 163.57%。灌木林面积减少最快，达到–62.37%；旱地和水域减少速率次之，分别为–21.40%和–14.71%；而有林地、水田和草地的面积则减少缓慢，其变化速率为–6.93%、–2.83%和–0.72%（由于桉树林基期年面积为 0，因此未参与 2000～2015 年的统计）。从表 4-12 可以看出，孟连县土地利用变化速率具有一定的时间变化规律：①橡胶园在 2000～2005 年和 2005～2010 年的增加的速率较大，分别达到 61.97%和 32.19%，但 2010～2015 年的增加速率仅为 27.43%，说明随着孟连县橡胶园的种植面积不断增加，面积变化的速率也在不断放缓，2000～2010 年是面积变化速率较高的时期。②由于桉树林基期年面积为 0，因此从面积变化量上看，在 2000～2005 年、2005～2010 年增加的面积较大，达到 2839.66hm^2 和 1579.18hm^2，但 2010～2015 年桉树林增加面积较少，仅为 15.77hm^2，说明孟连县桉树的种植集中于 2000～2010 年。③茶园在 2000～2005 年和 2005～2010 年增加的速率较大，分别达 94.95%和 60.66%，但 2010～2015 年茶园增加的速率则较低，为 0.01%，说明孟连县茶园的种植集中于 2000～2010 年。

2. 土地利用程度变化分析

孟连县土地利用程度参照表 4-2 中的各土地利用类型分级指数分为四级，其中建设用地为土地开发利用的上限（赋值为 4），表示建设用地无法进行更加深入的开发利用；草地为土地开发利用的下限（赋值为 1），表示草地仍有极强的开发潜力。

通过式（4-1），孟连县 2000 年、2005 年、2010 年和 2015 年土地利用程度分别为 234.68、235.94、240.61 和 243.04，15 年间人类活动对全县土地利用程度逐渐加大（图 4-5）。

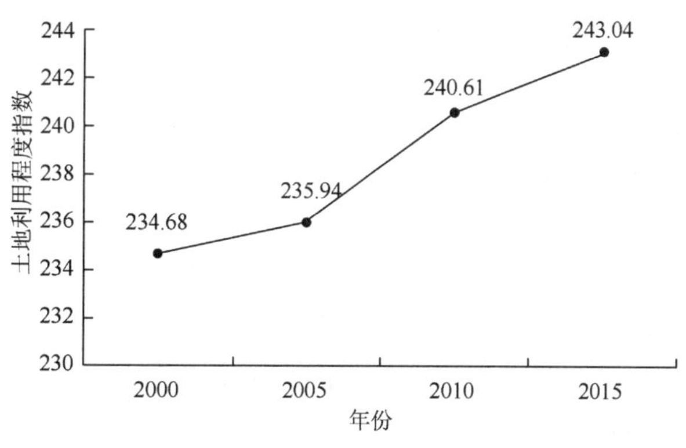

图 4-5　孟连县土地利用程度指数

3. 土地利用流向分析

孟连县桉树林、茶园和橡胶园等人工经济园林的大面积种植，引起了区域内土地利用的转换。孟连县人工经济园林大面积种植主要集中在 2000～2010 年，而 2010～2015 年孟连县人工经济园林的种植速率开始减缓。因此，通过 2000～2010 年、2010～2015 年两个时段展开对土地利用流向的分析。

1）2000～2010 年土地利用流向分析

橡胶园、茶园、桉树林、建设用地和水域转入远大于转出。2010 年橡胶园面积为 20 041.00hm^2，主要由 5183.41hm^2 的灌木林、3076.23hm^2 的有林地和 2700.24hm^2 的旱地转入，其他土地利用类型转入面积较少，而转出面积仅为 316.99hm^2；2010 年茶园面积为 5679.19hm^2，主要由 1884.77hm^2 的灌木林和 1685.35hm^2 的旱地转入，转出面积较少，仅有 42.74hm^2；2010 年桉树林的面积为 4418.84hm^2，主要由 3142.77hm^2 的有林地和 934.70hm^2 的旱地转入，其他土地利用类型转入面积较少，且由于 2000 年无桉树林分布，因此 10 年间无转出情况；2010 年建设用地面积为 607.44hm^2，主要由 110.39hm^2 的旱地、37.49hm^2 的灌木林和 37.31hm^2 的水田转入，而转出面积较小；水域面积主要由 80.63hm^2 的灌木林、20.78hm^2 的旱地和 10.65hm^2 的水田转入，转出面积较小（表 4-13）。

旱地、有林地、草地、水田和灌木林转出大于转入。旱地主要转出为有林地、橡胶园、茶园、桉树林和灌木林，转出面积共有 11 244.63hm^2，而转入面积仅有 3043.40hm^2，主要是退耕还林政策使旱地转为有林地和经济林；有林地主要转出为桉树林、橡胶园、旱地、茶园、灌木林和草地，转出面积共有 8040.98hm^2，同时主要由旱地、草地、灌木林等土地利用类型转入，但转入面积相对较小，共 5206.29hm^2；草地主要转出为灌木林、有林地和桉树林，转出面积共 449.31hm^2，转入面积为 56.99hm^2；水田主要转出为桉树林、有林地、旱地、建设用地和灌木林，转出面积为 321.86hm^2，转入面积较少；灌木林主要转出为橡胶园、茶园和旱地，转出面积共 8692.90hm^2，转入面积为 1167.95hm^2（表 4-13）。

2）2010～2015 年土地利用流向分析

橡胶园、建设用地和草地转入远大于转出。2015 年橡胶园面积为 25 537.51hm^2，主要由 3206.54hm^2 的旱地和 2209.57hm^2 的有林地转入，其余土地利用类型转入面积较少，转出面积为 4.71hm^2；2015 年建设用地面积为 1221.11hm^2，主要由 508.96hm^2 的旱地和 135.91hm^2 的有林地转入，转出面积仅为 47.06hm^2；2015 年草地面积为 2533.01hm^2，主要由 578.96hm^2 的有林地和 228.05hm^2 的旱地转入，同时主要转出为有林地、旱地和橡胶园，转出面积相对较小，共 443.51hm^2（表 4-14）。

旱地和有林地转出大于转入。旱地主要转出为有林地、橡胶园、建设用地和草地，转出面积共 7708.37hm^2，同时也主要由有林地等土地利用类型转入，转入面积相对较小，为 5941.98hm^2，主要是退耕还林政策使旱地转为有林地和经济林；有林地主要转出为旱地、橡胶园、草地和建设用地，转出面积共 8572.65hm^2，同时也主要由旱地等土地利用类型转入，但转入面积相对较小，为 4052.81hm^2（表 4-14）。

水田、茶园、水域、桉树林和灌木林转入和转出面积基本持平，且与其他地类间相互转移的面积也不大（表 4-14）。

表 4-13　2000～2010 年土地利用转移矩阵

（单位：hm²）

土地利用类型	桉树林	茶园	灌木林	旱地	草地	建设用地	水田	水域	橡胶园	有林地	2000 年合计
茶园	40.84	1 770.43	0.18	0.06	/	0.54	/	/	/	1.12	1 813.17
灌木林	100.85	1 884.77	3 379.86	1 321.09	16.38	37.49	2.45	80.63	5 183.41	65.83	12 072.76
旱地	934.70	1 685.35	866.49	35 337.49	6.63	110.39	14.47	20.78	2 700.24	4 905.58	46 582.12
草地	82.09	0.07	191.80	1.67	2 102.11	/	/	0.09	22.28	151.31	2 551.42
建设用地	/	0.63	1.23	0.03	/	413.56	30.54	7.10	4.14	6.06	463.29
水田	101.14	4.23	29.74	62.82	0.03	37.31	9 181.69	10.65	11.54	64.40	9 503.55
水域	/	/	3.47	0.31	0.18	0.84	2.38	654.80	0.28	6.08	668.34
橡胶园	16.45	1.42	13.16	277.81	0.01	/	0.08	2.15	9 042.88	5.91	9 359.87
有林地	3 142.77	332.29	61.88	1 379.61	33.76	7.31	0.94	6.19	3 076.23	98 148.76	106 189.74
2010 年合计	4 418.84	5 679.19	4 547.81	38 380.89	2 159.10	607.44	9 232.55	782.39	20 041.00	103 355.05	189 204.26

表 4-14　2010～2015 年土地利用转移矩阵

（单位：hm^2）

土地利用类型	桉树林	茶园	灌木林	旱地	草地	建设用地	水田	水域	橡胶园	有林地	2010 年合计
桉树林	4 416.67	/	/	1.07	0.44	0.09	0.11	/	0.08	0.38	4 418.84
茶园	0.11	5 677.81	0.09	0.28	0.17	0.14	0.15	0.02	0.11	0.31	5 679.19
灌木林	0.57	0.27	4 533.61	3.33	0.48	2.04	1.37	0.28	2.01	3.85	4 547.81
旱地	1.77	0.61	7.09	30 672.52	228.05	508.96	1.81	44.28	3 206.54	3 709.26	38 380.89
草地	9.64	0.11	0.31	136.21	1 715.59	2.51	0.01	1.43	48.49	244.80	2 159.10
建设用地	/	/	0.19	27.17	1.36	560.38	0.06	3.38	3.71	11.19	607.44
水田	0.59	0.15	0.27	0.07	0.74	0.17	9 228.69	0.43	0.65	0.79	9 232.55
水域	/	/	0.05	176.68	6.97	10.70	2.06	475.56	30.06	80.31	782.39
橡胶园	0.23	/	0.24	1.57	0.25	0.21	0.23	0.06	20 036.29	1.92	20 041.00
有林地	5.03	0.94	1.49	5 595.60	578.96	135.91	0.56	44.59	2 209.57	94 782.40	103 355.05
2015 年合计	4 434.61	5 679.89	4 543.34	36 614.50	2 533.01	1 221.11	9 235.05	570.03	25 537.51	98 835.21	189 204.26

综上所述，2000～2015 年孟连县主要土地利用类型之间的转换特征为：①2000～2010 年，橡胶园、茶园和桉树林等人工经济园林的大面积种植，主要取代了灌木林、有林地和旱地；2010～2015 年，茶园和桉树林的种植减少，而橡胶园的增加主要取代了旱地和有林地。②由于退耕还林政策和人工经济园林大面积种植的影响，有较大面积的旱地转化为有林地和人工经济园林；同时迫于生计，也有部分有林地被砍伐并转化为旱地。③建设用地不断扩张，扩张的土地利用面积主要来源于有林地、旱地和水田。④草地在 2000～2010 年逐渐转化为灌木林、有林地和桉树林，但受到 2009～2012 年云南大旱气候的影响，2010～2015 年又存在部分有林地和旱地转化为草地。

4. 综合土地利用动态度分析

与西盟县的研究方法一样，研究通过构建 100m×100m、200m×200m、500m×500m、1000m×1000m 和 2000m×2000m 尺度计算孟连县综合土地利用动态度，经对比分析得出 200m×200m 尺度能较好地反映孟连县综合土地利用动态度的空间差异情况。

孟连县综合土地利用动态度在 0～100，其值越大说明该区土地利用变化的速度越快。由图 4-6（彩图见附图 4）可知，孟连县土地利用动态度的空间分布特征：①2000～2015 年孟连县综合土地利用动态度较高的区域分布于孟连县西部；较低的区域主要分布于孟连县南部和中部。综合土地利用动态度高的区域与橡胶园、茶园和桉树林的种植区大体一致，大面积人工经济园林的快速种植，使得该区土地利用快速发生变化。②孟连县综合土地利用动态度在空间分布上存在时间阶段性。2000～2005 年，动态度最高的区域出现在孟连县西部，土地利用变化迅速；2005～2010 年，综合土地利用动态度较大的区域主要分布于孟连西部，并向中部发展；2010～2015 年，综合土地利用动态度主要分布在孟连县西部和东部区域。三个阶段中，综合土地利用动态度较小的区域均类似，主要分布于孟连县中南部。综合土地利用动态度的阶段性特征与橡胶园、桉树林和茶园等人工经济园林种植的阶段性扩张之间存在密切关系。

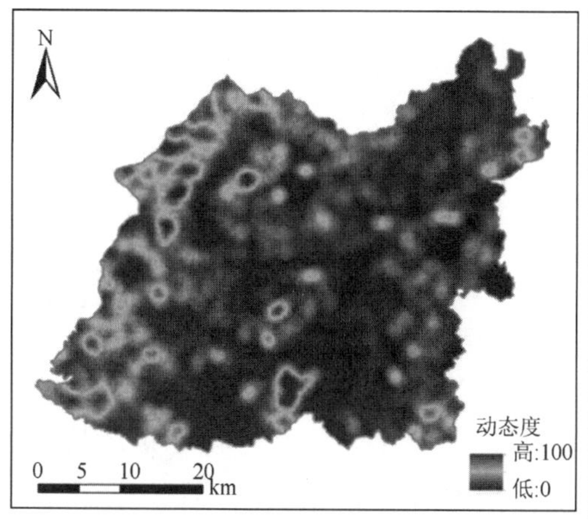

(a) 2000～2005年

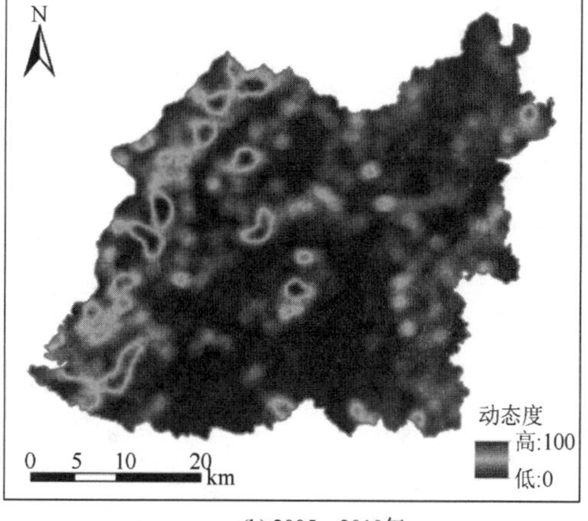

(b) 2005～2010年

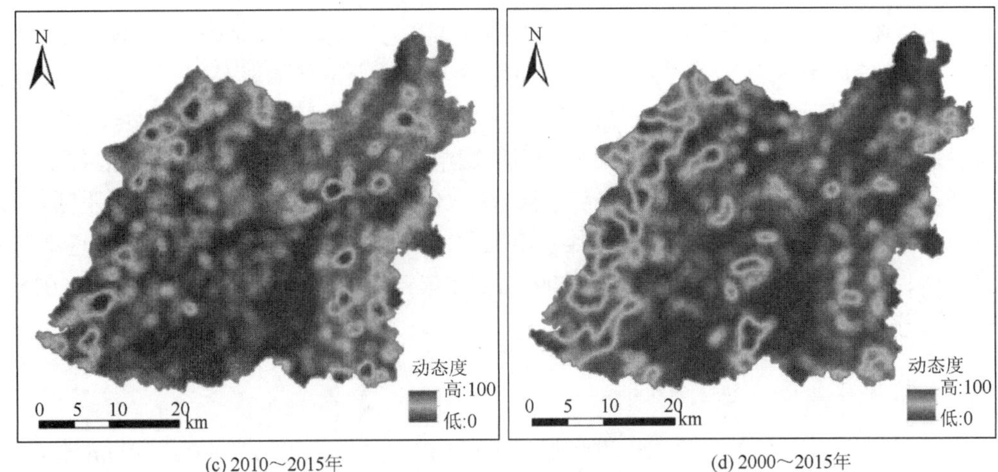

(c) 2010～2015年　　(d) 2000～2015年

图 4-6　孟连傣族拉祜族佤族自治县综合土地利用动态度

4.2.2　土地利用时空变化影响因素分析

采用 4.1.2 节提到的二元 Logistic 回归分析方法和影响因素分析指标体系，计算得到孟连县土地利用时空变化的影响因素结果。

由前面的土地利用分析可知：①孟连县境内土地利用类型主要为有林地、橡胶园和旱地；②2000～2015 年，橡胶园、桉树林和茶园的快速大面积种植，使区域有林地、旱地等用地类型迅速转化为人工经济园林；③建设用地扩张占用了其他地类，引起区域土地利用景观结构发生变化。因此，将进一步研究有林地、橡胶园、桉树林、茶园、旱地和建设用地等主要的土地利用类型的时空变化影响因素。在二元 Logistic 回归模型中，基本农田政策（X8）和自然保护区政策（X9）在 SPSS 中作为分类变量，用 SPSS22 软件对其进行了重新编码，位于自然保护区内被重新编码为 0，非自然保护区内被重新编码为 1；位于基本农田范围内被重新编码为 0，非基本农田区域内被重新编码为 1。在此编码情况下，当 X8、X9 的二元 Logistic 回归 Beta 系数 β 为负值时，表示某土地利用类型空间分布于基本农田或自然保护区内，反之则表示该土地利用类型空间分布于基本农田或自然保护区外。

1. 二元 Logistic 回归模型的检验

研究采用 ROC 曲线和 PCP 对二元 Logistic 回归得到的概率 p 与真实的土地利用空间分布一致性进行检验。在 SPSS22 中将二元 Logistic 回归得到的概率值 p 与相应地类的空间分布进行“ROC curve”处理，得到 ROC 值。当 ROC 值大于 0.7 时，说明二元 Logistic 回归模型拟合效果较好。由表 4-15 可知，有林地、橡胶园、桉树林、茶园、旱地和建设用地的 ROC 值均大于 0.7，说明所构建的二元 Logistic 回归模型对有林地、橡胶园、桉树林、茶园、旱地和建设用地的拟合效果较好。表 4-16～表 4-20 中标准误差的值（S.E.）均较小，也验证了模型的可靠性。此外，还采用了 PCP 来表示二元 Logistic 回归模型预测能力，PCP 值越高说明预测能力越好，预测能力越高说明模型越能反映现实土地利用情况。

整体上，构建的二元 Logistic 模型对橡胶园和旱地的预测能力一般，而对有林地、桉树林、茶园和建设用地的预测能力较好。

表 4-15　二元 Logistic 回归模型的 ROC 值与 PCP 值

土地利用类型	2000 年		2005 年		2010 年		2015 年	
	ROC	PCP	ROC	PCP	ROC	PCP	ROC	PCP
有林地	0.915	97.50%	0.706	83.60%	0.839	96.50%	0.800	95.90%
橡胶园	0.799	99.60%	0.716	86.70%	0.758	96.90%	0.701	92.40%
桉树林	/	/	0.807	99.20%	0.758	97.80%	0.990	97.70%
茶园	0.994	99.80%	0.872	95.30%	0.901	95.80%	0.898	96.10%
旱地	0.870	98.20%	0.847	93.20%	0.703	96.50%	0.799	89.80%
建设用地	0.979	99.10%	0.865	94.90%	0.815	92.40%	0.881	95.60%

2. 有林地时空分布的影响因素分析

从表 4-16 可以看出，孟连县 2000～2015 年有林地空间分布的主要影响因素为距农村居民点距离（X4）、基本农田政策（X8）、自然保护区政策（X9）、海拔（X11）、年平均降水量（X15）和距河流距离（X16）。其中，有林地的空间分布与距农村居民点距离(X4, $\beta = 3.104, 2.651, 3.031, 2.684$)、基本农田政策(X8, $\beta = 0.890, 0.880, 0.674, 0.796$)、海拔(X11, $\beta = 2.595, 0.623, 1.290, 1.036$)、年平均降水量(X15, $\beta = 1.502$, N, $0.114, 0.014$)和距河流距离(X16, $\beta = 2.249, 1.303, 1.433, 0.862$)呈正相关，说明有林地主要分布在距居民点和河流较远的高海拔地区，且倾向于分布在基本农田政策保护区外。其中，年平均降水量的影响逐渐减弱；与自然保护区政策(X9, $\beta = -1.544, -0.635, -1.267, -1.001$)呈负相关，说明有林地倾向于分布在自然保护区内。这些区域水分充足，且受到的人类干扰较小，同时水土流失较弱，更加利于天然林的生长与成林。

表 4-16　孟连县有林地时空分布各影响因素二元 Logistic 回归结果

变量	2000 年（ROC=0.915）			2005 年（ROC=0.706）			2010 年（ROC=0.839）			2015 年（ROC=0.800）		
	β	S.E.	OR	β	S.E.	OR	β	S.E.	OR	β	S.E.	OR
X2	−0.210	0.045	0.811	0.061	0.068	1.063	0.910	0.060	2.485	0.211	0.028	1.234
X3	−0.556	0.096	0.573	−1.043	0.067	0.352	−0.350	0.054	0.705	−0.717	0.033	0.488
X4	3.104	0.096	22.277	2.651	0.094	14.163	3.031	0.079	20.712	2.684	0.052	14.651
X5	0.129	0.143	1.138	0.030	0.000	1.031	0.246	0.010	1.278	0.035	0.001	1.036
X6	0.413	0.001	1.512	0.085	0.000	1.088	0.007	0.011	1.007	0.104	0.002	1.110
X8	0.890	0.024	2.436	0.880	0.024	2.412	0.674	0.012	1.963	0.796	0.004	2.217
X9	−1.544	0.010	0.214	−0.635	0.002	0.530	−1.267	0.021	0.282	−1.001	0.021	0.368
X10	0.361	0.027	1.303	0.123	−0.015	1.115	0.317	0.008	1.272	0.279	0.002	1.243
X11	2.595	0.003	1.925	0.623	0.048	1.464	1.290	0.018	1.725	1.036	0.004	1.645
X12	0.096	0.075	1.100	−0.055	0.069	0.947	−0.154	0.046	0.858	0.134	0.033	1.143
X13	0.539	0.110	1.714	0.875	−0.006	2.400	0.446	0.033	1.562	0.851	0.026	2.343

续表

变量	2000 年（ROC=0.915）			2005 年（ROC=0.706）			2010 年（ROC=0.839）			2015 年（ROC=0.800）		
	β	S.E.	OR	β	S.E.	OR	β	S.E.	OR	β	S.E.	OR
X14	−0.866	0.011	0.421	0.076	0.069	1.079	−0.487	0.047	0.615	−0.266	0.025	0.767
X15	1.502	0.110	4.489	N	N	N	0.114	0.015	1.121	0.014	0.003	1.014
X16	2.249	0.025	9.474	1.303	0.007	3.681	1.433	0.023	4.190	0.862	0.014	2.367
X17	−0.387	0.011	0.679	−0.262	0.065	0.769	−0.102	0.041	0.903	−0.141	0.022	0.868
常数 *a*	2.797	0.115	16.403	0.843	0.075	2.324	2.204	0.061	9.059	1.502	0.036	4.492

注：N 表示在二元 Logistic 回归模型中被剔除的指标，用 N 表示该区域没有值存在或未通过显著性检验。部分指标四年中都被剔除则不出现在该表中。

3. 橡胶园时空分布的影响因素分析

由于 2005～2015 年是橡胶园种植的重要时间段，因此采用 2005 年、2010 年和 2015 年的二元 Logistic 回归结果分析孟连县橡胶园时空分布的影响因素。从表 4-17 可以看出，孟连县 2000～2015 年橡胶园空间分布主要的影响因素为距主要道路距离（X1）、距乡村道路距离（X2）、距乡镇距离（X3）、距农村居民点距离（X4）、海拔（X11）和年平均降水量（X15）。其中，橡胶园的空间分布与距乡村道路距离(X2, $\beta = -0.201, -0.485, -1.733$)、海拔(X11, $\beta =$ N, $-1.174, -1.136$)呈负相关，说明橡胶园主要分布在距乡村道路较近的低海拔区域；与距主要道路距离(X1, $\beta = 0.982, 1.675, 1.227$)、距乡镇距离(X3, $\beta = 2.762, 3.872, 4.191$)、距农村居民点距离(X4, $\beta = 1.629, 1.585, 2.576$)和年平均降水量(X15, $\beta = 2.995, 3.488, 2.189$)呈正相关，说明橡胶园主要分布在人为干扰较少而降水较为充沛的区域。这些区域海拔较低、水分充足，温热条件较好，适宜橡胶的生长。同时，由于距乡镇、农村居民点等较近的区域主要分布农田，橡胶园倾向于分布在距离居民点较远而距乡村道路较近的运输条件较好的区域。

表 4-17　孟连县橡胶园时空分布各影响因素二元 Logistic 回归结果

变量	2000 年（ROC = 0.799）			2005 年（ROC = 0.716）			2010 年（ROC = 0.758）			2015 年（ROC = 0.701）		
	β	S.E.	OR	β	S.E.	OR	β	S.E.	OR	β	S.E.	OR
X1	0.033	0.002	1.033	0.982	0.023	2.669	1.675	0.030	5.337	1.277	0.025	3.587
X2	−1.484	0.044	0.227	−0.201	0.065	0.818	−0.485	0.101	0.616	−1.733	0.023	0.177
X3	1.296	0.007	3.654	2.762	0.025	15.835	3.872	0.028	48.035	4.191	0.020	66.090
X4	0.803	0.011	2.232	1.629	0.187	5.097	1.585	0.176	4.881	2.576	0.082	13.141
X5	−0.227	0.049	0.797	−0.649	0.015	0.522	0.184	0.035	1.202	N	N	N
X6	−0.008	0.009	0.992	−0.020	0.016	0.980	−0.803	0.015	0.448	0.040	0.026	1.041
X8	−0.578	0.015	0.561	−0.845	0.019	0.430	−0.340	0.045	0.712	−0.652	0.010	0.521
X10	−0.144	0.021	0.866	−0.133	0.028	0.875	−0.435	0.037	0.647	−0.338	0.031	0.713
X11	0.323	0.045	1.381	N	N	N	−1.174	0.097	0.790	−1.136	0.019	0.819

续表

变量	2000 年（ROC = 0.799）			2005 年（ROC = 0.716）			2010 年（ROC = 0.758）			2015 年（ROC = 0.701）		
	β	S.E.	OR	β	S.E.	OR	β	S.E.	OR	β	S.E.	OR
X12	−0.045	0.018	0.956	0.160	0.024	1.174	0.058	0.028	1.059	−0.090	0.004	0.914
X14	−0.320	0.001	0.726	N	N	N	N	N	N	N	N	N
X15	2.326	0.105	10.233	2.995	0.053	19.991	3.488	0.036	32.729	2.189	0.008	8.931
X16	0.385	0.068	1.469	0.148	0.066	1.159	0.195	0.071	1.216	−0.316	0.013	0.729
常数 *a*	0.700	0.264	2.013	−2.440	0.247	0.087	−5.218	0.282	0.005	−2.291	0.130	0.101

注：N 表示在二元 Logistic 回归模型中被剔除的指标，用 N 表示该区域没有值存在或未通过显著性检验。部分指标四年中都被剔除则不出现在该表中。

4. 桉树林时空分布的影响因素分析

由于孟连县 2000 年未种植桉树林，采用 2005 年、2010 年和 2015 年的二元 Logistic 回归结果分析孟连县桉树林时空分布的影响因素。从表 4-18 可以看出，孟连县桉树林空间分布主要的影响因素为距主要道路距离（X1）、距乡村道路距离（X2）、基本农田政策（X8）、土壤有机质（X13）和年平均降水量（X15）。其中，桉树林的空间分布与距主要道路距离(X1, β = 2.154, 1.466, N)、距乡村道路距离(X2, β = N, 1.530, 0.333)、基本农田政策(X8, β = 1.522, 1.603, 0.857)和年平均降水量(X15, β = 2.648, N, 0.802)呈正相关，说明桉树林种植区都分布在距离道路较远、基本农田保护区以外的降水充沛的地方，桉树林在引种时多选取偏远的、受人为干扰较少的区域；与土壤有机质(X13, β = −1.495, −2.859, N)呈负相关，说明桉树林种植区主要分布在土壤有机质较低的区域，或说明桉树林对土壤有机质需求极高、吸收极好而导致种植区域内的土壤有机质含量明显下降。

表 4-18　孟连县桉树林时空分布各影响因素二元 Logistic 回归结果

变量	2005 年（ROC = 0.807）			2010 年（ROC = 0.758）			2015 年（ROC = 0.990）		
	β	S.E.	OR	β	S.E.	OR	β	S.E.	OR
X1	2.154	0.007	8.618	1.466	0.080	4.331	N	N	N
X2	N	N	N	1.530	0.075	4.619	0.333	0.001	1.395
X3	0.903	0.027	2.468	N	N	N	N	N	N
X5	−0.061	0.080	0.941	0.078	0.003	1.081	−1.363	0.031	0.256
X8	1.522	0.075	1.218	1.603	0.062	1.221	0.857	0.059	1.125
X9	−0.169	0.014	0.908	−0.303	0.055	0.872	−0.254	0.019	0.775
X10	0.505	0.098	1.657	0.563	0.027	1.755	N	N	N
X12	−0.017	0.002	0.983	−0.257	0.028	0.773	0.571	0.064	1.769
X13	−1.495	0.070	0.224	−2.859	0.011	0.057	N	N	N
X14	−0.308	0.020	0.735	−1.495	0.070	0.224	N	N	N
X15	2.648	0.030	14.129	N	N	N	0.802	0.012	2.230

续表

变量	2005 年（ROC = 0.807）			2010 年（ROC = 0.758）			2015 年（ROC = 0.990）		
	β	S.E.	OR	β	S.E.	OR	β	S.E.	OR
X16	N	N	N	−1.102	0.019	0.332	−3.548	0.094	0.029
X17	−0.915	0.027	0.401	N	N	N	−0.266	0.003	0.766
常数 *a*	−4.030	0.616	0.018	−0.111	0.373	0.895	0.087	3.670	1.091

注：N 表示在二元 Logistic 回归模型中被剔除的指标，用 N 表示该区域没有值存在或未通过显著性检验。部分指标三年中都被剔除则不出现在该表中。

5. 茶园时空分布的影响因素分析

由于孟连县 2000 年茶园面积较小，采用 2005 年、2010 年和 2015 年的二元 Logistic 回归结果分析孟连县茶园时空分布的影响因素。从表 4-19 可以看出，孟连县茶园空间分布主要的影响因素为距主要道路距离（X1）、距乡村道路距离（X2）、距农村居民点距离（X4）、坡度（X10）、土壤有机质（X13）和年平均降水量（X15）。其中，茶园的空间分布与距主要道路距离(X1, β = −0.803, −2.423, −1.512)、距乡村道路距离(X2, β = −0.949, −2.081, −5.094)、距农村居民点距离(X4, β = N, −1.538, N)和坡度(X10, β = N, N, −2.483)呈负相关，说明茶园主要分布在距道路和居民点较近且坡度较小的区域；与土壤有机质(X13, β = N, 1.418, 4.589)和年平均降水量(X15, β = 1.737, 2.502, 1.614)呈正相关，说明茶园主要分布在降水较为充沛且富含土壤有机质的区域，这些区域土壤条件和水热条件较好，能为茶树种植提供很好的条件。

表 4-19　孟连县茶园时空分布各影响因素二元 Logistic 回归结果

变量	2000 年（ROC = 0.994）			2005 年（ROC = 0.872）			2010 年（ROC = 0.901）			2015 年（ROC = 0.898）		
	β	S.E.	OR	β	S.E.	OR	β	S.E.	OR	β	S.E.	OR
X1	0.644	0.010	1.904	−0.803	0.099	0.448	−2.423	0.005	0.089	−1.512	0.077	0.220
X2	0.111	0.026	1.117	−0.949	0.035	0.387	−2.081	0.042	0.125	−5.094	0.124	0.006
X3	N	N	N	0.013	0.090	1.014	0.235	0.029	1.265	N	N	N
X4	0.275	0.060	1.317	N	N	N	−1.538	0.047	0.215	N	N	N
X5	−0.689	0.029	0.502	N	N	N	−0.300	0.031	0.741	−0.512	0.063	0.599
X8	−0.338	0.041	0.713	−0.485	0.011	0.616	−0.506	0.028	0.603	N	N	N
X9	0.474	0.014	1.607	N	N	N	0.124	0.013	1.132	N	N	N
X10	−0.705	0.042	0.494	N	N	N	N	N	N	−2.483	0.122	0.083
X11	N	N	N	0.786	0.022	2.194	−0.657	0.053	0.518	N	N	N
X12	−0.408	0.066	0.665	−0.003	0.087	0.997	0.240	0.098	1.271	0.435	0.061	1.545
X13	2.642	0.018	14.038	N	N	N	1.418	0.009	4.130	4.589	0.001	98.401
X14	0.471	0.093	1.602	−0.813	0.032	0.444	−0.710	0.060	0.491	−0.162	0.029	0.851
X15	−0.737	0.025	0.479	1.737	0.016	5.681	2.502	0.027	12.209	1.614	0.049	5.022

续表

变量	2000 年（ROC = 0.994）			2005 年（ROC = 0.872）			2010 年（ROC = 0.901）			2015 年（ROC = 0.898）		
	β	S.E.	OR	β	S.E.	OR	β	S.E.	OR	β	S.E.	OR
X16	N	N	N	0.013	0.088	1.014	0.765	0.029	2.150	0.723	0.082	2.060
X17	0.283	0.041	1.327	0.478	0.027	1.613	0.065	0.056	1.067	N	N	N
常数 *a*	5.023	0.262	51.832	2.580	0.256	13.196	1.183	0.277	3.265	0.259	3.239	1.295

注：N 表示在二元 Logistic 回归模型中被剔除的指标，用 N 表示该区域没有值存在或未通过显著性检验。部分指标四年中都被剔除则不出现在该表中。

6. 旱地时空分布的影响因素分析

从表 4-20 可以看出，孟连县 2000～2015 年旱地空间分布主要的影响因素为距乡村道路距离（X2）、自然保护区政策（X9）、海拔（X11）、距河流距离（X16）和距灌溉沟渠距离（X17）。其中，旱地的空间分布与距乡村道路距离(X2, β = –0.713, –0.416, –0.436, N)、海拔(X11, β = –1.814, –0.585, –0.303, –1.111)和距灌溉沟渠距离(X17, β = –0.965, –0.219, –0.166, –0.687)呈负相关，说明旱地主要分布在距乡村道路和灌溉沟渠较近的低海拔区域；与自然保护区政策(X9, β = 0.604, 0.810, 0.816, 0.980)和距河流距离(X16, β = 0.729, 0.923, 0.133, 0.934)呈正相关，说明旱地主要分布在自然保护区外和距河流较远的区域，自然保护区一般分布有林地等生态地类，距河流较近的区域则主要分布水田。这些区域海拔较低、水分条件较好，且距离乡村道路较近，能为旱地耕作提供良好的条件。

孟连县的旱地与基本农田政策（X8）的相关性并不明显，但仍与基本农田政策呈负相关，主要由于基本农田以优质水田为主，一部分旱地分布在基本农田范围以内，而另一部分旱地并未被划为基本农田加以保护。

表 4-20　孟连县旱地时空分布各影响因素二元 Logistic 回归结果

变量	2000 年（ROC = 0.870）			2005 年（ROC = 0.847）			2010 年（ROC = 0.703）			2015 年（ROC = 0.799）		
	β	S.E.	OR	β	S.E.	OR	β	S.E.	OR	β	S.E.	OR
X1	0.495	0.037	1.641	0.460	0.030	1.584	0.219	0.048	1.245	0.229	0.035	1.257
X2	–0.713	0.062	0.490	–0.416	0.005	0.660	–0.436	0.050	0.647	N	N	N
X3	–0.124	0.085	0.884	N	N	N	–0.335	0.074	0.715	–0.881	0.071	0.414
X4	–0.479	0.025	0.389	–0.524	0.023	0.688	–0.318	0.072	0.738	N	N	N
X5	0.102	0.043	1.108	–0.451	0.076	0.637	–0.232	0.083	0.793	–0.292	0.079	0.747
X6	–0.063	0.050	0.939	0.134	0.081	1.143	–0.114	0.089	0.892	0.133	0.085	1.142
X8	–0.045	0.043	0.968	–0.057	0.073	0.955	–0.041	0.082	0.932	–0.032	0.071	0.937
X9	0.604	0.056	1.829	0.810	0.081	2.248	0.816	0.092	2.261	0.980	0.085	2.665
X10	N	N	N	–0.559	0.031	0.572	–0.436	0.048	0.647	–0.317	0.036	0.729
X11	–1.814	0.080	0.163	–0.585	0.048	0.557	–0.303	0.072	0.739	–1.111	0.060	0.329
X12	0.049	0.026	1.050	0.128	0.067	1.137	0.241	0.076	1.272	0.107	0.069	1.113

续表

变量	2000 年（ROC = 0.870）			2005 年（ROC = 0.847）			2010 年（ROC = 0.703）			2015 年（ROC = 0.799）		
	β	S.E.	OR	β	S.E.	OR	β	S.E.	OR	β	S.E.	OR
X13	–0.419	0.071	0.657	N	N	N	0.399	0.063	1.491	0.058	0.050	1.060
X14	N	N	N	N	N	N	N	N	N	–0.175	0.005	0.840
X15	0.629	0.043	1.876	–0.772	0.076	0.462	–0.734	0.087	0.480	–0.763	0.080	0.466
X16	0.729	0.071	2.074	0.923	0.039	2.517	0.133	0.058	1.142	0.934	0.045	2.544
X17	–0.965	0.010	0.624	–0.219	0.056	0.245	–0.166	0.080	0.180	–0.687	0.069	0.158
常数 a	2.415	0.329	11.191	–0.788	0.172	0.455	0.439	0.195	1.552	–0.041	0.183	0.960

注：N 表示在二元 Logistic 回归模型中被剔除的指标，用 N 表示该区域没有值存在或未通过显著性检验。部分指标四年中都被剔除则不出现在该表中。

7. 建设用地时空分布的影响因素分析

从表 4-21 可以看出，孟连县 2000～2015 年建设用地空间分布主要的影响因素为距主要道路距离（X1）、距乡镇距离（X3）、基本农田政策（X8）、自然保护区政策（X9）、坡度（X10）和距河流距离（X16）。其中，建设用地的空间分布与距乡镇距离(X3, β = –1.087, –1.355, –0.666, –2.305)、自然保护区政策(X9, β = –0.029, –1.030, –0.702, –0.878)、坡度(X10, β = –0.695, –1.695, –1.686, –1.214)和距河流距离(X16, β = –2.967, –4.638, –0.760, N)呈负相关，说明建设用地主要分布在距乡镇与河流较近、坡度较小的区域，其中部分建设用地也位于自然保护区范围内。同时距河流距离的影响逐渐减弱，说明随着建设用地扩张，部分建设用地已分布在离河流较远的区域；与基本农田政策(X8, β = 1.151, 1.934, 1.279, 1.108)呈正相关，说明由于基本农田政策的限制，建设用地主要分布在基本农田保护区以外；而与距主要道路距离(X1, β = –1.317, 1.970, 2.907, 1.681)先呈负相关，后呈正相关，说明 2000 年建设用地较少时，大部分建设用地仍分布在距主要道路较近的区域，但随着建设用地的不断扩张，已逐渐在远离主要道路的区域落位。同时，孟连县 2015 年建设用地空间分布还主要受到距乡村道路距离(X2, β = –1.440)的影响，说明随着建设用地的不断扩张，原有乡村道路附近已建有一定的建设用地，交通是建设用地扩张的重要因素之一。

表 4-21　孟连县建设用地时空分布各影响因素二元 Logistic 回归结果

变量	2000 年（ROC = 0.979）			2005 年（ROC = 0.865）			2010 年（ROC = 0.815）			2015 年（ROC = 0.881）		
	β	S.E.	OR	β	S.E.	OR	β	S.E.	OR	β	S.E.	OR
X1	–1.317	0.215	0.268	1.970	0.000	7.172	2.907	0.275	18.309	1.681	0.314	5.374
X2	N	N	N	N	N	N	N	N	N	–1.440	0.589	0.237
X3	–1.087	0.041	0.313	–1.355	0.000	0.258	–0.666	0.126	0.514	–2.305	0.361	0.100
X6	N	N	N	N	N	N	N	N	N	–0.248	0.155	0.780
X8	1.151	0.035	3.160	1.934	0.000	3.020	1.279	0.211	3.038	1.108	0.202	2.121
X9	–0.029	0.008	0.957	–1.030	0.000	0.357	–0.702	0.026	0.496	–0.878	0.067	0.415

续表

变量	2000 年（ROC = 0.979）			2005 年（ROC = 0.865）			2010 年（ROC = 0.815）			2015 年（ROC = 0.881）		
	β	S.E.	OR	β	S.E.	OR	β	S.E.	OR	β	S.E.	OR
X10	−0.695	0.057	0.884	−1.695	0.000	0.184	−1.686	0.170	0.185	−1.214	0.389	0.297
X11	N	N	N	N	N	N	0.382	0.232	1.466	−0.435	0.410	0.647
X12	−0.561	0.064	0.571	−1.537	0.000	0.215	−0.205	0.000	0.815	0.291	0.031	1.338
X13	N	N	N	N	N	N	N	N	N	−0.357	0.518	0.700
X14	−0.432	0.036	0.888	−0.310	0.000	0.733	0.562	0.003	1.754	N	N	N
X15	N	N	N	N	N	N	N	N	N	−0.137	0.139	0.872
X16	−2.967	0.170	0.051	−4.638	0.000	0.010	−0.760	0.247	0.468	N	N	N
X17	0.809	0.186	1.905	N	N	N	0.409	0.330	1.505	0.308	0.379	1.361
常数 a	1.946	0.306	4.575	−31.891	0.441	0.000	0.946	0.917	2.575	0.415	0.588	1.514

注：N 表示在二元 Logistic 回归模型中被剔除的指标，用 N 表示该区域没有值存在或未通过显著性检验。部分指标四年中都被剔除则不出现在该表中。

4.3 澜沧县土地利用时空变化特征及影响因素分析

4.3.1 土地利用时空变化特征

通过土地利用变化数量、速率和程度等时间变化情况，以及土地利用流向、综合土地利用动态度等空间变化情况，分析澜沧县土地利用时空变化特征（图 4-7，彩图见附图 5）。

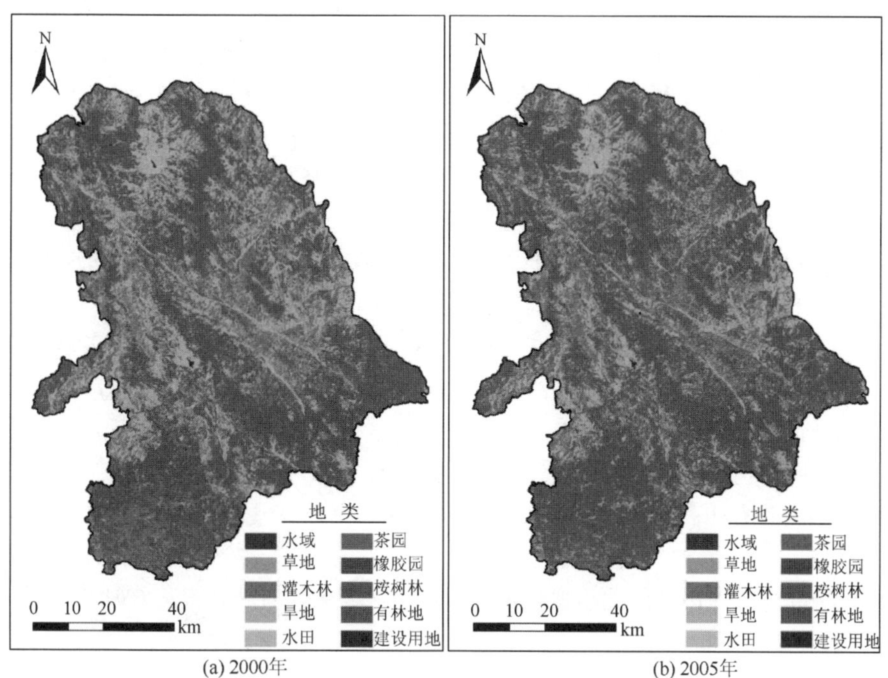

(a) 2000年　(b) 2005年

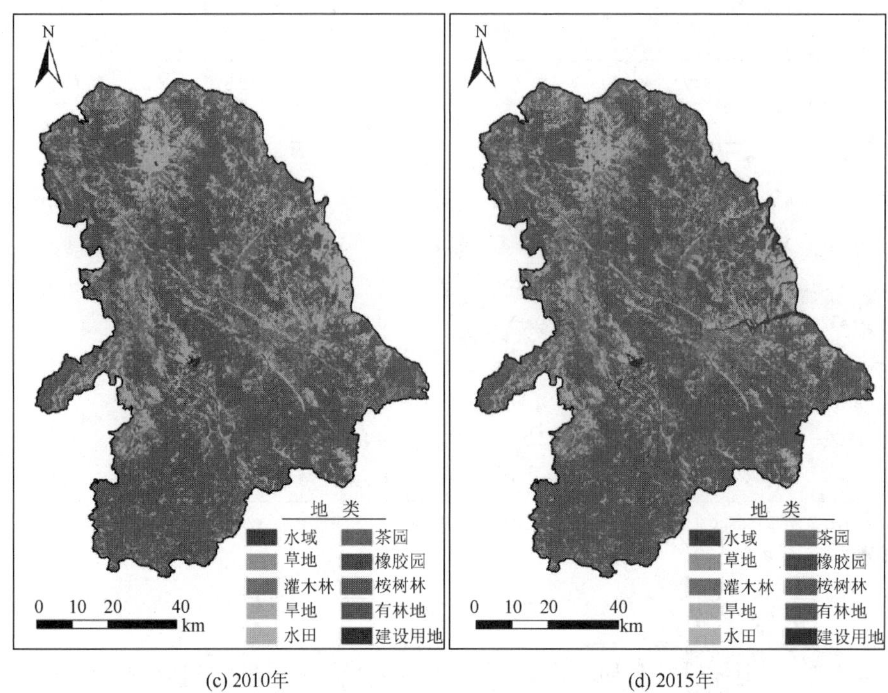

(c) 2010年　　(d) 2015年

图 4-7　澜沧拉祜族自治县 2000 年、2005 年、2010 年、2015 年土地利用现状图

1. 数量变化特征分析

澜沧县土地利用结构以林地、草地和旱地等土地利用类型为主（表 4-22 和图 4-7）。2000 年、2005 年和 2010 年三年有林地、旱地和灌木林为全县主要的土地利用类型，其中，2000 年其总面积为 779 201.28hm^2，占全县总面积的 89.27%，有林地、旱地和灌木林分别占 54.29%、21.15%和 13.83%。2005 年其总面积为 793 833.38hm^2，占全县总面积的 90.94%，有林地、旱地和灌木林分别占 60.47%、18.04%和 12.43%。2010 年其总面积为 776 051.90hm^2，占全县总面积的 88.91%，有林地、旱地和灌木林分别占 59.37%、18.03%和 11.51%；2015 年主要土地利用类型变为有林地、草地和旱地，其总面积为 726 053.62hm^2，占全县总面积的 83.18%，有林地、草地和旱地分别占 60.22%、12.12%和 10.83%。由此可知，15 年间澜沧县虽然大面积种植桉树林，但由于全县总面积较大，对县域内土地利用结构的影响不突出，全县主要土地利用类型变化不大，2010～2015 年土地利用结构改变主要由于多年干旱，农作物收成降低，部分耕地（旱地和水田）闲置导致草地大面积增多，同时糯扎渡水库建成，蓄水淹没部分耕地导致旱地面积大量减少。

从土地利用类型面积绝对变化量来看，桉树林、水域、建设用地和橡胶园面积持续增加，而旱地、灌木林和茶园呈减少趋势，草地先减后增，水田先减后增再减，有林地则先增后减再增，15 年间部分地类波动较大（表 4-22）。2000～2005 年，有林地、旱地、草地和灌木林是澜沧县土地利用面积变化最大的地类。其中，有林地面积增加 53 966.83hm^2，而旱地、草地和灌木林面积减少，分别减少了 27 138.97hm^2、15 408.11hm^2 和 12 195.76hm^2；

表 4-22 澜沧县土地利用面积绝对变化量和变化速率

土地利用类型	面积/hm²				面积绝对变化量/hm²				土地利用变化速率			
	2000 年	2005 年	2010 年	2015 年	2000～2005 年	2005～2010 年	2010～2015 年	2000～2015 年	2000～2005 年	2005～2010 年	2010～2015 年	2000～2015 年
桉树林	0.00	2050.29	32588.95	36184.32	2050.29	30538.66	3595.37	36184.32	/	1489.48%	11.03%	/
草地	76876.56	61468.45	47394.69	105826.67	−15408.11	−14073.76	58431.98	28950.11	−20.04%	−22.90%	123.29%	37.66%
茶园	10098.25	9676.37	9339.10	8724.45	−421.88	−337.27	−614.65	−1373.80	−4.18%	−3.49%	−6.58%	−13.60%
灌木林	120722.26	108526.50	100483.29	86332.38	−12195.76	−8043.21	−14150.91	−34389.88	−10.10%	−7.41%	−14.08%	−28.49%
旱地	184611.01	157472.04	157358.04	94544.23	−27138.97	−114.00	−62813.81	−90066.78	−14.70%	−0.07%	−39.92%	−48.79%
建设用地	330.91	361.26	828.29	1894.23	30.35	467.03	1065.94	1563.32	9.17%	129.28%	128.69%	472.43%
水田	6082.27	4983.51	5491.08	4727.78	−1098.76	507.57	−763.30	−1354.49	−18.06%	10.19%	−13.90%	−22.27%
水域	277.33	467.55	873.14	8633.34	190.22	405.59	7760.20	8356.01	68.59%	86.75%	888.77%	3013.02%
橡胶园	0.00	25.79	299.45	316.48	25.79	273.66	17.03	316.48	/	1061.11%	5.69%	/
有林地	473868.01	527834.84	518210.57	525682.72	53966.83	−9624.27	7472.15	51814.71	11.39%	−1.82%	1.44%	10.93%
合计	872866.60				/							

2005～2010 年，桉树林、草地、有林地和灌木林是土地利用面积变化最大的地类，其中，桉树林面积增加了 30 538.66hm^2，而草地、有林地和灌木林面积减少，分别减少了 14 073.76hm^2、9 624.27hm^2 和 8043.21hm^2；2010～2015 年，旱地、草地、灌木林和水域是土地利用面积变化最大的地类，其中，旱地和灌木林面积减少，分别减少了 62 813.81hm^2 和 14 150.91hm^2，而草地和有林地面积增加，分别增加了 58 431.98hm^2 和 7 472.15hm^2。总之，15 年间，前五年退耕还林等工程使有林地大面积增加，中间五年桉树林大量种植，面积明显提升，后五年由于连年干旱、水库蓄水等旱地急剧减少、草地急剧增加。

从土地利用变化速率来看，15 年间水域、桉树林和建设用地面积急剧增加，而旱地、灌木林和水田面积快速减少，与各用地类型的基期面积有关（表 4-22）。2000～2015 年，水域面积增长最快，变化速率达到 3013.02%；其次分别为建设用地、草地和有林地，变化速率分别为 472.43%、37.66%和 10.93%；面积减少最快的地类为旱地，变化速率达到–48.79%；其次为灌木林、水田和茶园，变化速率分别为–28.49%、–22.27%和–13.60%（由于桉树林基期面积为零，因此未参与 2000～2015 年期间的统计）。由表 4-22 可以看出，澜沧县土地利用变化速率具有一定的时间变化规律：①2000～2005 年桉树林种植规模仍未形成，大量种植主要发生在 2005～2010 年，动态度高达 1489.48%，而 2010～2015 年种植速率放缓；②水域和草地在后五年间面积急剧增长，动态度高达 888.77%和 123.29%，旱地则急剧减少，但由于基期面积较大，动态度仅为–39.92%，主要是此间干旱、建坝等，导致耕地荒置增加了草地面积、水库蓄水占用了库岸耕地；③后十年中建设用地一直保持着较高的增长速率，分别达到 129.28%和 128.69%，说明近年来澜沧县经济发展增速，人口增加，推动了城镇化的快速发展；④有林地虽然面积数量变化明显，但变化速率较低、较稳定，主要由于有林地基期面积最大，导致变化情况不明显。

2. 土地利用程度变化分析

澜沧县土地利用程度参照表 4-2 中的各土地利用类型分级指数，分 1～4 级，其中建设用地为土地开发利用的上限（赋值为 4），表示建设用地无法进行更加深入的开发利用；草地为土地开发利用的下限（赋值为 1），表示草地仍有极强的开发潜力。

通过式（4-1），澜沧县 2000 年、2005 年、2010 年和 2015 年的土地利用程度分别为 214.27、213.00、218.25 和 204.86。2000～2015 年，人类活动对澜沧县土地利用程度的影响呈先减后增再减的趋势，其中 2010～2015 年明显降低，主要是大多耕地闲置，导致草地面积增加，降低了土地利用的程度（图 4-8）。

3. 土地利用流向分析

澜沧县桉树林种植、水库建设及退耕还林是区域内土地利用转换的主要原因，其中，桉树引种主要发生在 2005～2010 年，而水库建成蓄水主要在 2010～2015 年，均引起了相应地类的转换。因此，通过 2000～2005 年、2005～2010 年和 2010～2015 年三个阶段展开对土地利用的流向分析。

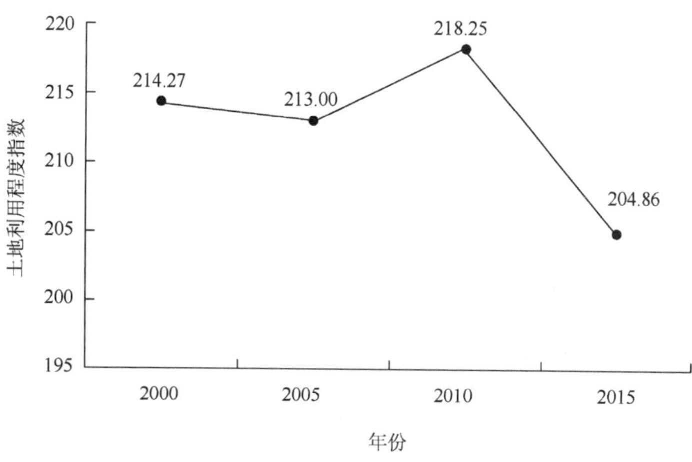

图 4-8　澜沧县土地利用程度指数

1）2000～2005 年土地利用流向分析

有林地、桉树林、水域、建设用地和橡胶园转入均大于转出，但后两种地类不明显。其中，有林地转入远大于转出，五年间转入面积共 77 725.14hm^2，主要由灌木林、旱地、草地和茶园转入，主要转出为草地、旱地和灌木林，面积分别为 10 694.93hm^2、6647.95hm^2 和 4897.61hm^2；桉树林转入面积共 2050.29hm^2，主要由草地、有林地和旱地转入；水域转入面积共 256.01hm^2，主要由灌木林转入，转出较少；建设用地主要由旱地转入 47.11hm^2，转出较少；橡胶园由水田、旱地、草地、有林地和灌木林五种地类转入，转入面积均较小（表 4-23）。

旱地、草地、灌木林、水田和茶园则转入小于转出。其中，旱地转出远大于转入，转出面积共 51 886.79hm^2，主要转出为灌木林、有林地、茶园和草地，转入面积共 24 747.82hm^2，主要由草地、有林地和灌木林转入；草地转出面积共 32 286.39hm^2，主要转出为旱地、灌木林和有林地，转入面积共 16 878.28hm^2，主要由有林地、灌木林和旱地转入；灌木林转出面积共 63 953.19hm^2，主要转出为有林地、旱地、草地和茶园，转入面积共 51 757.43hm^2，主要由旱地、草地、有林地和茶园转入；水田转出面积共 1485.32hm^2，主要转出为旱地，转入较少；茶园转出面积共 5445.54hm^2，主要转出为 2504.03hm^2 有林地、1831.93hm^2 灌木林和 798.07hm^2 草地，转入面积共 5023.66hm^2，主要由 2672.45hm^2 灌木林和 1457.23hm^2 旱地转入（表 4-23）。

2）2005～2010 年土地利用流向分析

桉树林、水田、建设用地、水域和橡胶园的转入大于转出。其中，桉树林转入最多，转入面积共 31 124.03hm^2，主要由有林地、草地、灌木林、旱地、茶园和水田转入，转出较少，主要转出为 572.36hm^2 有林地；水田转入面积共 3094.63hm^2，主要由灌木林、旱地和有林地转入，主要转出为 1631.07hm^2 旱地、440.10hm^2 灌木林和 386.80hm^2 有林地；建设用地转入面积共 509.86hm^2，主要由旱地、灌木林和水田转入，转出不明显；水域转入面积共 575.49hm^2，主要由旱地、灌木林和有林地转入，主要转出为 88.46hm^2 灌木林和 50.61hm^2 有林地；橡胶园转入面积共 291.06hm^2，主要由有林地、旱地、灌木林和草地转入，转出不明显（表 4-24）。

表 4-23　2000～2005 年澜沧县土地利用转移矩阵

（单位：hm^2）

土地利用类型	桉树林	草地	茶园	灌木林	旱地	建设用地	水田	水域	橡胶园	有林地	2000 年总计
草地	761.75	44 590.17	99.13	11 502.38	11 561.45	/	177.18	3.94	4.23	8 176.33	76 876.56
茶园	25.17	798.07	4 652.71	1 831.93	286.04	/	0.08	0.22	/	2 504.03	10 098.25
灌木林	112.03	4 236.93	2 672.45	56 769.07	5 441.37	0.64	113.89	157.62	0.09	51 218.17	120 722.26
旱地	505.44	1 035.13	1 457.23	33 026.28	132 724.22	47.11	38.71	75.54	8.19	15 693.16	184 611.01
建设用地	/	/	/	3.24	30.80	296.40	0.24	0.23	/	/	330.91
水田	/	110.55	2.98	464.36	779.09	12.49	4 596.95	2.11	10.64	103.10	6 082.27
水域	/	2.67	0.01	31.63	1.12	0.01	/	211.54	/	30.35	277.33
有林地	645.90	10 694.93	791.86	4 897.61	6 647.95	4.61	56.46	16.35	2.64	450 109.70	473 868.01
2005 年总计	2 050.29	61 468.45	9 676.37	108 526.50	157 472.04	361.26	4 983.51	467.55	25.79	527 834.84	872 866.60

表 4-24　2005～2010 年澜沧县土地利用转移矩阵

（单位：hm^2）

土地利用类型	桉树林	草地	茶园	灌木林	旱地	建设用地	水田	水域	橡胶园	有林地	2005 年总计
桉树林	1 464.92	3.94	/	2.96	6.11	/	/	/	/	572.36	2 050.29
草地	4 655.43	27 488.02	22.09	3 044.04	554.55	/	12.25	9.74	40.89	25 641.44	61 468.45
茶园	395.02	863.19	4 490.57	707.93	461.72	/	13.49	7.15	3.18	2 734.12	9 676.37
灌木林	4 173.24	1 495.35	35.39	56 719.92	19 472.28	101.77	1 455.77	167.86	58.62	24 846.30	108 526.50
旱地	3 078.76	631.03	1 351.14	7 189.01	121 477.92	334.63	1 030.83	207.95	74.17	22 096.60	157 472.04
建设用地	/	/	/	0.77	40.11	318.43	1.81	/	/	0.14	361.26
水田	27.39	6.54	7.48	440.10	1 631.07	70.71	2 396.45	15.03	1.94	386.80	4 983.51
水域	/	7.85	0.01	88.46	13.12	/	9.85	297.65	/	50.61	467.55
橡胶园	/	7.05	/	2.42	3.75	/	2.31	0.68	8.39	1.19	25.79
有林地	18 794.19	16 891.72	3 432.42	32 287.68	13 697.41	2.75	568.32	167.08	112.26	441 881.01	527 834.84
2010 年总计	32 588.95	47 394.69	9 339.10	100 483.29	157 358.04	828.29	5 491.08	873.14	299.45	518 210.57	872 866.60

草地、有林地、灌木林、茶园和旱地转出大于转入。其中，有林地转出面积最多，共85 953.83hm^2，主要转出为灌木林、桉树林、草地和旱地，转入面积共 76 329.56hm^2，主要由草地、灌木林、旱地和茶园转入；灌木林转出面积共 51 806.58hm^2，主要转出为有林地、旱地和桉树林，转入面积共 43 763.37hm^2，主要由有林地、旱地和草地转入；草地转出面积达到 33 980.43hm^2，主要转出为有林地、桉树林、灌木林，转入面积共 19 906.67hm^2，主要由有林地和灌木林转入；茶园转出情况较平均，共转出 5185.80hm^2，主要转出为有林地、草地、灌木林、旱地和桉树林，转入面积共 4848.53hm^2，主要由有林地和旱地转入；旱地转出面积共 35 994.12hm^2，主要转出为有林地、灌木林、桉树林、茶园和水田，转入面积共 35 880.12hm^2，主要由灌木林、有林地和水田转入（表 4-24）。

3）2010～2015 年土地利用流向分析

草地、水域、有林地、桉树林、建设用地和橡胶园转入大于转出。其中，草地转入面积共 70 477.29hm^2，主要由旱地、有林地、灌木林和水田转入，转出面积共 12 045.31hm^2，主要转出为有林地；水域转入面积共 8203.35hm^2，主要由旱地、灌木林和有林地转入，转出不明显；有林地转入面积共 32 894.07hm^2，主要由灌木林、草地、旱地、桉树林和茶园转入，转出面积共 25 421.92hm^2，主要转出为草地、桉树林、灌木林、旱地和水域；桉树林面积增速放缓，转入面积和转出面积分别为 6580.30hm^2 和 2984.93hm^2，主要与有林地之间发生转移；建设用地主要由 758.09hm^2 旱地转入，基本没有转出情况；橡胶园转入、转出情况均不突出（表 4-25）。

旱地、灌木林、水田和茶园转出大于转入，旱地和灌木林转出较为明显。旱地转出面积共 67 786.87hm^2，主要转出为草地、有林地、灌木林和水域，转入面积共 4973.06hm^2，主要由有林地和灌木林转入；灌木林转出面积共 22 215.02hm^2，主要转出为有林地、草地、水域、旱地和茶园，转入 8064.11hm^2；水田转出面积共 2114.94hm^2，主要转出为草地，转入面积共 1351.64hm^2；茶园转出面积共 4105.13hm^2，主要转出为草地和有林地，转入面积共 3490.48hm^2（表 4-25）。

综上所述，澜沧县的主要土地利用类型之间的转移特征为：①由于退耕还林政策的实施，15 年间耕地向有林地转移的情况都较为明显，转移面积较大。②2005～2010 年澜沧县桉树林的大面积种植，导致有林地、草地、灌木林、旱地和茶园等大量转变为桉树林，而 2010～2015 年桉树林种植速率减缓，转移情况不明显。③2010～2015 年耕地转水域明显，主要由于澜沧江下游糯扎渡水电站建成蓄水，淹没了库岸耕地。④建设用地扩张主要占用了旱地，但澜沧县总面积较大，因而扩张并不明显。

4. 综合土地利用动态度分析

与西盟县的研究方法一样，研究通过构建 100m×100m、200m×200m、500m×500m、1000m×1000m 和 2000m×2000m 尺度计算澜沧县综合土地利用动态度，经对比分析得出，500m×500m 尺度能较好地反映澜沧县综合土地利用动态度的空间差异情况。

表 4-25　2010～2015 年澜沧县土地利用转移矩阵

（单位：hm²）

土地利用类型	桉树林	草地	茶园	灌木林	旱地	建设用地	水田	水域	橡胶园	有林地	2010 年总计
桉树林	29 604.02	332.13	1.27	19.88	42.64	9.06	3.85	/	0.14	2 575.96	32 588.95
草地	166.85	35 349.38	904.29	432.76	892.62	2.95	50.83	131.61	13.56	9 449.84	47 394.69
茶园	41.97	2 786.32	5 233.97	76.00	137.77	/	30.97	20.37	0.08	1 011.65	9 339.10
灌木林	139.72	5 889.77	1 047.43	78 268.27	1 075.14	21.06	258.50	2 426.22	4.26	11 352.92	100 483.29
旱地	386.69	49 059.00	232.65	4 640.97	89 571.17	758.09	612.45	3 974.95	18.32	8 103.75	157 358.04
建设用地	/	48.00	/	0.52	3.26	774.23	1.12	/	/	1.16	828.29
水田	11.87	1 260.01	0.15	117.60	190.41	211.73	3 376.14	129.59	0.13	193.45	5 491.08
水域	1.37	230.41	/	9.86	4.58	4.50	1.04	429.99	0.17	191.22	873.14
橡胶园	/	35.80	/	0.05	1.85	7.83	/	/	239.80	14.12	299.45
有林地	5 831.83	10 835.85	1 304.69	2 766.47	2 624.79	104.78	392.88	1 520.61	40.02	492 788.65	518 210.57
2015 年总计	36 184.32	105 826.67	8 724.45	86 332.38	94 544.23	1 894.23	4 727.78	8 633.34	316.48	525 682.72	872 866.60

澜沧县综合土地利用动态度在 0～100，其值越大说明该区土地利用变化的速度越快。由图 4-9（彩图见附图 6）可知，澜沧县土地利用动态度的空间分布特征：①2000～2005 年澜沧县综合土地利用动态度较高的区域主要分布在西南部和中部偏东的区域，其中西南部动态度最强，此区域 2000 年主要分布灌木林地类，五年中主要由灌木林转为有林地；2005～2010 年澜沧县土地利用动态度较高区域主要集中在中部及东北部，而西南部反而降低；2010～2015 年澜沧县东部综合土地利用动态度较高，主要由于大坝修成之后水库蓄水，形成大面积耕地转水域的情况，而整个南部动态度下降。②三个时期，综合土地利用动态度较低的区域都集中于县域东南方和西北方，这些区域主要分布有林地，而澜沧县的土地结构以有林地为主，虽然有林地面积流动明显，但总面积较大，15 年间整体动态度较低。

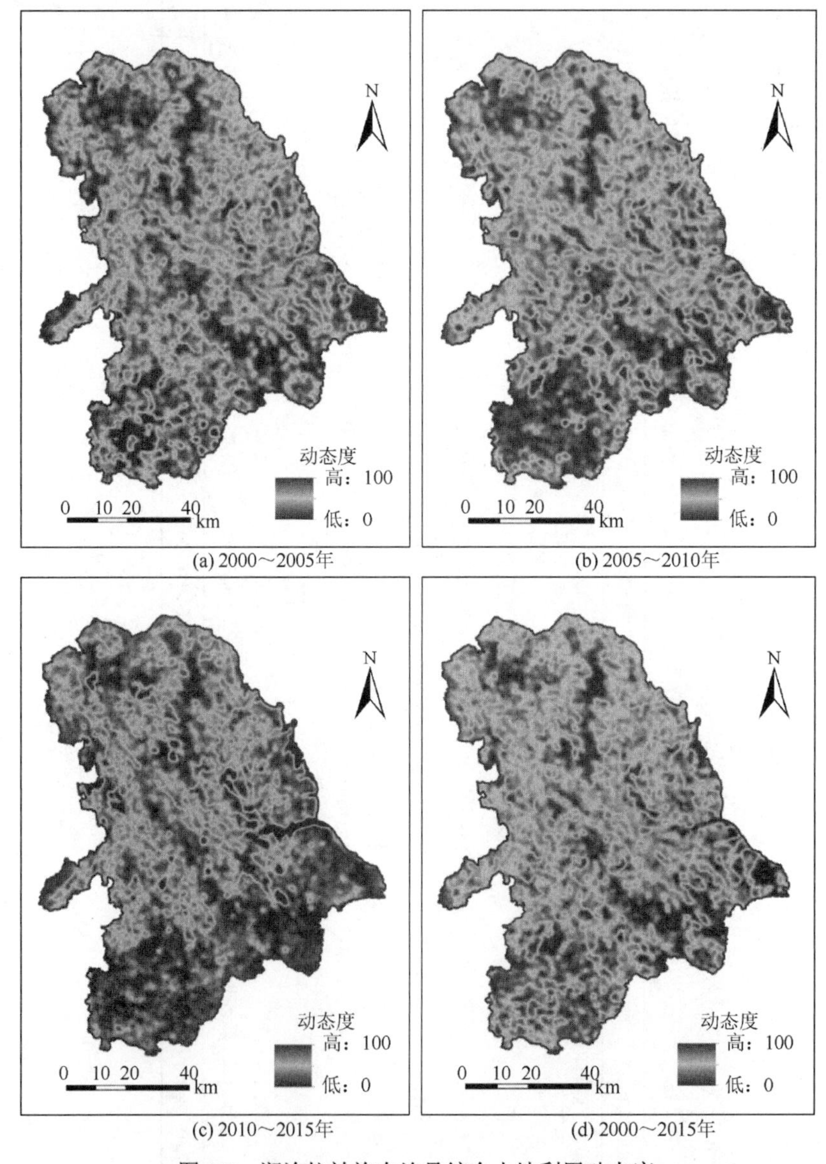

(a) 2000～2005年　(b) 2005～2010年

(c) 2010～2015年　(d) 2000～2015年

图 4-9　澜沧拉祜族自治县综合土地利用动态度

4.3.2　土地利用时空变化影响因素分析

采用 4.1.2 节提到的二元 Logistic 回归分析方法和影响因素分析指标体系，计算得到澜沧县土地利用时空变化的影响因素结果。

以上分析可知：①澜沧县境内土地利用类型主要为有林地、草地和旱地；②2000～2015 年，桉树林人工经济园林的快速大面积种植，引起了区域有林地、旱地等用地类型迅速转化为人工经济园林，使区域土地利用景观结构发生变化；③旱地、有林地和水域都存在较大面积的转化；④建设用地扩张主要占用了旱地。因此，将进一步研究有林地、草地、旱地、桉树林、水域和建设用地等主要的土地利用类型的时空变化影响因素。在二元 Logistic 回归模型中，基本农田政策（X8）和自然保护区政策（X9）在 SPSS 中作为分类变量，SPSS22 软件对其进行了重新编码，位于自然保护区内被重新编码为 0，非自然保护区内被重新编码为 1；位于基本农田范围内被重新编码为 0，非基本农田区域内被重新编码为 1。在此编码情况下，当 X8、X9 的二元 Logistic 回归 Beta 系数 β 为负值时，表示某土地利用类型空间分布于基本农田或自然保护区内，反之则表示该土地利用类型空间分布于基本农田或自然保护区外。

1. 二元 Logistic 回归模型的检验

研究采用 ROC 曲线和 PCP 对二元 Logistic 回归得到的概率 p 与真实的土地利用空间分布一致性进行检验。在 SPSS22 中将二元 Logistic 回归得到的概率值 p 与相应地类的空间分布进行“ROC curve”处理，得到 ROC 值。当 ROC 值大于 0.7 时，说明二元 Logistic 回归模型拟合效果较好。由表 4-26 可知，有林地、草地、旱地、桉树林、水域和建设用地的 ROC 值均大于 0.7，说明所构建的二元 Logistic 回归模型对有林地、草地、旱地、桉树林、水域和建设用地的拟合效果较好。表 4-27～表 4-30 中标准误差的值（S.E.）均较小，也验证了模型的可靠性。此外，还采用了 PCP 来表示二元 Logistic 回归模型预测能力，PCP 值越高说明预测能力越强，预测能力越强说明模型越能反映现实土地利用情况。整体上看，构建的二元 Logistic 模型对有林地和草地的预测能力一般，而对旱地、桉树林、水域和建设用地几种土地利用类型的预测能力较好。

表 4-26　二元 Logistic 回归模型的 ROC 值与 PCP 值

土地利用类型	2000 年		2005 年		2010 年		2015 年	
	ROC	PCP	ROC	PCP	ROC	PCP	ROC	PCP
有林地	0.849	78.60%	0.857	79.50%	0.852	76.50%	0.864	81.00%
草地	0.801	75.60%	0.809	76.80%	0.798	75.40%	0.825	82.30%
旱地	0.847	85.60%	0.861	86.40%	0.826	83.10%	0.831	84.90%
桉树林	/	/	0.967	98.80%	0.961	98.80%	0.962	98.90%
建设用地	0.897	87.60%	0.901	89.90%	0.878	86.10%	0.869	84.70%
水域	0.852	84.20%	0.879	86.90%	0.853	84.70%	0.884	86.90%

2. 有林地时空分布的影响因素分析

从表 4-27 可以看出，澜沧县 2000～2015 年有林地空间分布的主要影响因素为距农村居民点距离（X4）、农村人均纯收入（X6）、坡度（X10）、海拔（X11）、年平均降水量（X15）和距河流距离（X16）。其中，有林地的空间分布与距农村居民点距离(X4, β = 0.388, 0.293, 0.272, 0.236)、农村人均纯收入(X6, β = 0.509, 0.222, 0.249, 0.109)、海拔(X11, β = 0.236, 0.179, 0.186, 0.110)、年平均降水量(X15, β = 0.342, 0.441, N, 0.263)呈正相关，说明有林地主要分布在距居民点较远的、降水充足的高海拔地区。其中，2010 年由于干旱，年平均降水量的影响作用并不明显；与坡度(X10, β = –0.323, –0.080, –0.240, –0.129)和距河流距离(X16, β = –0.301, –0.406, –0.304, –0.329)呈负相关，说明有林地主要分布在距河流较近的坡度较小区域。这些区域水分充足，且受到的人类干扰较小，同时水土流失较弱，更加利于天然林的生长与成林。

表 4-27　澜沧县有林地时空分布各影响因素二元 Logistic 回归结果

变量	2000 年（ROC = 0.849）			2005 年（ROC = 0.857）			2010 年（ROC = 0.852）			2015 年（ROC = 0.864）		
	β	S.E.	OR	β	S.E.	OR	β	S.E.	OR	β	S.E.	OR
X1	N	N	N	0.146	0.100	1.157	N	N	N	0.124	0.099	1.132
X2	N	N	N	0.017	0.063	1.018	0.154	0.063	1.166	N	N	N
X3	N	N	N	N	N	N	0.082	0.101	1.086	N	N	N
X4	0.388	0.063	1.475	0.293	0.064	1.340	0.272	0.063	1.312	0.236	0.050	1.266
X5	–0.226	0.018	0.798	–0.043	0.016	0.958	–0.073	0.013	0.930	N	N	N
X6	0.509	0.032	1.663	0.222	0.017	1.249	0.249	0.016	1.283	0.109	0.017	1.115
X8	–0.063	0.000	0.939	–0.016	0.000	0.984	–0.041	0.000	0.960	0.015	0.000	1.015
X9	0.000	0.006	1.000	0.006	0.006	1.006	–0.022	0.006	0.978	–0.011	0.006	0.989
X10	–0.323	0.044	0.724	–0.080	0.043	0.923	–0.240	0.042	0.787	–0.129	0.044	0.879
X11	0.236	0.028	1.266	0.179	0.028	1.196	0.186	0.027	1.204	0.110	0.028	1.116
X13	0.002	0.017	1.002	–0.047	0.017	0.954	0.015	0.017	1.015	–0.017	0.018	0.983
X14	0.079	0.013	1.083	0.002	0.013	1.002	0.122	0.014	1.130	–0.028	0.014	0.972
X15	0.342	0.038	1.408	0.441	0.038	1.554	N	N	N	0.263	0.039	1.301
X16	–0.301	0.090	0.740	–0.406	0.088	0.667	–0.304	0.091	0.738	–0.329	0.088	0.720
X17	0.043	0.076	1.044	–0.087	0.073	0.917	–0.177	0.076	0.838	0.057	0.072	1.059
常数 a	–0.439	0.035	0.645	–0.479	0.038	0.619	–0.363	0.036	0.695	–0.551	0.035	0.576

注：N 表示在二元 Logistic 回归模型中被剔除的指标，用 N 表示该区域没有值存在或未通过显著性检验。部分指标四年中都被剔除则不出现在该表中。

3. 草地时空分布的影响因素分析

从表 4-28 可以看出，澜沧县 2000～2015 年草地时空分布主要的影响因素为距乡镇距离（X3）、海拔（X11）和年平均降水量（X15）。其中，草地的空间分布与距乡镇距离(X3, β = –0.528, –0.435, –0.523, –0.660)、海拔(X11, β = –0.228, –0.087, –0.090, –0.090)呈负相关，说

明草地主要分布在距乡镇较近的低海拔区域；与年平均降水量(X15, β = 0.396, 0.165, 0.067, 0.205)呈正相关，说明草地主要分布在降水较为充沛的区域。这些区域海拔较低、水分充足，适宜草场的形成，同时距乡镇较近，适合开发草场放牧，保持原有的草地类型。2010 年由于干旱，年平均降水量的影响作用并不明显。

同时，2010～2015 年，草地还主要受到距河流距离（X16）和距灌溉沟渠距离（X17）的影响，与距河流距离(X16, β = 0.549, 0.286)呈正相关，说明草地趋于分布在距河流较远的区域，而距河流较近的区域分布有其他土地利用类型；与距灌溉沟渠距离(X17, β = −0.216, 0.190)先呈负相关、后呈正相关，说明在草地不断减少的情况下，草地趋向分布在距灌溉沟渠较近的、水源充足的区域，而 2015 年大量旱地、有林地和灌木林转化为草地后，草地呈距灌溉沟渠较远分布的情况。

表 4-28　澜沧县草地时空分布各影响因素二元 Logistic 回归结果

变量	2000 年（ROC = 0.801）			2005 年（ROC = 0.809）			2010 年（ROC = 0.798）			2015 年（ROC = 0.825）		
	β	S.E.	OR	β	S.E.	OR	β	S.E.	OR	β	S.E.	OR
X1	0.027	0.104	1.027	−0.013	0.104	0.987	−0.225	0.104	0.799	0.113	0.104	1.119
X2	−0.140	0.069	0.869	0.017	0.069	1.017	−0.178	0.069	0.837	−0.216	0.069	0.806
X3	−0.528	0.103	0.590	−0.435	0.103	0.648	−0.523	0.103	0.593	−0.660	0.103	0.517
X4	−0.078	0.047	0.925	0.022	0.047	1.022	0.102	0.047	1.108	−0.080	0.047	0.923
X5	0.042	0.018	1.043	−0.005	0.018	0.995	0.011	0.018	1.011	0.081	0.018	1.084
X6	0.022	0.016	1.022	0.004	0.016	1.004	0.163	0.016	1.177	0.040	0.016	1.041
X7	N	N	N	−0.006	0.102	0.994	0.085	0.102	1.088	0.063	0.102	1.065
X9	0.035	0.005	1.036	−0.009	0.005	0.991	−0.046	0.005	0.955	0.043	0.005	1.044
X10	0.063	0.045	1.065	−0.072	0.045	0.930	−0.115	0.045	0.891	−0.077	0.045	0.926
X11	−0.288	0.027	0.750	−0.087	0.027	0.916	−0.090	0.027	0.914	−0.090	0.027	0.914
X12	0.035	0.010	1.035	0.073	0.010	1.076	0.030	0.010	1.031	0.032	0.010	1.033
X13	−0.145	0.016	0.865	−0.094	0.016	0.910	0.046	0.016	1.047	−0.067	0.016	0.935
X14	−0.161	0.013	0.851	−0.043	0.013	0.957	0.003	0.013	1.003	−0.087	0.013	0.917
X15	0.396	0.038	1.486	0.165	0.038	1.180	0.067	0.038	1.069	0.205	0.038	1.227
X16	0.051	0.091	1.052	0.050	0.091	1.051	0.549	0.091	1.732	0.286	0.091	1.330
X17	N	N	N	−0.105	0.072	0.900	−0.216	0.072	0.806	0.190	0.072	1.209
常数 a	0.169	0.035	1.184	0.094	0.035	1.099	0.050	0.035	1.052	0.121	0.035	1.129

注：N 表示在二元 Logistic 回归模型中被剔除的指标，用 N 表示该区域没有值存在或未通过显著性检验。部分指标四年中都被剔除则不出现在该表中。

4. 旱地时空分布的影响因素分析

从表 4-29 可以看出，澜沧县 2000～2005 年旱地空间分布主要的影响因素为距主要道路距离（X1）、距乡镇距离（X3）、距农村居民点距离（X4）、人口总数（X5）、农村人均纯收入（X6）、年平均降水量（X15）和距灌溉沟渠距离（X17）。其中，旱地的空间分布与距主要道路距离(X1, β = –0.183, –0.047)、距乡镇距离(X3, β = –0.255, –0.255)、距农村居民点距离(X4, β = –0.249, –0.008)、人口总数(X5, β = –0.181, –0.158)和距灌溉沟渠距离(X17, β = –0.182, N)呈负相关，说明旱地主要分布在距道路、乡镇、居民点和灌溉沟渠较近且人口密度较低的区域；与农村人均纯收入(X6, β = 0.157, 0.486)和年平均降水量(X15, β = 0.085, 0.399)呈正相关，说明旱地主要分布在经济发展较好的、降水较为充沛的区域。这些区域海拔较低、水分充足，经济条件较好，且距离道路、居民点较近，能为旱地耕作提供良好的条件。

表 4-29　澜沧县旱地时空分布各影响因素二元 Logistic 回归结果

变量	2000 年（ROC = 0.847）			2005 年（ROC = 0.861）			2010 年（ROC = 0.826）			2015 年（ROC = 0.831）		
	β	S.E.	OR	β	S.E.	OR	β	S.E.	OR	β	S.E.	OR
X1	–0.183	0.099	0.833	–0.047	0.100	0.954	–0.032	0.099	0.969	–0.026	0.094	0.974
X2	–0.086	0.067	0.918	–0.094	0.067	0.910	0.002	0.063	1.002	–0.157	0.066	0.854
X3	–0.255	0.097	0.775	–0.255	0.096	0.775	–0.014	0.096	0.986	–0.007	0.090	0.993
X4	–0.249	0.054	0.780	–0.008	0.056	0.992	0.026	0.055	1.027	0.228	0.051	1.256
X5	–0.181	0.018	0.835	–0.158	0.016	0.854	0.052	0.015	1.053	0.017	0.010	1.017
X6	0.157	0.016	1.169	0.486	0.010	1.626	0.497	0.018	1.643	0.558	0.017	1.747
X7	N	N	N	–0.176	0.062	0.838	0.084	0.074	1.088	–0.180	0.044	0.835
X8	–0.020	0.000	0.981	0.019	0.000	1.019	0.022	0.000	1.022	–0.033	0.000	0.967
X9	0.044	0.006	1.045	0.033	0.006	1.034	N	N	N	0.073	0.006	1.075
X10	–0.036	0.045	0.965	0.032	0.044	1.033	–0.035	0.052	0.965	0.157	0.045	1.170
X11	–0.127	0.029	0.881	–0.093	0.029	0.912	–0.210	0.027	0.811	–0.252	0.027	0.777
X12	0.033	0.010	1.034	–0.123	0.010	0.884	–0.019	0.010	0.981	0.020	0.010	1.021
X13	–0.037	0.017	0.964	0.035	0.017	1.036	0.115	0.018	1.122	0.020	0.018	1.020
X14	–0.047	0.013	0.954	–0.052	0.013	0.949	–0.001	0.014	0.999	–0.029	0.014	0.972
X15	0.085	0.037	1.088	0.399	0.038	1.490	N	N	N	0.219	0.038	1.244
X16	0.029	0.088	1.029	–0.001	0.088	0.999	–0.113	0.087	0.893	–0.069	0.082	0.933
X17	–0.182	0.072	0.833	N	N	N	–0.213	0.069	0.809	–0.080	0.071	0.923
常数 a	0.430	0.035	1.538	–0.002	0.038	0.998	0.142	0.035	1.152	–0.054	0.034	0.947

注：N 表示在二元 Logistic 回归模型中被剔除的指标，用 N 表示该区域没有值存在或未通过显著性检验。部分指标四年中都被剔除则不出现在该表中。

2010～2015 年，旱地主要受到距乡村道路距离（X2）、距农村居民点距离（X4）、农村人均纯收入（X6）、海拔（X11）、年平均降水量（X15）和距灌溉沟渠距离（X17）的影响。其中，旱地的空间分布与距农村居民点距离(X4, β = 0.026, 0.228)、农村人均纯收入(X6, β = 0.497, 0.558)和年平均降水量(X15, β = N, 0.219)呈正相关，与距乡村道路距离(X2, β = 0.002, –0.157)、海拔(X11, β = –0.210, –0.252)和距灌溉沟渠距离(X17, β = –0.213, –0.080)呈负相关，说明在原有基础上，随着交通状况的发展，旱地逐渐趋向分布在距居民点较远而交通运输便利的平坦区域。

澜沧县的旱地与基本农田政策（X8）的相关性并不明显，但仍与基本农田政策呈负相关，主要由于基本农田以优质水田为主，一部分旱地分布在基本农田范围以内，而另一部分旱地并未被划为基本农田加以保护。

5. 桉树林时空分布的影响因素分析

由于澜沧县 2000 年并未种植桉树林，通过 2005～2015 年情况分析澜沧县桉树林时空分布的影响因素。从表 4-30 可以看出，澜沧县 2005～2015 年桉树林空间分布主要的影响因素为距乡村道路距离（X2）、距农村居民点距离（X4）、距之前土地利用距离（X7）、土壤有机质（X13）和年平均降水量（X15）。其中，桉树林的空间分布与距乡村道路距离(X2, β = N, 0.335, 0.189)、距农村居民点距离(X4, β = N, N, 0.201)和距之前土地利用距离(X7, β = 0.020, 0.288, 0.210)呈正相关，说明桉树林种植区都分布在距离居民点、道路和此前桉树林较远的地方，桉树林在引种时多选取偏远的、受人为干扰较少的区域，同时桉树林呈现片区种植的情况，一个种植区与另一个种植区的连片程度一般较差；与土壤有机质(X13, β = –0.066, –0.143, –0.109)呈负相关，说明桉树林种植区主要分布在土壤有机质较低的区域，或说明桉树林对土壤有机质需求极高、吸收极好而导致种植区域内的土壤有机质含量明显下降。2005 年和 2015 年桉树分布与年平均降水量呈正相关，仅 2010 年云南省大旱时呈负相关（X15, β = 0.218, –0.115, 0.118），说明在正常气候状况下，桉树林倾向于分布在降水充沛的地方。

表 4-30　澜沧县桉树林时空分布各影响因素二元 Logistic 回归结果

变量	2005 年（ROC = 0.967）			2010 年（ROC = 0.961）			2015 年（ROC = 0.962）		
	β	S.E.	OR	β	S.E.	OR	β	S.E.	OR
X2	N	N	N	0.335	0.063	1.399	0.189	0.068	1.208
X4	N	N	N	N	N	N	0.201	0.047	1.222
X5	0.091	0.035	2.479	–0.252	0.014	0.777	0.005	0.009	1.005
X6	0.001	0.026	1.010	0.314	0.016	1.368	0.013	0.016	1.013
X7	0.020	0.051	1.219	0.288	0.037	1.334	0.210	0.037	1.233
X8	0.004	0.006	1.037	–0.063	0.000	0.939	–0.051	0.000	0.951
X9	0.030	0.016	1.344	0.079	0.006	1.082	0.016	0.006	1.016
X10	0.028	0.060	1.317	0.084	0.044	1.088	0.217	0.046	1.242
X11	–0.107	0.045	0.341	0.123	0.027	1.131	0.030	0.027	1.030
X12	0.001	0.019	1.011	–0.004	0.010	0.996	0.021	0.010	1.022
X13	–0.066	0.028	0.515	–0.143	0.017	0.867	–0.109	0.017	0.897
X14	–0.076	0.025	0.469	–0.028	0.013	0.973	–0.071	0.013	0.931
X15	0.218	0.079	8.808	–0.115	0.045	0.892	0.118	0.042	1.125
X16	–0.379	0.291	0.023	–0.074	0.102	0.929	–0.068	0.101	0.934
X17	0.116	0.095	3.188	0.015	0.072	1.015	–0.040	0.070	0.960
常数 a	–0.041	0.068	0.666	0.001	0.038	1.001	–0.141	0.038	0.869

注：N 表示在二元 Logistic 回归模型中被剔除的指标，用 N 表示该区域没有值存在或未通过显著性检验。部分指标三年中都被剔除则不出现在该表中。

6. 水域时空分布的影响因素分析

由于澜沧县后五年间水域主要由灌木林、旱地和有林地转入，因此分 2000～2005 年和 2010～2015 年两个时间段分析澜沧县水域分布的影响因素。从表 4-31 可以看出，澜沧县 2000～2005 年水域空间分布主要的影响因素较多，为人口总数（X5）、农村人均纯收入（X6）、基本农田保护政策（X8）、自然保护区政策（X9）、距河流距离（X16）和距灌溉沟渠距离（X17）。其中，水域的空间分布与人口总数(X5, β = 1.166, 0.226)、基本农田保护政策(X8, β = 0.183, 0.258)呈正相关，与农村人均纯收入(X6, β = –0.340, –0.373)、自然保护区政策(X9, β = –0.232, –0.013)、距河流距离(X16, β = –2.345, –0.956)和距灌溉沟渠距离(X17, β = –1.386, –0.999)呈负相关，说明天然水域主要分布在人口较多的区域，这些区域在基本农田保护区以外，而部分则落位于自然保护区以内。

2010～2015 年，澜沧县水域空间分布主要的影响因素为农村人均纯收入（X6）和距之前土地利用距离（X7）。其中，2015 年时，由于糯扎渡水电站建成蓄水，水域面积明显增加，水域主要在原有水库、河流的基础上扩张，因此水域分布与距之前土地利用距离(X7, β = N, –0.142)呈负相关。同时，水电站建设等促进了当地经济发展，水域分布与农村人均纯收入(X6, β = –0.995, 1.186)由负相关转为正相关，水域分布较广的乡镇农村人均纯收入有明显提升，两者呈现相互影响的现象。

表 4-31 澜沧县水域时空分布各影响因素二元 Logistic 回归结果

变量	2000 年（ROC = 0.852）			2005 年（ROC = 0.879）			2010 年（ROC = 0.853）			2015 年（ROC = 0.884）		
	β	S.E.	OR	β	S.E.	OR	β	S.E.	OR	β	S.E.	OR
X5	1.166	0.070	3.209	0.226	0.052	0.023	–0.112	0.029	0.894	0.149	0.012	1.161
X6	–0.340	0.057	0.712	–0.373	0.031	0.000	–0.995	0.036	0.370	1.186	0.022	3.273
X7	–0.023	0.089	0.977	–0.174	0.087	0.194	N	N	N	–0.142	0.020	0.867
X8	0.183	0.000	1.200	0.258	0.000	0.000	0.011	0.004	1.011	–0.005	0.000	0.995
X9	–0.232	0.027	0.793	–0.013	0.019	0.845	–0.209	0.020	0.811	0.056	0.006	1.058
X11	0.111	0.088	1.117	0.368	0.075	0.002	1.124	0.080	3.077	–0.259	0.029	0.772
X12	0.059	0.033	1.061	0.205	0.026	0.005	0.079	0.022	1.082	0.071	0.010	1.074
X16	–2.345	0.057	0.096	–0.956	0.041	0.003	N	N	N	–0.343	0.017	0.710
X17	–1.386	0.047	0.250	–0.999	0.035	0.000	–1.314	0.031	0.269	–0.122	0.014	0.885
常数 a	0.434	0.128	1.543	0.813	0.098	0.000	0.050	0.086	1.052	0.218	0.036	1.244

注：N 表示在二元 Logistic 回归模型中被剔除的指标，用 N 表示该区域没有值存在或未通过显著性检验。部分指标四年中都被剔除则不出现在该表中。

7. 建设用地时空分布的影响因素分析

从表 4-32 可以看出，澜沧县 2000～2015 年建设用地空间分布主要的影响因素较少，为人口总数（X5）和距之前土地利用距离（X7）。其中，建设用地的空间分布与人口总数(X5, β = –1.274, –1.374, 2.117, 0.441)先呈负相关后呈正相关，说明随着建设用地的扩张及各类规划的实施，建设用地布局更加合理，人口数量是决定建设用地布局与规模的重要因素之一；

与距之前土地利用距离(X7, β = −1.326, −0.856, −1.122, −0.855)呈负相关，说明建设用地趋向于在此前建设用地基础上向外扩张。同时，2015 年澜沧县建设用地空间分布也与距主要道路距离(X1, β = −3.346)和距河流距离(X16, β = 2.188)相关性较强，说明建设用地也主要分布于距主要道路较近、而距河流较远的区域。

表 4-32　澜沧县建设用地时空分布各影响因素二元 Logistic 回归结果

变量	2000 年（ROC = 0.897）			2005 年（ROC = 0.901）			2010 年（ROC = 0.878）			2015 年（ROC = 0.869）		
	β	S.E.	OR	β	S.E.	OR	β	S.E.	OR	β	S.E.	OR
X1	N	N	N	N	N	N	N	N	N	−3.346	0.226	0.035
X2	−0.960	0.259	0.383	−0.405	0.237	0.667	0.485	0.166	1.625	−0.451	0.100	0.637
X3	N	N	N	N	N	N	N	N	N	−0.036	0.232	0.965
X5	−1.274	0.143	0.280	−1.374	0.145	0.253	2.117	0.065	8.305	0.441	0.033	1.553
X6	−0.230	0.113	0.794	2.215	0.099	9.162	0.843	0.089	2.324	0.401	0.042	1.493
X7	−1.326	0.123	0.266	−0.856	0.120	0.425	−1.122	0.092	0.326	−0.855	0.056	0.425
X8	0.086	0.060	1.090	0.073	0.060	1.076	−0.109	0.042	0.897	0.002	0.024	1.002
X9	−0.327	0.086	0.721	0.195	0.080	1.216	0.523	0.055	1.688	0.322	0.032	1.379
X10	0.293	0.166	1.340	−0.296	0.158	0.744	0.388	0.126	1.474	0.130	0.072	1.139
X11	−0.240	0.154	0.787	−0.164	0.164	0.849	N	N	N	−0.088	0.078	0.916
X12	−0.271	0.091	0.763	−0.241	0.091	0.786	−0.151	0.061	0.860	−0.151	0.035	0.860
X14	0.362	0.105	1.436	0.704	0.107	2.021	0.300	0.070	1.350	0.365	0.043	1.441
X16	N	N	N	N	N	N	N	N	N	2.188	0.188	8.915
X17	−0.699	0.286	0.497	−0.286	0.311	0.751	−1.037	0.194	0.355	−0.849	0.130	0.428
常数 a	1.763	0.198	5.830	−0.396	0.208	0.673	−4.020	0.147	0.018	−0.534	0.079	0.586

注：N 表示在二元 Logistic 回归模型中被剔除的指标，用 N 表示该区域没有值存在或未通过显著性检验。部分指标四年中都被剔除则不出现在该表中。

4.4　本 章 小 结

1）土地利用时空变化特征

2000～2015 年，普洱市边三县的土地利用类型以林地（天然有林地及人工经济园林）、旱地、草地为主；15 年间大面积种植人工经济园林是边三县土地利用时空变化和地类转移的重要原因，区域内土地利用程度不断增强；边三县的土地利用空间变化状况与橡胶、桉树、茶等人工经济园林种植和水电站建设存在着密切的关系。

2）土地利用变化影响因素

研究选择与普洱市边三县土地利用时空变化相关的社会、经济和自然环境因子建立二元 Logistic 回归模型，研究结果与 Doorn 和 Bakker（2007）及 Prishchepov 等（2013）的结论相同。总的来说，自然环境和社会经济因素是土地利用变化的影响因素，但与自然环境因素相比，社会经济因素的影响更快、更强且更直接。社会经济因素（如政策和可达性）对大多数土地类型产生强烈影响，而自然环境因素（如海拔和坡度）仅在某些年份影响某种土地类型的时空变化。

土地利用变化的影响因素具有共性，但不同时期影响力存在差异。整体上看，边三县主要土地利用类型的时空变化都受到政策（基本农田政策和自然保护区政策）、地形（海拔和坡度）、可达性（距居民点距离和距道路距离）和潜在生产力（降水量和距水域距离）因素的影响。其中，政策因素对土地利用是强制性的；地形因素是人类活动的基础，往往起到决定性作用；可达性决定了人类行为活动的便利程度；土地潜在生产力决定了人工林和耕地的产量。

具体来看，在主要土地利用类型方面，橡胶园、茶园、桉树林等人工经济园林除了主要受到社会经济因素影响外，对自然因素的要求也较高，均受到土壤和水分等因素的影响。林地受到自然保护区的保护作用明显，且多分布于高海拔区域。耕地与基本农田政策相关性较强，而旱地与基本农田政策相关性不强，大部分基本农田区域土地利用类型为水田。建设用地则受之前土地利用、居民点和道路等因素影响作用较明显；在各个县份方面，西盟县主要土地利用类型的影响因素较少，除部分地类对土壤类型有要求外，其余大部分地类均与政策、可达性等因素有关；孟连县和澜沧县的大部分主要土地利用类型则与水分有较强的联系，与年平均降水量和距河流距离因素相关性显著；澜沧县的土地利用空间分布还与区域发展有关，部分主要土地利用类型与农村人均纯收入和人口总数因素相关性显著（表 4-33）。

表 4-33　边三县 2000～2015 年主要土地利用时空变化的主要影响因素

土地利用类型	西盟县	孟连县	澜沧县
有林地	基本农田政策 自然保护区政策 距农村居民点距离 海拔	基本农田政策 自然保护区政策 距农村居民点距离 海拔 年平均降水量 距河流距离	距农村居民点距离 农村人均纯收入 坡度 海拔 年平均降水量 距河流距离
茶园	距农村居民点距离 基本农田政策	距主要道路距离 距乡村道路距离 距农村居民点距离 坡度 土壤有机质 年平均降水量	/
耕地（旱地）	基本农田政策 自然保护区政策 距农村居民点距离 距乡村道路距离	距乡村道路距离 自然保护区政策 海拔 距河流距离 距灌溉沟渠距离	距乡村道路距离 距农村居民点距离 农村人均纯收入 海拔 年平均降水量 距灌溉沟渠距离 人口总数
橡胶园	海拔 距乡镇距离 距河流距离 基本农田政策 年平均降水量 土壤类型	距主要道路距离 距乡村道路距离 距乡镇距离 距农村居民点距离 海拔 年平均降水量	/
桉树林	/	距主要道路距离 距乡村道路距离 基本农田政策 土壤有机质 年平均降水量	距乡村道路距离 距农村居民点距离 距之前土地利用距离 土壤有机质 年平均降水量

续表

土地利用类型	西盟县	孟连县	澜沧县
草地	/	/	距乡镇距离 海拔 年平均降水量 距河流距离 距灌溉沟渠距离
建设用地	距农村居民点距离 基本农田政策 坡度 海拔	距主要道路距离 距乡镇距离 基本农田政策 自然保护区政策 坡度 距河流距离	人口总数 距之前土地利用距离 距主要道路距离 距河流距离
水域	/	/	人口总数 农村人均纯收入 基本农田政策 自然保护区政策 距河流距离 距灌溉沟渠距离 距之前土地利用距离

3）土地利用变化影响因素分析方法

二元Logistic回归模型可以从更微观的角度揭示土地利用变化与各尺度水平驱动因子之间的定量关系，能够处理非连续变量的回归问题，将变量和因变量表示为非线性关系，进而确定一个时期内影响因素与土地利用空间分布的相关性。因此，该方法可以在分析土地利用变化的影响因素研究中广泛应用。

本章分析了普洱市边三县土地利用时空变化特征及影响因素，为进一步研究大面积人工经济园林引种区土地利用生态安全状况奠定了基础，是区域土地利用生态安全评价指标体系构建和分析土地利用生态安全时空分异特征的前提。

第 5 章　土地利用生态安全时空分异特征研究

在自然环境因素和社会经济因素的影响下，研究区土地利用特征发生了明显的时空变化，土地利用的剧烈变化是否会改变区域土地利用生态安全时空分异特征，本章将采用模糊综合评价模型和景观生态安全度模型进行研究。其中，2000～2015 年西盟县土地利用变化受橡胶园、桉树林等人工经济园林种植的影响较为明显，因此，首先以西盟县作为典型区进行两种模型的土地利用生态安全评价，然后采用评价结果较好、较具体的模型评价其他两个县的土地利用生态安全状况。

5.1　基于模糊综合评价模型的土地利用生态安全时空分异研究

5.1.1　土地利用生态安全影响因素分析

土地利用生态安全变化的根本原因在于土地利用时空变化导致生态系统结构与功能变化，土地利用时空分布的影响因素是区域土地利用生态安全变化的重要驱动力。土地利用发生时空变化，并对区域自然、社会经济状态产生影响，改变区域土地利用生态安全状况。土地利用生态安全的影响因素不仅包括地形、土壤、土地利用结构、气候等自然条件，还包括了人口数量、经济收入、文化、技术进步、土地利用政策等社会经济因素。

1. 自然因素

自然环境是人类生存的先决条件，其限制/促进人类对区域自然环境的开发与利用（Mitsuda and Ito，2011），是区域生态安全的基础。由海拔和坡度所表征的地形特征与当地的气候、环境及水文效应具有较大的关系（Newman et al.，2014），影响区域土地利用生态安全的时空分布。西盟县海拔在 491～2208m，海拔高差达 1717m；坡度较大，陡坡区域占区域总面积的比例较大（图 5-1，彩图见附图 7）。尽管西盟县植被覆盖率较高，但降水量大且集中于夏秋两季，大部分耕地属于坡耕地，加之坡度较陡，泥石流、崩塌等自然灾害时有发生，属于中度、强度、较强度等级的水土流失区域较多（图 5-2，彩图见附图 8）。因此，地形因素、水土流失量和自然灾害易发性均对区域土地利用生态安全产生影响。

土地利用生态安全强调在保证区域生态环境良好的情况下，还应注重社会经济的发展。研究区以农业为主，由土壤、气候、灌溉条件等表征的土地生产潜力影响区域农业的投入与产出，从而影响区域土地利用生态安全。由于数据收集限制，选取土壤有机质、距灌溉沟渠距离表征西盟县土地生产潜力。

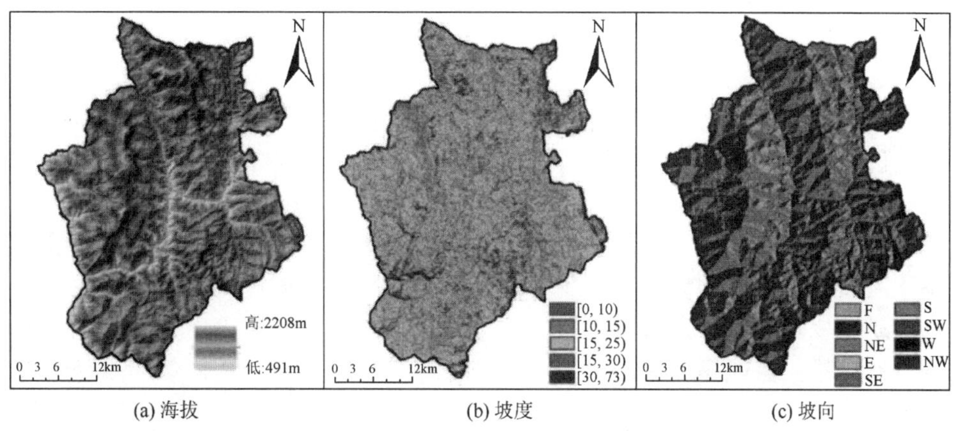

(a) 海拔　(b) 坡度　(c) 坡向

图 5-1　西盟佤族自治县地形

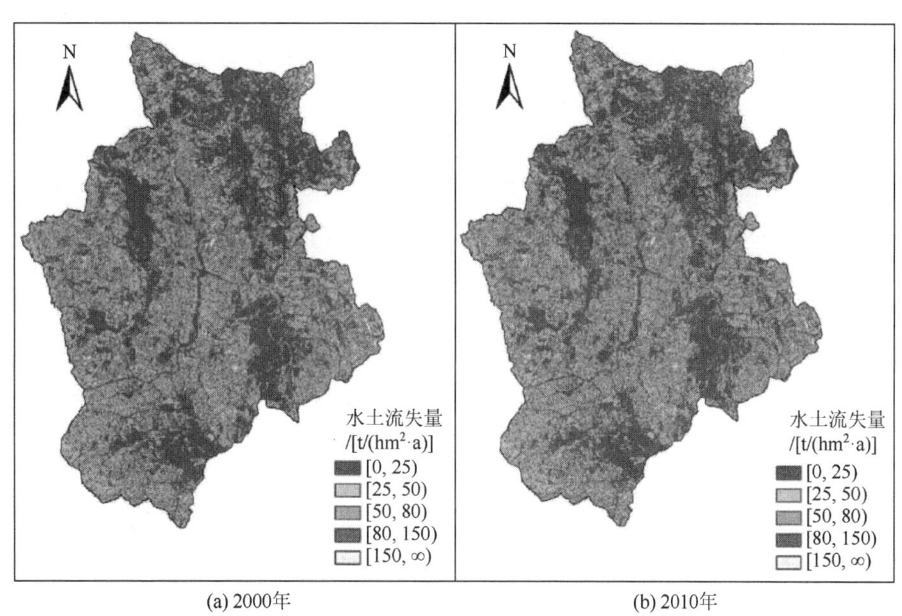

(a) 2000年　(b) 2010年

图 5-2　西盟佤族自治县水土流失量

人工经济园林大面积种植影响区域土地利用生态安全。天然植被具有涵养水源、维护生物多样性、净化空气等多方面的生态功能（王恩涌等，2000），植被覆盖度越高，植被所提供的生态功能越强。人工经济园林的大面积种植不仅取代了生态系统服务功能较强的天然林、灌木林等用地类型，还取代了旱地、水田等用地类型，改变了区域生态系统的结构与功能，对种植区生物多样性、土壤含水量、土壤养分等产生巨大影响（高天明等，2012；赵筱青等，2012），使区域植被覆盖度、植被净初级生产力、土地利用多样性、土地利用破碎度、生态系统服务价值等发生了变化。因此，植被覆盖度、植被净初级生产力、土地利用多样性、土地利用破碎度、生态系统服务价值等是评价人工经济园林种植后区域土地利用生态安全的重要指标。

2. 社会因素

社会生态安全子系统主要是考虑人口数量、技术、文化、政策、社区发展等方面。首先，人口的快速增长，对土地数量的需求也相应增加。2000～2015 年西盟县人口总数从 79 292 人增加到 94 346 人，年平均人口增长率为 11.56‰。生态系统的承载能力有限，随着人口数量的增加，人均拥有的生产、生活空间将逐渐减小。随着城镇化进程的加快，人口、产业等向城镇不断集中，大量城镇周围农用地转换为城镇建设用地，威胁当地耕地安全。此外，人类以聚落的形式生活在一定区域内，受可达性的影响，对周围自然环境的影响呈现出距离递减特征，即离居民点越近，自然环境受到人类的干扰越大，反之就越小。因此，人口密度、人均耕地面积和距居民点距离是区域土地利用生态安全评价的重要指标。

其次，自然环境条件将人类活动限制在某个范围内，但随着技术水平的提高，这个范围将逐渐扩大。2000 年、2015 年，西盟县专业技术人口数占总人口的比例平均为 1.6%，专业技术人员数目前仍处于较低水平，桉树、橡胶和茶等农业技术人员较少，对科学技术传播起到阻碍作用，降低了农业生产的效率，虽然区内人口受教育程度相对较低，对科学技术的接受能力较差，但是仍然在不断进步。科学技术的进步提高了人类改善自然环境的能力，灌溉沟渠等农业基础设施的建设无疑是技术进步的结果。距灌溉沟渠等农业基础设施越近，其带来的社会经济效应越高。另外，随着科学技术水平提高，人类对土地的利用程度和干扰度逐渐提高，使区域生态环境压力增强，导致土地利用生态安全性降低。由于很难搜集到每个乡镇/村庄中专业技术人员数量，因此研究仅仅选取距灌溉沟渠距离、土地利用程度和人类干扰度来表征技术因素对区域土地利用生态安全的影响。

西盟县作为佤族自治县，少数民族地区本地文化也会影响区域土地利用方式，进而影响区域土地利用生态安全。但是这种影响机制，仍然需要进一步研究，并且难以定量化用于土地利用生态安全评价中来。

全国尺度或区域尺度的土地政策也对区域土地利用生态安全产生影响，包括基本农田保护政策、自然保护区政策、退耕还林政策和免缴农业税等，这些政策刺激/遏制当地居民改变/保持其土地利用方式。例如，自然保护区限制了在保护区内进行的相关人类活动，使得区内生态环境保持在一个良好的状态；基本农田保证了耕地的数量，为区域粮食安全提供保障；退耕还林有利于区域植被覆盖度的提高，提高部分农用地的生产潜力；免缴农业税政策则降低了农业生产的成本。尽管这些政策均对区域土地利用类型的流转产生了一定效应，影响土地利用的结构与功能，从而影响区域生态安全状况，但由于数据收集及数据空间化限制，研究仅选取基本农田保护政策与自然保护区政策进行分析。

3. 经济因素

西盟县人均收入较低，对环境保护方面的投资较少。土地利用生态安全的本质在于人的发展，即在保证生态环境良好的情况下，也需要为人类提供良好的生存空间。在耕地面积一定的情况下，适当提高复种指数能有效地提高区域农业的产出。因此，农村人均纯收入和复种指数等都是生态安全的重要指标。2000～2015 年，西盟县经济得到了快速发展，国内生产总值由 9606 万元增长到 108 400 万元，增长了 10.3 倍。西盟县农民收入主要来源于橡胶、茶园和桉树等人工经济园林的大面积种植，其影响区域生态系统的结构与功能，从而人工经济园林的种植面积比例对区域生态安全具有重要影响。

此外，经济的快速发展，依赖于道路、灌溉沟渠等基础设施的建设，其降低了人们获取信息、原材料、输出产品等的成本。基础设施的建设，一方面促进了经济发展，另一方面则改变了研究区景观空间结构和自然环境的空间形态。以道路为例，刘世梁等（2005）的研究指出挖方、填土、引水渠等道路建设过程，易引起土壤侵蚀、水土流失、崩塌等；建成之后则使得区域景观破碎化。由于公路降低了成本，加大了人类对道路周围土地的利用程度，且干扰了区域自然过程。此外，西盟县矿山的开采也给当地带来了巨大的经济效益，但在矿产资源的开发过程中，由于技术等方面的局限性，必然产生废气、废水、固体废弃物、矿石中各种重金属等方面的污染。

农业生产中，农民环境意识低，农村生态保护、农村面源污染日趋突出，农药、化肥和农用薄膜的使用量不断增加，使农村环境污染日益严重。2000～2015 年，西盟县年化肥施用总量就从 184t 增加到 2724t。因此，化肥施用强度、农药施用强度、农膜施用强度等都会对区域生态安全产生影响。

5.1.2　土地利用生态安全指标体系构建

1.“驱动力（D）-压力（P）-状态（S）-响应（R）”和“自然-社会-经济”耦合模型

土地利用生态安全是一个复杂的系统，其可以分为自然系统、社会系统和经济系统三个子系统，同时土地利用生态安全要素之间存在一定的关系，因此，研究将体现指标层关系的“驱动力（D）-压力（P）-状态（S）-响应（R）”（简称 D-P-S-R）模型和“自然-社会-经济”的生态系统分类模型进行耦合（图 5-3），用于构建西盟县土地利用生态安全评价指标体系。D-P-S-R 各子系统之间存在清晰的逻辑关系，在海拔、坡度、人口数量等自然、社会、经济方面的驱动作用下，区域土地利用压力增大；在此压力和驱动力作用下生态系统保持在某一个特定的状态，面对区域生态系统环境情况人类则采取一定的政策措施、改变自身等响应行为，不断地调整压力、改变状态，使得区域土地利用生态安全保持在良好的状态。同时，土地利用生态安全又可以分为自然、社会和经济三个子系统，因此，在 D-P-S-R 大框架的基础上，对每个子系统再从自然、社会和经济三个方面构建区域土地利用生态安全指标体系（图 5-3）。该模型不仅考虑了各指标要素之间的相关性，还从自然、社会和经济三个方面来进行指标构建，能较全面地反映区域土地利用生态安全作用机制。“D-P-S-R”和“自然-社会-经济”耦合模型中土地利用生态系统驱动力因素主要来自于第 4 章“区域土地利用时空变化特征及影响因素分析”。

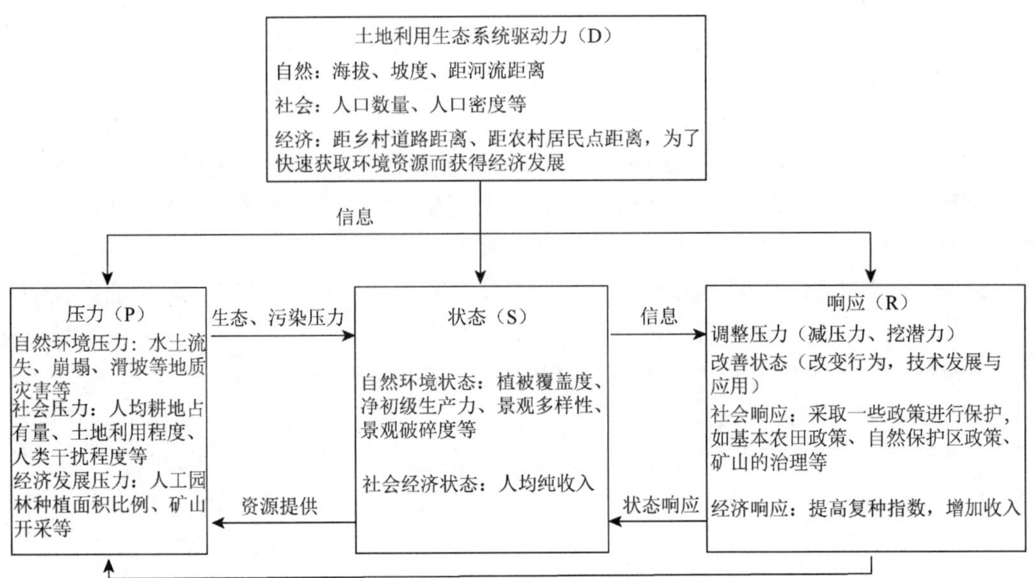

图 5-3　土地利用生态安全指标体系构建概念模型

2. 指标标准确定

采用模糊综合评价法评价区域土地利用生态安全时，需要确定各指标对应于各土地利用生态安全等级的标准。指标标准是衡量土地利用生态安全是否安全的参照。不同的区域在自然、社会和经济等方面存在差异，区域生态承载力和生态恢复力也不同。因此，对于某一个指标来讲，在不同区域上对土地利用生态安全的影响程度存在差异。基于此，研究结合西盟县实际情况，并依据以下原则确定单项指标对于各生态安全等级的标准值（表 5-1）。

表 5-1　土地利用指标体系、指标标准及指标权重

项目层	因素层	指标层	极不安全	不安全	临界安全	较安全	理想安全	趋向	频次	权重
驱动力（D）	自然驱动力	海拔/m	900	1 100	1 300	1 500	1 700	+	18	0.020 501
		坡度/(°)	25	20	15	10	5	–	32	0.036 446
	社会驱动力	人口密度/(人/km^2)	310	240	170	100	30	–	74	0.084 282
		距农村居民点距离/m	500	1 000	1 500	2 000	3 000	+	25	0.028 474
	经济驱动力	距乡村道路距离/m	500	1 000	1 500	2 000	3 000	+	46	0.052 392
压力（P）	自然压力	水土流失量/[t/(hm^2·a)]	150	80	50	25	10	–	163	0.185 649
		地质灾害分区	重点防治区	重点防护区	次重点防护区	一般防护区	无	+	35	0.039 863
	社会压力	人均耕地面积/(亩/人)	0.5	1.2	1.9	2.6	3.5	+	77	0.087 699
		土地利用程度	380	310	240	170	100	–	31	0.035 308
		人类干扰度	100	80	60	40	20	–	10	0.011 390

续表

项目层	因素层	指标层	极不安全	不安全	临界安全	较安全	理想安全	趋向	频次	权重
压力（P）	经济压力	人工经济园林种植面积比例/%	20	16	12	8	4	–	6	0.006 834
		距矿区距离/m	500	1 000	1 500	2 000	2 500	+	11	0.012 528
		化肥施用强度/(kg/hm^2)	500	400	280	225	200	–	51	0.058 087
状态（S）	自然状态	土壤有机质/%	0.7	2	3	4	5	+	33	0.037 585
		净初级生产力	14.4	15	15.6	16.2	16.8	+	3	0.003 417
		植被覆盖度/%	20	40	60	80	100	+	36	0.041 002
		景观多样性	1.4	1.45	1.5	1.55	1.6	+	24	0.027 335
		景观破碎度	150	120	90	60	30	–	21	0.023 918
		生态系统服务价值/元	0	3 600	10 500	18 000	25 300	+	28	0.031 891
	经济状态	农村人均纯收入/(元/人)	2 500	3 500	4 500	6 000	8 000	+	50	0.056 948
响应（R）	社会响应	自然保护区政策	/	保护区外	/	保护区	–	+	36	0.041 002
		距灌溉沟渠距离/m	3 000	2 000	1 500	1 000	500	–	43	0.048 975
		基本农田政策	/	保护区外	/	保护区内	–	+	17	0.019 362
	经济响应	复种指数/%	50	80	110	140	170	+	8	0.009 112

注：表中安全趋向列中“+”表示指标值越大，土地利用生态安全性越高；“–”表示指标值越大，土地利用生态安全性越低，而“/”表示该值不存在。

（1）对于已有国家、国际和行业标准的指标，尽量采用规定的标准值。例如，水土流失指标标准参考中华人民共和国水利部批准的《土壤侵蚀分类分级标准》（SL190—2007）进行划分；矿区对环境的影响范围则参考中华人民共和国国家环境保护标准《环境影响评价技术导则 煤炭采选工程》（HJ 619—2011）进行划分；化肥施用强度、植被覆盖度和农村人均纯收入等参考《生态县、生态市、生态省建设指标（修订稿）》和《国家级生态乡镇建设指标（试行）》进行划分；农村人均纯收入参考全面建设小康社会的基本标准进行划分；景观多样性指标评价标准参考《区域生物多样性评价标准》（HJ 623—2011）进行划分。

（2）根据已公开发表的科学研究所判定的生态效应来确定。例如，距乡村道路距离、距农村居民点距离、距主要道路距离和距灌溉沟渠距离等指标参考左伟等（2002）、李璇琼等（2013）研究中道路、居民点和灌溉沟渠对区域生态环境的影响范围进行划分；人类干扰度和人口密度等指标参考方萍（2011）、吕建树等（2012）的研究成果进行划分。

（3）通过与西盟县相似地区现状或者云南省、全国状况横向对比得到。例如，复种指数通过对比云南省复种指数平均水平 99.33%进行划分；农村人均纯收入依据云南省 2005 年农村人均纯收入，并结合《生态县、生态市、生态省建设指标（修订稿）》标准进行划分；人均耕地面积根据国际标准值，结合云南省 2000～2015 年人均耕地面积平均值进行确定；土地利用程度依据姚晓军等（2007）、冯异星等（2009）对土地利用程度的赋值标准进行划分。

（4）根据背景或者本底标准、研究区自身特点进行等间距划分。例如，生态系统服务价值以西盟县生态系统服务价值最高的有林地为基础，进行等间距划分。同样，景观破碎度、人工经济园林种植面积比例等也采用等间距进行划分。地质灾害分区、矿山治理区、基本农田政策、自然保护区政策等则依据《西盟县地质灾害防治规划》中西盟地质灾害防治分区特点、《西盟县矿产资源规划》中矿产资源治理分区特点、基本农田和自然保护区特点确定指标标准。

3. 指标体系构建

土地利用生态安全评价指标体系构建的原则主要包括：①科学性原则，所选取的指标能真实反映人工经济园林大面积引种区生态系统情况。②代表性原则，选择的指标要尽量代表人工经济园林大面积引种区土地利用生态安全的重要方面。③可操作性原则，选取的指标应易于搜集，尽量采用现有的统计数据、规划数据中所包含的指标数据。尽管有些数据对于评价研究区土地利用生态安全很有代表性，但无法搜集或者定量化，对于此类指标尽量采用相应的指标进行替代处理。④动态性与空间性原则，所选择的指标尽量在时间上具有动态性，空间上具有差异性。⑤地域性原则，土地利用生态安全要素在不同空间范围上存在一定的差异性，要根据西盟县人工经济园林大面积等研究区特点来选择指标。

在西盟县土地利用生态安全影响因素分析的基础上，基于“D-P-S-R”和“自然-社会-经济”的耦合模型，从科学性、动态性、空间性、地域性等原则出发，构建了西盟县土地利用生态安全评价指标体系（表 5-1）。其中，驱动力（D）层的指标主要来源于西盟县土地利用时空变化影响因素分析。

5.1.3　模糊综合评价模型构建

1. 土地利用生态安全评价方法——模糊综合评价模型

采用模糊综合评价法（Shi et al.，2006；王兴友，2015）对西盟县土地利用生态安全进行评价。

第一步：根据生态安全的评价内容，设定评价指标集 $X=(X_1, X_2, \cdots, X_n)$，评价集 $Y=(V_1, V_2, \cdots, V_n)$，按照所建立的指标体系与指标标准计算各指标对各评价等级的隶属度。常见的典型隶属度函数包括矩形分布和半矩形分布、半梯形分布和梯形分布及降半梯形分布几种。研究采用降半梯形分布函数计算生态安全指标的隶属度，对应等级的隶属度采用图 5-4 和图 5-5 中函数图像的斜率表示。各等级隶属度的计算公式如下。

（1）正效应指标对应理想安全等级的隶属度计算函数见式（5-1），负效应指标对应理想安全等级的隶属度计算函数见式（5-2）：

$$R_{i5}=\begin{cases}1 & x_i \geqslant s_5\\ \dfrac{x_i-x_4}{x_5-x_4} & s_5>x_i \geqslant s_4\\ 0 & x_i<s_4\end{cases} \tag{5-1}$$

$$R_{i5}=\begin{cases}0 & x_i \geqslant s_4\\ \dfrac{x_4-x_i}{x_4-x_5} & s_5 \leqslant x_i < s_4\\ 1 & x_i < s_5\end{cases} \tag{5-2}$$

（2）正效应指标对应较安全等级的隶属度计算函数见式（5-3），负效应指标对应较安全等级的隶属度计算函数见式（5-4）：

$$R_{i4}=\begin{cases}0 & x_i \geqslant s_5\text{或}x_i < s_3\\ \dfrac{s_5-x_i}{s_5-s_4} & s_5 > x_i \geqslant s_4\\ \dfrac{x_i-s_3}{s_4-s_3} & s_4 > x_i \geqslant s_3\end{cases} \tag{5-3}$$

$$R_{i4}=\begin{cases}0 & x_i < s_5\text{或}x_i \geqslant s_3\\ \dfrac{s_5-x_i}{s_5-s_4} & s_5 \leqslant x_i < s_4\\ \dfrac{x_i-s_3}{s_4-s_3} & s_4 \leqslant x_i < s_3\end{cases} \tag{5-4}$$

（3）正效应指标对应临界安全等级的隶属度计算函数见式（5-5），负效应指标对应临界安全等级的隶属度计算函数见式（5-6）：

$$R_{i3}=\begin{cases}0 & x_i \geqslant s_4\text{或}x_i < s_2\\ \dfrac{s_4-x_i}{s_4-s_3} & s_4 > x_i \geqslant s_3\\ \dfrac{x_i-s_2}{s_3-s_2} & s_3 > x_i \geqslant s_2\end{cases} \tag{5-5}$$

$$R_{i3}=\begin{cases}0 & x_i < s_4\text{或}x_i \geqslant s_2\\ \dfrac{s_4-x_i}{s_4-s_3} & s_4 \leqslant x_i < s_3\\ \dfrac{x_i-s_2}{s_3-s_2} & s_3 \leqslant x_i < s_2\end{cases} \tag{5-6}$$

（4）正效应指标对应不安全等级的隶属度计算函数见式（5-7），负效应指标对应不安全等级的隶属度计算函数见式（5-8）：

$$R_{i2}=\begin{cases}0 & x_i \geqslant s_3\text{或}x_i < s_1\\ \dfrac{s_3-x_i}{s_3-s_2} & s_3 > x_i \geqslant s_2\\ \dfrac{x_i-s_1}{s_2-s_1} & s_2 > x_i \geqslant s_1\end{cases} \tag{5-7}$$

$$R_{i2}=\begin{cases}0 & x_i<s_3\text{或}x_i\geqslant s_1\\ \dfrac{s_4-x_i}{s_4-s_3} & s_3\leqslant x_i<s_2\\ \dfrac{x_i-s_2}{s_3-s_2} & s_2\leqslant x_i<s_1\end{cases}\tag{5-8}$$

（5）正效应指标对应极不安全等级的隶属度计算函数见式（5-9），负效应指标对应极不安全等级的隶属度计算函数见式（5-10）：

$$R_{i1}=\begin{cases}0 & x_i\geqslant s_2\\ \dfrac{s_2-x_i}{s_2-s_1} & s_2>x_i\geqslant s_1\\ 1 & x_i<s_1\end{cases}\tag{5-9}$$

$$R_{i1}=\begin{cases}0 & x_i<s_2\\ \dfrac{s_2-x_i}{s_2-s_1} & s_2\leqslant x_i<s_1\\ 1 & x_i\geqslant s_1\end{cases}\tag{5-10}$$

式中，R_{i5}为第 i 指标对应理想安全等级的隶属度函数；R_{i4}为第 i 指标对应较安全等级的隶属度函数；R_{i3}为第 i 指标对应临界安全等级的隶属度函数；R_{i2}为第 i 指标对应不安全等级的隶属度函数；R_{i1}为第 i 指标对应极不安全等级的隶属度函数；x_i为第 i 指标实测值；s_1、s_2、s_3、s_4、s_5分别为极不安全、不安全、临界安全、较安全和理想安全等级的标准值。

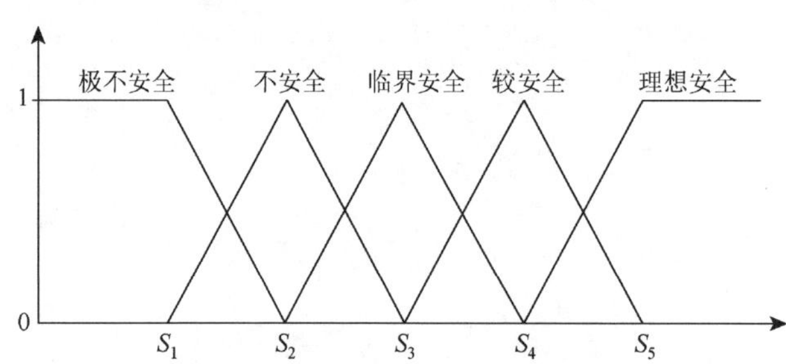

图 5-4　正向指标隶属度计算方法

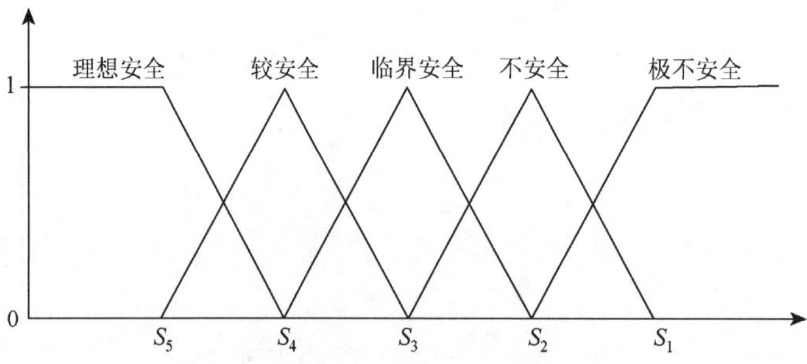

图 5-5　负向指标隶属度计算方法

第二步：模糊矩阵的加权运算。为了减少信息含量丢失，采用加权平均模糊综合算子法计算对于各等级的隶属度 B_j，构建评价模型：

$$B_j=(b_j)_{1\times5}=\sum_{i=1}^{n}(a_iR_{ij})_{1\times5} \tag{5-11}$$

第三步：计算级别特征值。以上得出的 B_j 值是各样本对各等级模糊子集的隶属度，其为一个模糊向量而不是一个点值，虽然它提供的信息比较丰富，但是不易于表达样本的综合等级。目前，主要采用最大隶属度原则、加权平均原则和模糊向量单值化的方法划分最终等级。研究采用加权平均的原则计算级别特征值，其基本的思路为：将等级看成一个相对位置，采用“1、2、3、4、5”依次表示极不安全、不安全、临界安全、较安全和理想安全等级，并将对应分量与等级的秩进行加权求和，其具体的公式如下：

$$H=\sum_{j=1}^{5}\left(j\times b_j\right)\times H=\frac{\sum_{j=1}^{5}\left(B_j^k\times j\right)}{\sum_{j=1}^{5}B_j} \tag{5-12}$$

式中，B_j 为相对于各土地利用生态安全的隶属度；n 为评价指标数；a_i 为第 i 项指标的权重；R_{ij} 为第 i 个评价指标隶属于第 j 等级的隶属度；H 为级别特征值，其值处于 1～5，当 H 值趋于 5 时，土地利用生态安全趋于理想安全等级，H 值趋于 1 时，土地利用生态安全趋于极不安全等级；k 为待定系数，一般情况下 $k=1$ 或 $k=2$，其目的在于控制所起的作用，当 k 值趋于无穷大时，式（5-12）就为最大隶属度原则；j 为各等级的秩，即 $j=1, 2, 3, 4, 5$。

为了使评价结果更直观和方便对比分析，本书参考赵春容和赵万民（2010）的研究将级别特征值 H 从低到高划分为五级。各等级的划分及等级特征见表 5-2。

表 5-2　土地利用生态安全分级说明

级别特征值 H	等级	特征
1～1.5	极不安全	区域生态环境极不安全，急需修复提高
1.5～2.5	不安全	区域生态环境呈现出不安全状态，需要恢复
2.5～3.5	临界安全	区域生态安全水平一般，处于不安全与较安全之间，生态环境脆弱，具有较低的抵抗力
3.5～4.5	较安全	区域生态安全水平较高，具有抵抗能力
4.5～5	理想安全	区域生态安全水平极高，具有较强的抵抗能力和恢复能力

2. 指标权重确定方法——文献计量法

指标权重的确定是土地利用生态安全评价的重要部分。目前，权重的确定方法主要包括层次分析法（AHP）、德尔菲等主观赋权法和主成分、熵值法、变异系数等客观赋权法。主观赋权法主要是通过决策者的经验，对各指标的重要程度进行经验判断，其带有一定的主观性；客观赋权法则根据指标数据之间的客观信息进行赋值，但并未考虑研究目的与决策者的经验信息。研究检索 1980 年 1 月 1 日至 2015 年 1 月 1 日的文献，筛选得出与生态安全强度相关的文献 737 篇，其数据来源于中国期刊全文数据库（CNKI）。为了检索的精确性，将生态安全的词频设置为“5”，并包含各指标，达到精确检索。针对某些指标在不同的文献中采用不同的名称来进行表达，如植被覆盖度和 NDVI、RVI 等指标名称不一样，但是其含义相同或相似，因此，进行检索的时候分别进行检索，同时为了避免重复，相同指标之间的逻辑性设置为不包含，最终检索结果作为该指标的频次。通过式（5-13）得出西盟县土地利用生态安全各指标的权重，如表 5-3 所示。

$$P_i = \frac{A_i}{\sum_{i=1}^{n} A_i} \tag{5-13}$$

式中，P_i 为第 i 项指标权重；A_i 指第 i 项指标的指标频次；n 为指标总数，这里 $n = 24$。

表 5-3　土地利用生态安全评价指标频次及指标权重

指标	海拔	坡度	人口密度	距乡村道路距离	距农村居民点距离	水土流失量
频次	18	32	74	46	25	163
权重	0.020 501	0.036 446	0.084 282	0.052 392	0.028 474	0.185 649
指标	地质灾害分区	人均耕地面积	土地利用程度	化肥施用强度	人类干扰度	人工经济园林种植面积比例
频次	35	77	31	51	10	6
权重	0.039 863	0.087 699	0.035 308	0.058 087	0.01 139	0.006 834
指标	距矿区距离	土壤有机质	净初级生产力	植被覆盖度	景观多样性	景观破碎度
频次	11	33	3	36	24	21
权重	0.012 528	0.037 585	0.003 417	0.041 002	0.027 335	0.023 918
指标	生态系统服务价值	农村人均纯收入	自然保护区政策	距灌溉沟渠距离	基本农田政策	复种指数
频次	28	50	36	43	17	8
权重	0.031 891	0.056 948	0.041 002	0.048 975	0.019 362	0.009 112

5.1.4　土地利用生态安全度时空分异特征——以西盟县为例

1. 全县尺度

1）全县生态安全度时间变化特征

从 2000 年、2005 年、2010 年和 2015 年西盟县全县土地利用生态安全级别特征平均值来看，2005 年土地利用生态安全性最高（3.45），2000 年和 2010 年土地利用生态安全性居中，安全级别特征平均值分别为 3.29 和 3.22，2015 年土地利用生态安全性最低（3.10），但是四年级别特征值的平均值均介于 2.5～3.5，处于临界安全等级（图 5-6）。表明：2015 年西盟县土地利用生态安全性最差，2005 年安全性最高；15 年间生态安全性呈现先增后减的趋势。其主要原因在于 2000～2005 年，退耕还林使得区域生态安全性增加，而随着大面积人工经济园林的种植，区域生态安全性自 2005 年呈下降趋势。

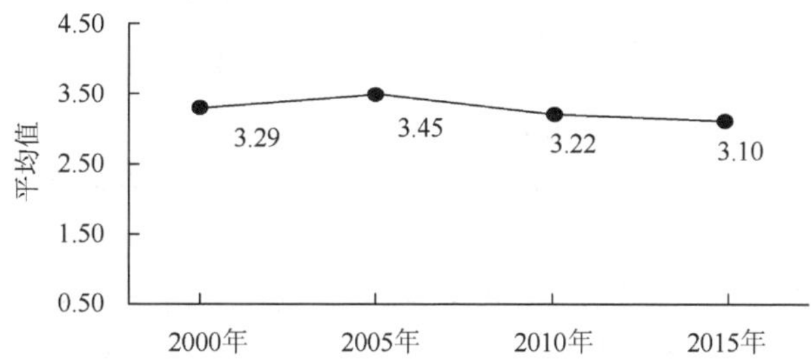

图 5-6　西盟县土地利用生态安全级别特征平均值

全县 2000 年、2005 年、2010 年和 2015 年土地利用生态安全等级以不安全、临界安全和较安全等级为主，不安全、临界安全和较安全等级的面积总和分别为 125 615.38hm^2、125 744.29hm^2、125 692.82hm^2 和 125 692.88hm^2，均占到全县总面积的 99%以上，只有极小部分区域处于极不安全和理想安全等级。从各等级随时间变化情况来看，理想安全呈波动状态，先减后增再减，较安全级别面积先增加后减少，其余等级面积均呈先降低后增加的趋势（表 5-4）。2000～2005 年，不安全等级面积由 18 722.53hm^2 减少到 8764.63hm^2，不安全等级面积占全县面积的比例由 14.88%降低至 6.97%；较安全等级面积则由 52 431.09hm^2 增加到 67 876.74hm^2，较安全等级面积占全县总面积的比例由 41.68%增长到 53.96%（表 5-4），这是研究区 2000～2005 年土地利用生态安全性增大的原因。2005～2010 年，不安全等级面积由 8764.63hm^2 增加到 23 497.16hm^2，不安全等级面积占全县面积的比例由 6.97%增加至 18.68%；较安全等级面积由 67 876.74hm^2 减少到 48 675.62hm^2，较安全等级面积占全县面积的比例由 53.96%降低至 38.69%（表 5-4），这是 2005～2010 年土地利用生态安全性降低的主要原因。2010～2015 年，不安全等级面积由 23 497.16hm^2 增加到 28 698.35hm^2，不安全等级面积占全县面积的比例由 18.68%增加至 22.81%；较安全等级面积由 48 675.62hm^2 减少到 36 268.05hm^2，较安全等级面积占全县面积的比例由 38.69%降低至 28.83%（表 5-4），这是 2010～2015 年土地利用生态安全性降低的主要原因。

表 5-4 西盟县各土地利用生态安全等级的面积

年份	极不安全		不安全		临界安全		较安全		理想安全	
	面积//hm²	比例/%	面积/hm²	比例/%	面积/hm²	比例/%	面积/hm²	比例/%	面积/hm²	比例/%
2000	46.05	0.04	18 722.53	14.88	54 461.76	43.29	52 431.09	41.68	136.48	0.11
2005	14.96	0.01	8 764.63	6.97	49 102.92	39.03	67 876.74	53.96	38.66	0.03
2010	0.45	0.01	23 497.16	18.68	53 520.04	42.54	48 675.62	38.69	104.64	0.08
2015	11.34	0.01	28 698.35	22.81	60 726.48	48.27	36 268.05	28.83	93.69	0.08

2）全县土地利用生态安全空间分布特征

从空间分布来看（图 5-7，彩图见附图 9），西盟县土地利用生态安全性呈现一定的空间分布规律：①2000 年、2005 年、2010 年和 2015 年土地利用生态安全等级中，不安全、临界安全和较安全等级在空间上分布最广泛。②整体呈现出南卡江东岸、新厂河和南康河沿岸 3500m 缓冲范围内，以及勐梭河东岸，土地利用生态安全性较差，该区主要以橡胶园和茶园等人工经济园林和耕地为主，生态系统的抵抗力和恢复力相对较低；而东北部和东南部及佛殿山自然保护区土地利用生态安全性较好，该区域以有林地为主，生态系统抵抗力和恢复力较强（图 5-7）。③2000～2015 年，西盟县土地利用生态安全等级在空间上变化较大的区域，集中于南康河沿岸、南卡江东侧 3500m 缓冲范围内，15 年间大面积橡胶种植于该区域，土地利用的变化引起了该区域生态环境的剧烈变化，南卡江东岸 3500m 缓冲范围土地利用生态安全由不安全等级和临界安全等级转为较安全等级。其次，15 年间勐梭河东岸约 7km 缓冲范围内，土地利用生态安全发生了剧烈变化，由临界安全向不安全转变。此外，新厂河沿岸 3500m 范围内区域及西盟县东北部及东南部区域土地利用生态安全等级变化较小，其中新厂河沿岸 3500m 范围内区域基本上一直处于不安全等级，而西盟县东北部和东南部则基本上一直处于较安全等级。

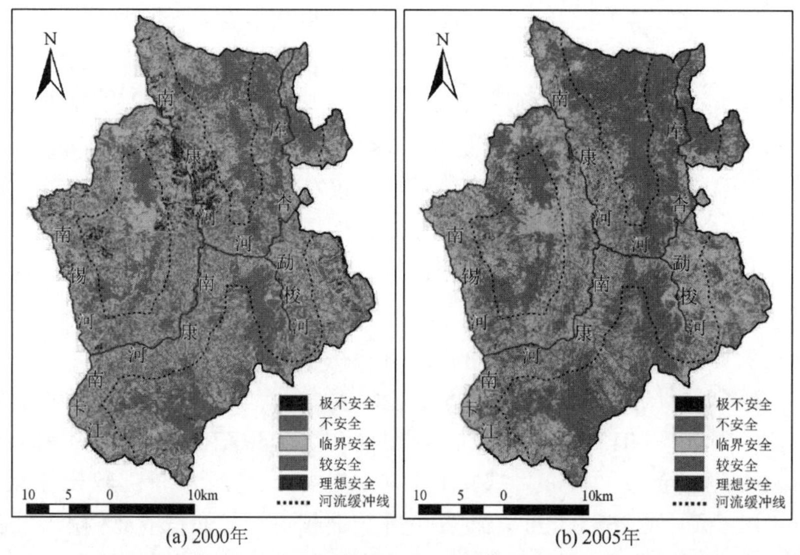

(a) 2000年 (b) 2005年

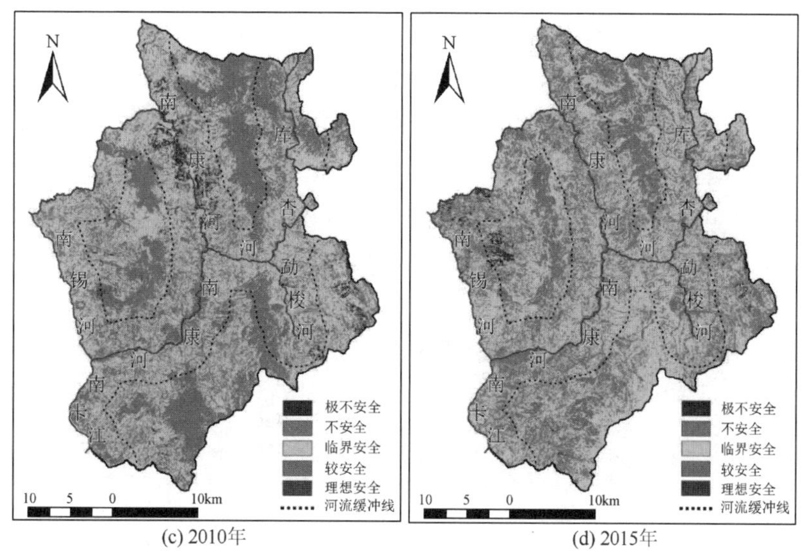

图 5-7　西盟佤族自治县土地利用生态安全等级分布图

综上所述，全县尺度上 2000 年、2005 年、2010 年和 2015 年土地利用生态安全性呈先增加后减少的趋势；全区生态安全等级以不安全、临界安全和较安全为主；其空间特征为南卡江右岸、新厂河和南康河沿岸 3500m 缓冲范围内区域，以及勐梭河东岸区域土地利用生态安全性较差；而东北部和东南部及佛殿山自然保护区土地利用生态安全性较好。

2. 乡镇尺度

1）各乡镇生态安全度

通过统计各乡镇区域内土地利用生态安全级别特征值的平均值，得出西盟县各乡镇土地利用生态安全状况（图 5-8）：①2000～2015 年，各乡镇土地利用生态安全度介于 2.5～4.5，说明各乡镇土地利用生态安全等级为临界安全等级和较安全等级。②2000～2015 年，中课镇土地利用生态安全度大于 3.5，土地利用生态安全性能最好。2005 年，新厂镇和翁嘎科镇土地利用生态安全度大于 3.5，说明新厂镇和翁噶科镇土地利用生态安全性在 2005 年时较好，处于较安全等级。而其余乡镇土地利用生态安全度均小于 3.5，处于临界安全级别。③从各乡镇土地利用生态安全度排序来看，2000 年各乡镇土地利用生态安全度由大到小排序为中课镇＞翁噶科镇＞力所拉祜族乡（简称力所乡）＞新厂镇＞勐梭镇＞岳宋乡＞勐卡镇，说明 2000 年中课镇（3.6528）土地利用生态安全性最好，勐卡镇（2.9776）最差；2005 年各乡镇土地利用生态安全度由大到小排序为中课镇＞新厂镇＞翁噶科镇＞勐梭镇＞力所乡＞岳宋乡＞勐卡镇，说明 2005 年中课镇（3.8139）土地利用生态安全性最好，勐卡镇（3.0747）最差；2010 年各乡镇土地利用生态安全度由大到小排序为中课镇＞新厂镇＞翁噶科镇＞力所乡＞岳宋乡＞勐卡镇＞勐梭镇，说明 2010 年中课镇（3.6951）土地利用生态安全性最好，勐梭镇（2.9257）最差；2015 年各乡镇土地利用生态安全度由大到小排序为中课镇＞新厂镇＞翁噶科镇＞力所乡＞勐梭镇＞勐卡镇＞岳宋乡，说明 2015 年中课镇

（3.5831）土地利用生态安全性最好，岳宋乡最差。④从时间变化来看，2000～2005 年各乡镇土地利用生态安全度均升高，其中升高最快的乡镇为新厂镇，升高 10.21%；而 2005～2015 年各乡镇土地利用生态安全度均降低，其中降低最快的乡镇为岳宋乡，降低了 12.55%。

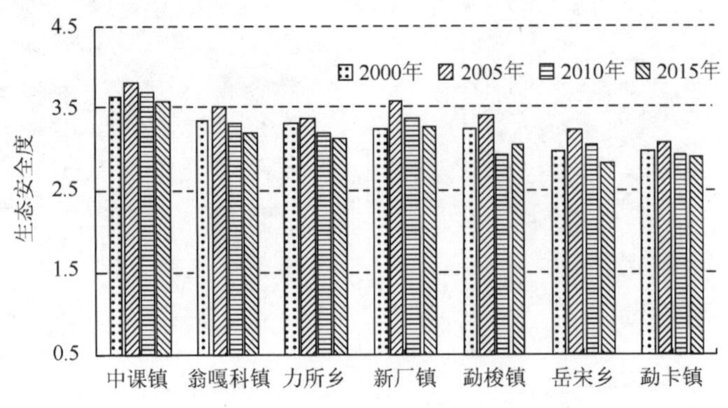

图 5-8　西盟县各乡镇土地利用生态安全度

2）土地利用生态安全各等级在乡镇中的分布情况

统计各乡镇中某一土地利用生态安全等级的面积占全县该土地利用生态安全等级面积的比例，可以看出，该土地利用生态安全等级主要分布于哪些乡镇。研究结果有利于从乡镇尺度对区域生态安全状况进行调整，如当极不安全等级集中分布于某个乡镇中时，说明该乡镇生态环境较差，应得到优先治理。

由图 5-9 可知，2000 年土地利用生态安全等级中极不安全和理想安全等级集中分布于部分乡镇，其中，极不安全等级集中分布于勐卡镇（82.62%）和新厂镇（17.22%）；理想安全等级集中分布于翁嘎科镇（56.11%）和中课镇（38.55%）。不安全、临界安全和较安全等级在各乡镇中分布的面积差别不大，其分布比例处于 3.8%～27.58%。

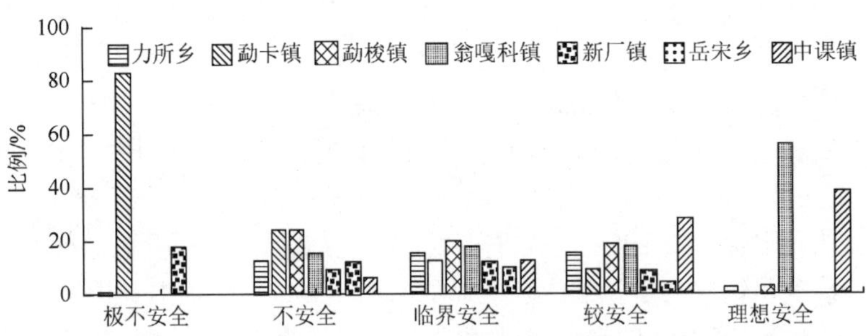

图 5-9　2000 年土地利用生态安全各等级在乡镇中的面积分布比例

由图 5-10 可知，2005 年土地利用生态安全各等级中极不安全和理想安全等级集中分布于部分乡镇，其中，极不安全等级集中分布于勐卡镇（99.26%）；理想安全等级集中分布于翁嘎科镇（26.72%）和中课镇（71.89%）。不安全、临界安全和较安全等级在各乡镇分布面积的差别不大，其分布比例处于 4.76%～26.28%。

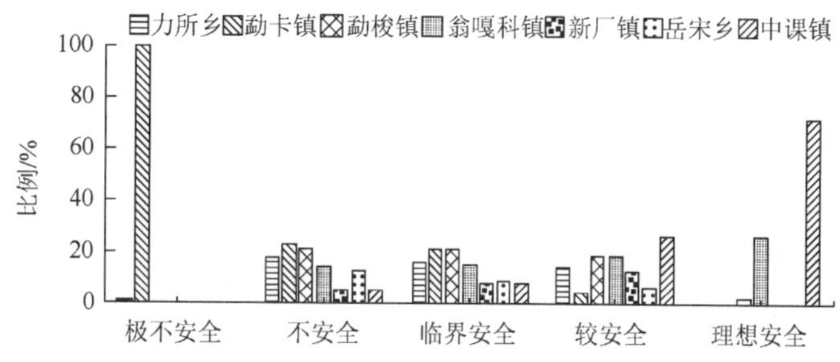

图 5-10　2005 年土地利用生态安全各等级在乡镇中的面积分布比例

由图 5-11 可知，2010 年土地利用生态安全各等级中极不安全和理想安全等级集中分布于部分乡镇，其中，极不安全等级集中分布于勐梭镇（100%）；理想安全等级集中分布于翁嘎科镇（11.79%）和中课镇（88.20%）。不安全、临界安全和较安全等级在各乡镇分布面积的差别不大，其分布比例处于 3.03%～33.38%。其中，不安全等级在各乡镇间分布面积的差别相对较大，勐梭镇中分布较多，占全县不安全等级总面积的比例为 33.38%，中课镇最少，占全县不安全等级总面积的比例为 3.23%；临界安全等级分布于各乡镇中的面积差异最小，其在各乡镇的面积占该等级总面积的平均比例为 14.29%；较安全等级分布于各乡镇中的面积差异相对明显，中课镇分布最多，占 30.34%，而岳宋乡分布最少，仅为 4.40%。

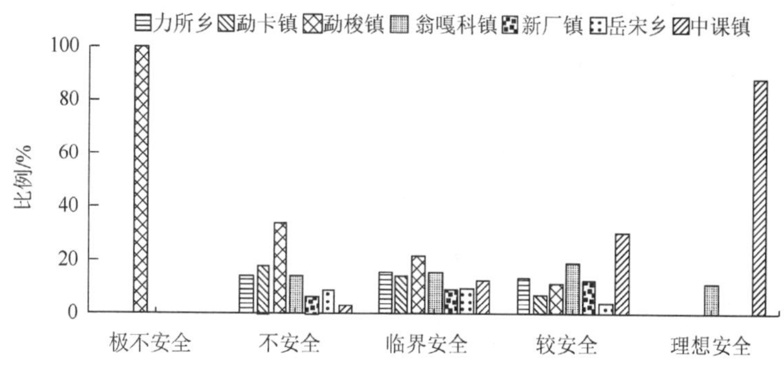

图 5-11　2010 年土地利用生态安全各等级在乡镇中的面积分布比例

由图 5-12 可知，2015 年土地利用生态安全各等级中极不安全和理想安全等级集中分布于部分乡镇，其中极不安全等级集中分布于岳宋乡（97.10%）；理想安全等级集中分布于中课镇（56.13%）。不安全、临界安全和较安全等级在各乡镇分布面积的差别相对明显，其分布比例处于 1.84%～25.76%。其中，不安全等级中，翁嘎科镇中分布较多，占全县不安全等级总面积的比例为 25.76%，新厂镇最少，占全县不安全等级总面积的比例为 4.73%；临界安全等级中，勐梭镇中分布较多，占全县临界安全等级总面积的比例为 23.10%，岳宋乡最少，占全县临界安全等级总面积的比例为 4.70%；较安全等级中，中课镇分布最多，占 22.93%，而岳宋乡则分布最少，仅为 1.84%。

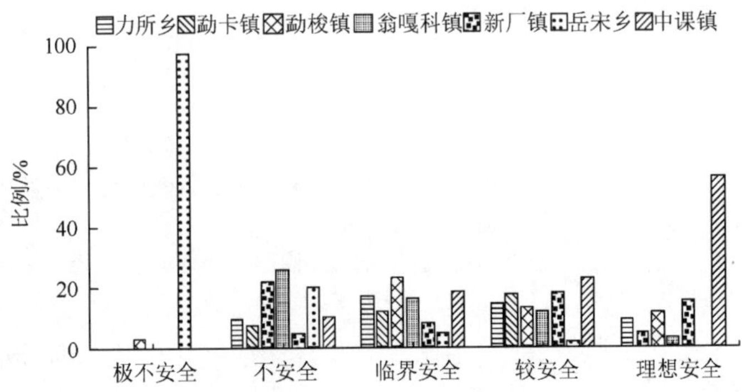

图 5-12　2015 年土地利用生态安全各等级在乡镇中的面积分布比例

综上所述，在乡镇尺度上，各乡镇土地利用生态安全等级处于临界安全等级和较安全等级。中课镇生态安全性最好，勐卡镇、勐梭镇和岳宋乡生态安全性最差。2000～2015 年，各乡镇土地利用生态安全呈先升高后降低的趋势。土地利用生态安全极不安全和理想安全等级集中分布于少数乡镇，而其他等级则较为均匀地分布于各乡镇中。极不安全等级主要分布于勐卡镇、勐梭镇和岳宋乡；理想安全等级主要分布于中课镇，其余等级在各乡镇中的分布面积差异较小。

5.2　基于景观生态安全度模型的土地利用生态安全时空分异特征

5.2.1　景观生态安全度模型构建

人类对土地的开发活动在景观层次表现显著，引起了景观结构与功能的剧烈变化（孙贤斌和刘红玉，2011）。景观结构体现景观的大小、形状、数量、类型及空间配置，能显示各种生态影响的空间分布和梯度变化特征，便于进行空间分析（张金屯等，2000）；景观功能反映了生态系统中物种、生境、生物学状态、性质和过程所生产的物质及其所维持的良好生活环境对人类的服务性能（傅伯杰等，2011）。景观功能的丧失和退化将影响人类生活、生存空间，直接威胁区域乃至全球的生态安全（傅伯杰等，2009），因此景观生态安全研究不仅要考虑景观结构特征，还要考虑功能特征，才能全面反映区域生态安全状况。但是，目前许多学者仅从景观结构方面分析区域景观生态安全（郭泺等，2008；吉冬青等，2013；时卉等，2013），很少从景观功能（Ren and Wang，2007）方面研究，两者的结合就更少。因此，从景观结构与功能的整体出发，研究大面积人工经济园林引种区景观生态安全时空变化特征具有重要意义。

西盟县大面积人工经济园林种植取代了原有的生态系统，改变了区域景观结构与功能，对种植区的生物多样性、土壤含水量、土壤养分等产生了巨大影响（Zhao et al.，2012；高天明等，2012；赵筱青等，2012），从而威胁区域的生态安全。受自然和人为干扰，生态环境向复杂性、异质性、不连续性变化，景观结构破坏与退化对整个区域的生态环境产生较大影响（时卉等，2013）。景观受到不利的干扰越大，景观生态安全性越低。当景观受到的干扰较低时，景观异质性增加；但当干扰程度超过一个阈值时，景观异质性则降低（傅伯杰等，2011）。景观破碎度、景观分离度和景观优势度可以反映景观受干扰后的结构特征，同时不同景观类型抗干扰能力和对外界敏感程度不同，即景观具有脆弱性。由于人工经济园林需要在特定的自然条件下种植，人工经济园林引种区在空间上较为集聚，降低了景观异质性。因此，仅从景观结构角度讨论景观生态安全，不能客观反映人工经济园林引种区生态环境状况。人工经济园林种植取代原有的荒草地、水田、旱地、茶园、林地、灌木林等景观类型，不仅使得景观类型的结构发生变化，而且由于每种景观类型的生态功能具有差异性，引起了区域景观功能的变化。景观具有气候调节、水文调节、土壤形成、养分循环等众多功能，均可采用生态系统服务价值进行量化。因此，以景观干扰度和脆弱度构建景观结构安全指数，引入生态服务价值构建景观功能安全指数，综合景观结构与功能两方面对人工林种植区的生态安全性进行研究，对景观生态安全评价及景观结构优化等方面具有重要的理论和实际价值。

1. 景观结构安全指数

景观结构安全指数通过景观干扰度与景观脆弱度来表示。景观干扰度表征在自然和人类干扰下景观的异质性、多样性特征，表示景观所受到自然、人类活动的影响程度（游巍斌等，2011；时卉等，2013），与景观破碎度、分离度、优势度有关。景观破碎度指景观类型在特定时间及特定性质上的破碎化程度，受人类不利干扰程度越大，景观类型越破碎；景观分离度反映了人类及自然因素对景观干扰的地域分布特征；而景观优势度是分析不同景观类型在不同时期多样性与异质性变化的敏感指标，与景观类型的盖度、密度、频度相关；各种景观类型在面对自然、人类干扰过程中，其敏感性及抗干扰性表现出差异性（郭泺等，2008），即景观具有脆弱性。景观脆弱度表示景观类型对外界干扰敏感程度的大小，值越大说明对外界干扰越敏感。总之，景观越容易受干扰且受到的不利干扰程度越大，景观生态安全度就越差。参考上述研究成果，构建景观结构安全指数公式为

$$\mathrm{ES}_i = 1 - 10 \times U_i \times F_i \tag{5-14}$$

其中，

$$U_i = aC_i \times bS_i \times cD_i \tag{5-15}$$

$$C_i = \frac{\mathrm{NP}_i}{\mathrm{CA}_i} \tag{5-16}$$

$$S_i = \frac{0.5 \times \sqrt{\mathrm{NP}_i / \mathrm{TA}}}{\mathrm{CA}_i / \mathrm{TA}} \tag{5-17}$$

$$D_i = \left(\frac{\mathrm{NP}_i}{\mathrm{TN}} + \frac{\mathrm{CA}_i}{\mathrm{TA}} + \frac{m_i}{M} \right) \tag{5-18}$$

式中，ES_i 为第 i 类景观类型的结构安全指数；U_i 为景观干扰度；F_i 为景观脆弱度；10 为转换系数，用于扩大数据之间的差异（时卉等，2013）；C_i 为景观破碎度；NP_i 为第 i 类景观类型斑块数；CA_i 为第 i 类景观类型面积；S_i 为第 i 类景观类型分离度；TA 为景

观总面积；D_i为类斑优势度；TN 为斑块总数目；m_i为第 i 类景观类型在样本中出现的斑块数目；M 为样本景观斑块总数目。D_i中的 3 个式子表征了某类景观类型在景观中出现的频率、密度、盖度；a、b、c 分别为破碎度、分离度、类斑优势度的权重，根据时卉等（2013）的研究将其赋值为 $a = 0.5$，$b = 0.3$，$c = 0.2$；F_i为景观脆弱度指数，根据孙贤斌和刘红玉（2011）、李月臣（2008）研究成果及研究区实际情况，对西盟县各景观类型的脆弱度指数进行赋值，见表 5-5。

表 5-5 各景观类型的脆弱度指数

类型	水域	旱地	茶园	橡胶园	桉树林	草地	灌木林	水田	林地	建设用地
F_i	10	9	8	7	6	5	4	3	2	1

2. 景观功能安全指数

大面积人工经济园林种植取代原有的草地、旱地、灌木林等景观类型，不仅使得景观结构发生变化，功能也发生相应变化。景观功能是指景观作为一个复杂的生态系统，与周围环境、信息和能量之间存在相互作用，使得景观内部物质流、物种流和能量流发生各种复杂变化（彭建等，2005）。在物质流、能量流和物种流的相互作用下，各景观类型表现出了水分调节、养分循环、食物生产等一系列性能。生态系统服务价值是指在生态系统结构、过程和功能的机制下，其直接或间接为人类和自然所提供的服务和生命支持产品。因此，将每种景观类型看成一个生态系统，如有林地可以看成森林生态系统，从而将生态系统服务价值与景观功能结合起来，采用生态系统服务价值对景观功能安全指数进行量化。由于研究只考虑各景观类型的相对生态安全性，从生态服务价值当量表就能表示出各景观类型景观功能的差异性，将单位面积生态服务价值当量作为各景观类型的功能表征。参考谢高地等（2003）、唐秀美等（2010）、胡喜生等（2013）的研究结果，结合区域实际情况，构建西盟县各景观类型的景观功能安全指数（表 5-6）。

表 5-6 西盟县各景观类型的景观功能安全指数

景观类型	有林地	水田	旱地	建设用地	草地	桉树林	茶园	灌木林	橡胶园	水域
ESV	17.24	6.74	5.45	0.40	5.72	11.27	11.90	15.39	11.84	36.29

注：生态系统服务价值当量因子是指生态系统产生的生态服务价值相对贡献大小的潜在能力，定义为 $1hm^2$全国平均产量的农田每年自然粮食的经济值。

3. 区域景观生态安全度的构建

景观是一个具有特定结构与功能的整体系统，当受到外界干扰和自身自然演替时，景观呈现出不同的结构特征，同时不同的结构特征将导致景观具有不同的功能（傅伯杰等，2011）。景观的功能以自身结构为基础，而功能也是结构的体现，因此很难判定两者对景观生态安全的影响程度。仇恒佳等（2008）采用专家打分的方法得出：景观结构和功能相对于景观生态安全度的权重均为 0.3077，说明景观结构安全指数与景观功能安全指数对景观生态安全的影响是同等重要的。因此，将景观结构安全指数与景观功能安全指数的几何平均值作为景观类型生态安全值，得到格网景观生态安全度的计算公式为

$$\mathrm{ESI}_k = \sum_{i=1}^{m}(\frac{A_{ki}}{A_k} \times \mathrm{ESI}_i) \tag{5-19}$$

其中，

$$\mathrm{ESI}_i = \sqrt{\mathrm{ES}_i \times \mathrm{ESV}_i} \tag{5-20}$$

式中，ESI_k为第 k 网格的景观生态安全度；A_{ki}为第 i 类景观类型在第 k 网格内所占的面积；A_k为第 k 网格的总面积；m 为第 k 网格中景观类型总数目；ESI_i为景观类型生态安全度；ES_i为景观结构安全指数；ESV_i为景观功能安全指数。

目前，主要通过空间粒度放大实验来选择最佳尺度（何东进等，2004），即采用不同尺度下的研究成果进行对比实验分析选出所设定尺度中的最佳尺度。通过构建 100m×100m、200m×200m、400m×400m、600m×600m、800m×800m 及 1000m×1000m 尺度，采用式（5-19）计算西盟县景观生态安全度，从中选择理想的尺度进行分析。得出：①随格网尺度的增大，西盟县景观生态安全度空间差异的细节表现逐渐降低。为了更好地反映出西盟县景观生态安全空间分异的细节性，应选择较小的尺度进行分析。当处于 1000m×1000m 格网时，仅仅显示出较为粗略的空间分异特征，因此，大于 1000m×1000m 格网不再考虑。②从景观生态安全度的值来看，各尺度上的景观生态安全度的最大值均为 3.99；而最小值则呈现一定的差异性特征，当尺度小于 400m×400m 时，最小值均为 0.59。尺度大于 400m×400m 时，景观生态安全度最小值发生变化，呈现逐渐增高的趋势，说明 400m×400m 为一个转折性的尺度。因此，大于 400m×400m 的尺度就不再进行考虑。③100m×100m、200m×200m 和 400m×400m 所计算出的景观生态安全度值均为 0.59～3.99，说明这三个尺度对西盟县景观生态安全度值的影响不大。但是，当采用 100m×100m 进行计算时，每个格网内所包含的土地利用类型较少，不利于其综合且计算量较大。相对于 400m×400m 尺度，200m×200m 尺度更易于表现建设用地所在区域景观生态安全度。综上所述，研究中西盟县景观生态安全度计算最合适的尺度为 200m×200m（赵筱青等，2015；王兴友，2015）。

5.2.2　各类型景观生态安全度分析——以西盟县为例

2000 年各景观类型生态安全度（ESI_i）范围在 0.596～3.998，按大小排列为有林地＞灌木林＞橡胶园＞桉树林＞茶园＞水田＞水域＞草地＞旱地＞建设用地（表 5-7）。由于西盟县 2000 年有林地面积最多（80 701.27hm^2），而破碎度、分离度均最低，使景观结构安全指数（ES_i）高达 0.927，同时景观功能安全指数（ESV_i）相对较高，为 17.240，所以有林地安全度最高达 3.998。尽管建设用地的景观结构安全指数（ES_i）的值较高，为 0.887，但是建设用地所能提供的生态服务功能较差，其景观功能安全指数（ESV_i）仅为 0.400，因此其景观类型生态安全度（ESI_i）最低，为 0.596。其他景观类型景观生态安全值介于建设用地与橡胶园之间。

2005 年各景观类型生态安全度（ESI_i）范围在 0.595～3.998，按大小排列为有林地＞橡胶园＞桉树林＞灌木林＞茶园＞水域＞水田＞草地＞旱地＞建设用地（表 5-7）。由于西盟县 2005 年有林地面积最多（71964.50hm^2），而破碎度、分离度均最低，使景观结构安全指数（ES_i）高达 0.927，同时景观功能安全指数（ESV_i）相对较高，为 17.240，所以有林地安全度最高达 3.998。但是，建设用地所能提供的生态服务功能较差，其景观功能安全指数（ESV_i）仅为 0.4，因此其景观类型生态安全度（ESI_i）最低，为 0.595。其他景观类型景观生态安全值介于建设用地与橡胶园之间。

2010 年各景观类型生态安全度（ESI_i）范围在 0.587～4.018，按大小排列为有林地＞橡胶园＞桉树林＞水域＞茶园＞灌木林＞水田＞草地＞旱地＞建设用地（表 5-7）。由于西盟县 2010 年有林地面积最多（64 158.49hm^2），而破碎度、分离度均最低，使景观结构安全指数（ES_i）高达 0.936，同时景观功能安全指数（ESV_i）相对较高，为 17.24，所以有林地安全度最高达 4.018。2000 年以来，橡胶大面积种植取代原有旱地、有林地等景观类型，原来的破碎斑块合并，主要集聚于南卡江与南康河两侧，使景观干扰度最低达 0.038，景观结构安全指数最高达 0.952。研究区的有林地主要包括了常绿阔叶林和思茅松林，相比橡胶园而言，其所提供的生态系统服务功能较好。但如果仅考虑景观结构，橡胶园景观结构安全指数（0.952）反而大于有林地景观结构安全指数（0.936），这与实际相悖。如果同时考虑景观结构与功能时，由于有林地所能提供的生态服务价值（ESV_i 17.240）大于橡胶园所能提供的生态服务价值（ESV_i 11.840），橡胶园景观生态安全度小于有林地，为 3.357；尽管建设用地景观结构安全指数处于相对较高水平（0.861），但所能提供的生态服务价值仅为 0.400，建设用地景观生态安全度最低，仅有 0.587；其他景观类型景观生态安全值介于建设用地与橡胶园之间。

2015 年各景观类型生态安全度（ESI_i）范围在 0.593～3.994，按大小排列为有林地＞橡胶园＞桉树林＞灌木林＞茶园＞水域＞水田＞草地＞旱地＞建设用地（表 5-7）。由于西盟县 2015 年有林地面积最多（63 419.35hm^2），而破碎度很小，分离度最低，使景观结构安全指数（ES_i）高达 0.925，同时生态服务能力相对较高，ESV_i 为 17.24，所以有林地景观生态安全度最高达 3.994。与 2010 年相同，当仅考虑景观结构时，橡胶园景观结构生态安全指数（0.937）反而大于有林地景观结构安全指数（0.925），如果同时考虑景观结构与功能时，由于有林地所能提供的生态服务价值（ESV_i 17.240）大于橡胶园所能提供的生态服务价值（ESV_i 11.840），橡胶园景观生态安全度小于有林地，为 3.330。但是，建设用地所能提供的生态服务功能较差，其景观功能安全指数（ESV_i）仅为 0.4，因此其景观类型生态安全度（ESI_i）最低为 0.593。其他景观类型景观生态安全值介于建设用地与橡胶园之间。

由 2000 年、2005 年、2010 年和 2015 年景观类型生态安全度（ESI_i）排序分析可知，四年各景观类型结构安全指数存在差异，因此，各景观类型生态安全度排序也存在差异。研究采用 2000 年、2005 年、2010 年和 2015 年景观类型生态安全度（ESI_i）的平均值作为各景观类型综合生态安全度，得出：有林地景观类型生态安全度最高，为 4.002，建设用地景观生态安全度最低为 0.593，由大到小排序为有林地＞橡胶园＞桉树林＞灌木林＞茶园＞水域＞水田＞草地＞旱地＞建设用地。

表 5-7　研究区 2000 年、2005 年、2010 年和 2015 年各景观类型安全性评价结果

年份	指标	桉树林	草地	茶园	灌木林	旱地	建设用地	水田	水域	橡胶园	有林地
2000	C_i	0.052	0.102	0.058	0.140	0.071	0.271	0.132	0.102	0.041	0.006
	S_i	1.572	0.712	1.410	2.521	0.279	2.287	0.848	6.860	1.796	0.049
	D_i	0.007	0.096	0.010	0.013	0.322	0.049	0.098	0.001	0.003	0.402
	U_i	0.156	0.256	0.163	0.367	0.291	0.622	0.320	0.481	0.143	0.200
	F_i	0.109	0.091	0.146	0.073	0.164	0.018	0.055	0.182	0.127	0.036
	ES_i	0.830	0.767	0.763	0.733	0.523	0.887	0.826	0.125	0.818	0.927
	ESV_i	11.270	5.720	11.900	15.390	5.450	0.400	6.740	36.290	11.840	17.240
	ESI_i	3.058	2.095	3.014	3.359	1.689	0.596	2.359	2.131	3.113	3.998
	面积/hm^2	657.70	6 317.95	924.03	692.91	28 640.71	1 631.99	5 768.05	68.40	394.90	80 701.27
2005	C_i	0.028	0.106	0.049	0.146	0.073	0.222	0.114	0.058	0.023	0.014
	S_i	0.602	0.841	0.874	2.914	0.282	1.941	0.748	5.176	0.325	0.078
	D_i	0.014	0.077	0.015	0.011	0.313	0.043	0.090	0.001	0.029	0.407
	U_i	0.071	0.302	0.138	0.489	0.308	0.631	0.323	0.406	0.050	0.200
	F_i	0.109	0.091	0.145	0.073	0.164	0.018	0.055	0.182	0.127	0.036
	ES_i	0.922	0.725	0.800	0.645	0.496	0.885	0.824	0.261	0.936	0.927
	ESV_i	11.270	5.720	11.900	15.390	5.450	0.400	6.740	36.290	11.840	17.240
	ESI_i	3.224	2.037	3.085	3.150	1.644	0.595	2.357	3.078	3.329	3.998
	面积/hm^2	2 372.79	4 694.37	2 022.73	491.25	29 077.43	1 857.06	6 396.95	68.53	6 852.30	71 964.50
2010	C_i	0.027	0.097	0.042	0.137	0.059	0.229	0.107	0.049	0.012	0.012
	S_i	0.586	0.858	0.620	2.977	0.257	1.946	0.711	3.906	0.161	0.075
	D_i	0.019	0.061	0.029	0.009	0.289	0.176	0.085	0.029	0.051	0.254
	U_i	0.083	0.295	0.126	0.517	0.323	0.766	0.324	0.401	0.038	0.175
	F_i	0.109	0.091	0.146	0.073	0.164	0.018	0.055	0.182	0.127	0.036
	ES_i	0.909	0.732	0.817	0.624	0.471	0.861	0.823	0.271	0.952	0.936
	ESV_i	11.270	5.720	11.900	15.390	5.450	0.400	6.740	36.290	11.840	17.240
	ESI_i	3.201	2.046	3.117	3.100	1.602	0.587	2.356	3.136	3.357	4.018
	面积/hm^2	2 394.06	4 143.18	3 409.80	487.56	28 178.20	1 902.49	6 683.24	101.53	14 339.36	64 158.49
2015	C_i	0.016	0.061	0.032	0.078	0.055	0.132	0.062	0.036	0.005	0.007
	S_i	0.450	0.583	0.513	2.502	0.191	1.444	0.525	2.908	0.104	0.060
	D_i	0.019	0.039	0.037	0.010	0.229	0.048	0.101	0.004	0.097	0.417
	U_i	0.091	0.293	0.169	0.548	0.320	0.668	0.322	0.421	0.050	0.208
	F_i	0.109	0.091	0.146	0.073	0.164	0.018	0.055	0.182	0.127	0.036
	ES_i	0.900	0.733	0.754	0.600	0.475	0.880	0.823	0.233	0.937	0.925
	ESV_i	11.270	5.720	11.900	15.390	5.450	0.400	6.740	36.290	11.840	17.240
	ESI_i	3.185	2.048	2.995	3.039	1.609	0.593	2.355	2.909	3.330	3.994
	面积/hm^2	2 498.44	3 579.49	3 786.42	457.10	26 275.49	2 237.92	7 265.49	249.69	16 028.52	63 419.35
四年 ESI_i 平均		3.167	2.057	3.053	3.162	1.636	0.593	2.357	2.814	3.282	4.002

2000～2015 年，景观类型生态安全度提高的主要是水域、橡胶园、桉树林景观类型，分别提高了 36.51%、6.97%和 4.15%；降低的主要是灌木林、旱地和草地，分别降低了 9.53%、4.74%和 2.24%。但除水域以外，其他景观类型生态安全度变化率均小于 10%，变化不大（表 5-7）。研究区景观类型生态安全度的变化与景观结构安全指数有关，15 年间水域面积由 68.40hm^2 增加到 249.69hm^2，水域景观格局发生巨大变化，水域景观结构安全指数由 0.125 增加到 0.233，使水域景观生态安全变化率最大。而其他景观类型景观结构安全指数变化量均小于 0.1，生态安全度变化不明显。其中：①2000～2005 年，景观类型生态安全度提高的主要是水域、橡胶园、桉树林景观类型，分别提高了 44.44%、6.94%和 5.43%；降低的主要是灌木林、草地和旱地，分别降低了 6.22%、2.77%和 2.66%。但除水域以外，其他景观类型生态安全度变化率均小于 10%，变化不大（表 5-7）。2000～2005 年水域景观破碎度由 0.102 降低至 0.058，分离度由 6.86 降低至 5.176，水域景观结构安全指数由 0.125 增加到 0.261，使水域景观生态安全变化率最大。而其他景观类型景观结构安全指数变化量均小于 0.1，生态安全度变化不明显。②2005～2010 年，景观类型生态安全度提高的主要是水域、茶园和橡胶园景观类型，分别提高了 1.88%、1.04%和 0.84%；降低的主要是旱地、灌木林和建设用地，分别降低了 2.55%、1.59%和 1.34%。其他景观类型生态安全度变化率均小于 10%，变化不大（表 5-7）。③2010～2015 年，景观类型生态安全度提高的主要是建设用地，提高了 1.02%；降低的主要是水域和茶园，分别降低了 7.24%和 3.91%；其他景观类型生态安全度变化率均小于 1%，变化不大（表 5-7）。

2000 年与 2015 年各类型景观功能安全性的排序基本保持不变，因此，当景观数量结构或空间布局发生较大变化时，区域生态安全将发生变化。15 年间，橡胶园、茶园、桉树林面积大幅度增加，分别增加 15 633.62hm^2、2862.39hm^2、1840.74hm^2；而有林地、草地、旱地则大幅度减少，分别减少 17 281.92hm^2、2738.46hm^2、2365.22hm^2（表 5-7），景观类型的时空剧烈变化将导致西盟县景观生态安全发生剧烈变化。

5.2.3 景观生态安全时空分异特征——以西盟县为例

通过 Frgstats4.2 与 ArcGIS10.1 软件，根据式（5-19）计算每个格网的景观生态安全度。为了表现西盟县生态安全的时空变化特征，采用自然段点分类（natural breaks）将景观生态安全度分为三级：Ⅰ≤2.51；2.51＜Ⅱ≤3.53；Ⅲ＞3.53，从Ⅰ级至Ⅲ级景观生态安全度逐渐变好（图 5-13，彩图见附图 10）。

1. 景观生态安全度演化的时序特征

2000～2015 年西盟县整体景观生态安全度呈下降趋势，2000～2005 年由 3.238 下降到 3.178，至 2010 年和 2015 年则分别降低至 3.154 和 3.104。但景观生态安全等级未发生变化，均处于Ⅱ级，说明 15 年间西盟县景观生态安全具有变差的趋势，但仍处于中等水平。2000～2015 年各等级景观生态安全随时间变化的主要特征为：

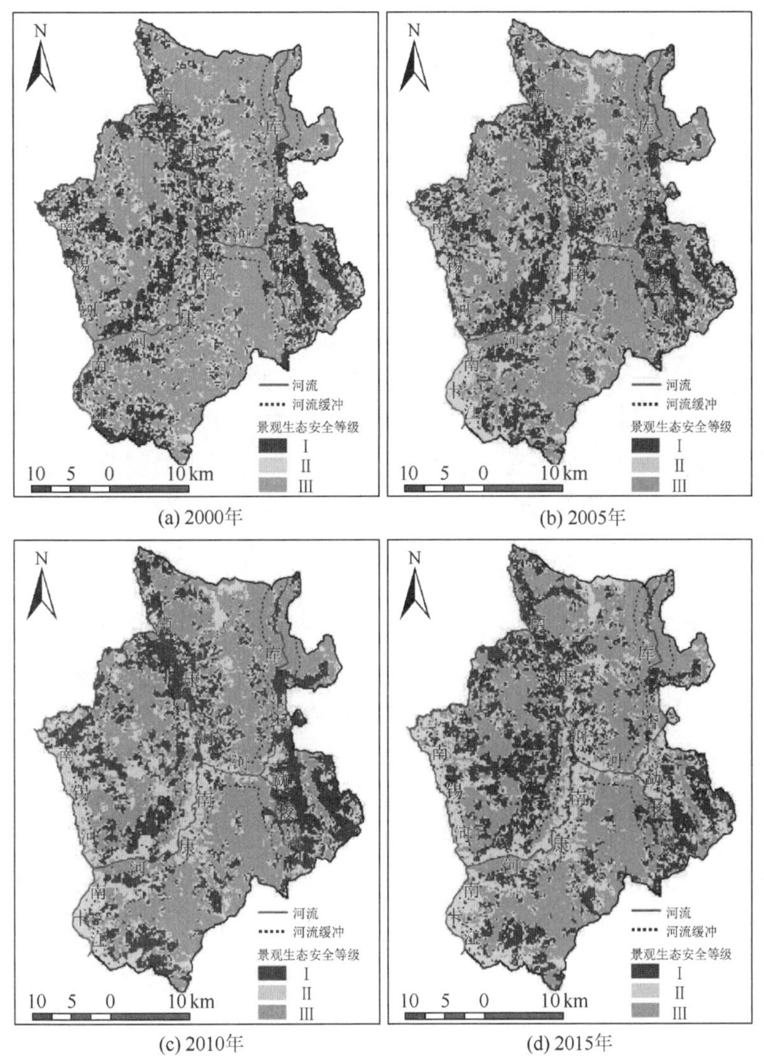

(a) 2000年　(b) 2005年

(c) 2010年　(d) 2015年

图 5-13　2000 年、2005 年、2010 年和 2015 年西盟佤族自治县景观生态安全度分级

（1）2000～2015 年，研究区景观生态安全等级Ⅲ面积最大，说明 15 年间西盟县生态环境处于相对较好的状态。2000 年景观生态安全Ⅰ、Ⅱ、Ⅲ级的面积分别为 31 484.24hm^2、29 594.47hm^2、64 719.20hm^2，分别占土地总面积的比例为 25.03%、23.53%、51.45%；2005 年景观生态安全Ⅰ、Ⅱ、Ⅲ级的面积分别为 31 724.92hm^2、38 481.57hm^2、55 591.42hm^2，分别占土地总面积的比例为 25.22%、30.59%、44.19%；2010 年景观生态安全Ⅰ、Ⅱ、Ⅲ级的面积分别为 33 754.72hm^2、37 499.35hm^2、54 543.84hm^2，分别占土地总面积的比例为 26.83%、29.81%、43.36%；2015 年景观生态安全Ⅰ、Ⅱ、Ⅲ级的面积分别为 33 800.19hm^2、38 122.26hm^2、53 875.46hm^2，分别占土地总面积的比例为 26.87%、30.30%、42.83%（表 5-8～表 5-11）。尽管各等级面积均发生变化，但Ⅲ级所占比例一直最大。2000～2015 年，具有最高景观生态安全性的有林地面积尽管减少 17 281.92hm^2，但仍占区域最大比例（50.41%），保证了该区景观生态安全处于相对较好的水平。

表 5-8　2000～2015 年各景观生态安全等级流入转出面积　　（单位：hm^2）

等级	Ⅰ	Ⅱ	Ⅲ	2015 年	变化量
Ⅰ	19 258.50	10 665.60	3 876.09	33 800.19	2 315.95
Ⅱ	11 029.88	13 653.98	13 438.40	38 122.26	8 527.79
Ⅲ	1 195.86	5 274.89	47 404.71	53 875.46	−10 843.74
2000 年	31 484.24	29 594.47	64 719.20	125 797.91	—

（2）随时间变化，大面积人工经济园林种植使景观生态安全等级面积发生剧烈变化。15 年间西盟县橡胶、桉树、茶园人工经济园林面积增加 20 336.75hm^2，约翻了 10.29 倍，大面积人工经济园林取代较低生态安全性的水田、旱地等景观类型的同时，也取代了具有较高安全性的有林地，使景观安全等级面积发生较大变化。2000～2015 年景观生态安全Ⅲ级面积减少 10 843.74hm^2，而Ⅰ级与Ⅱ级则增加 2315.95hm^2 与 8527.79hm^2。从流入转出面积来看，2000～2015 年景观生态安全Ⅰ、Ⅱ、Ⅲ级转出的面积分别为 12 225.74hm^2、15 940.49hm^2、17 314.49hm^2；流入的面积分别为 14 541.69hm^2、24 468.28hm^2、6470.75hm^2。其中，Ⅲ级转换为Ⅱ级的面积最大（13 438.40hm^2）；Ⅰ级转为Ⅱ级的面积次之，为 11 029.88hm^2；Ⅰ级转为Ⅲ级的面积最小，为 1195.86hm^2（表 5-8）。

其中，2000～2005 年景观生态安全Ⅲ级减少 9127.78hm^2，而Ⅰ级和Ⅱ级面积分别增加 240.68hm^2 和 8887.10hm^2。从流入转出面积来看，2000～2005 年景观生态安全Ⅰ、Ⅱ、Ⅲ级转出的面积分别为 8095.05hm^2、9799.59hm^2、13 635.08hm^2；流入的面积分别为 8335.73hm^2、18 686.69hm^2、4507.30hm^2。其中，Ⅲ级转换为Ⅱ级的面积最大（11 380.75hm^2）；Ⅰ级转为Ⅱ级的面积次之，为 7305.94hm^2；Ⅰ级转为Ⅲ级的面积最小，为 789.11hm^2（表 5-9）。

表 5-9　2000～2005 年各景观生态安全等级流入转出面积　　（单位：hm^2）

等级	Ⅰ	Ⅱ	Ⅲ	2005 年	变化量
Ⅰ	23 389.19	6 081.40	2 254.33	31 724.92	240.68
Ⅱ	7 305.94	19 794.88	11 380.75	38 481.57	8 887.10
Ⅲ	789.09	3 718.19	51 084.12	55 591.42	−9 127.78
2000 年	31 484.24	29 594.47	64 719.20	125 797.91	—

2005～2010 年景观生态安全Ⅲ级和Ⅱ级面积分别减少 1047.58hm^2 和 982.22hm^2，而Ⅰ级则增加 2029.80hm^2。从流入转出面积来看，2005～2010 年景观生态安全Ⅰ、Ⅱ、Ⅲ级转出的面积分别为 8630.85hm^2、14 856.94hm^2、8177.04hm^2；流入的面积分别为 10 660.65hm^2、13 874.72hm^2、7129.46hm^2。其中，Ⅱ级转换为Ⅰ级的面积最大（8735.27hm^2），Ⅰ级转为Ⅱ级的面积次之，为 7623.06hm^2；Ⅰ级转为Ⅲ级的面积最小，为 1007.79hm^2（表 5-10）。

表 5-10　2005～2010 年各景观生态安全等级流入转出面积　（单位：hm²）

等级	Ⅰ	Ⅱ	Ⅲ	2010 年	变化量
Ⅰ	23 094.07	8 735.27	1 925.38	33 754.72	2 029.80
Ⅱ	7 623.06	23 624.63	6 251.66	37 499.35	−982.22
Ⅲ	1 007.79	6 121.67	47 414.38	54 543.84	−1047.58
2005 年	31 724.92	38 481.57	55 591.42	125 797.91	—

2010～2015 年景观生态安全Ⅲ级面积减少 668.38hm^2，Ⅰ级和Ⅱ级面积分别增加 45.47hm^{2}和 622.91hm^2。从流入转出面积来看，2010～2015 年景观生态安全Ⅰ、Ⅱ、Ⅲ级转出的面积分别为 12 722.50hm^2、16 943.97hm^2、9623.31hm^2；流入的面积分别为 12 767.97hm^2、17 566.88hm^2、8954.93hm^2。其中，Ⅰ级转换为Ⅱ级的面积最大（10 369.16hm^2），Ⅱ级转为Ⅰ级的面积次之，为 10 342.38hm^2；Ⅰ级转为Ⅲ级的面积最小，为 2353.34hm^2（表 5-11）。

表 5-11　2010～2015 年各景观生态安全等级流入转出面积　（单位：hm²）

等级	Ⅰ	Ⅱ	Ⅲ	2015 年	变化量
Ⅰ	21 032.22	10 342.38	2 425.59	33 800.19	45.47
Ⅱ	10 369.16	20 555.38	7 197.72	38 122.26	622.91
Ⅲ	2 353.34	6 601.59	44 920.53	53 875.46	−668.38
2010 年	33 754.72	37 499.35	54 543.84	125 797.91	—

综上所述，2000～2015 年景观生态安全由高等级流向低等级（27 980.09hm^2）大于低等级流向高等级（17 500.63hm^2）的面积，说明西盟县景观生态安全性呈现逐渐恶化的趋势，这与前述西盟县全区生态安全值的结论相一致。

2. 景观生态安全度空间分布特征

1）全县尺度

纵观整个区域，2000 年、2005 年、2010 年和 2015 年西盟县景观生态安全空间差异显著，整体呈现东北、东南部安全度高；南康河沿岸、南卡江东岸和新厂河两岸约 2000m 缓冲范围内安全度低的分布格局（图 5-13）。以常绿阔叶林为主的有林地景观所在的东北、东南部区域，其生态安全程度最高、面积最大，对该区生态安全起控制作用；以大面积人工经济园林为主的南卡江与南康河沿岸约 2000m 缓冲范围内景观生态安全度次之；以旱地、水田等景观类型为主的勐梭河东岸区域，受人类活动干扰，景观较为破碎且提供生态服务价值较低，景观生态安全度最低。2000～2015 年西盟县景观生态安全度降低，以南卡江与南康河沿岸约 2000m 缓冲范围内区域变化最明显，该区域大面积种植橡胶园、茶园，其取代高生态安全性的有林地等景观类型，同时取代旱地等低生态安全性的景观类型，使得该区域等级快速由Ⅰ级和Ⅲ级转换为Ⅱ级。其次，2000～2015 年景观生态安全等级呈现由分散向集中分布的发展趋势，以Ⅱ级最为典型。2000 年Ⅱ级较为分散地分布于西盟县全区，2005 年则相对集中，至 2010 年、2015 年则相对集中分布于南卡江与南康河沿岸约 2000m 范围的缓冲区内（图 5-13）。

2）乡镇尺度

各景观生态安全等级在乡镇中的分布比例差异显著（图 5-14）。2000 年景观生态安全Ⅰ级主要分布于勐梭镇和力所乡，比例分别为 24.27%和 17.39%；Ⅱ级主要分布于勐梭镇和翁嘎科镇，比例分别为 18.62%和 17.16%；Ⅲ级主要分布于中课镇、勐梭镇、翁嘎科镇，比例分别为 23.45%、18.57%、18.49%。说明 2000 年中课镇、翁嘎科镇景观生态安全最好；勐梭镇和力所乡最差。

2005 年景观生态安全Ⅰ级主要分布于勐梭镇和力所乡，比例分别为 24.31%和 18.23%；Ⅱ级则分散于各乡镇中，翁嘎科镇所占的比例最高，为 18.57%；Ⅲ级主要分布于中课镇、勐梭镇和翁嘎科镇，比例分别为 24.47%、19.63%和 18.04%。说明 2005 年中课镇、翁嘎科镇景观生态安全最好；勐梭镇和力所乡最差。

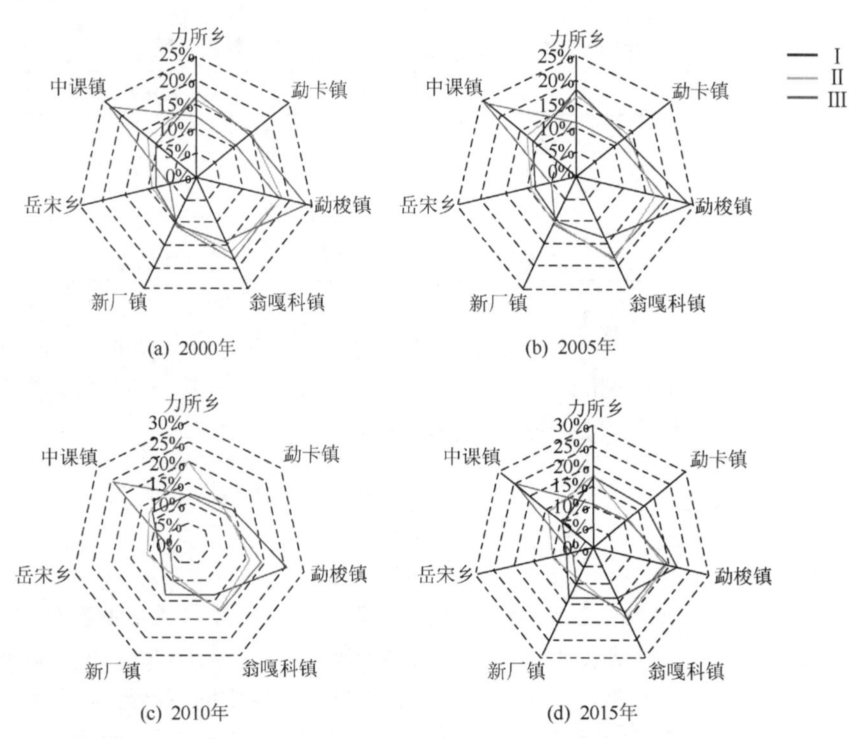

图 5-14　2000 年、2005 年、2010 年和 2015 年各景观生态安全等级在乡镇中的分布比例

2010 年，景观生态安全等级趋于集聚状态。景观生态安全Ⅰ级主要分布于勐梭镇，比例为 25.85%；由于大面积人工经济园林集中种植，Ⅱ级由分散趋于集聚发展，至 2010 年集中分布于力所乡和翁嘎科镇，比例分别为 20.64%和 18.62%；Ⅲ级集中分布于中课镇、勐梭镇和翁嘎科镇，比例分别为 24.86%、19.11%和 18.26%。说明 2010 年中课镇景观生态安全性最好，力所乡和翁嘎科镇次之，勐梭镇最差。

2015 年景观生态安全Ⅰ级主要分布于勐梭镇、力所乡和勐卡镇，比例分别为 21.93%、17.54%和 16.52%；由于大面积人工经济园林集中种植，Ⅱ级由分散趋于集聚发展，至 2015 年集中分布于翁嘎科镇、勐梭镇和力所乡，比例分别为 19.28%、18.71%和 17.77%；Ⅲ级主要分布于中课镇、勐梭镇、翁嘎科镇，比例分别为 25.29%、19.72%、17.86%。说明 2015 年中课镇、翁嘎科镇景观生态安全最好，勐卡镇次之，勐梭镇和力所乡最差。

总之，2000～2015 年，中课镇景观生态安全最好，而勐梭镇景观生态安全最差，力所乡、岳宋乡景观生态安全表现逐渐降低的趋势，勐卡镇、翁嘎科镇、新厂镇景观生态安全状况有所改善。

5.3　两种模型生态安全评价结果比较及验证

两种模型所得出的西盟县土地利用生态安全评价结果具有一定的相似性（表 5-12），说明两种模型分析结果均能反映西盟县土地利用生态安全时空分异特征。

表 5-12　模糊综合评价模型与景观生态安全度模型对比分析

指标		模糊综合评价模型	景观生态安全度模型
相同点	空间分布	生态安全整体呈现东北、东南部高，西北-西南部条带状区、西部及东部低的分布格局	
	乡镇尺度结果	均为中课镇土地利用生态安全性最好，而勐梭镇土地利用生态安全性最差	
	相关系数	两种模型的评价结果具有较显著的相关性，从统计学角度上来看具有相似性	
不同点	研究分辨率	30m×30m	200m×200m
	研究视角	土地利用生态安全影响因素出发进行综合分析	景观的结构与功能安全性视角
	土地利用类型内部的生态安全差异性	能	不能
	全县尺度结果随时间变化情况	土地利用生态安全先增加后减少	景观生态安全性逐渐降低
	计算复杂性	需要考虑因素多，计算复杂	考虑因素简单，计算简单

首先，在全县尺度上，评价结果在空间上具有相似性，均整体呈现出东北、东南部高，西北-西南部条带状区、西部及东部低的分布格局（图 5-7 和图 5-13）；在乡镇尺度上，两种模型的评价结果均为中课镇土地利用生态安全性最好，而勐梭镇土地利用生态安全性最差。

其次，模糊评价模型结果与景观生态安全模型两种模型的评价等级之间具有较显著的相关性。为了方便比较两种模型评价结果，需要将两种模型的评价结果均统一为三个等级。由于模糊综合评价结果表明极不安全等级和理想安全等级的面积较小，将极不安全等级与不安全等级合并，理想安全等级与较安全等级进行合并，从而将模糊综合评价结果重新划分为不安全、临界安全和较安全等级。景观生态安全度模型评价结果等级保持不变。为了能定量地表示出两种模型的评价结果相关性，研究对两种模型的评价结果进行了重编码处理，其中，模糊综合评价模型中不安全等级编码为 1，临界安全等级编码为 2，较安全等级编码为 3；景观生态安全度模型中景观生态安全Ⅰ级编码为 1，景观生态安全Ⅱ级编码为 2，景观生态安全Ⅲ级编码为 3。编码完成后，基于 ArcGIS10.1 软件平台采用等间距网格布置采用点，采用“Extract values to points”工具获取模糊综合评价模型和景观生态安全度模型结果重编码数据，从而将其转化为单列数据。在 SPSS 中采用皮尔逊相关系数（Pearson correlation coefficient）计算两种模型评价等级之间的相关性，得出：2000 年、2005 年、2010 年和 2015 年两种模型评价结果的相关性分别为 0.519、0.562、0.466 和 0.553，均在 0.01 置信水平上呈显著相关性，说明从统计学角度看两种模型的评价结果具有一定相似性。

尽管两种模型评价结果具有相似性，但是在细节处仍然存在一定的差异性（表 5-12）：两种模型研究的空间尺度不同，模糊综合评价模型采用的尺度为 30m×30m，而景观生态安全度模型采用尺度则为 200m×200m。研究尺度的差异性，导致模糊综合评价模型比景观生态安全度模型能更好地表现西盟县土地利用生态安全的空间差异性及细节。

再次，模糊综合评价模型能反映相同土地利用类型内部的差异性，而景观生态安全度模型则不能反映。从景观安全度模型评价结果（图 5-13）来看，2000～2005 年人工经济园林大面积引种区（南康河和南卡江沿岸区域）景观生态安全性发生了明显变化。但 2005～2015 年，该区域景观生态安全等级则未发生变化，处于Ⅱ级；从模糊综合评价结果（图 5-7）来看，2000～2015 年人工经济园林大面积引种区（南康河和南卡江沿岸区域）土地利用生态安全等级在两个时间段内均发生了明显变化，其中 2000～2005 年由不安全等级向临界安全转变，2005～2015 年则由临界安全等级向较安全等级转变。该区域两种模型评价结果呈现差异的原因为：景观生态安全度模型将每个土地利用类型作为一种景观类型，认为同一种景观类型内部不存在差异性；但模糊综合评价法则综合植被覆盖度、土壤侵蚀等众多因素，能反映同一种土地利用类型内部的生态安全差异性。2000～2015 年人工经济园林处于不断的生长过程中，种植区植被覆盖度、水土流失及人均收入等发生剧烈变化，模糊综合评价法综合考虑以上这些变化因素导致西盟县土地利用生态安全等级随时间不断发生变化。

最后，两种模型全县尺度评价结果的时间动态情况存在差异，其中，模糊综合评价模型结果表明随时间变化土地利用生态安全性呈现先增后减趋势，而景观生态安全度模型结果表明景观生态安全性则随时间变化逐渐递减。从计算的复杂程度来看，模糊综合评价模型考虑的因素较多，计算量较大；而景观生态安全度模型考虑因素较少，计算量较小。

综上所述，两种模型中全县尺度、乡镇尺度结果具有相似性，且评价等级之间具有显著相关性，说明两种模型的评价结果均能在一定程度上反映西盟县土地利用生态安全时空分异特征。但由于研究尺度和研究方法的不同，两种模型的评价结果难免会存在一定的差异。模糊综合评价模型综合考虑了土壤侵蚀、农村人均收入等众多因素，能较好地反映出区域土地利用生态安全的细节，并更加强调在保证区域生态环境良好的情况下，应该注重人的发展；景观生态安全度模型考虑因素较少，计算相对简单，能快速地对区域景观生态安全性进行评价。

5.4　孟连县土地利用生态安全时空分异特征

通过 5.3 节对两种生态安全评价方法及所得结果的对比分析，模糊综合评价模型能更好反映出区域土地利用生态安全的细节，给研究区提供更为具体的生态环境状况参考，因此，采用模糊综合评价法分析孟连县土地利用生态安全时空分异特征。

5.4.1　全县尺度

1. 全县生态安全度时间变化特征

从 2000 年、2005 年、2010 年和 2015 年孟连县全县土地利用生态安全级别特征平均值来看，2005 年土地利用生态安全性最高（3.23），2000 年和 2010 年土地利用生态安全性居中，分别为 3.16 和 3.21，2015 年土地利用生态安全性最低（3.12），但是四年级别特征值的平均值均介于 2.5～3.5，处于临界安全等级（图 5-15）。15 年间，2015 年孟连县土地利用生态安全性最差，2005 年安全性最高，生态安全性呈先增后减的变化趋势。其主要原因在于 2000～2005 年，退耕还林使得区域生态安全性增加，而随着大面积人工经济园林的种植，区域生态安全性自 2005 年呈现下降趋势。

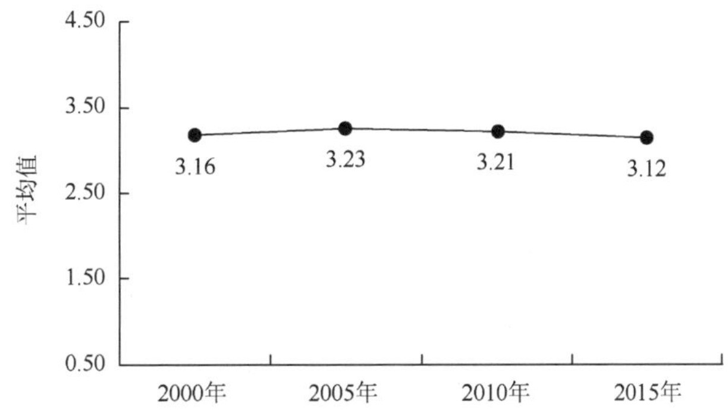

图 5-15　孟连县土地利用生态安全级别特征平均值

孟连县 2000 年、2005 年、2010 年和 2015 年土地利用生态安全等级以不安全、临界安全和较安全等级为主，四年中不安全、临界安全和较安全等级的面积总和分别占全县总面积的 99.56%、98.88%、99.41%和 99.76%；孟连县只有极小部分区域处于极不安全和理想安全等级（表 5-13）。

表 5-13　孟连县土地利用生态安全等级的面积

年份	极不安全		不安全		临界安全		较安全		理想安全	
	面积/hm^2	比例/%	面积/hm^2	比例/%	面积/hm^2	比例/%	面积/hm^2	比例/%	面积/hm^2	比例/%
2000	9.01	0.00	52 284.52	27.63	91 055.32	48.13	45 024.40	23.80	831.01	0.44
2005	7.03	0.00	36 707.04	19.40	87 777.31	46.40	62 590.97	33.08	2 121.91	1.12
2010	12.26	0.01	56 923.87	30.09	82 596.72	43.65	48 567.84	25.67	1 103.57	0.58
2015	53.90	0.03	47 362.03	25.03	79 211.76	41.87	62 169.04	32.86	407.53	0.21

从各等级随时间变化情况来看，理想安全、较安全、临界安全和不安全等级呈波动状态，但处于安全范围的面积在增加。其中，理想安全等级的面积呈先增后减的趋势，较安全等级的面积呈先增后减再增的波动趋势，临界安全等级的面积持续减少，而不安全等级的面积呈先减后增再减的趋势，极不安全等级面积则呈先减后增的趋势（表 5-13）。2000～2005 年，不安全和临界安全等级面积分别由 52 284.52hm^2 和 91 055.32hm^2 减少到 36 707.04hm^2 和 87 777.31hm^2，占全县面积的比例分别由 27.63%和 48.13%降低至 19.40%和 46.40%；理想安全和较安全等级面积则分别由 831.01hm^2 和 45 024.40hm^2 增加到 2121.91hm^2 和 62 590.97hm^2，占全县总面积的比例分别由 0.44%和 23.80%增长到 1.12%和 33.08%；而极不安全等级面积变化不大（表 5-13），这是孟连县 2000～2005 年土地利用生态安全性增大的原因，2005 年孟连县土地利用生态安全最好，之后 10 年逐渐变差。2005～2015 年，极不安全和不安全等级面积分别增加了 46.87hm^2 和 10 654.98hm^2，面积比例分别由 0.00%增加到 0.03%、19.40%增加到 25.03%；而理想安全、较安全和临界安全等级面积分别减少了 1714.38hm^2、421.93hm^2 和 8565.55hm^2，面积比例分别由 1.12%下降到 0.21%、33.08%下降到 32.86%、46.40%下降到 41.87%（表 5-13），导致 2005～2015 年土地利用生态安全性明显降低。

2. 全县土地利用生态安全空间分布特征

从空间分布来看（图 5-16，彩图见附图 11），孟连县土地利用生态安全性呈现一定的空间分布规律：①2000 年、2005 年、2010 年和 2015 年土地利用生态安全等级中，不安全、临界安全和较安全等级在空间上分布最广泛，2005 年和 2010 年中，理想安全等级在中南部也有少量分布。②土地利用生态安全性较差的区域主要在县域西部、中北部和东北部，这些区域主要分布橡胶园、茶园、桉树林等人工经济园林及耕地，较少分布天然林地，因此，生态系统的抵抗力和恢复力相对较低。③土地利用生态安全较好的区域主要分布在县域东部、中南部和中西部区域附近，这些区域以天然林地或水域为主，受到人为干扰较少，生态系统的抵抗力和恢复力较强。④2000～2015 年，孟连县东部区域的土地利用生态安全性有显著改善，而西部的土地利用生态安全性则持续恶化，这与孟连县西部大面积的橡胶种植及东部退耕还林有一定关系。

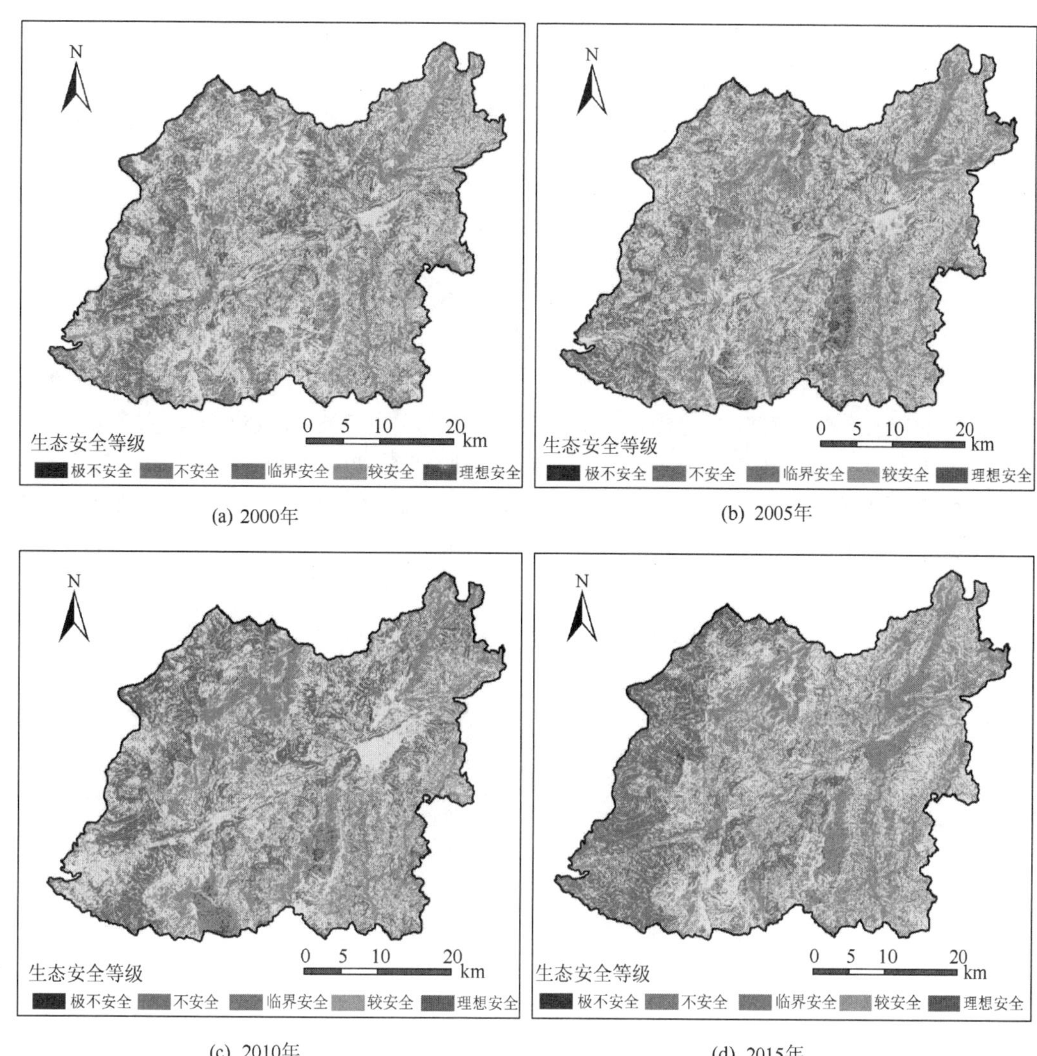

(a) 2000年　(b) 2005年

(c) 2010年　(d) 2015年

图 5-16　孟连傣族拉祜族佤族自治县土地利用生态安全等级分布图

5.4.2　乡镇尺度

1. 各乡镇生态安全度

通过统计各乡镇区域内土地利用生态安全级别特征平均值，得到孟连县各乡镇土地利用生态安全状况（图 5-17）：①孟连县 2000 年、2005 年、2010 年、2015 年各乡镇土地利用生态安全度介于 2.5～3.5，说明各乡镇土地利用生态安全等级为临界安全等级。②从各乡镇土地利用生态安全排序来看，2000 年各乡镇土地利用生态安全特征值由大到小排序为芒信镇＞富岩镇＞景信乡＞勐马镇＞公信乡＞娜允镇，所有乡镇的生态安全特征值处于 3.09～3.24，芒信镇、富岩镇和景信乡的生态安全状况较好，而勐马镇、公信乡和娜允镇的状况相对较差；2005 年各乡镇土地利用生态安全特征值由大到小排序为芒信镇＞景信乡＞富岩镇＞勐马镇＞公信乡＞娜允镇，所有乡镇的生态安全特征值处于 3.16～3.36，芒信镇、景信乡和富岩镇的生态安全状况较好，而勐马镇、公信乡和娜允镇的状况相对较差；2010 年各乡镇土地利用生态安全特征值由大到小排序为芒信镇＞景信乡＞富岩镇＞勐马镇＞公信乡＞娜允镇，所有乡镇的生态安全特征值处于 3.10～3.32，芒信镇、景信乡和富岩镇的生态安全状况较好，而勐马镇、公信乡和娜允镇的状况相对较差；2015 年各乡镇土地利用生态安全特征值由大到小排序为景信乡＞芒信镇＞娜允镇＞富岩镇＞勐马镇＞公信乡，所有乡镇的生态安全特征值处于 2.85～3.30，景信乡、芒信镇、娜允镇和富岩镇的生态安全状况较好，而勐马镇和公信乡的状况相对较差，其中，娜允镇的生态安全状况有较大的提升。③从时间变化来看，2000～2005 年，六个乡镇的土地利用生态安全度均升高，其中景信乡升高最快，达到 4.04%；2005～2015 年，除娜允镇的生态安全度升高 1.58%外，其余乡镇的土地利用生态安全度均降低，其中勐马镇降低最快，降低了 5.10%。

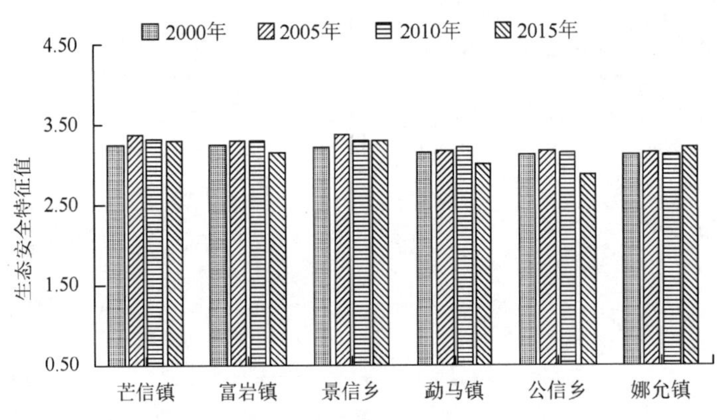

图 5-17　孟连县各乡镇土地利用生态安全度

整体上看，2000～2015 年芒信镇、景信乡和富岩镇的生态安全状况较好，而勐马镇和公信乡的生态安全状况较差，娜允镇的生态安全状况有所提高。

2. 土地利用生态安全各等级在乡镇中的分布情况

根据前述方法，统计孟连县各乡镇中某一土地利用生态安全等级的面积占全县该土地利用生态安全等级面积的比例。

由图 5-18 可知，孟连县 2000 年土地利用生态安全等级中极不安全仅分布于娜允镇（100.00%）；理想安全等级集中分布于勐马镇（45.30%）、芒信镇（34.02%）和富岩镇（17.31%），其余乡镇分布较少，均在 3.50%以下；不安全、临界安全和较安全等级在各乡镇中分布的面积差别不大，其分布比例处于 7.21%～28.40%。

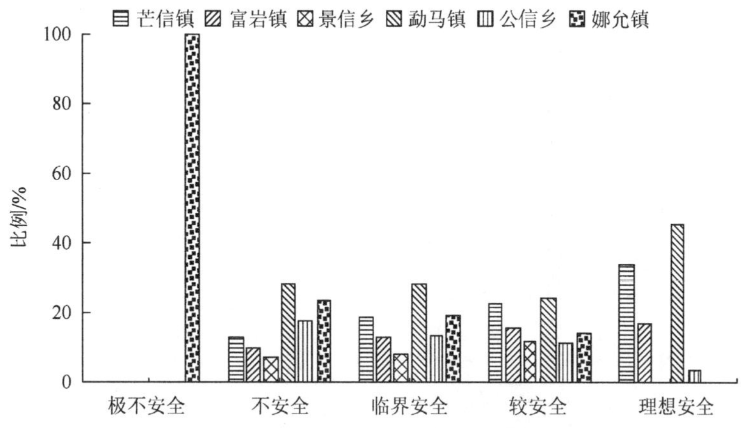

图 5-18　孟连县 2000 年土地生态安全在各乡镇中的面积分布比例

由图 5-19 可知，孟连县 2005 年土地利用生态安全等级中极不安全仅分布于娜允镇（100.00%）；理想安全等级集中分布于芒信镇（50.97%）、勐马镇（32.56%）和富岩镇（13.39%），其余乡镇分布较少，均在 3.00%以下；不安全、临界安全和较安全等级在各乡镇中分布的面积差别不大，其分布比例处于 3.53%～36.65%。

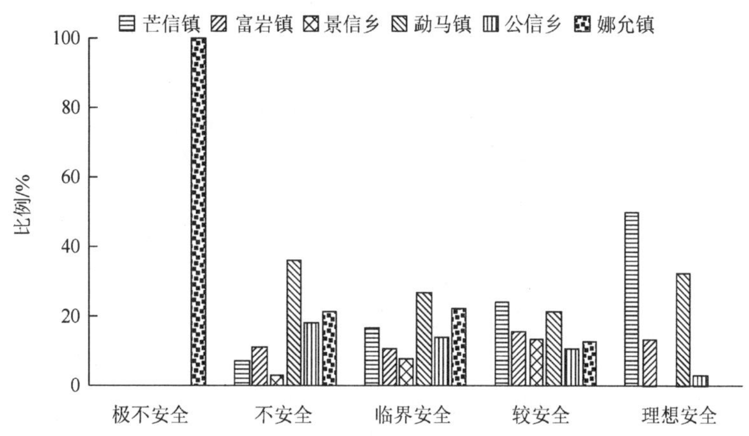

图 5-19　孟连县 2005 年土地生态安全在各乡镇中的面积分布比例

由图 5-20 可知，孟连县 2010 年土地利用生态安全等级中极不安全仅分布于娜允镇（100.00%）；理想安全等级集中分布于勐马镇（50.98%）和芒信镇（44.89%），其余乡镇分布较少，均在 4.00%以下；不安全、临界安全和较安全等级在各乡镇中分布的面积差别不大，其分布比例处于 7.04%～28.51%。

由图 5-21 可知，孟连县 2015 年土地利用生态安全等级中极不安全分布于公信乡（98.25%）、勐马镇（1.45%）和娜允镇（0.29%），娜允镇极不安全等级的面积比例减少，而公信乡明显增加；理想安全等级集中分布于芒信镇（73.92%）和勐马镇（18.35%），其余乡镇分布较少，均在 4.50%以下；不安全、临界安全和较安全等级在各乡镇中分布的面积差别不大，其分布比例处于 2.02%～40.79%。

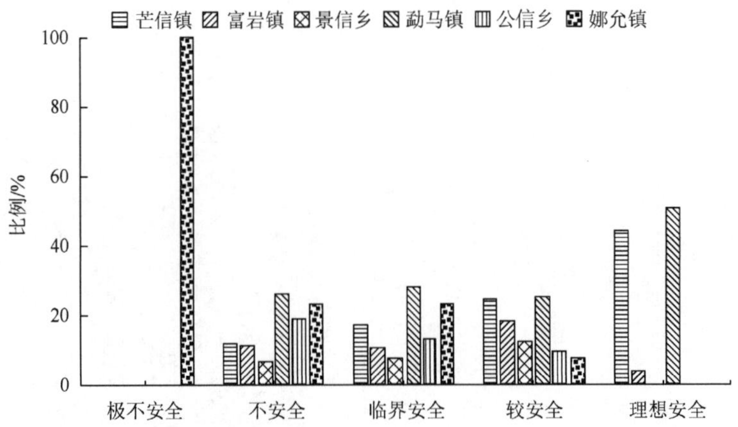

图 5-20　孟连县 2010 年土地生态安全在各乡镇中的面积分布比例

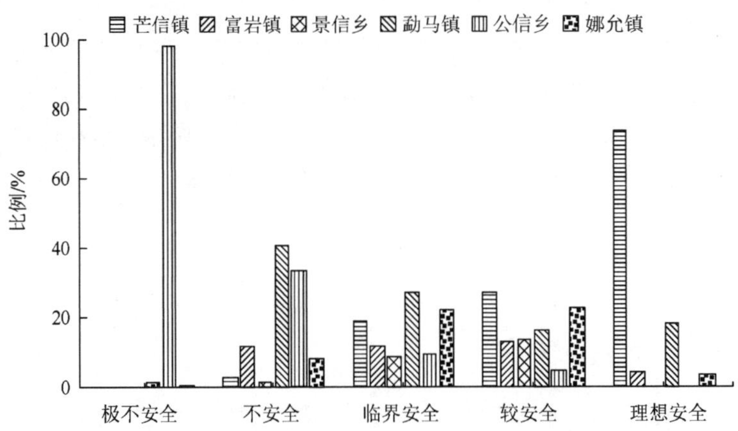

图 5-21　孟连县 2015 年土地生态安全在各乡镇中的面积分布比例

5.5　澜沧县土地利用生态安全时空分异特征

采用模糊综合评价法分析澜沧县土地利用生态安全时空分异特征。

5.5.1　全县尺度

1. 全县生态安全度时间变化特征

从 2000 年、2005 年、2010 年和 2015 年澜沧县全县土地利用生态安全级别特征平均值来看，2005 年土地利用生态安全性最高（3.28），2000 年和 2010 年土地利用生态安全性居中，分别为 3.25 和 3.26，2015 年土地利用生态安全性最低（3.01），但是四年级别特征值的平均值均介于 2.5～3.5，处于临界安全等级（图 5-22）。15 年间，2015 年澜沧县土地利用生态安全性最差，2005 年安全性最高，生态安全性呈现先增后减的趋势。其主要原因在于 2000～2005 年，退耕还林使得区域生态安全性增加，而随着大面积人工经济园林的种植，区域生态安全性自 2005 年呈现下降趋势。

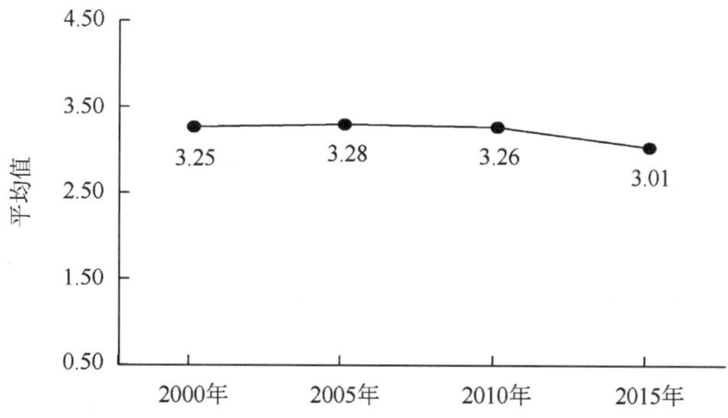

图 5-22　澜沧县土地利用生态安全级别特征平均值

澜沧县 2000 年、2005 年、2010 年和 2015 年土地利用生态安全等级以不安全、临界安全和较安全等级为主，四年中不安全、临界安全和较安全等级的面积总和分别占全县总面积的 98.45%、97.61%、99.25%和 99.84%；澜沧县只有极小部分区域处于极不安全和理想安全等级（表 5-14）。

表 5-14　澜沧县土地利用生态安全等级的面积

年份	极不安全		不安全		临界安全		较安全		理想安全	
	面积/hm²	比例/%	面积/hm²	比例/%	面积/hm²	比例/%	面积/hm²	比例/%	面积/hm²	比例/%
2000	12.99	0.00	188 170.42	21.56	390 097.30	44.69	281 080.82	32.20	13 505.07	1.55
2005	17.77	0.00	125 839.64	14.42	406 458.96	46.57	319 665.94	36.62	20 884.29	2.39
2010	67.83	0.01	217 707.74	24.94	363 179.61	41.61	285 459.37	32.70	6 452.05	0.74
2015	1 311.21	0.15	316 740.70	36.29	356 042.70	40.79	198 673.94	22.76	98.05	0.01

从各等级随时间变化情况来看，理想安全、较安全、临界安全和不安全等级呈波动状态，其中，理想安全、较安全和临界安全等级的面积先增后减，而不安全等级面积先减后增，极不安全等级面积则持续增加（表 5-14）。2000～2005 年，不安全等级面积由 188 170.42hm^2 减少到 125 839.64hm^2，占全县面积的比例由 21.56%降低至 14.42%；理想安全、较安全和临界安全等级面积则分别由 13 505.07hm^2、281 080.82hm^2 和 390 097.30hm^2 增加到 20 884.29hm^2、319 665.94hm^2 和 406 458.96hm^2，三种等级各面积占全县总面积的比例分别由 1.55%增长到 2.39%、由 32.20%增长到 36.62%、由 44.69%增长到 46.57%；而极不安全等级面积变化不大（表 5-14），这是澜沧县 2000～2005 年土地利用生态安全性增大的原因，2005 年澜沧县土地利用生态安全性最好，之后 10 年逐渐变差。2005～2015 年，极不安全和不安全等级面积分别增加了 1293.44hm^2 和 190 901.06hm^2，面积比例分别由 0.00%增加到 0.15%和 14.42%增加到 36.29%；而理想安全、较安全和临界安全等级面积分别减少了 20 786.24hm^2、120 992.00hm^2 和 50 416.26hm^2，面积比例分别由 2.39%下降到 0.01%、36.62%下降到 22.76%、46.57%下降到 40.79%（表 5-14），导致 2005～2015 年土地利用生态安全性明显降低。

2. 全县土地利用生态安全空间分布特征

从空间分布来看（图 5-23，彩图见附图 12），澜沧县土地利用生态安全性呈现一定的空间分布规律：①2000 年、2005 年、2010 年和 2015 年土地利用生态安全等级中，不安全、临界安全和较安全等级在空间上分布最广泛，2000 年、2005 年、2010 年三年中理想安全等级在南部和中部有少量分布，2015 年理想安全等级分布减少。②2000～2010 年，土地利用生态安全性较差的区域主要在县域中部和北部，这些区域的主要土地利用类型为旱地，其生态系统的抵抗力和恢复力相对较低，导致区域的整体生态安全性较低。2015 年土地利用生态安全性较差的区域则大面积分布，主要是此期间气候干旱、南北向国道 214 和东西向思澜公路的修建等导致的。③2000～2010 年，土地利用生态安全性较好的区域主要在县域中北部、南部和糯扎渡自然保护区域附近，这些区域以天然林地为主，其生态系统抵抗力和恢复力较强，土地生态系统较安全。2015 年澜沧县建有水库或河流经过的区域土地利用生态安全性也较高。④整体上，澜沧县的土地利用生态安全性空间分布在 2000～2010 年的变化较小，2010～2015 年则发生了较大变化，这主要是受到气候和交通等因素影响，并非人工经济园林的大面积种植导致的。人工经济园林虽然大量种植，但澜沧县总面积较大，从全县的空间分布上看人工经济园林面积并不十分明显。

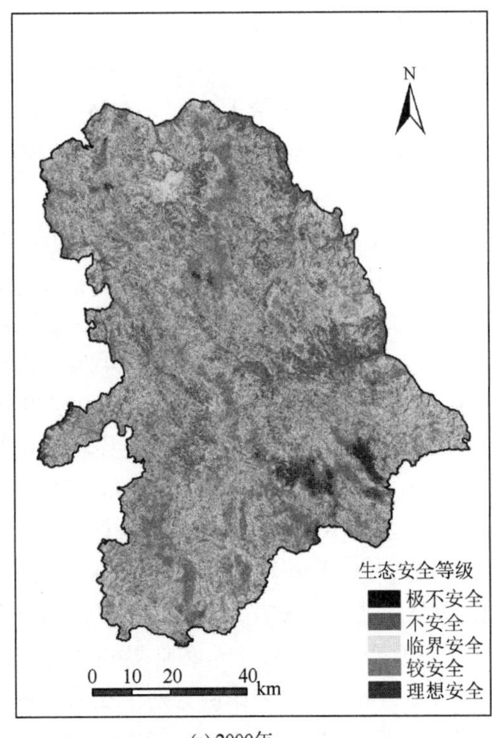

(a) 2000年

(b) 2005年

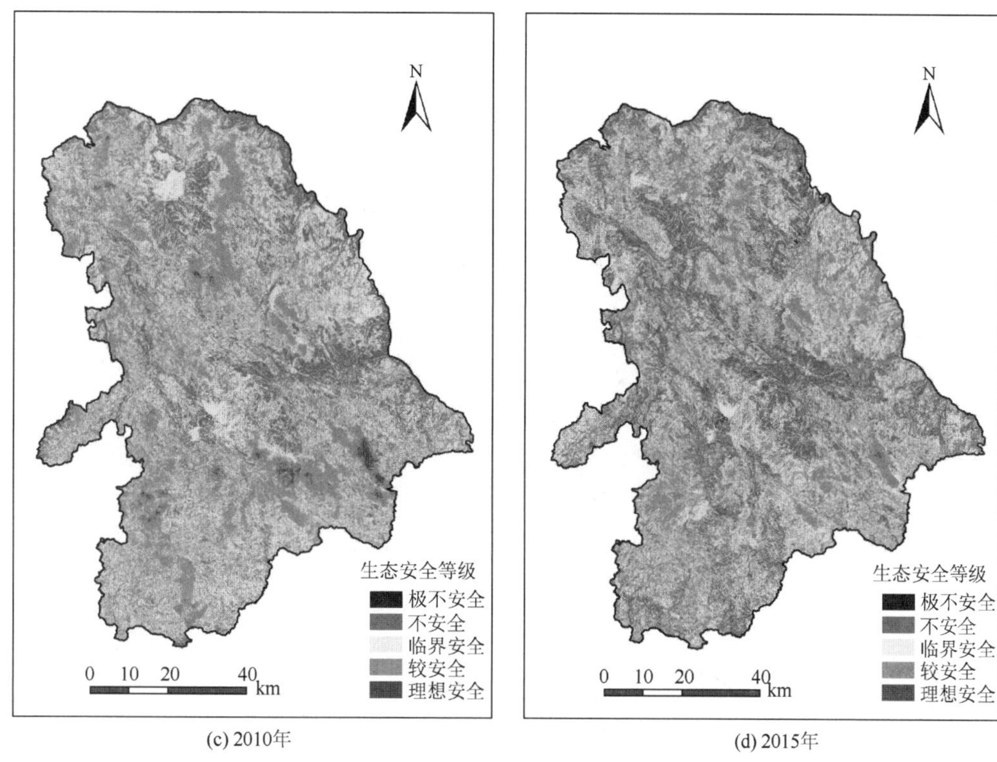

(c) 2010年　　(d) 2015年

图 5-23　澜沧拉祜族自治县土地利用生态安全等级分布图

5.5.2　乡镇尺度

1. 各乡镇生态安全度

通过统计各乡镇区域内土地利用生态安全级别特征值的平均值，得出澜沧县各乡镇土地利用生态安全状况（表 5-15）：①澜沧县 2000 年、2005 年、2010 年、2015 年各乡镇土地利用生态安全度介于 2.5～4.5，说明各乡镇土地利用生态安全等级为临界安全等级和较安全等级。②2000 年发展河乡的生态安全特征值为 3.52，2010 年酒井乡的生态安全特征值为 3.51，刚处于较安全等级，其余年份下所有乡镇都属于临界安全等级。③从各乡镇土地利用生态安全排序来看，2000 年各乡镇土地利用生态安全特征值由大到小排序为发展河哈尼族乡（简称发展河乡）＞雪林佤族乡（简称雪林乡）=酒井哈尼族乡（简称酒井乡）=惠民镇=糯福乡＞东回镇＞拉巴乡=木戛乡＞富邦乡＞糯扎渡镇＞文东佤族乡（简称文东乡）＞竹塘乡＞勐朗镇＞安康佤族乡（简称安康乡）＞富东乡＞东河乡＞上允镇=南岭乡＞谦六彝族乡（简称谦六乡）＞大山乡，所有乡镇的生态安全特征值处于 3.04～3.52，发展河乡、雪林乡、酒井乡和惠民镇的生态安全状况较好，而南岭乡、谦六乡和大山乡的状况相对较差；2005 年各乡镇土地利用生态安全特征值由大到小排序为酒井乡＞发展河乡＞惠民镇＞雪林乡=糯福乡＞东回镇=勐朗镇＞糯扎渡镇＞富邦乡=谦六乡=拉巴乡＞木戛乡＞富东乡＞文东乡＞竹塘乡＞安康乡＞东河乡＞大山乡＞南岭乡＞上允镇，所有乡镇的生态安全特征值处于 3.06～3.44，酒井乡、发展河乡、惠民镇和雪林乡的生态安全状况较好，而大山乡、南岭乡和上允镇的状况相对较差；2010 年各乡镇土地利用生态安全特征值由大到小排序为酒井乡＞东回镇＞发展河乡＞糯福乡＞拉巴乡＞雪林乡＞木戛乡＞富邦乡＞竹塘乡＞惠民镇＞东河乡＞糯扎渡镇＞安康乡＞富东乡＞南岭乡＞文东乡＞谦六乡＞勐朗镇＞上允镇＞大山乡，所有乡镇的生态安全特征值处于 3.05～3.51，酒井乡、东回镇和发展河乡的生态安全状况较好，而上允镇和大山乡的状况相对较差；2015 年各乡镇土地利用生态安全特征值由大到小排序为东回镇＞谦六乡＞发展河乡＞上允镇＞文东乡＞酒井乡＞惠民镇=竹塘乡＞糯福乡＞富邦乡＞拉巴乡＞东河乡=木戛乡=糯扎渡镇＞安康乡＞雪林乡＞勐朗镇＞富东乡＞南岭乡＞大山乡，所有乡镇的生态安全特征值处于 2.88～3.22，东回镇、谦六乡和发展河乡的生态安全状况较好，而富东乡、南岭乡和大山乡的状况相对较差。④从时间变化看，2000～2005 年，除发展河乡、拉巴乡、木戛乡、南岭乡、糯福乡、上允镇和雪林乡七个乡镇的生态安全度降低外，其余各乡镇土地利用生态安全度升高，其中谦六乡升高最快，达到 7.17%，而发展河乡降低最明显，达到 2.56%；2005～2015 年，除上允镇的生态安全度升高 0.98%外，其余乡镇的土地利用生态安全度均降低，其中雪林乡降低最快，降低了 12.46%。

表 5-15　澜沧县各乡镇土地利用生态安全度

乡镇名	2000 年	2005 年	2010 年	2015 年
安康乡	3.19	3.20	3.20	2.96
大山乡	3.04	3.12	3.05	2.88
东河乡	3.15	3.18	3.24	2.97
东回镇	3.31	3.32	3.49	3.22
发展河乡	3.52	3.43	3.44	3.12
富邦乡	3.28	3.29	3.32	2.98
富东乡	3.18	3.26	3.20	2.92
惠民镇	3.40	3.42	3.25	3.01
酒井乡	3.40	3.44	3.51	3.02
拉巴乡	3.29	3.29	3.39	2.97
勐朗镇	3.20	3.32	3.11	2.94
木戛乡	3.29	3.26	3.34	2.97
南岭乡	3.12	3.10	3.18	2.90
糯福乡	3.40	3.37	3.41	3.00
糯扎渡镇	3.25	3.30	3.22	2.97
谦六乡	3.07	3.29	3.13	3.18
上允镇	3.12	3.06	3.08	3.09
文东乡	3.24	3.25	3.18	3.03
雪林乡	3.40	3.37	3.37	2.95
竹塘乡	3.22	3.23	3.27	3.01

整体上看，2000～2015 年酒井乡、发展河乡、东回镇和雪林乡的生态安全状况较好，而南岭乡、上允镇和大山乡的生态安全状况较差，其余乡镇的生态安全状况多处于中间水平。

2. 土地利用生态安全各等级在乡镇中的分布情况

根据上述方法，统计澜沧县各乡镇中某一土地利用生态安全等级的面积占全县该土地利用生态安全等级面积的比例（由于澜沧县乡镇过多，未形成图件，仅采用文字叙述的方式进行分析与讨论）。

澜沧县 2000 年土地利用生态安全等级中极不安全和理想安全等级集中分布于部分乡镇中，其中，极不安全等级集中分布于大山乡（64.66%）、上允镇（21.60%）和谦六乡（12.55%）；理想安全等级集中分布于发展河乡（40.02%）、糯扎渡镇（14.14%）和酒井乡（12.39%）；不安全、临界安全和较安全等级在各乡镇中分布的面积差别不大，其分布比例处于 0.95%～18.35%。澜沧县 2005 年土地利用生态安全等级中极不安全和理想安全等级集中分布于部分乡镇中，其中极不安全等级集中分布于上允镇（95.93%）和大山乡（4.07%）；理想安全等级在发展河乡（16.96%）和糯扎渡镇（15.19%）分布较多，其余乡镇的比例均处于 11.00%以下；不安全、临界安全和较安全等级在各乡镇中分布的面积差别不大，其分布比例处于1.05%～13.08%。澜沧县 2010 年土地利用生态安全等级中极不安全和理想安全等级集中分布于部分乡镇中，其中极不安全等级集中分布于大山乡（48.75%）、勐朗镇（32.04%）和上允镇（19.21%）；理想安全等级在糯扎渡镇（19.72%）、酒井乡（18.81%）、发展河乡（18.46%）和拉巴乡（13.67%）分布较多，其余乡镇的比例均处于 12.00%以下；不安全、临界安全和较安全等级在各乡镇中分布的面积差别不大，其分布比例处于 1.32%～14.02%。澜沧县 2015 年土地利用生态安全等级中极不安全和理想安全等级集中分布于部分乡镇中，其中极不安全等级集中分布于大山乡（41.36%）和勐朗镇（18.81%）；理想安全等级集中分布于糯扎渡镇（84.39%）和谦六乡（13.46%）；不安全、临界安全和较安全等级在各乡镇中分布的面积差别不大，其分布比例处于 1.46%～17.42%（表 5-16）。

5.6 本章小结

（1）研究基于“D-P-S-R”和“自然-社会-经济”耦合模型构建了普洱市边三县土地利用生态安全评价指标体系，充分体现了生态系统作为一个复杂系统，不仅可以分为自然、社会和经济几个方面，而且各生态安全要素之间存在密切的因果关系，能较好地适用于大面积人工经济园林引种区的土地利用生态安全评价。

（2）研究采用模糊综合评价和景观生态安全度模型分别对西盟县土地利用生态安全时空特征进行评价与分析。两种模型各有优缺点，模糊综合评价模型综合考虑了土壤侵蚀、农村人均收入等众多因素，能较好地反映区域土地利用生态安全的细节，并强调在保证区域生态环境良好的同时注重区域社会经济的发展；景观生态安全度模型考虑因素较少，计算相对简单，能快速地对区域景观生态安全性进行评价。因此，在数据齐备、时间充裕的情况下，研究采用模糊综合评价模型整体评价普洱市边三县的土地利用生态安全时空分异状况。

表 5-16　澜沧县各生态安全等级在乡镇中的分布比例

（%）

年份	2000 年					2005 年					2010 年					2015 年				
乡镇名	极不安全	不安全	临界安全	较安全	理想安全	极不安全	不安全	临界安全	较安全	理想安全	极不安全	不安全	临界安全	较安全	理想安全	极不安全	不安全	临界安全	较安全	理想安全
安康乡	0.00	2.53	2.39	1.62	0.83	0.00	3.03	2.44	1.49	1.41	0.00	2.97	2.03	1.71	0.93	0.02	2.71	2.04	1.46	0.00
大山乡	64.66	5.79	2.18	1.50	0.00	4.07	6.64	2.28	1.86	0.33	48.75	4.75	2.45	1.51	0.00	41.36	3.63	2.33	1.64	0.00
东河乡	1.20	4.96	2.49	2.61	0.01	0.00	6.20	2.46	2.67	0.38	0.00	3.29	2.86	3.07	0.00	7.72	3.66	2.47	2.95	0.00
东回镇	0.00	2.58	3.63	4.69	0.17	0.00	2.62	3.68	4.21	2.22	0.00	1.32	2.89	6.35	11.61	0.00	1.58	3.54	7.40	0.00
发展河乡	0.00	1.41	4.06	8.52	40.02	0.00	2.52	4.38	7.29	16.96	0.00	2.29	4.84	8.42	18.46	0.52	3.51	5.89	7.90	0.69
富邦乡	0.00	3.81	3.31	4.31	3.96	0.00	4.21	3.45	3.86	5.15	0.00	3.66	3.11	4.60	4.99	2.09	4.41	3.30	3.51	0.00
富东乡	0.00	4.20	2.06	2.49	0.52	0.00	4.44	2.10	2.68	1.76	0.00	3.51	2.20	2.59	0.04	8.97	3.46	2.17	2.11	0.02
惠民镇	0.00	1.25	4.38	6.58	3.45	0.00	1.05	3.88	6.37	4.30	0.00	3.18	5.84	3.59	0.01	1.44	3.94	5.37	3.42	0.00
酒井乡	0.00	1.53	4.16	5.84	12.39	0.00	1.07	3.64	5.91	10.30	0.00	1.39	3.14	7.56	18.81	1.07	3.82	4.76	4.08	0.00
拉巴乡	0.00	2.63	4.24	3.72	8.30	0.00	1.99	4.70	3.23	5.26	0.00	2.32	3.58	4.96	13.67	0.13	4.30	3.92	2.77	0.06
勐朗镇	0.00	10.23	7.93	6.98	4.37	0.00	5.24	8.45	8.50	10.55	32.04	11.31	9.31	4.16	0.02	18.81	10.01	7.86	5.22	0.00
木戛乡	0.00	2.63	3.51	3.60	3.02	0.00	3.27	3.72	2.91	3.02	0.00	2.65	3.24	4.00	3.51	0.10	3.90	3.26	2.62	0.00
南岭乡	0.00	9.12	4.87	3.53	0.14	0.00	13.08	4.86	3.11	0.24	0.00	7.03	5.26	4.08	0.07	5.33	7.38	4.64	3.04	0.15
糯福乡	0.00	1.65	11.25	14.35	3.78	0.00	2.53	11.09	11.69	10.21	0.00	3.89	10.75	14.02	5.74	0.11	10.61	10.28	8.93	0.16
糯扎渡镇	0.00	9.01	12.10	9.17	14.14	0.00	8.45	11.15	10.24	15.19	0.00	13.06	10.32	8.67	19.72	4.73	12.29	10.34	8.04	84.39
谦六乡	12.55	18.35	10.43	5.17	0.00	0.00	9.15	10.63	10.48	6.52	0.00	13.96	11.66	5.91	0.00	0.00	4.66	11.34	17.42	13.46
上允镇	21.60	7.14	5.18	2.69	0.01	95.93	11.91	4.88	2.03	0.01	19.21	7.36	5.30	2.07	0.00	0.00	3.74	4.49	6.74	1.01
文东乡	0.00	2.17	2.15	2.05	0.34	0.00	2.68	2.07	1.98	0.98	0.00	2.90	2.01	1.65	0.00	0.00	2.00	2.23	2.03	0.00
雪林乡	0.00	0.95	2.42	3.78	2.33	0.00	1.35	2.35	3.24	2.66	0.00	1.63	2.42	3.46	0.02	1.85	3.00	2.55	1.81	0.00
竹塘乡	0.00	8.07	7.27	6.77	2.21	0.00	8.56	7.78	6.24	2.55	0.00	7.55	6.77	7.61	2.39	5.76	7.38	7.23	6.90	0.07

（3）边三县的生态安全性总体上都呈先增后减的趋势。其中，西盟县和孟连县 2000～2005 年退耕还林等生态工程实施使区域生态安全性增加，而 2005～2015 年则随着大面积人工经济园林的种植区域生态安全性呈现下降趋势，生态安全恶化的区域与人工经济园林引种区高度相关。但是，对于澜沧县而言，2000～2005 年的退耕还林等生态工程实施同样使区域生态安全性增加，2005～2010 年土地利用生态安全性略微下降但变化不大，而 2010～2015 年生态安全性明显下降，人工经济园林种植及开垦耕地等人为干扰并不强烈，生态安全性下降主要由连年干旱、南北向和东西向公路修建等因素导致。

（4）通过土地利用生态安全时空分异研究，明确了 2000～2015 年普洱市边三县土地利用生态安全状况存在先增后减的趋势，反映了这一期间边三县土地利用的剧烈变化引起了区域内土地利用生态安全性下降，需要在大面积引种人工经济园林的同时注意土地的可持续利用，并优化当前的土地利用数量结构和空间格局。

本章分析了普洱市边三县 2000～2015 年的土地利用生态安全时空分异特征，明确了 15 年间研究区土地利用生态安全的变化趋势，为进一步开展土地利用数量优化及空间配置奠定了基础。第 4 章和本章研究结果为多角度开展人工经济园林大面积引种区土地利用数量结构和空间布局优化提供了依据。

第三篇　人工经济园林引种区的土地利用优化方法及应用研究

普洱市边三县在人工园林大面积种植影响下，土地利用生态安全状况均有一定程度的下降，为了缓解并提升区域的生态安全，基于MAS模型、CA模型、CLUE-S模型、GMDP模型和ACO算法等对人工经济园林引种区进行土地利用优化配置和模拟的案例研究，为山区可持续发展与环境保护管理，尤其为人工经济园林引种区生态安全和土地合理利用提供理论依据和科学参考。

第 6 章　基于 MAS—CLUE-S 模型的西盟县多目标土地利用综合优化配置

西盟县是云南省较为典型的山区县城，天然林资源丰富，耕地少且质量较低，生态环境受人类活动影响强烈（杨子生和赵乔贵，2014）。从 2000 年开始，西盟县土地利用受到经济利益的驱动，大部分耕地和天然林地逐渐被橡胶、咖啡、茶园和桉树等人工经济园林所替代，特别是橡胶园和茶园，其种植规模较大。2000 年该县常绿阔叶林等天然林分布较广，约占全县总面积的 64.67%，但到 2015 年天然林面积占全县总面积的比例已下降至 52.40%。而橡胶园和茶园的面积分别从 2000 年的 394.90hm^2 和 924.03hm^2 增长到 2015 年的 16 028.52hm^2 和 3786.42hm^2，分别上升了 3959%和 310%（图 6-1），这些人类活动的干扰使西盟县土地利用结构和布局发生了较大的改变。2000～2015 年土地利用生态安全呈先增后减趋势，生态安全等级以不安全、临界安全和较安全为主；其空间上整体呈现出南卡江右岸、新厂河和南康河沿岸 3500m 缓冲范围内区域，以及勐梭河东岸区域土地利用生态安全性较差，而东北部和东南部及佛殿山自然保护区土地利用生态安全性较好的分布格局。在了解县域内土地利用生态安全状况的基础上，要及时调整土地利用结构和方向，为研究区合理的土地利用行为提供依据，从而促进土地开发利用方式朝可持续利用的方向发展。

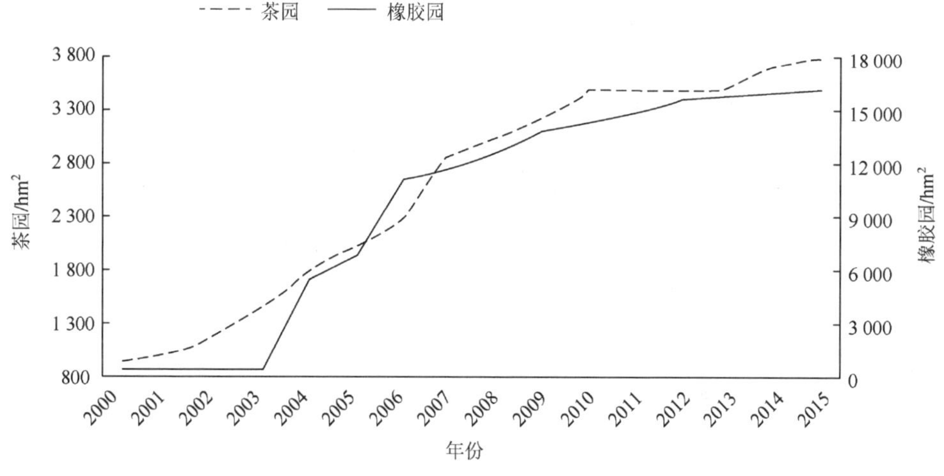

图 6-1　橡胶园、茶园种植面积的变化

6.1　研究内容、方法及技术路线

6.1.1　研究内容

从以发展为导向和生态保护与发展并重两个方面研究西盟县土地利用综合优化配置。

（1）以发展为导向的西盟县土地利用优化配置。以发展为导向，构建西盟县生态、经济和社会效益最优的交互式多目标规划模型（IMOP 模型），对西盟县 2025 年的土地利用数量结构进行优化，结合西盟县实际情况选出最佳数量结构优化方案；构建 MAS—CLUE-S 模型，对西盟县 2025 年的土地利用数量结构优化方案进行空间优化配置，分析西盟县以发展为导向的土地利用空间格局。

（2）生态保护与发展并重的西盟县土地利用优化配置。研究区处于怒山山脉南段，属中高山峡谷地带，天然林覆盖度高，生物多样性丰富，极利于动植物的生存繁衍。在研究区实地考察阶段，发现西盟县各类规划均提到生态保护，但都只是泛泛而谈，没有生态用地、生态保护等具体的措施和规划，而研究区的土地开发及利用需要特别重视生态保护。虽然数量优化阶段考虑了生态系统服务价值，保证了研究区的生态效益逐渐提升，空间优化配置阶段，生态保护主要考虑在自然保护区和建制镇管护分区的禁建区中体现，保护区与禁建区保证了部分区域的生态安全，但是在空间上的布局均为独立分开的区域，对研究区生境的保护较为片面，缺乏整体性，也无法区分各个区域生态保护的优先程度。而土地生态安全格局能较好地反映区域的生态状况，可作为生态优化的基础。因此，在西盟县以发展为导向的土地利用优化基础上，加入生态优化，构建 2025 年研究区土地利用空间格局。

6.1.2　研究方法及技术路线

首先构建 IMOP 模型，运用模糊决策方法和模糊折中算法，对西盟县 2025 年的土地利用数量结构进行优化，结合西盟县实际情况选出最佳数量结构优化方案；运用 MAS—CLUE-S 模型将西盟县 2025 年数量结构优化方案进行空间布局优化配置；然后通过最小累积阻力模型（MCR 模型）构建西盟县生态安全格局，并划分生态用地，从生态安全的角度对以上数量和空间优化结果再进行生态优化，构建西盟县在生态保护中发展的土地利用空间格局。具体技术路线见图 6-2。

1. 交互式多目标土地利用数量优化模型（IMOP 模型）

在交互式多目标土地利用数量优化模型的构建中，以李学全和李辉（2004）、Chang 和 Ko（2014）为参考，从原始数据出发，给每个目标函数分配模糊正理想值和模糊负理想值，通过极值标准化法构建目标函数满意度，用于反映决策者对经济、社会和生态等目

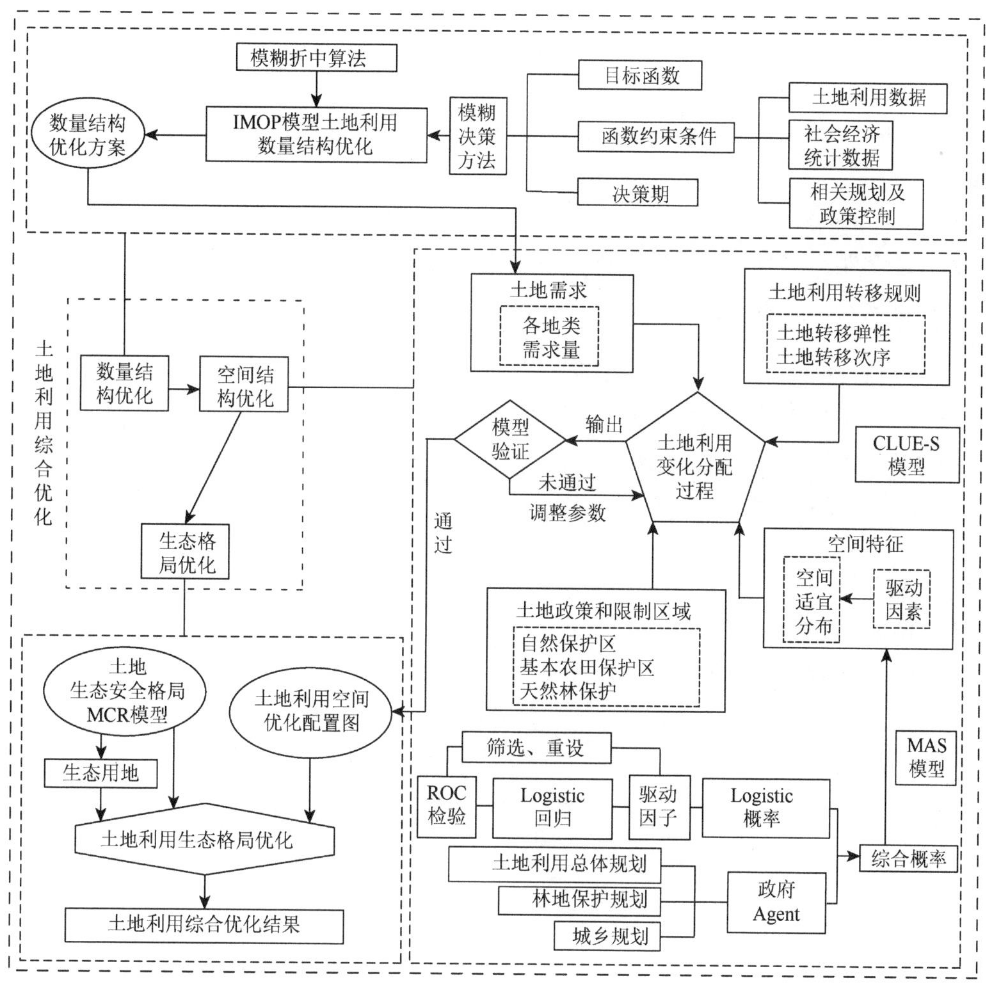

图 6-2　技术路线图

标水平的满意程度，实现对目标函数的模糊化。然后，基于模糊折中算法，不断调整模糊折中指数（λ^*），得到备选方案，通过分析不同目标的效益变化，以及区域发展的实际需要，得到最佳的土地利用优化方案。

1）建立目标函数满意度

建立目标函数满意度，其实质是计算各个目标函数接近其最优值的程度，范围在 0～1，越靠近 1，说明目标函数越接近最优值。因此，为了实现多目标函数值的统一，需要进行无量纲规范化处理，参考极值标准化法（赵静等，2011），首先求出各目标函数在约束条件下的最大值 $Z_i^{\max}$ 和最小值 $Z_i^{\min}$［式（6-1）］，然后通过两个极端理想值构建目标函数满意度［式（6-2）］：

$$\begin{cases} Z_i^{\max} = \max Z_i(x) \\ \text{s.t.} Ax \leqslant b \\ x \geqslant 0 \end{cases}, \quad \begin{cases} Z_i^{\min} = \min Z_i(x) \\ \text{s.t.} Ax \leqslant b \\ x \geqslant 0 \end{cases} \tag{6-1}$$

$$\mu_i = \frac{Z_i(x) - Z_i^{\min}}{Z_i^{\max} - Z_i^{\min}} \quad (6\text{-}2)$$

式中，x 为模型变量；Z_i（x）为目标函数；s.t.$Ax \leqslant b$ 为约束条件；μ_i 为第 i 个目标函数满意度。

2）最大（小）算子法

为了避免某个单目标函数出现极大值或极小值的情况，设定条件让各个单目标函数中的最小满意度均达到最大值，即所有目标满意度均可达到或大于某个值。公式如下：

$$\begin{aligned} & \max \lambda \\ & \text{s.t.}\lambda \leqslant \mu_i \qquad \forall i \\ & x \geqslant 0 \\ & Ax \leqslant b \\ & \lambda \in (0,1) \end{aligned} \quad (6\text{-}3)$$

式中，x 为模型变量；$Ax \leqslant b$ 为约束条件；μ_i 为第 i 个目标函数满意度。

3）平均算子法

如果目标函数同等重要，没有优先侧重，则考虑用平均算子法得到最优解。公式如下：

$$\begin{aligned} & \max \frac{1}{N}\sum_{i=1}^{n}\lambda_i \\ & \text{s.t.}\lambda_i \leqslant \mu_i \qquad \forall i \\ & x \geqslant 0 \\ & Ax \leqslant b \\ & \lambda_i \in (0,1) \end{aligned} \quad (6\text{-}4)$$

式中，λ_i 为第 i 个目标函数在约束条件下的满意度，其变化范围为（0, 1）。

4）模糊折中模型构建

决策者可以不断调整模糊折中指数（λ^*）的值，根据区域特色和实际需要择优选取土地利用优化方案。

$$\begin{aligned} & \max \frac{1}{N}\sum_{i=1}^{n}\lambda_i \\ & \text{s.t.}\lambda_i \leqslant \mu_i \qquad \forall i \\ & \lambda^* \leqslant \lambda_i \qquad \forall i \\ & x \geqslant 0 \\ & Ax \leqslant b \\ & \lambda_i \in (0,1) \end{aligned} \quad (6\text{-}5)$$

式中，λ^*为模糊折中算法；λ_i 为在 λ^*与 μ_i 之间第 i 个目标函数的满意度。

2. MAS—CLUE-S 模型构建

MAS 模型是复杂适应系统理论、人工生命以及分布式人工智能技术融合的系统模型

（薛领和杨开忠，2002；刘大均等，2013）。MAS 模型主要体现在政府部门的规划，根据不同规划文件设定的土地利用状态判断对应地类的空间适宜性概率，以此作为政府部门智能转化规则，模拟预测各个土地利用类型空间分布及变化的趋势（张龙飞等，2014）。

土地利用变化及其效应（conversion of land use and its effect，CLUE）模型具有时间动态性和空间动态性，可以在不同的空间尺度上进行土地利用变化空间分布模拟（魏媛等，2015），主要由需求模块、人口模块、产量模块和空间分配模块四个模块构成。由于 CLUE 模型主要适用于大尺度的宏观研究，主要关注点在于发现土地利用变化的热点区域，对小尺度的研究欠佳（许小亮等，2016）。为了使模型能满足县域层面的土地利用空间布局优化，并消除土地利用类型数量的约束，以及其他方面的限制，Peter Verburg 团队对 CLUE 模型进行了改进，最终形成小尺度（县域和市域等区域）土地利用变化及其空间效应（conversion of land use and its effect at small region extent，CLUE-S）模型（陆文涛等，2015）。

CLUE-S 模型分为非空间模块（土地需求）和空间模块（土地利用变化及分配）两部分，CLUE-S 模型由土地需求、空间特征、土地利用类型转移规则和土地政策与限制区域四个输入模块和一个输出模块共五部分组成（朱康文等，2015）（图 6-3）。其中，土地需求模块是非空间模块，土地需求是某种情景下的各土地利用类型的面积，可以直接指定，也可以依靠其他的数理模型计算得到；空间模块由地类空间分布适宜性概率、土地利用转移规则和土地政策与限制区域三部分构成。

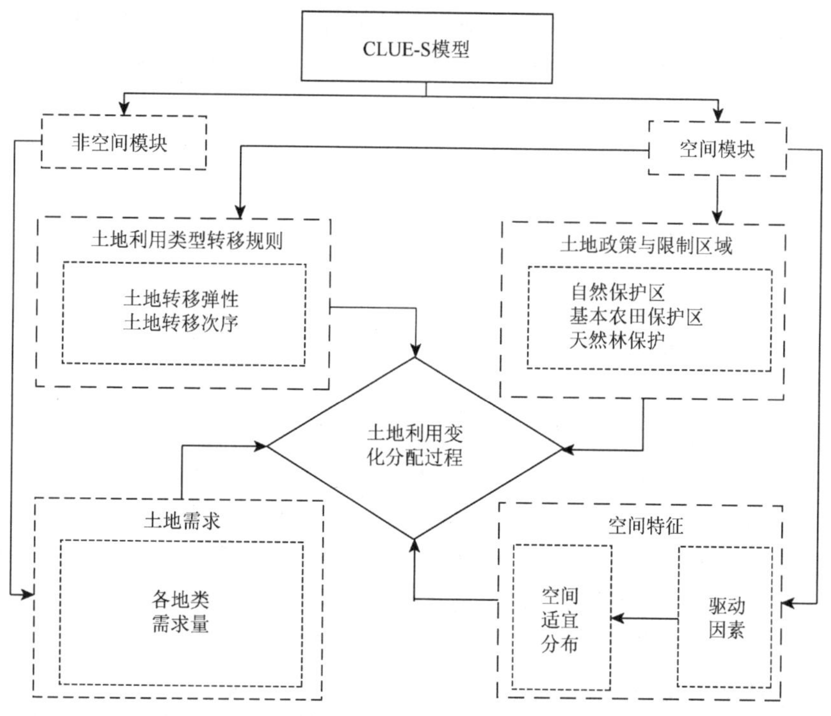

图 6-3　CLUE-S 模型构成模块

随着政府不同部门规划的制定与完善，土地资源已不仅仅是土地部门的职责，城市建设部门和林业部门等都对土地资源的使用与保护制定了相应的规划，如果仅仅考虑自然环境因素和社会因素，得到的优化结果对政府部门制定新一轮国土规划的参考价值将降低。因此，土地利用空间布局优化要在原有基础上，考虑政府部门的用地意愿，即规划对土地利用空间布局的影响。但是，以往的 CLUE-S 模型一般只考虑自然社会经济驱动因子对地类空间分布的影响程度，很少考虑不同用地主体的意愿，而 MAS 模型恰好可以考虑不同智能体即政府部门的影响，智能体是地理空间中的不同土地利用主体，如政府各个部门、居民等，不同智能体共同参与土地利用决策过程。因此，研究将通过 MAS 模型体现政府各部门对土地利用空间布局的需求。

我国多年来形成的政府部门规划体系缺乏有效衔接，土地部门、城市建设部门和林业部门等制定了相应的土地利用总体规划、城市总体规划、林地保护利用规划等，不同的规划有不同的用地需求，采用的编制标准不同，导致各个规划之间的衔接性较差。在建设与保护的矛盾中，各种规划的空间冲突显露无遗，如城市空间布局和基本农田划定相互冲突、生态红线与城市发展和农业用地的冲突等。因此，研究在保证 CLUE-S 模型的配置参数及规则处于优化水平的前提下，通过 MAS 模型中政府智能体提供的规划，提取规划地类的数量需求及空间布局约束，结合 CLUE-S 模型的空间配置模块，对研究区的土地资源进行地类优化配置。

1）地类空间分布适宜性概率

（1）基于二元 Logistic 回归的地类空间分布适宜性概率。

地类的空间分布受到各类因素的影响，在遴选出驱动因子后，需要通过回归模型计算各驱动力对地类空间分布的影响程度（可详见 4.1.2 节中“2.二元 Logistic 回归分析方法”部分）。假定 1 个栅格出现某种地类的条件概率为 p_i，则二元 Logistic 回归模型的公式为

$$p_i = \frac{\exp(\beta_0 + \beta_1 X_{1,i} + \beta_2 X_{2,i} + \cdots + \beta_n X_{n,i})}{1 + \exp(\beta_0 + \beta_1 X_{1,i} + \beta_2 X_{2,i} + \cdots + \beta_n X_{n,i})} \tag{6-6}$$

$$\lg \frac{p_i}{1 - p_i} = \beta_0 + \beta_1 X_{1,i} + \beta_2 X_{2,i} + \cdots + \beta_n X_{n,i} \tag{6-7}$$

式中，p_i 为每个栅格可能出现某个土地利用类型 i 的概率；β_0 为常数项；$\beta_1, \cdots, \beta_n$ 分别为 $X_{1,j}, \cdots, X_{n,j}$ 驱动因子与第 i 类土地利用类型的相关度；X 为驱动因子类型。

在二元 Logistic 逐步回归中，选出主要因子，剔除次要因子，逐步构建各地类空间分布适宜性概率。二元 Logistic 回归的精度将通过 ROC 检验验证，ROC 范围为 0～1，当 ROC＞0.75 时，方程的拟合度较高，反之，则相对较低（详见 4.1.2 节相关内容）。

（2）基于 MAS—CLUE-S 模型的地类空间分布适宜性概率。

设某一地类地块(i,j)的空间分布适宜性概率是 $p_{i,j}$，$p_{\text{Logistic}i,j}{}^{T_1}$ 代表这一地类地块(i,j)当前 T_1 时刻基于二元 Logistic 回归地类空间分布适宜性概率，$\text{PLAN}_{i,j}{}^{T_2}$ 代表这一地类地块(i,j)未来 T_2 规划时刻的土地利用状态，那么，$p_{i,j}$ 的取值如下：

$$p_{i,j}=\begin{pmatrix} 1 & \text{如果}\mathrm{PLAN}_{i,j}^{T_2}\text{是规划中的特殊保护土地利用类型} \\ 0 & \text{如果}\mathrm{PLAN}_{i,j}^{T_2}\text{是规划中的特殊限制土地利用类型} \\ P_{\mathrm{Logistic}i,j}^{T_1} & \mathrm{PLAN}_{i,j}^{T_2}\text{不是规划中的特殊保护、限制土地利用类型} \end{pmatrix} \quad (6\text{-}8)$$

式中，如果$\mathrm{PLAN}_{i,j}^{T_2}$为规划划定的特殊保护土地类型，如基本农田保护区，则基本农田保护区内的耕地不能转变为其他地类，设置保护区内的耕地空间分布适宜性概率为1，其余地类设置为0；如果$\mathrm{PLAN}_{i,j}^{T_2}$为规划划定的特殊限制土地类型，如建设用地空间管制规划分区中的禁建区，禁建区内其他地类不能转为建设用地，设置禁建区建设用地的空间分布适宜性概率为0，则建设用地不会布局在禁建区；当$\mathrm{PLAN}_{i,j}^{T_2}$在规划中没有特殊说明时，如果发生转变，则转变的概率为地块当前自身空间分布适宜性概率$p_{\mathrm{Logistic}i,j}^{T_1}$。

MAS模型可通过ArcGIS10.1软件平台得到各个智能体对地类的需求，结合二元Logistic回归模型，得到各个地类的空间适宜性分布概率图。

2）土地政策与限制区域

由于政府规划既有对现状地类的约束性要求，也有对规划期地类的预期性要求，对于约束性要求可在空间政策与区域限制中布局，如基本农田保护区内现状耕地不得发生转变，其余地类均不能布局。

3）土地利用类型转移规则

土地利用类型转移规则主要由土地利用转移矩阵和土地利用转移弹性系数两部分构成。其中，土地利用转移矩阵为各地类之间可转移性的设定，矩阵中，“0”代表地类之间不会发生转移，“1”代表地类之间会发生转移；土地利用转移弹性系数为各个地类在转移过程中保持原有地类的空间稳定性，转移弹性系数介于0～1，值越大代表地类稳定性越高，发生转移的概率也越小，当转移弹性系数为1时，地类不会发生转移，各地类的转移弹性系数需要结合实际情况设定，转移弹性系数设定过高，优化结果可能报错，转移弹性系数设定过低，得到的优化结果可信度较低。因此，合理设置各地类的弹性系数可使地类在CLUE-S分配过程中得到有效配置。

3. 土地生态安全格局

目前，土地利用优化主要集中在土地利用数量与空间模型的构建。而生态安全格局能反映整体区域中的关键点、线或是局部区域，对于维护和控制区域土地水平生态过程起着关键性作用（肖笃宁等，2004），土地利用优化过程考虑的不仅是局部结构优化，还要考虑整体结构。因此，土地利用优化除了考虑土地资源在数量和空间上的合理配置外，还要考虑其土地生态安全格局。许多学者对生态系统安全问题展开了大量探索，同时也开展了土地利用生态安全格局的优化研究，何玲等（2016）利用CA-Markov模型，通过设立不同情景的生态安全格局，进行了土地利用格局模拟；苏泳娴等（2013）针对经济快速发展地区，构建了大气安全、水文安全、地质灾害安全、农田生态安全及生物多样性保护等不同安全水平的格局，在综合分析后提出了建设用地扩展的方案；喻锋等（2014）以典型的水土流失区为例，以减少研究区土壤侵蚀为目标，构建模型对该区域的土地利用格局进行了优化。

最小累积阻力（MCR）模型是构建生态安全格局最常用的模型（程迎轩等，2016；赵筱青和易琦，2018）。基本公式如下：

$$\mathrm{MCR} = f_{\min}\sum_{j=n}^{i=m}(D_{ij}\cdot R_i) \tag{6-9}$$

式中，$f(x)$ 为一个反映了空间中任一点的最小阻力与其到所有源的距离关系的函数；D_{ij} 为 i 空间任一点到源 j 所穿越空间面 i 的空间距离；R_i 为空间单位面 i 可达性的阻力。

景观中某些潜在的空间格局，由一些关键性的点、线、面（局部）或其空间组合所构成，其中，最关键的过程在于如何确定扩展源和阻力系数。

6.1.3　数据来源

研究数据获取主要方式为实地收取资料和网上下载。主要包括2000年、2005年和2010年三年 Landsat7ETM 遥感影像数据和 2015 年 Landsat 8 OLI 遥感影像数据，西盟县政府部门规划数据、地形数据、降水数据、历年统计年鉴等数据。

6.2　以发展为导向的西盟县土地利用数量优化

西盟县“十三五”规划、《西盟县城市总体规划（2013～2030 年）》的制定与实施，对西盟县未来一定时期内的人口、社会、经济形成较大的正向影响。其中，人口数量增加，社会经济发展加快，当前《西盟县城市总体规划（2013～2030 年）》已不能适应各部门在今后一定时期内对土地的需求。尤其是《西盟县城市总体规划（2013～2030 年）》中的城镇建设用地规模偏小，在一定程度上限制了西盟县的发展。因此，本节通过预测 2025 年西盟县城镇建设用地需求，进一步研究 2025 年西盟县土地利用结构优化配置。

6.2.1　优化模型决策变量表

进行土地利用数量优化前，需要对各个土地利用类型进行编码，对各土地利用类型（决策变量）的编码如表 6-1 所示。

表 6-1　土地生态系统优化模型决策变量表

X_1	X_2	X_3	X_4	X_5	X_6	X_7	X_8	X_9
水田	旱地	园地	林地	村庄及工矿用地	建制镇	草地	水域	自然保留地

注：优化模型时各土地利用的面积单位均为公顷（hm^2）。

6.2.2　构建目标模型

土地是一个复合型的系统，由自然、社会、经济组成，因此，土地的合理利用需要考虑自然、社会和经济的需求。随着土地利用研究的不断深入，人们逐渐意识到单方面追求经济效益虽然短期效应明显，但是对于长期发展而言，无疑是竭泽而渔。因此，将生态、社会和经济三个方面作为土地利用数量结构优化的目标，构建西盟县土地利用数量结构优化的目标函数。

1. 经济效益

$$\max f(x)=\sum_{i=1}^{n}(C_i \cdot X_i) \qquad n=1,2,\cdots,8 \tag{6-10}$$

式中，C_i 为第 i 类土地利用类型的经济效益；X_i 为第 i 类土地利用类型的面积。

各地类的经济效益通过计算各地类的经济产值来确定，其中，选取第一产业中的种植业产值作为耕地的产出效益；将水果、茶叶、咖啡和橡胶园产值作为园地产出效益；林业产值（除去橡胶园产值）作为林地的产出效益；除生猪、家禽外的其他畜牧商品产值作为牧草地的产出效益；渔业产值作为水域的产出效益；把第二、三产业的产值归并得到建设用地产出效益。

首先，确定各个用地类型经济效益的相对权重（刘姝驿等，2013），以西盟县 2000～2015 年统计年鉴中各用地的经济产出作为主要依据，分析各个用地类型的产出对于总产值的贡献率，通过比较得到各地类经济效益的相对权重 W_i（表 6-2），为（0.1325，0.1325，0.0725，0.0300，0.75，0.75，0.0125，0.0025）。

表 6-2　土地利用类型经济效益相对权重

一级分类	权重	二级分类	权重	综合权重
第一产业	0.25	耕地（X_1，X_2）	0.53	0.132 5
		园地（X_3）	0.29	0.072 5
		林地（X_4）	0.12	0.030 0
		草地（X_7）	0.05	0.012 5
		水域（X_8）	0.01	0.002 5
		小计	1.00	0.25
第二产业	0.20	村庄及工矿用地、建制镇（X_5，X_6）	1.00	0.75
第三产业	0.55	村庄及工矿用地、建制镇（X_5，X_6）	1.00	
合计	1.00			1.00

然后，根据单位面积耕地产出效益的发展预测结果得到效益常数 K，然后与各地类的相对权重相乘，得到各个用地类型的经济效益，公式如下：

$$C_i = W_i \cdot K \tag{6-11}$$

式中，C_i为各个地类的经济效益；W_i为各个地类的经济效益相对权重；K为常数。

以西盟县2000～2015年耕地单位面积的产出作为依据，预测出2025年耕地的单位面积产值为19 108.22元/hm²，得到常数K为144 212.95。其他地类经济效益根据式（6-11）计算，则各类用地的经济效益为（19 108.22，19 108.22，10 455.44，4326.39，108 159.71，108 159.71，1802.66，360.53，0.0001），得到经济效益的目标函数为

$$f(x)=19\,108.22\cdot(X_1+X_2)+10\,455.44\cdot X_3+4326.39\cdot X_4+108\,159.71\cdot X_5 \\ +108\,159.71\cdot X_6+1802.66\cdot X_7+360.53\cdot X_8+0.0001\cdot X_9$$

2. 社会效益

土地利用的社会效益是土地利用过程能满足人们一定的社会需求，合理的土地利用结构不但能满足经济发展、生态保护的需要，还能协调社会的发展，推动社会进步。研究将通过土地的社会保障和社会公平两个功能确定各个地类的社会效益。

$$f(x)=k_1 f(x_1)+k_2 f(x_2) \tag{6-12}$$

式中，$f(x)$为社会效益；$f(x_1)$为土地社会公平能力；$f(x_2)$为土地社会保障能力；k_1和k_2分别为两者的权重。

1）社会公平

社会公平通过人均耕地、人均绿地（园地与林地）和人均建设用地三个指标来衡量［式（6-13）］：

$$\begin{gathered} f(x_1)=\left(\frac{X_1+X_2+X_3+X_4+X_5+X_6}{P}\right) \\ P_t=P_0\left(1+r\right)^n \\ r=r_j+r_z \end{gathered} \tag{6-13}$$

式中，$X_i(i=1,2,3,\cdots,6)$为各个地类的面积；P为预测目标年的人口数；P_t为预测目标年末人口数；P_0为预测基期年总人口数；r为人口年均增长率；n为预测年限；r_z为人口自然增长率；r_j为人口机械增长率。

其中，人口指标为2025年的人口数，通过增长率法［式（6-13）］进行人口预测。《普洱市国民经济和社会发展第十三个五年规划纲要》提出普洱市人口自然增长率控制在6.10‰，受全面二孩和取消二孩生育间隔等政策调整影响，至2015年普洱市的人口自然增长率达到了6.31‰，说明人口政策调整对普洱市人口增长率有一定的正向作用。西盟县主要为少数民族聚落区，参照历年西盟县人口自然增长情况，依据我国人口政策的大环境，西盟县人口的自然增长率逐年增加（表6-3），至2015年已增加至6.00‰。假定在规划年内人口增长率保持2015年的水平，则取人口自然增长率为6.00‰；人口的机械增长主要受城市产业发展影响，就整个县域而言，机械增长率主要依靠西盟中心城区，各乡镇对外来人口的吸引力较少。查阅《西盟县城市总体规划（2013～2030年）》和西盟县历年统计年鉴，确定2015～2030年西盟县的人口机械增长率为2‰；结合西盟县人口自然增长率和人口机械增长率，可得到西盟县的综合人口增长率为8‰。

2015 年西盟县人口为 9.4 万人，西盟县 2015～2025 年的人口增长率为 8‰，通过式（6-13）得到 2025 年人口为 10.20 万人。

表 6-3　西盟县近年人口自然增长率变化　（单位：‰）

年份	人口出生率	人口死亡率	人口自然增长率
2010	10.30	5.90	4.40
2011	11.06	6.23	4.83
2012	12.21	6.64	5.57
2013	11.37	6.37	5.00
2014	11.76	6.04	5.72
2015	12.25	6.25	6.00

资料来源：西盟县 2010～2015 年统计年鉴及社会经济发展公报。

因此，西盟县社会公平能力的计算标准：

$$f(x_1)=\frac{X_1+X_2+X_3+X_4+X_5+X_6}{102\,000} \tag{6-14}$$

2）社会保障

社会保障通过西盟县单位面积承载的人口数确定（王丹丹等，2015），由于人口承载力主要由耕地和建设用地提供［式（6-15）］，土地承载的总人口通过耕地和建设用地的人口承载力衡量（张晓燕等，2010）：

$$f(x_2)=\left(P_{耕地}+P_{建设用地}\right)/M \tag{6-15}$$

式中，$P_{耕地}$ 为耕地资源的承载力，即耕地资源所能承载的人口数量；$P_{建设用地}$ 为建设用地生产生活空间的承载力；M 为西盟县土地总面积。

耕地的人口承载力通过式（6-16）计算得到，根据西盟县 2000～2015 年的区域耕地全年平均粮食单产，预测出 2025 年粮食单产达到 $l=2606.69\text{kg/hm}^2$。中国人均粮食消费水平参考联合国粮农组织公布的人均营养热值标准（卢良恕，2004；谢高地等，2017），为 400kg/(人·a)，为此将人均粮食消费 $G_{pc}=400$kg/人作为营养安全的标准。

$$P_{耕地}=G/G_{pc}=m\cdot l/G_{pc} \tag{6-16}$$

式中，$P_{耕地}$ 为耕地资源的承载力，即耕地资源所能承载的人口数量；G 为耕地生产能力（kg）；G_{pc} 为人均粮食消费标准（kg/人）；m 为预测年份的耕地面积（X_1+X_2）（hm^2）；l 为区域耕地全年平均粮食单产（kg/hm^2）。

建设用地的人口承载力通过式（6-17）得到，根据《村镇规划标准》（GB 50188/93）可以得到全国农村人均用地标准 $b_{cun}=150\text{m}^2$/人，人均城市建设用地面积标准参考《西盟县城市总体规划（2013～2030 年）》，并结合《城市用地分类与规划建设用地标准》（GB50137—2011），得到西盟县人均城镇用地标准 $b_{town}=110\text{m}^2$/人。

$$P_{\text{建设用地}} = P_{\text{村庄}} + P_{\text{建制镇}} = \frac{m_{\text{cun}}}{b_{\text{cun}}} + \frac{m_{\text{town}}}{b_{\text{town}}} \tag{6-17}$$

式中，$P_{\text{建设用地}}$ 为建设用地生产生活空间的承载力；$P_{\text{村庄}}$ 为农村生产生活空间的承载力；$P_{\text{建制镇}}$ 为建制镇生产生活空间的承载力；m_{cun} 和 m_{town} 分别为规划年农村和建制镇用地面积；b_{cun} 和 b_{town} 分别为农村和建制镇人均面积标准。

综上所述，最终得到西盟县社会保障能力的计算标准：

$$f(x_2) = \left(\frac{2606.69 \cdot (X_1 + X_2)}{400} + \frac{X_5 \cdot 10000}{150} + \frac{X_6 \cdot 10000}{110} \right) / M \tag{6-18}$$

根据 2000～2015 年统计年鉴数据和式(6-14)、式(6-18)，得到西盟县 2000～2015 年的社会公平与社会保障能力，见表 6-4。

表 6-4　西盟县 2000～2015 年社会公平与社会保障

年份	社会公平/(hm²·人)	社会保障/(人·hm²)	年份	社会公平/(hm²·人)	社会保障/(人·hm²)
2000	0.886	1.578	2008	1.090	1.625
2001	0.910	1.636	2009	1.078	1.631
2002	0.935	1.629	2010	1.053	1.626
2003	0.960	1.636	2011	1.043	1.682
2004	0.983	1.644	2012	1.053	1.756
2005	1.007	1.653	2013	1.050	1.814
2006	1.012	1.672	2014	1.026	1.878
2007	1.017	1.634	2015	1.004	1.900

3）权重确定

采用熵值法（郑华伟等，2016）与变异系数法（马艳霞等，2010）得到社会保障与社会公平的权重，采用综合权重法［式（6-19）］确定社会保障与社会公平的权重（表 6-5），得到 $k_1 = 0.42$，$k_2 = 0.58$。

$$\omega_j = \frac{\sum_{k=1}^{2} w_j^k}{2} \qquad j = 1,2 \tag{6-19}$$

式中，w_j 为第 j 类的综合权重，$j = (1, 2)$分别代表社会保障和社会公平；w_j^k 为第 k 种方法第 j 类的权重；$k = (1, 2)$分别代表熵值法和变异系数法。

表 6-5　权重系数

方法	社会公平	社会保障	合计
变异系数法	0.37	0.63	1.00
熵值法	0.47	0.53	1.00
综合权重法	0.42	0.58	1.00

4）社会效益目标函数

综上所述，得到西盟县社会效益的目标函数为

$$f(x)=0.42\cdot\left(\frac{X_1+X_2+X_3+X_4+X_5+X_6}{102\ 000}\right)$$
$$+0.58\cdot\left(\frac{2606.69\cdot(X_1+X_2)}{400}+\frac{X_5\cdot 10000}{150}+\frac{X_6\cdot 10000}{110}\right)/M$$

3. 生态效益

西盟县生态效益通过生态系统服务价值（赵筱青等，2016）衡量，各个地类的生态效益分别为（8971.49，5239.35，18 088.26，25 547.04，–8638.10，–8638.10，10 602.21，41 200.51，5959.78），得到生态效益的目标函数为

$$f(x)=8971.49\cdot X_1+5239.35\cdot X_2+18\ 088.26\cdot X_3+25\ 547.04\cdot X_4-8638.10\cdot(X_5+X_6)$$
$$+10\ 602.21\cdot X_7+41\ 200.51\cdot X_8+5959.78\cdot X_9$$

综上所述，西盟县土地利用多目标包括经济效益、社会效益和生态效益，各目标的函数见表 6-6。

表 6-6　西盟县 2025 年土地利用目标函数

目标函数	函数构建
经济效益	$f(x)=19\ 108.22\cdot X_1+19\ 108.22\cdot X_2+10\ 455.44\cdot X_3+4326.39\cdot X_4+108\ 159.71\cdot X_5+108\ 159.71\cdot X_6+1802.66\cdot X_7+360.53\cdot X_8+0.0001\cdot X_9$
社会效益	$f(x)=0.42\cdot(X_1+X_2+X_3+X_4+X_5+X_6)/102\ 000+0.58\cdot(2606.69\cdot(X_1+X_2)/400+10\ 000\cdot X_5/150+10\ 000\cdot X_6/110)/125\ 797.91$
生态效益	$f(x)=8971.49\cdot X_1+5239.35\cdot X_2+18\ 088.26\cdot X_3+25547.04\cdot X_4-8638.10\cdot(X_5+X_6)+10\ 602.21\cdot X_7+41\ 200.51\cdot X_8+5959.78\cdot X_9$

6.2.3　构建约束函数

1）土地总面积约束

西盟县土地利用总面积为 125 797.91hm²，则土地利用总面积约束为

$$X_1+X_2+X_3+X_4+X_5+X_6+X_7+X_8+X_9=125\ 797.91\text{hm}^2$$

2）耕地约束

根据《西盟县土地利用总体规划（2010～2020 年）》简称《总规——西盟》中上级下达的指标，耕地保有量到 2020 年不低于 33 765hm²。而根据国家对耕地的保护政策“十分珍惜、合理利用土地和切实保护耕地”的要求，至 2025 年耕地保有量要保证不低于 33 765hm²。

耕地总体约束：

$$X_1+X_2\geqslant 33\ 765\text{hm}^2$$

由于西盟县土地整治项目的开展，有条件提升产能的旱地改造为水田，假定旱地与水

田占耕地面积的比重呈线性发展，$R^2=0.9629$（图 6-4），则可以得到 2025 年旱地占耕地面积的比重约为 75.55%。因此，旱地面积的约束为

$$(X_1+X_2)\cdot 0.7872 \geqslant X_2 \geqslant (X_1+X_2)\cdot 0.7555;$$
$$(X_1+X_2)\cdot 0.2445 \geqslant X_1 \geqslant (X_1+X_2)\cdot 0.2128$$

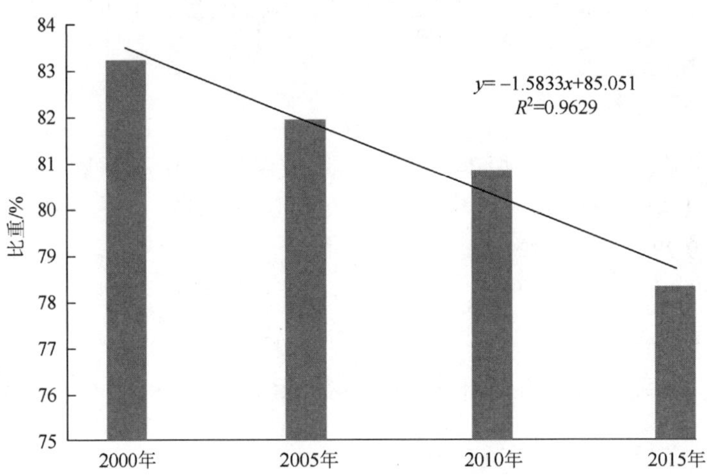

图 6-4　旱地面积占耕地面积比重变化

3）建设用地约束

约束条件需要考虑 2025 年建设用地的面积需求。根据《总规——西盟》中的指标，2015 年建设用地规模为 2237.92hm²。其中，建制镇面积为 267.06hm²，勐卡镇（老县城）为 102.62hm²，勐梭镇（新县城）为 164.44hm²；随着西盟县人口的增长，建设用地的面积需求将逐渐增加，《总规——西盟》中西盟县 2020 年建设用地规模为 2623.23hm²，其中勐梭镇（新县城）总建设用地的规模为 269hm²，建设用地规模偏小，在一定程度上限制了未来西盟县的发展。

西盟县建设用地包括建制镇和村庄及工矿用地，因此，需要预测 2025 年西盟县的城镇人口和农村人口，通过人口的增长计算建设用地未来的需求面积。西盟县 2015～2025 年的人口增长率为 8‰，假定 2015～2025 年人口平稳增长，则 2025 年西盟县总人口约为 10.2 万人（表 6-7）。

表 6-7　西盟县 2025 年人口预测

年份	城镇化率/%	总人口/万人	城镇人口/万人	农村人口/万人
2015	21.6	9.40	2.03	7.37
2016	23.1	9.48	2.19	7.29
2017	24.6	9.55	2.35	7.20
2018	26.1	9.62	2.51	7.11
2019	27.6	9.71	2.68	7.03
2020	29.1	9.79	2.85	6.94

续表

年份	城镇化率/%	总人口/万人	城镇人口/万人	农村人口/万人
2021	30.6	9.86	3.02	6.84
2022	32.1	9.94	3.19	6.75
2023	33.6	10.02	3.37	6.65
2024	35.1	10.09	3.54	6.55
2025	36.6	10.18	3.73	6.45

经济发展引发城镇人口集聚所带来的人口增长将成为西盟县未来人口变化的主要因素，西盟县将步入城镇化发展时期。由此，《西盟县城市总体规划（2013～2030 年）》参照全国和西盟县“十二五”规划中的预测值和发展速度，确定西盟县处于城镇化快速增长初期，城镇化率将呈现每年 1.5%～2.0%的增长速度，《西盟县城市总体规划（2013～2030 年）》取 2012～2015 年城镇化率年均增长 2 个百分点；2016～2030 年年均增长 1.5 个百分点(表 6-7)。2015 年西盟县县域总人口 9.4 万人，县域城镇总人口 2.03 万人，城镇化率为 21.6%，至 2025 年，城镇化率为 36.6%，城镇人口达到 3.73 万人，按照国家建制镇人均标准（$110m^2$/人），2025 年的建制镇面积需求为 $410.30hm^2$。农村人口逐渐递减，对村庄及工矿用地的面积需求逐渐减少，因此，不增加村庄及工矿用地面积需求，则得到 2025 年建设用地的约束条件：

$$2661.91hm^2 \geqslant X_5 + X_6 \geqslant 2237.92hm^2$$

$$410.30hm^2 \geqslant X_6 \geqslant 267.06hm^2$$

4）生态环境约束

（1）生态服务总价值约束。为适应西盟县生态环境建设的需要，其生态服务总价值不能低于 2015 年，即

$$0.8971 \cdot X_1 + 0.5239 \cdot X_2 + 1.8088 \cdot X_3 + 2.5547 \cdot X_4 - 0.8638 \cdot (X_5 + X_6) + 1.0602 \cdot X_7 + 4.1201 \cdot X_8 + 0.5960 \cdot X_9 \geqslant 226\ 943$$

（2）水土保持约束。水土保持是山区发展的生命线，是国民经济和社会发展的基础，同时水土保持对于土壤肥力、水库水质的影响较大，因此优化的水土保持服务价值不得低于 2015 年，即

$$0.2544 \cdot X_1 + 0.1486 \cdot X_2 + 0.5397 \cdot X_3 + 0.7368 \cdot X_4 - 0.6678 \cdot X_5 - 0.6678 \cdot X_6 + 0.3416 \cdot X_7 + 0.17\ 425 \cdot X_8 + 0.1826 \cdot X_9 \geqslant 64\ 950$$

（3）生物多样性约束。生物多样性是生态系统不可或缺的组成部分，是人类生存与发展的持续保障，对维护自然界生态平衡具有不可替代的作用。因此，考虑生物多样性价值不得低于 2015 年，即

$$0.1158 \cdot X_1 + 0.0676 \cdot X_2 + 0.2898 \cdot X_3 + 0.4097 \cdot X_4 + 0.1699 \cdot X_7 + 0.3116 \cdot X_8 + 0.1036 \cdot X_9 \geqslant 36\ 010$$

5）其他宏观约束

（1）根据《总规——西盟》中上级下达指标，2025 年园地面积不低于 $19\ 632.29hm^2$：

$$X_3 \geqslant 19\ 632.29hm^2$$

（2）根据《总规——西盟》中上级下达指标，2025 年林地面积不低于 $58\ 234.00hm^2$：

$$X_4 \geqslant 58\ 234.00hm^2$$

（3）为适应经济建设发展的需要，自然保留地适当减少，但不得无序开发，根据西盟县2000～2015年的土地利用变化情况，并查阅《总规——西盟》与《西盟县城市总体规划（2013～2030年）》，可知10年内用于开发的自然保留地约为1000hm^2，即

$$3541.04\text{hm}^2 \geqslant X_9 \geqslant 2541.04\text{hm}^2$$

（4）天然牧草地处于西盟县的自然保护区内，面积保持不动：

$$X_7 = 38.45\text{hm}^2。$$

（5）水域面积一般而言变化不大，实际情况中，在2010～2015年由于水电站的建设蓄水，西盟县水域面积突增。查阅《总规——西盟》与《西盟县城市总体规划（2013～2030年）》，并未提及2015～2025年有新增水电站建设，因此水域面积约束为：

$$248.69\text{hm}^2 \leqslant X_8 \leqslant 250.69\text{hm}^2$$

综上所述，西盟县土地利用优化约束条件整理见表6-8。

表6-8 西盟县2025年土地利用优化约束条件

约束因素	表达式
土地利用总面积约束	$X_1+X_2+X_3+X_4+X_5+X_6+X_7+X_8+X_9=125\,797.91\text{hm}^2$
耕地约束	$X_1+X_2 \geqslant 33\,765\text{hm}^2$ $(X_1+X_2)\cdot 0.7872 \geqslant X_2 \geqslant (X_1+X_2)\cdot 0.7555$
建设用地约束	$2237.92\text{hm}^2 \leqslant X_5+X_6 \leqslant 2661.91\text{hm}^2$ $267.06\text{hm}^2 \leqslant X_6 \leqslant 410.30\text{hm}^2$
生态环境约束	$0.8971\cdot X_1+0.5239\cdot X_2+1.8088\cdot X_3+2.5547\cdot X_4-0.8638\cdot(X_5+X_6)+1.0602\cdot X_7+4.1201\cdot X_8+0.5960\cdot X_9 \geqslant 226\,943$ $0.2544\cdot X_1+0.1486\cdot X_2+0.5397\cdot X_3+0.7368\cdot X_4-0.6678\cdot X_5-0.6678\cdot X_6+0.3416\cdot X_7+0.17\,425\cdot X_8+0.1826\cdot X_9 \geqslant 64\,950$ $0.1158\cdot X_1+0.0676\cdot X_2+0.2898\cdot X_3+0.4097\cdot X_4+0.1699\cdot X_7+0.3116\cdot X_8+0.1036\cdot X_9 \geqslant 36\,010$
园地面积约束	$X_3 \geqslant 19\,632.29\text{hm}^2$
林地面积约束	$X_4 \geqslant 58\,234\text{hm}^2$
自然保留地约束	$3541.04\text{hm}^2 \geqslant X_9 \geqslant 2541.04\text{hm}^2$
天然牧草地约束	$X_7=38.45\text{hm}^2$
水域面积约束	$248.69\text{hm}^2 \leqslant X_8 \leqslant 250.69\text{hm}^2$

6.2.4 土地利用数量优化方案优选

依照确定的目标函数和构建的约束条件构建多目标优化模型，通过Lingo软件，得到经济、社会和生态函数的满意度，然后根据模糊折中模型的原理，在0.5020～0.6842调整模糊折中指数（λ^*）的值，从而计算各方案的经济、社会和生态函数满意度（表6-9）。西盟县政府决策者可根据发展需要，考虑单一目标满意度或各目标满意度的不同组合，通过不断调整模糊折中指数（λ^*）值，来选择自己所倾向的方案。

（1）方案一。若决策者倾向于综合考虑三种效益的组合，可选择平均算子法（$\lambda^*=0.502$）的方案。该方案综合效益满意度最高，达到2.502，其中，经济和社会效益

值最高，满意度均达到达 1.00。

（2）方案二。若决策者倾向于保护生态环境，可选择最大（小）算子法（$\lambda^*=0.6824$）所得到的方案，该方案的生态效益满意度最高，为 0.6824，综合满意度为 2.0742。

此外，若决策者对于经济效益、社会效益和生态效益有不同的侧重，还可通过调整模糊折中指数 λ^*（$0.6824\geqslant\lambda^*\geqslant0.5020$）来确定土地利用优化方案。

表 6-9　模型综合效益满意度

模糊折中指数（λ^*）	经济效益满意度	社会效益满意度	生态效益满意度	综合满意度
最大最小算子法（$\lambda^*=0.682\,4$）	0.682 4	0.709 4	0.682 4	2.074 2
$\lambda^*=0.68$	0.686 7	0.713 4	0.680 0	2.080 1
$\lambda^*=0.66$	0.721 9	0.745 6	0.660 0	2.127 5
$\lambda^*=0.64$	0.757 0	0.777 7	0.640 0	2.174 7
$\lambda^*=0.62$	0.792 2	0.809 9	0.620 0	2.222 1
$\lambda^*=0.60$	0.827 3	0.842	0.600 0	2.269 3
$\lambda^*=0.58$	0.862 5	0.874 2	0.580 0	2.316 7
$\lambda^*=0.56$	0.897 6	0.906 3	0.560 0	2.363 9
$\lambda^*=0.54$	0.932 8	0.938 5	0.540 0	2.411 3
$\lambda^*=0.52$	0.968 0	0.970 6	0.520 0	2.458 6
平均算子法（$\lambda^*=0.502$）	1	1	0.502 0	2.502 0

为了比较土地利用优化方案（2025 年）、现状（2015 年）和《总规——西盟》（2020 年）的社会、经济和生态效益，将现状和《总规——西盟》的土地利用面积代入 2025 年土地利用目标函数，得到其效益值（表 6-10）。土地利用优化方案的经济、社会和生态效益均大于现状，其中，方案一的经济效益最高，为 141 065.65×10^4 元，《总规——西盟》的经济效益最低；方案一的社会效益最高，为 2.33，《总规——西盟》的社会效益最低；《总规——西盟》的生态效益最高，为 231 260.50×10^4 元，现状的生态效益最低。

表 6-10　2025 年西盟县土地利用数量结构优化方案效益对比

效益类型	单位	2015 年现状	2020 年《总规——西盟》	方案一	方案二
经济效益	×10^4 元	137 745.81	127 456.82	141 065.65	140 098.10
社会效益		2.23	2.04	2.33	2.30
生态效益	×10^4 元	226 941.60	231 260.50	227 871.12	228 189.7

综上所述，方案一的经济效益和社会效益均最高，生态效益大于现状，符合西盟县发展的需求，并且方案一的土地利用效益综合满意度最高，为 2.5020。因此，选择方案一作为西盟县 2025 年土地利用数量优化方案。

从表 6-11 可以看出，2025 年水田面积比现状增加 449.81hm^2，比《总规——西盟》

增加了 493.87hm^2；优化后旱地面积比现状减少 225.79hm^2，比《总规——西盟》增加了 5537.81hm^2；优化后园地比现状减少 182.65hm^2，比《总规——西盟》减少 566.40hm^2；优化后林地比现状增加 701.68hm^2，比《总规——西盟》减少 836.91hm^2；天然牧草地则与现状和《总规——西盟》基本保持不变。从数量变化分析，《总规——西盟》对林地资源的保护力度较大，趋向于发展园地，而优化方案趋向于耕地资源的保护。

表 6-11　2025 年西盟县土地利用数量结构优化

土地利用类型		2015 年现状		2020 年《总规——西盟》		2025 年优化	
		面积/hm^2	比例/%	面积/hm^2	比例/%	面积/hm^2	比例/%
耕地	水田	7 265.49	5.78	7 221.43	5.73	7 715.30	6.12
	旱地	26 275.49	20.89	20 511.89	16.31	26 049.70	20.71
	小计	33 540.98	26.67	27 733.32	22.04	33 765.00	26.83
园地		19 814.94	15.75	20 198.69	16.06	19 632.29	15.61
林地		66 374.89	52.76	67 913.48	53.99	67 076.57	53.32
建设用地	村庄及工矿用地	1 970.86	1.57	1 837.19	1.46	2 084.57	1.66
	建制镇	267.06	0.21	376.45	0.30	410.30	0.33
	小计	2 237.92	1.78	2 213.64	1.76	2 494.87	1.99
天然牧草地		38.45	0.03	38.45	0.03	38.45	0.03
水域		249.69	0.20	363.85	0.29	249.69	0.20
自然保留地		3 541.04	2.81	7 336.48	5.83	2 541.04	2.02
合计		125 797.91	100.00	125 797.91	100.00	125 797.91	100.00

建设用地方面，2025 年的建设用地比现状增加 256.95hm^2，比《总规——西盟》增加 281.23hm^2，其中，优化后村庄及工矿用地面积比现状增加 113.71hm^2，比《总规——西盟》增加 247.38hm^2；优化后建制镇面积比现状增加 143.24hm^2，比《总规——西盟》增加 33.85hm^2。一方面说明人口、经济增长的加速，需要更多的建设用地；另一方面，随着西盟县城镇化的进程，城镇化率不断提高，对建制镇面积的需求大于村庄及工矿用地。

其他土地方面，水域面积与现状基本保持不变，比《总规——西盟》减少 114.16hm^2；优化后自然保留地比现状减少 1000hm^2，比《总规——西盟》减少 4795.26hm^2，土地利用率有了明显的增加。

综上所述，2025 年优化方案与现状相比，林地、水田、建制镇和村庄及工矿用地面积增加，自然保留地、旱地和园地面积减少，天然牧草地和水域面积保持不变；2025 年优化方案与《总规——西盟》相比，旱地、水田、村庄及工矿用地和建制镇面积增加，自然保留地、林地、园地和水域面积减少，天然牧草地面积基本一致。2025 年优化方案在综合效益、建设用地和土地利用率上，均优于现状，满足研究区发展的需求；与《总规——西盟》相比，土地利用结构更为合理，不仅提升了土地利用率，还保护了耕地资源。从土地效益和土地数量结构分析，均满足西盟县的发展需求。

6.3　以发展为导向的西盟县土地利用空间布局优化配置

6.3.1　MAS—CLUE-S 模型应用及检验

为验证 MAS—CLUE-S 模型的可用性，以西盟县 2010 年现状数据为基础，对西盟县 2015 年的土地利用进行空间优化，将 2015 年优化方案与 2015 年现状数据进行 Kappa 指数检验，以验证 MAS—CLUE-S 模型的模拟效果。

1. 基于 CLUE-S 模型的 2015 年土地利用变化模拟与检验

1）模型参数设置

（1）起始年份土地利用数据文件 cov_all.0。

研究涉及的九种地类分别为水田、旱地、园地、林地、村庄及工矿用地、建制镇、天然牧草地、水域和自然保留地。在栅格文件中依次设置编码为 0、1、2、3、4、5、6、7 和 8，统一到 30m×30m 的栅格文件，再转为 ASCII 码文件，并命名为 cov_all.0。

（2）主要参数文件 main.1。

主要参数文件 main.1 的设置见表 6-12。

表 6-12　main.1 文件参数设置

参数类型	具体参数设定
土地利用类型数	9
区域个数	1
一个回归方程中驱动因子的最大个数	12
总驱动力个数	17
行数	1088
列数	822
单个栅格面积	0.25
X 坐标	532285.8312
Y 坐标	2482774.8338
土地利用类型序号	0 1 2 3 4 5 6 7 8
转移弹性系数	0.9 0.8 0.8 0.8 0.95 0.95 1 0.90 0.6
迭代变量系数	0 0.3 3
模拟的起始年份	2010 2015
动态驱动因子数及序号	0
输出文件选择	1
特定区域回归选择	0
土地利用历史初值	15

续表

参数类型	具体参数设定
邻近区域选择计算	0
区域特定优先值	0
迭代参数	0.1

（3）土地利用转移矩阵文件 allow.txt。

土地利用转移矩阵为各地类可转移性的设定，“0”代表地类之间不会发生转移，“1”代表地类之间会发生转移，研究中天然牧草地不发生转变，其余地类之间均可相互转移（表 6-13）。

表 6-13　allow.txt 文件参数设置

	水田	旱地	园地	林地	村庄及工矿用地	建制镇	天然牧草地	水域	自然保留地
水田	1	1	1	1	1	1	0	1	1
旱地	1	1	1	1	1	1	0	1	1
园地	1	1	1	1	1	1	0	1	1
林地	1	1	1	1	1	1	0	1	1
村庄及工矿用地	1	1	1	1	1	1	0	1	1
建制镇	1	1	1	1	1	1	0	1	1
天然牧草地	0	0	0	0	0	0	0	0	0
水域	1	1	1	1	1	1	0	1	1
自然保留地	1	1	1	1	1	1	0	1	1

（4）驱动因子文件 sc1gr*.fil。

sc1gr*.fil 文件为各个驱动因子的空间分布文件，并按照次序进行编号（表 6-14）。在驱动因子选取中，主要考虑西盟县自然环境因素和社会经济因素及数据的可获取性。

自然环境因素是土地利用时空分布的基础，主要包括地形和土地的潜在生产力（王兴友，2015；Zhao et al.，2018）。一般情况下，海拔对农业生产中作物布局与耕作制度有一定影响，坡度大小不仅影响水土流失、农田水利化和机械化，也影响城市建设和交通道路的布局。因此，海拔和坡度是影响土地利用时空分布的主要自然环境因素。土地的潜在生产力能反映各地块的生产力高低，也决定了各地类的投入与产出，间接影响人类对土地利用的决策。研究选取坡向、土壤有机质、年降水量、距河流的距离和距面状水体距离来代表土地潜在生产力；社会经济因素反映了人类开发利用自然环境的能力及程度，主要包括可达性和土地利用空间配置两方面。距主要道路距离、距村庄道路距离、距县城距离、距乡政府距离和距农村居民点距离的可达性可作为土地利用时空变化影响中的社会经济因素（王雪微等，2015），到乡村和市场的可达性，影响着人类在不同土地利用类型上的投入与产出，进而影响人类对土地利用的决策（张洪云等，2015）。此外，已有的土地利用空间配置也会影响土地利用时空变化，其主要原因是土地利用的扩张大多是基于原有用地向外扩张，或呈现飞地式扩张，如园地、建设用地的扩张。

表 6-14　影响土地利用时空分布的驱动因子

类型	分类	驱动因子
自然环境因素	地形	高程（Sclgr0）
		坡度（Sclgr1）
		坡向（Sclgr2）
	土地潜在生产力	土壤有机质（Sclgr3）
		年降水量（Sclgr4）
		距河流距离（Sclgr7）
		距面状水体距离（Sclgr8）
社会经济因素	可达性	距主要道路距离（Sclgr5）
		距村庄道路距离（Sclgr6）
		距县城距离（Sclgr9）
		距乡政府距离（Sclgr10）
		距农村居民点距离（Sclgr11）
	土地利用空间配置	距原有水田、旱地、园地、农村居民点及建制镇的距离（Sclgr12～16）

确定驱动因子，在 ArcGIS10.1 软件平台中将各因子转为 30m×30m 的栅格文件，并通过“RASTER TO ASCII”命令将其转为 ASCII 码文件（图 6-5）。

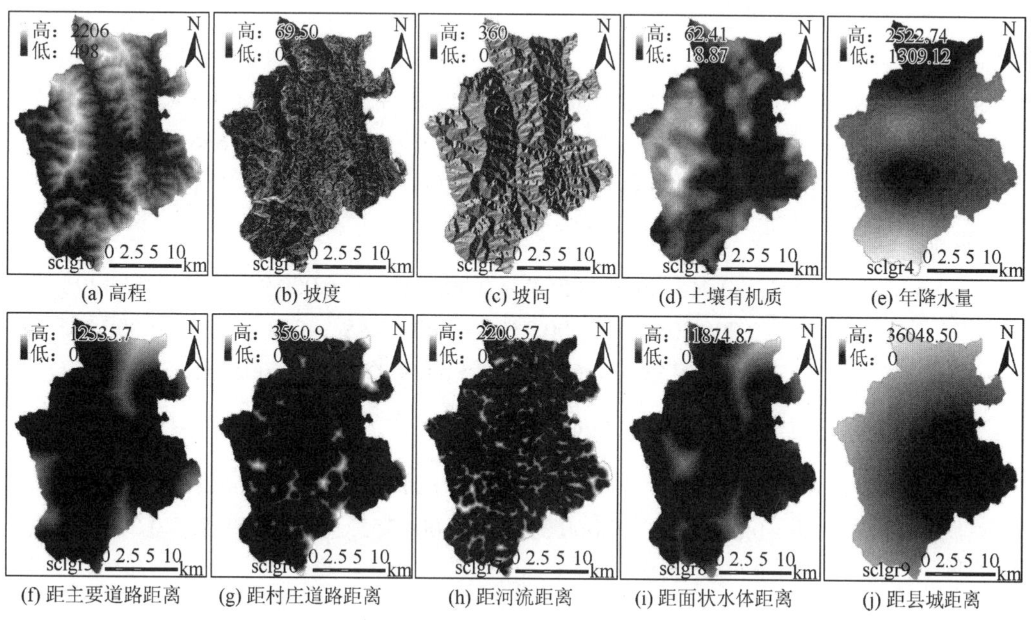

(a) 高程　(b) 坡度　(c) 坡向　(d) 土壤有机质　(e) 年降水量

(f) 距主要道路距离　(g) 距村庄道路距离　(h) 距河流距离　(i) 距面状水体距离　(j) 距县城距离

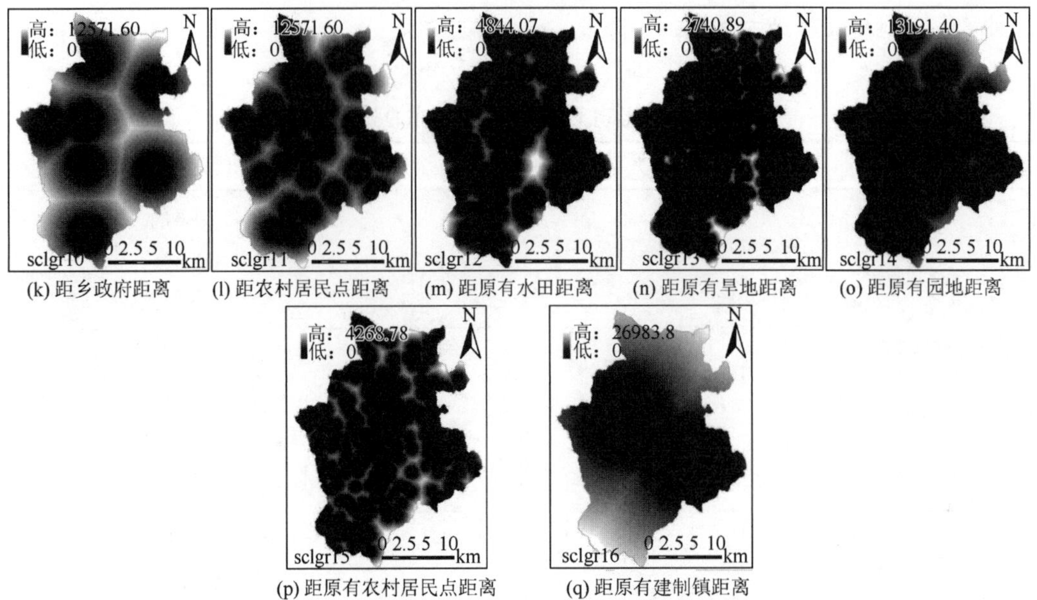

图 6-5 土地利用驱动因子图

（5）回归方程文件 alloc1.reg。

alloc1.reg 文件为二元 Logistic 回归方程的结果文件，将各系数代入式(6-7)，得到 2015 年西盟县各地类的空间分布概率回归方程，如下：

水田：

$$\begin{aligned}\text{Log}[p_0/(1-p_0)]=&3.491\,0450-0.000\,753S_0-0.0599S_1+0.000\,68S_2-0.023\,351S_3\\&-0.001\,378S_4-0.000\,046S_5-0.000\,468S_6-0.002\,085S_7+0.000\,032S_9\\&-0.000\,057S_{10}-0.000\,157S_{11}-0.000\,898S_{12}\end{aligned}$$

旱地：

$$\begin{aligned}\text{Log}[p_1/(1-p_1)]=&-0.427\,897-0.000\,585S_0-0.008\,8S_1+0.000\,95S_2+0.004\,702S_3\\&+0.000\,377S_4-0.000\,026S_5-0.001\,199S_6+0.000\,566S_7-0.000\,027S_8\\&-0.000\,011S_9+0.000\,017S_{10}-0.000\,031S_{11}-0.000\,788S_{13}\end{aligned}$$

园地：

$$\begin{aligned}\text{Log}[p_2/(1-p_2)]=&3.080\,045-0.003\,058S_0-0.003\,315S_1+0.000\,951S_2+0.034\,429S_3\\&-0.000\,808S_4-0.000\,05S_5-0.001124S_6+0.000\,31S_7-0.000\,06S_8\\&+0.000\,015S_9+0.000\,01S_{10}+0.000\,139S_{11}-0.001\,785S_{14}\end{aligned}$$

林地：

$$\begin{aligned}\text{Log}[p_3/(1-p_3)]=&-3.792\,664+0.028\,46S_0+0.031\,917S_1-0.001\,706S_2-0.026\,467S_3\\&+0.000\,46S_4+0.000\,091S_5+0.001\,35S_6-0.000\,705S_7+0.000\,037S_8\\&-0.000\,024S_9\end{aligned}$$

村庄及工矿用地：

$$\mathrm{Log}[p_4/(1-p_4)]=-0.156\,491+0.000\,1S_0-0.102\,457S_1+0.000\,532S_2-0.007\,264S_3-0.000\,463S_4-0.003\,767S_6+0.000\,59S_7-0.000\,0324S_{11}-0.002\,76S_{15}$$

建制镇：

$$\mathrm{Log}[p_5/(1-p_5)]=-3.854\,621+0.017\,321S_0-0.116\,248S_1-0.006\,654S_5+0.002\,415S_6-0.000\,241S_8-0.001\,057S_9-0.002\,154S_{11}-0.016\,245S_{16}$$

水域：

$$\mathrm{Log}[p_7/(1-p_7)]=8.234\,214+0.003\,014S_0+0.030\,157S_1-0.007\,321S_4-0.000\,154S_5-0.001\,204S_6-0.213\,548S_8-0.000\,047S_9-0.000\,124S_{10}+0.001\,247S_{11}$$

天然牧草地：

$$\mathrm{Log}[p_8/(1-p_8)]=-9.566\,929+0.001\,56S_0+0.034\,284S_1+0.001\,113S_3+0.001\,193S_4+0.000\,047S_5+0.000\,479S_6+0.001\,103S_7-0.000\,045S_8+0.000\,1S_9-0.000\,092S_{10}$$

根据二元 Logistic 回归方程的分析设置文件参数，以水田为例（表 6-15）。

表 6-15　alloc1.reg 文件参数设置

参数类型	参数设置
水田编码	0
回归方程常量	3.491 045
回归方程驱动因子数	12
各个驱动因子的系数	−0.000 753　0 −0.059 900　1 0.000 680　2 −0.023 351　3 −0.001 378　4 −0.000 046　5 −0.000 468　6 −0.002 085　7 0.000 032　9 −0.000 057　10 −0.000 157　11 −0.000 898　12

各个地类 Logistic 回归方程的 ROC 检验均＞0.70（表 6-16），说明各地类的拟合效果较好。

表 6-16　地类 Logistic 回归方程的 ROC

地类	水田	旱地	园地	林地	村庄及工矿用地	建制镇	水域	自然保留地
ROC	0.778	0.705	0.907	0.773	0.841	0.999	0.942	0.731

（6）转移弹性系数。

西盟县土地利用的转移弹性系数（ELAS 参数值）是设置各地类转移的稳定性规则，弹性系数介于 0～1，是 CLUE-S 模型中重要的参数，其微小的变化都会使模拟结果有较大的差异。因此，各地类的转移弹性系数需要结合研究区历年土地利用变化的特征及地类本身的稳定性，进行模型参数调试，确定最终的各地类转移弹性系数（表 6-17）。

表 6-17　西盟县各地类转移弹性系数

地类	水田	旱地	园地	林地	村庄工矿用地	建制镇	天然牧草地	水域	自然保留地
ELAS	0.90	0.80	0.80	0.80	0.95	0.95	1.00	0.90	0.60

（7）空间政策与区域设置 region.fil。

根据《总规——西盟》和《云南省西盟佤族自治县勐梭龙潭保护区管理条例》制定与划出基本农田保护区和自然保护区等空间政策与约束区域。

（8）土地利用类型面积需求 Demand.in。

以 2010 年为基期年，采用 2015 年各地类的面积作为 2015 年的土地需求面积（表 6-18）。

表 6-18　2015 年各地类面积需求　（单位：hm^2）

年份	水田	旱地	园地	林地	村庄及工矿用地	建制镇	天然牧草地	水域	自然保留地
2010	6 683.24	28 178.20	17 749.16	67 040.11	1 682.99	219.50	38.45	101.53	4 104.73
2011	6 799.69	27 797.66	18 162.32	66 907.07	1 740.58	229.00	38.45	131.16	3 991.99
2012	6 916.14	27 417.12	18 575.47	66 774.02	1 798.16	238.50	38.45	160.79	3 879.25
2013	7 032.59	27 036.57	18 988.63	66 640.98	1 855.75	248.00	38.45	190.43	3 766.52
2014	7 149.04	26 656.03	19 401.78	66 507.93	1 913.33	257.50	38.45	220.06	3 653.78
2015	7 265.49	26 275.49	19 814.94	66 374.89	1 970.92	267.00	38.45	249.69	3 541.04

设置参数后，运行 CLUE-S 软件，首先生成预测年份内每年各地类的适宜性分布概率文件 prob1_*.*（图 6-6），再通过软件运行得到最终土地利用优化方案。

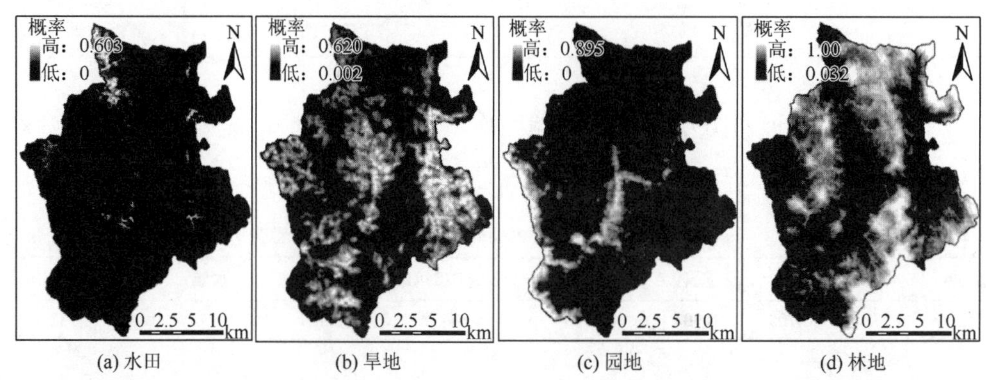

(a) 水田　(b) 旱地　(c) 园地　(d) 林地

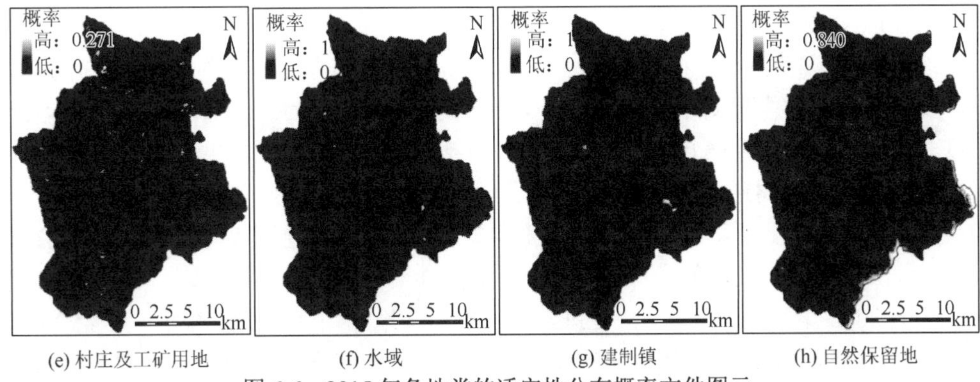

(e) 村庄及工矿用地　(f) 水域　(g) 建制镇　(h) 自然保留地

图 6-6　2015 年各地类的适宜性分布概率文件图示

2）结果检验与分析

（1）整体检验。

研究通过 Kappa 指数预测优化精度，用 2015 年的土地利用模拟图与 2015 年土地利用现状图做 Kappa 指数检验（图 6-7，彩图见附图 13），西盟县总栅格数是 503 192（30 m×30 m），正确的栅格数为 437 795，得到 P_0 为 0.87；研究土地利用类型为 9 个，其中，天然牧草地不参与模拟，选取 8 个土地利用类型，因此随机情况下正确模拟的比例 P_c 为 1/8 = 0.125；理想情况下正确模拟比例 $P_p = 1$，最终得到 Kappa = 0.8515，说明模拟精度比较好。

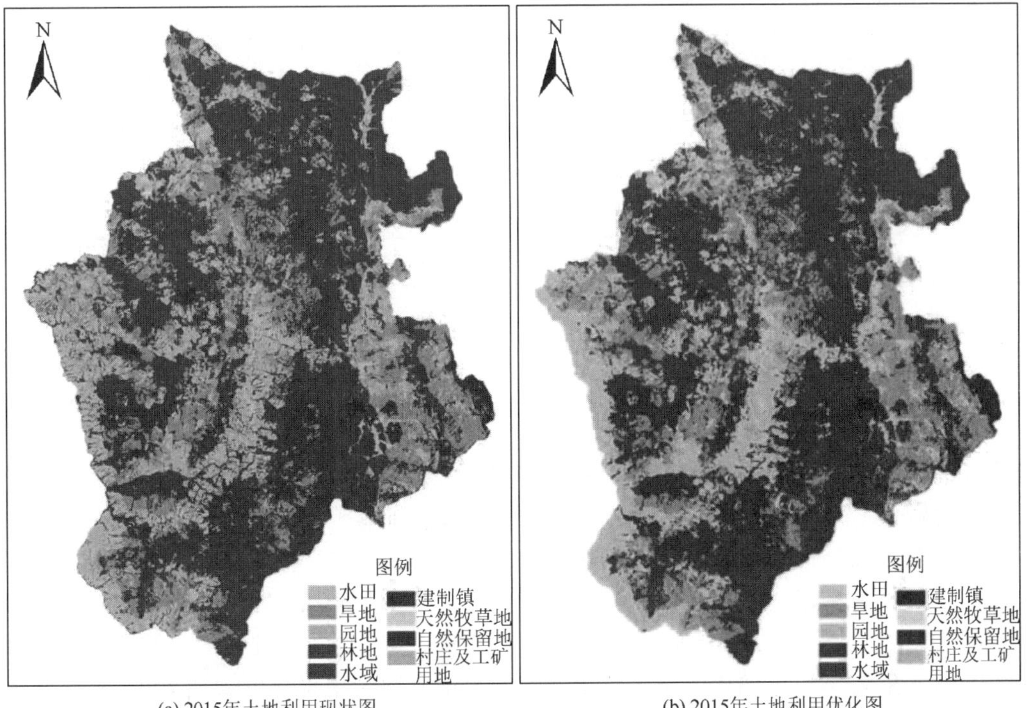

(a) 2015年土地利用现状图　(b) 2015年土地利用优化图

图 6-7　2015 年土地利用现状图和土地利用优化图

（2）各地类 Kappa 指数检验。

各地类的模拟精度如表 6-19 所示，其中，旱地、园地、林地、村庄及工矿用地、建制镇、天然牧草地的模拟精度较高，Kappa 指数均超过 0.75；水田、水域、自然保留地模拟精度一般，Kappa 指数在 0.40～0.75，水田的精度为 0.73，模拟效果一般，是因为现阶段水田面积的增加主要通过土地整治、中低产田改造等项目实施，以及盘活各个乡镇、村庄的存量土地，提高土地质量和利用效率来实现的。项目区的选择及项目的实施与县域政策相关，水田新增面积及空间分布主要受人为因素影响。水域的精度只有 0.53，南康河二级水电站于 2013 年开始下闸蓄水，因此 2010 年的土地利用现状图没有水库，至 2015 年蓄水面积已达 159.57hm^2，导致水域的模拟精度较低，通过查阅《总规——西盟》与“十三五”规划，2015～2025 年并没有大型水利设施建设项目，因此，不影响 2025 年的模拟。自然保留地的模拟精度最低，仅 0.45，是由于西盟县自然保留地分布较为零散，虽然二元 Logistic 回归分析中 ROC 曲线很理想，但实际模拟中，精度有待改进。

表 6-19 土地利用类型 Kappa 系数检验

土地利用类型	实际	模拟	精度
水田	29 097	21 350	0.73
旱地	105 105	87 335	0.83
园地	79 266	63 200	0.80
林地	265 505	251 585	0.95
村庄及工矿用地	7 861	6 328	0.81
建制镇	1 042	891	0.86
天然牧草地	151	151	1.00
水域	999	530	0.53
自然保留地	14 166	6 428	0.45
合计	503 192	437 798	

2. 基于 MAS—CLUE-S 模型的 2015 年土地利用模拟与检验

通过 CLUE-S 软件运行的结果检验，水域及自然保留地的地类精度较低，其他地类精度较高。其中，水域的空间适宜性分布概率中未考虑政府的水库规划，导致水域的模拟精度较低；西盟县自然保留地分布较为零散，具有随机性，说明 CLUE-S 模型模拟的结果符合大部分地类的空间分布规律，而受人类因素影响较大的地类模拟效果欠佳。因此，在 CLUE-S 模型的基础上，结合 MAS 模型，考虑政府的发展规划，将水库建设的空间布局加入二元 Logistic 回归的水域适宜性概率文件中，得到新的水域适宜性概率文件（图 6-8），运行 CLUE-S 软件，得到 2015 年土地利用优化图（图 6-9，彩图见附图 14）。

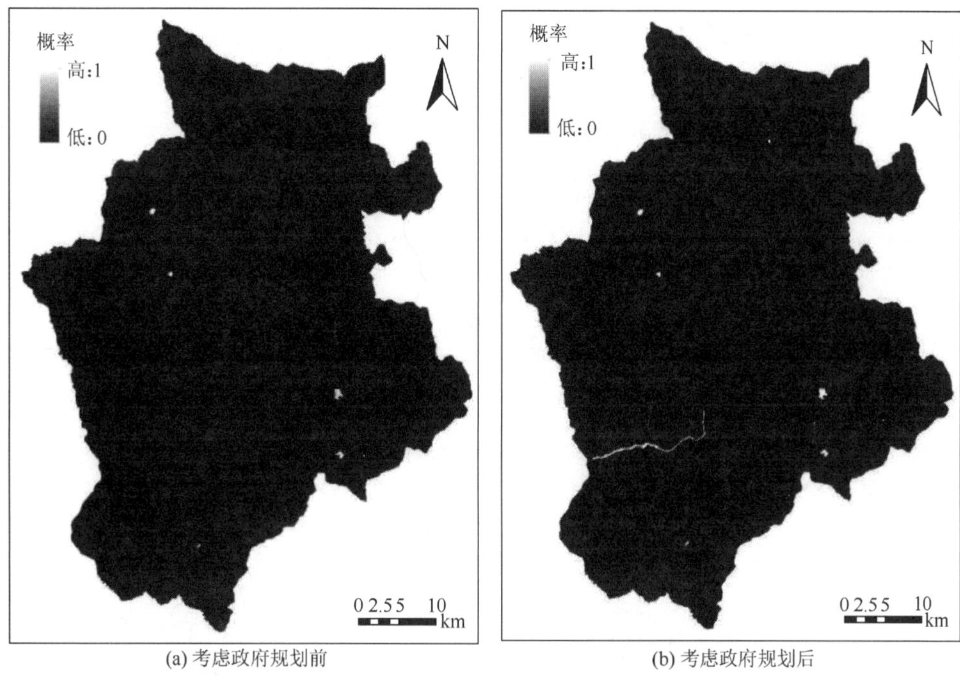

(a) 考虑政府规划前　　(b) 考虑政府规划后

图 6-8　水域适宜性概率文件图示

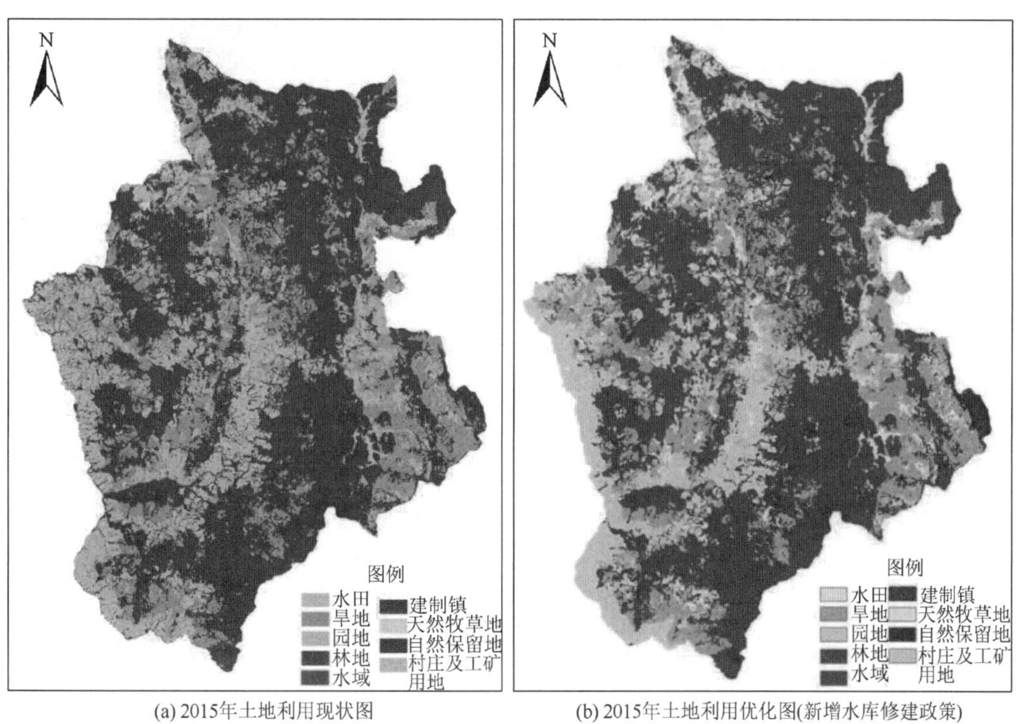

(a) 2015年土地利用现状图　　(b) 2015年土地利用优化图(新增水库修建政策)

图 6-9　2015 年土地利用现状图和土地利用优化图

用 2015 年的土地利用优化图(新增水库修建政策)与 2015 年土地利用现状图做 Kappa

指数检验，西盟县总栅格数是 503 192（分辨率：30m），正确的栅格数为 439 458，p_0 为 0.87，得到 Kappa = 0.8515，Kappa 指数整体模拟精度较之前有所增加。

整体模拟精度为 0.85，模拟效果较好，同时检验各地类的模拟精度。与 2015 年土地利用模拟图相比较，水域的模拟精度有了较大提升，从 0.53 提升到了 0.90（表 6-20），说明结合政府规划对土地利用优化配置是有效可行的。而自然保留地的精度也有小幅度提升，从 0.45 提升至 0.53，说明改进其他地类的模拟精度可以间接提升自然保留地的模拟精度。

表 6-20　土地利用类型 Kappa 系数检验

土地利用类型	实际	模拟	精度
水田	29 097	21 458	0.74
旱地	105 105	87 410	0.83
园地	79 266	63 251	0.80
林地	265 505	251 503	0.95
农村用地	7 861	6 354	0.81
建制镇	1 042	894	0.86
天然牧草地	151	151	1.00
水域	999	901	0.90
自然保留地	14 166	7 536	0.53
合计	503 192	439 458	

6.3.2　西盟县 2025 年土地利用空间布局优化配置

西盟县 2015 年土地利用优化配置的精度检验说明，CLUE-S 模型应用于县域土地利用优化配置是可行有效的，选取的驱动因子也符合要求，耦合 MAS 模型，加入政府部门规划后能让整体及地类精度有所提升。

1. 土地利用需求

选取 2025 年土地利用数量优化方案作为 2025 年的各地类面积需求（表 6-21）。

表 6-21　2025 年各地类面积需求　（单位：hm^2）

年份	水田	旱地	园地	林地	村庄及工矿用地	建制镇	天然牧草地	水域	自然保留地
2015	7 265.49	26 275.49	19 814.94	66 374.89	1 970.92	267.00	38.45	249.69	3 541.04
2016	7 310.47	26 252.91	19 796.68	66 445.06	1 982.29	281.33	38.45	249.69	3 441.04
2017	7 355.45	26 230.33	19 778.41	66 515.23	1 993.65	295.66	38.45	249.69	3 341.04
2018	7 400.43	26 207.75	19 760.15	66 585.39	2 005.02	309.99	38.45	249.69	3 241.04
2019	7 445.41	26 185.17	19 741.88	66 655.56	2 016.38	324.32	38.45	249.69	3 141.04

续表

年份	水田	旱地	园地	林地	村庄及工矿用地	建制镇	天然牧草地	水域	自然保留地
2020	7 490.40	26 162.60	19 723.62	66 725.73	2 027.75	338.65	38.45	249.69	3 041.04
2021	7 535.38	26 140.02	19 705.35	66 795.90	2 039.11	352.98	38.45	249.69	2 941.04
2022	7 580.36	26 117.44	19 687.09	66 866.07	2 050.48	367.31	38.45	249.69	2 841.04
2023	7 625.34	26 094.86	19 668.82	66 936.23	2 061.84	381.64	38.45	249.69	2 741.04
2024	7 670.32	26 072.28	19 650.56	67 006.40	2 073.21	395.97	38.45	249.69	2 641.04
2025	7 715.30	26 049.70	19 632.29	67 076.57	2 084.57	410.30	38.45	249.69	2 541.04

2. 基于 MAS—CLUE-S 模型的各地类空间分布适宜性概率图

将各地类二元 Logistic 回归的系数代入式（6-7），得到 2025 年西盟县各地类的空间分布概率回归方程，如下：

水田：

$$\begin{aligned}\text{Log}[p_0/(1-p_0)] =& 1.628\,115 + 0.000\,281S_0 - 0.032\,908S_1 + 0.000\,458S_2 - 0.009\,828S_3 \\ & - 0.000\,394S_4 + 0.000\,045S_5 + 0.000\,101S_6 - 0.000\,375S_7 - 0.000\,053S_{10} \\ & + 0.000\,028S_{11} - 0.015\,701S_{12}\end{aligned}$$

旱地：

$$\begin{aligned}\text{Log}[p_1/(1-p_1)] =& 0.427\,88 + 0.000\,796S_0 + 0.004\,043S_1 + 0.000\,195S_2 - 0.009\,893S_3 \\ & + 0.000\,336S_4 + 0.000\,053S_5 + 0.000\,197S_6 + 0.000\,122S_7 - 0.000\,03S_8 \\ & - 0.000\,017S_9 - 0.000\,01S_{10} - 0.000\,02S_{11} - 0.027\,981S_{13}\end{aligned}$$

园地：

$$\begin{aligned}\text{Log}[p_2/(1-p_2)] =& 0.531\,481 - 0.004\,264S_0 - 0.008\,373S_1 + 0.000\,653S_2 + 0.070\,233S_3 \\ & - 0.000\,22S_4 - 0.000\,27S_5 - 0.001\,232S_6 + 0.000\,31S_7 - 0.000\,07S_8 \\ & + 0.000\,036S_9 + 0.000\,1S_{10} + 0.000\,172S_{11} - 0.001\,754S_{14}\end{aligned}$$

林地：

$$\begin{aligned}\text{Log}[p_3/(1-p_3)] =& -3.310\,237 + 0.002\,554S_0 + 0.033\,321S_1 - 0.001\,225S_2 - 0.028\,514S_3 \\ & + 0.000\,45S_4 + 0.000\,12S_5 + 0.001\,333S_6 - 0.000\,559S_7 + 0.000\,038S_8 \\ & - 0.000\,028S_9 - 0.000\,07S_{10} + 0.000\,032S_{11}\end{aligned}$$

村庄及工矿用地：

$$\begin{aligned}\text{Log}[p_4/(1-p_4)] =& 1.309\,73 + 0.000\,243S_0 - 0.043\,141S_1 - 0.000\,551S_2 - 0.007\,089S_3 \\ & - 0.000\,252S_4 + 0.000\,085S_6 + 0.000\,2S_7 + 0.000\,003S_9 - 0.000\,005S_{10} \\ & - 0.000\,02S_{11} - 0.023\,533S_{15}\end{aligned}$$

建制镇：

$$\begin{aligned}\text{Log}[p_5/(1-p_5)] =& -4.526\,751 + 0.006\,472S_0 - 0.123\,557S_1 - 0.003\,876S_5 - 0.000\,257S_8 \\ & + 0.000\,145S_9 - 0.013\,002S_{16}\end{aligned}$$

水域：

$$\begin{aligned}\text{Log}[p_7/(1-p_7)] = & 8.905\,098 + 0.003\,084S_0 + 0.032\,177S_1 - 0.007\,322S_4 - 0.000\,187S_5 \\ & - 0.001\,209S_6 + 0.000\,999S_7 - 0.216\,554S_8 - 0.000\,05S_9 - 0.000\,15S_{10} \\ & + 0.001\,329S_{11}\end{aligned}$$

自然保留地：

$$\begin{aligned}\text{Log}[p_8/(1-p_8)] = & -6.685\,691 + 0.000\,748S_0 + 0.018\,324S_1 + 0.000\,671S_2 + 0.011\,552S_3 \\ & + 0.000\,288S_4 - 0.000\,02S_5 + 0.000\,393S_6 + 0.001\,222S_7 + 0.000\,045S_8 \\ & - 0.000\,02S_9 + 0.000\,075S_{10} - 0.000\,1S_{11}\end{aligned}$$

各个地类 Logistic 回归方程的 ROC 检验均>0.70（表 6-22），说明各地类的拟合效果较好。

表 6-22　各地类 Logistic 回归方程的 ROC

地类	水田	旱地	园地	林地	村庄及工矿用地	建制镇	水域	自然保留地
ROC	0.964	0.952	0.843	0.768	0.87	0.902	0.984	0.705

MAS—CLUE-S 模型在 CLUE-S 模型基础上，结合 MAS 模型转移规则和二元 Logistic 模型转移规则得到各地类的空间分布适宜性概率，作为MAS—CLUE-S 模型的转移规则文件。西盟县 9 种用地类型中，水田、旱地、园地、林地、农村及工矿用地、建制镇和自然保留地受人类活动影响较大，而天然牧草地作为保护区域，不发生变化；水域变化主要受大型水利设施建设项目影响，查阅《西盟县城市总体规划》及西盟县“十三五”规划，规划期内并没有大型水利设施建设项目，水域面积不发生变化。因此，天然牧草地和水域受人类活动影响较小，基本农田保护区的耕地处于保护范围，不能转移为其他地类（图 6-10）。

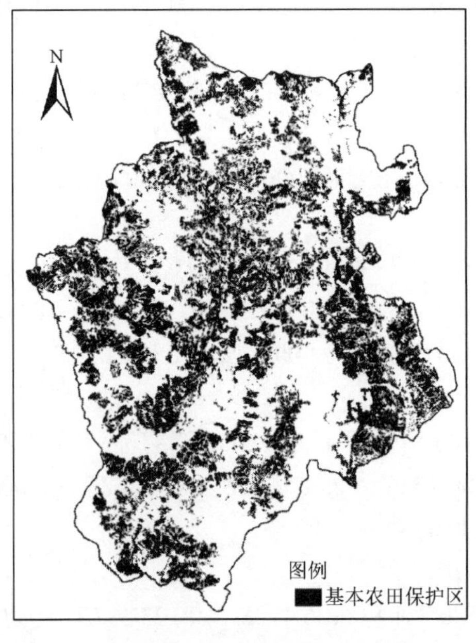

图 6-10　西盟佤族自治县基本农田保护区分布

依据西盟县《林地保护利用规划（2010～2020 年）》，西盟县林地分为龙潭森林旅游功能区、三佛祖森林旅游功能区、南康河水源涵养功能区、英腊水库水源涵养功能区和西部橡胶、茶叶经济林培育功能区五个林地功能区（图 6-11，彩图见附图 15）。其中，龙潭、三佛祖森林旅游功能区同时也是西盟县自然保护区，不得改变林地用途，其他地类严格控制；南康河、英腊水库水源涵养功能区以水土保持为主；西部橡胶、茶叶经济林培育功能区是西盟县境内水、热、光条件最适宜于用材林和特色经济林生产的区域，也是全县主要的商品林区；是西盟县经济社会发展相对集中和快速的区域，也是县域经济林发展预留空间的主要区域。

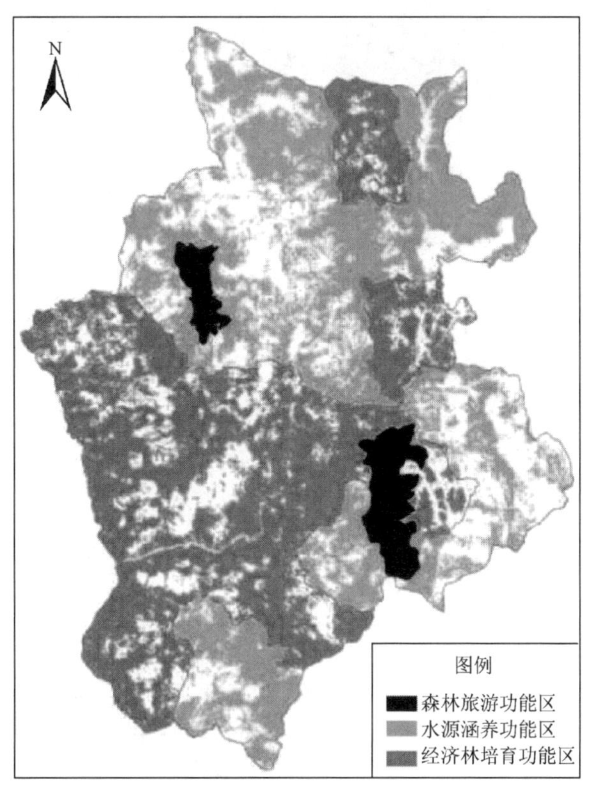

图 6-11　西盟佤族自治县林地功能分区图

依据《西盟县城市总体规划》中建设用地（建制镇）空间管制分区（图 6-12，彩图见附图 16），划分为禁止建设区、适宜建设区和限制建设区，禁止建设区内不得布局建设用地。

MAS 模型拟定国土部门、城建部门和林业部门三种土地利用智能体，国土部门、城建部门、林业部门针对耕地、建设用地、林地和经济园地这四类土地利用类型进行指导。通过 ArcGIS10.1 软件平台，建立政府部门的用地空间需求，与二元 Logistic 回归建立的各地类适宜性分布概率文件相结合（技术路线见图 6-13），生成基于 MAS-Logistic 回归的各地类适宜性分布概率图（图 6-14）。

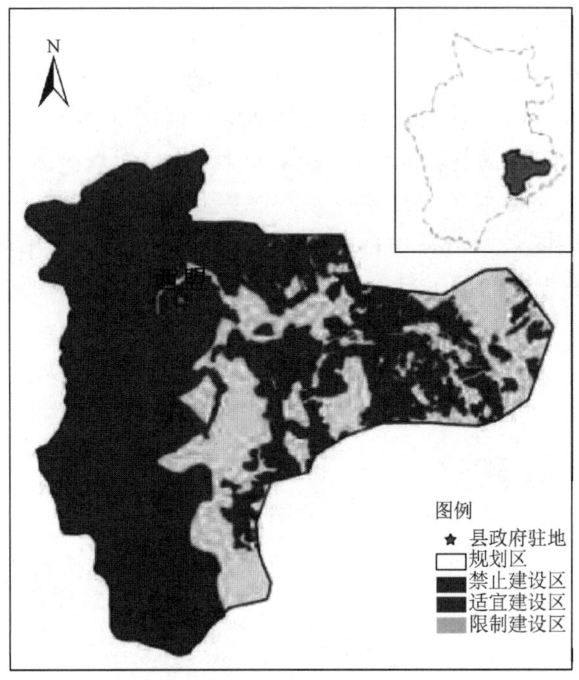

图 6-12　西盟佤族自治县建设用地（建制镇）空间管制分区

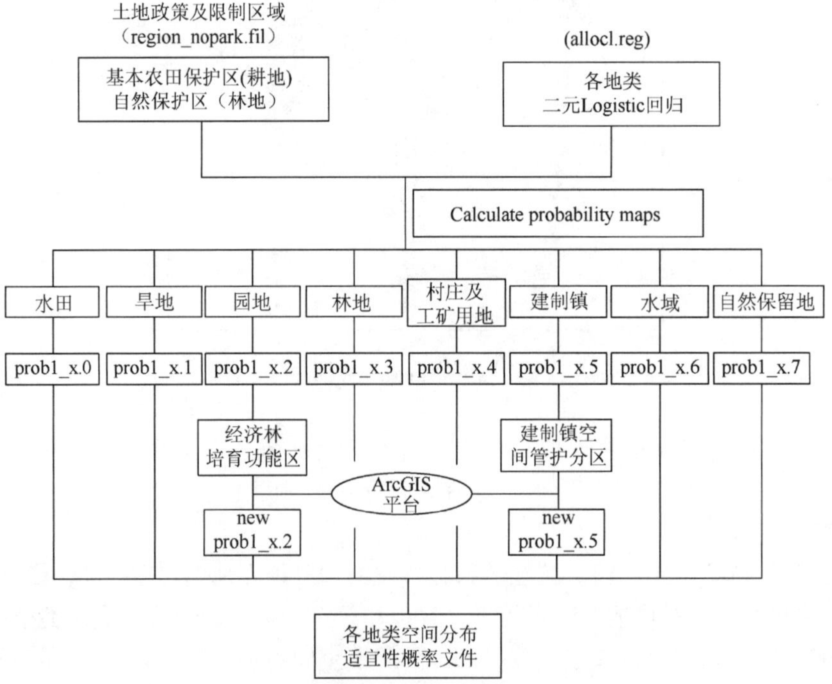

图 6-13　MAS—CLUE-S 模型的各地类空间分布适宜性概率文件技术路线图

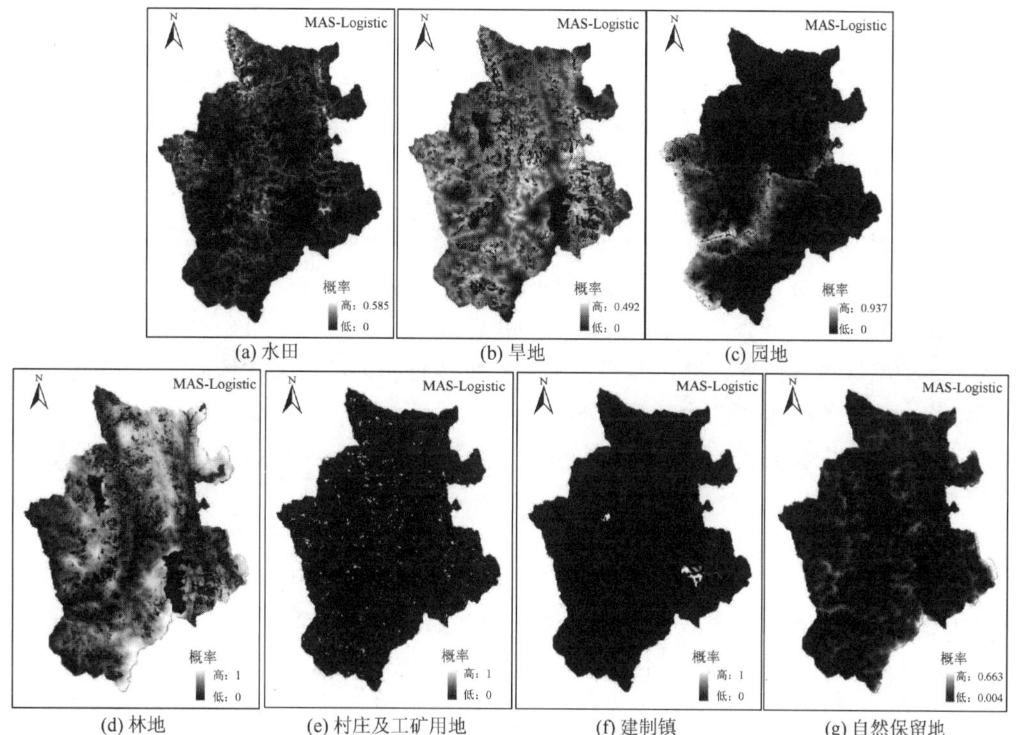

图 6-14　西盟佤族自治县各地类适宜性分布概率图

3. 西盟县 2025 年土地利用空间布局优化及结果分析

运行 CLUE-S 软件，得到西盟县 2025 年的土地利用空间布局优化配置图（图 6-15，彩图见附图 17）。

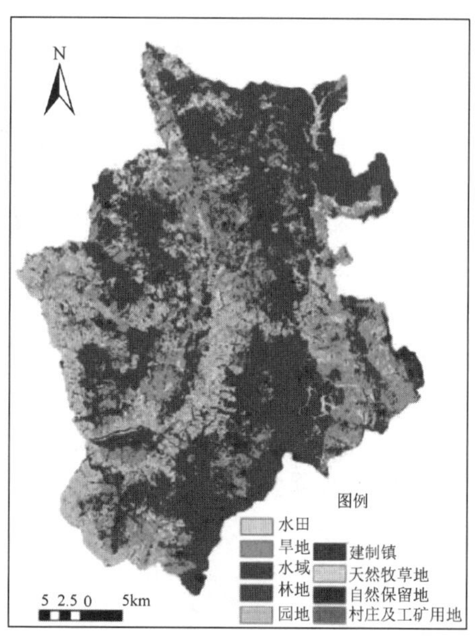

图 6-15　西盟佤族自治县 2025 年土地利用空间布局优化配置图

1）土地利用转移数量分析

西盟县 2015 年土地利用现状、《总规——西盟》和 2025 年土地利用数量结构优化等之间通过 ArcGIS10.1 软件建立土地利用转移矩阵，见表 6-23。

（1）2025 年与 2015 年土地利用结构比较。

耕地包括水田和旱地。优化后水田面积增加，主要由基期年的旱地和林地转入，分别转入了 432.77hm^2 和 425.28hm^2；优化后旱地面积减少，旱地面积主要由基期年的自然保留地和园地转入，分别转入了 521.29hm^2 和 387.52hm^2。

优化后园地面积减少，由于《林地保护利用规划（2010～2020 年）》中规定了经济园林的主要种植区域。因此，基期年园地的面积主要转出为林地和耕地，2025 年优化土地利用结构中增加的园地主要由基期年的林地转入，转入了 722.18hm^2。

优化后林地面积增加，主要由基期年的旱地和自然保留地转入，分别转入了 897.63hm^2 和 699.41hm^2。

建设用地包括村庄及工矿用地和建制镇。优化后村庄及工矿用地面积增加，主要由基期年的旱地和水田转入，分别转入了 65.50hm^2 和 54.72hm^2；优化后建制镇面积增加，主要由基期年的水田和旱地转入，分别转入了 83.21hm^2 和 27.53hm^2。

天然牧草地不发生转移。优化后水域与基期年基本一致。自然保留地作为土地后备资源，优化后自然保留地主要转出为林地、旱地和水田，转出面积分别为 699.41hm^2、521.29hm^2 和 185.89hm^2。

（2）2025 年与《总规——西盟》（2020 年）土地利用结构比较。

耕地包括水田和旱地。优化后水田面积增加，主要由《总规——西盟》中的旱地和自然保留地转入，分别转入了 746.08hm^2 和 286.21hm^2；优化后旱地面积增加，旱地面积主要由《总规——西盟》中的林地和自然保留地转入，分别转入了 8225.73hm^2 和 2083.17hm^2。

优化后园地面积减少，《总规——西盟》中园地的面积主要转出为林地和耕地，2020 年优化土地利用结构中增加的园地主要由《总规——西盟》的林地转入，转入了 678.98hm^2。

优化后林地面积减少，主要转出为旱地（8225.73hm^2），并由规划年的旱地和自然保留地转入，分别转入了 4957.68hm^2 和 2820.58hm^2。

建设用地包括村庄及工矿用地和建制镇。优化后村庄及工矿用地面积增加，主要由《总规——西盟》中的林地和旱地转入，分别转入了 284.11hm^2 和 113.27hm^2。优化后建制镇面积增加，主要由《总规——西盟》中的林地、村庄及工矿用地和水田转入，分别转入了 14.52hm^2、10.44hm^2 和 9.63hm^2。

天然牧草地不发生转移。优化后水域与《总规——西盟》相比，不仅面积减少，空间分布差异也大，与《总规——西盟》的水域面积差异主要体现在河流水面的面积差异。

自然保留地作为土地后备资源，《总规——西盟》中自然保留地较多，为 7336.98hm^2，而优化年的自然保留地为 2541.04hm^2，与《总规——西盟》相比，优化年的土地利用率明显增加。

表 6-23　2015～2025 年（优化）土地利用转移矩阵

（单位：hm^2）

地类		2025 年土地利用优化结构										
		水田	旱地	园地	林地	村庄及工矿用地	建制镇	天然牧草地	水域	自然保留地	2025 年	转入面积
2015 年现状土地利用结构	水田	6 480.08	432.77	185.13	425.28	5.22	0.06	0	0.87	185.89	7 715.30	1 235.22
	旱地	290.56	24 620.90	387.52	200.33	27.79	1.30	0	0.01	521.29	26 049.70	1 428.80
	园地	31.43	57.05	18 808.34	722.18	3.51	0.06	0	3.90	5.82	19 632.29	823.95
	林地	299.65	897.63	294.25	64 866.74	12.85	5.44	0	0.60	699.41	67 076.57	2 209.83
	村庄及工矿用地	54.72	65.50	28.00	32.39	1 899.63	0.64	0	1.03	2.66	2 084.57	184.94
	建制镇	83.21	27.53	1.48	14.99	20.07	259.54	0	1.16	2.32	410.30	150.76
	天然牧草地	0	0	0	0	0	0	38.45	0	0	38.45	0
	水域	0	0.03	3.63	4.79	0	0	0	240.82	0.42	249.69	8.87
	自然保留地	25.84	174.08	106.59	108.19	1.79	0.02	0	1.30	2 123.23	2 541.04	417.81
	2015 年	7 265.49	26 275.49	19 814.94	66 374.89	1 970.86	267.06	38.45	249.69	3 541.04	125 797.91	
	转出面积	785.41	1 654.59	1 006.60	1 508.15	71.23	7.52	0	8.87	1 417.81		6 460.18
2020 年《总规——西盟》土地利用结构	水田	6 310.67	746.08	187.95	111.06	30.09	0.78	0	42.46	286.21	7715.30	1 404.63
	旱地	392.48	14 502.83	608.59	8 225.73	137.94	0.17	0	98.79	2 083.17	26 049.7	11 546.87
	园地	35.95	85.28	18 692.08	678.98	39.97	0.15	0	56.91	42.97	19 632.29	940.21
	林地	381.17	4 957.68	498.90	58 330.66	33.93	17.26	0	36.39	2 820.58	67 076.57	8 745.91
	村庄及工矿用地	66.43	113.27	38.31	284.11	1 562.68	1.50	0	7.00	11.27	2084.57	521.89
	建制镇	9.63	7.35	2.53	14.52	10.44	356.57	0	0.40	8.86	410.30	53.73
	天然牧草地	0	0	0	0	0	0	38.45	0	0	38.45	0
	水域	1.03	0.06	63.45	49.26	16.20	0	0	113.24	6.45	249.69	136.45
	自然保留地	24.07	99.34	106.88	219.16	5.94	0.02	0	8.66	2 076.97	2 541.04	464.07
	2020 年	7 221.43	20 511.89	20 198.69	67 913.48	1 837.19	376.45	38.45	363.85	7 336.48	125 797.91	
	转出面积	910.76	6 009.06	1 506.61	9 582.82	274.51	19.88	0	250.61	5 259.51		23 813.62

（3）土地利用转移特征。

2015～2025 年土地利用结构之间主要转移特征：①耕地面积增加，增加的面积主要来自于基期年的自然保留地、林地和园地，其中，耕地内部的转移以旱地转水田为主；②林地面积增加，增加的面积主要来自于基期年的耕地和自然保留地；③建设用地不断扩张，扩张的面积主要来自于基期年的水田和旱地；④自然保留地面积减少，部分自然保留地优化后转为林地和耕地。

《总规——西盟》～2025 优化年主要土地利用结构之间的转移特征为：①优化后耕地面积明显增加，增加的面积主要来自于《总规——西盟》中林地和自然保留地，其中，耕地内部的转移以旱地转水田为主；②优化后林地面积减少，主要转出为旱地；③建设用地不断扩张，扩张的面积主要来自于《总规——西盟》中的耕地和林地；④优化后自然保留地减少，部分自然保留地优化后转为林地和耕地。

2）土地利用转移空间分析

为了对比分析 2015 年和 2025 年土地利用结构在空间分布上的差异，采用 GIS 空间分析工具，得到 2015～2025 年优化土地利用空间转移分布图（图 6-16，彩图见附图 18），进一步分析 2015～2025 年优化土地利用空间布局变化。

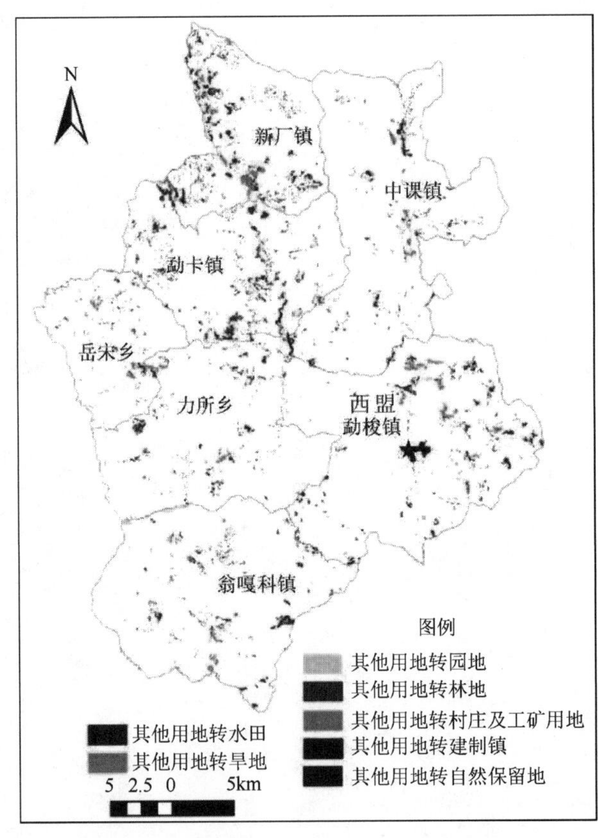

图 6-16　2015～2025 年（优化）土地利用空间转移分布

优化后，2015～2025 年的土地利用空间转移在 7 个乡镇均有分布。勐梭镇主要以园地转耕地，耕地转林地和建制镇为主；力所乡以林地转园地为主；勐卡镇以旱地转水田，耕地转林地和村庄及工矿用地为主；翁嘎科镇以林地转园地为主；新厂镇以旱地转水田，园地转耕地，耕地、自然保留地转林地和村庄及工矿用地为主，岳宋乡以林地转园地为主；中课镇以耕地转林地，耕地转村庄及工矿用地为主。

对比分析表明，2025 年土地利用结构优化以 2015 年耕地转林地和建设用地、自然保留地转耕地和林地为主，2025 年土地利用优化结果对各个乡镇的土地利用空间布局均进行了调整。

总之，通过对西盟县 2025 年土地利用空间优化配置进行土地利用转移数量分析与空间分析，可知 2015～2025 年，建设用地增长主要集中在勐梭镇，与《总规——西盟》一致，《总规——西盟》更侧重于保护优质耕地资源，不存在将大片基期年自然保留地转化成耕地或林地的现象。与《总规——西盟》相比，西盟县 2025 年土地利用结构中自然保留地得到合理利用，土地利用效率明显提高。2025 年土地利用转移空间分析说明，土地利用空间布局优化对各个乡镇的土地利用空间布局均进行了调整。

6.4　生态保护与发展的土地利用结构优化

研究区生物多样性丰富，有利于动植物的生存繁衍。因此，土地结构优化还需要提升研究区整体的生态安全水平。以土地生态安全格局为基础，以发展为导向的空间优化配置方案进行生态优化，分析西盟县生态保护与发展并重的土地利用空间格局。

6.4.1　构建西盟县土地生态安全格局

1. 源的确定

以现存的天然物种栖息地为主要参考因素，而研究区的地带性植被常绿阔叶林，其对维护研究区生态环境极为重要，因此确定常绿阔叶林为保护对象。选择面积较大，而且有一定地域代表性的常绿阔叶林植被的水源涵养功能区、三佛祖和龙潭自然保护区为土地生态保护的“核心区”，即景观生态学中的“源”（图 6-17，彩图见附图 19）。这些“核心区”或“源”是涵养水源的“核心”，拥有着丰富的乡土物种，不仅可作为物种的栖息地，还可接纳其余物种，作为物种流动的“源”和“汇”。对这些“源”的保护对维护区域生态系统的整体功能有关键作用，通过对“源”的保护，来保持和提高区域内生物多样性和潜在的土地生态基础功能。

1）自然保护区

（1）龙潭自然保护区。保护区内森林资源丰富，该区位于县城附近，面积为 3385.25hm^2，是典型的季风常绿阔叶林及其森林生态系统，列入保护“源”范围。

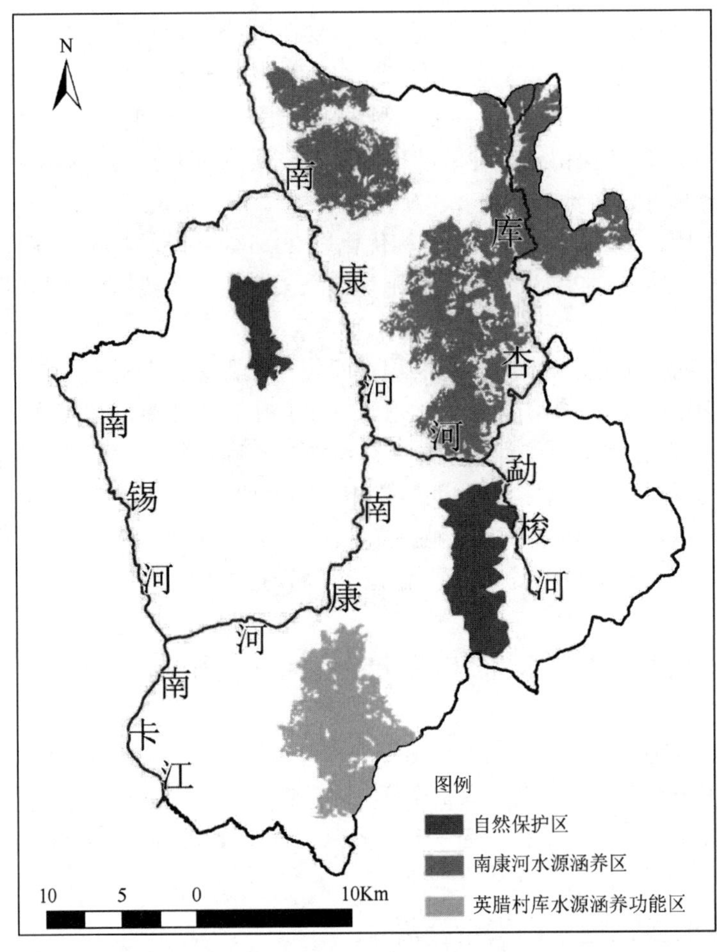

图 6-17 "源"的分布

（2）三佛祖自然保护区。保护区内森林资源丰富，因有著名的三佛祖佛堂遗址而闻名，是生态旅游为主的功能区，面积为 1418.25hm^2，是典型的中山湿性常绿阔叶林及其森林生态系统，列入保护"源"范围。

2）水源涵养功能区

西盟县水源涵养区植被主要为常绿阔叶林，常绿阔叶林主要包括季风常绿阔叶林和中山湿性常绿阔叶林。水源涵养区主要有南康河水源涵养区和英腊水库水源涵养区。

（1）南康河水源涵养区。南康河水源涵养区主要位于新厂镇、勐卡镇、中课镇和勐梭镇，是西盟县境内主要河流的流经地，是境内水源涵养和水土保持的重要区域，为了核心保护源便于管理，将相互靠近并且形状十分破碎的需要保护的斑块进行了合并和形状修剪，以便加强保护"源"之间的联系，选取集中连片且面积＞2500hm^2 的常绿阔叶林斑块。

（2）英腊水库水源涵养区。英腊水库水源涵养区主要位于翁嘎科镇的英腊村，是境内最大的水库和重要的人畜饮水水源地，选取集中连片的常绿阔叶林斑块。

2. 阻力面的构建

物种在环境中生存实际上是对环境的逐步控制和覆盖的过程（李晖等，2011），而物种的控制与覆盖需要克服环境本身的阻力，阻力越小，物种的发展与传播也越顺利，阻力面实际反映了物种的发展方向与发展难易度。生态安全格局的建立需要构建阻力面，最小累积阻力模型是建立阻力面最常用的模型（程迎轩等，2016）。基本公式如下：

$$MCR = f_{\min}\sum_{j=n}^{i=m}(D_{ij} \times R_i) \tag{6-20}$$

式中，$f(x)$为一个反映了空间中任一点的最小阻力与其到所有源的距离关系的函数；D_{ij}为 i 空间任一点到源 j 所穿越空间面 i 的空间距离；R_i为空间单位面 i 可达性的阻力。

1）评价因子选择与分级

通过分析“源”的构成及实地考察，研究区以保护和发展大面积常绿阔叶林为基本目标，评价依据如下：①高海拔的地区对于常绿阔叶林具有较高的适宜性。②坡度越大，人类对其地表覆盖的影响越小。因此，坡度越大，发展常绿阔叶林优先级越高。③现有的林地应作为保护常绿阔叶林的优先地段，阻力值较小。④土地利用覆被类型与常绿阔叶林的植被特征越接近，其对物种运动和扩散的阻力就越小。⑤人类在耕地上劳作，其中的优质耕地，已划为基本农田加以保护，发展常绿阔叶林阻力值较大。⑥人类活动较为频繁的土地类型，其发展常绿阔叶林的阻力值较大。

考虑研究区实际情况及数据的可获得性，以地表覆盖类型、坡度和高程为“源”发展的限制因子，根据西盟县的实际情况，并参照学者对相似区域“源”发展的限制性因子分级经验（赵筱青和易琦，2018），将限制性因子分级如下（表 6-24～表 6-26）。

表 6-24　地类阻力值分级

覆盖类型	有林地	灌木林	茶园	橡胶园	自然保留地	旱地	水田	水域	建设用地
阻力分值	1	2	3	4	5	6	7	8	9

表 6-25　坡度阻力值分级

坡度范围	＞35°	25°～35°	15°～25°	＜15°
阻力分值	1	2	3	4

表 6-26　高程阻力值分级

高程范围	＜1100m	1100～1700m	＞1700m
阻力分值	3	2	1

2）阻力面生成

依据选择的评价因子和制定的分级标准，基于评价因子的阻力分值，对评价因子进行等级分值的评定，随着因子阻力的增大，阻力分值增加（李绥等，2011）。用ArcGIS10.1 软件将坡度因子和地表覆盖类型进行叠加，将叠加的结果与高程因子相乘［式（6-21)］，对结果进行重分类，得到西盟县土地单元阻力分级图，见图 6-18（彩图见附图 20)。

$$Y = H \cdot (S + T) \tag{6-21}$$

式中，Y 为阻力等级分值，即阻力；H、S 和 T 分别为评价单元的高程限制因子等级、坡度等级和覆盖类型因子等级。

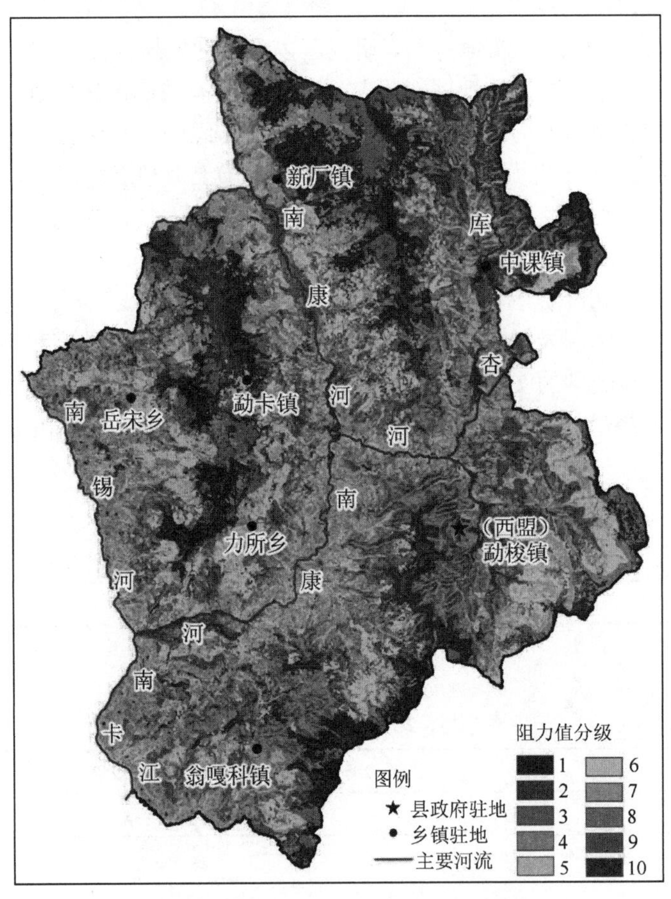

图 6-18　土地单元阻力分级图

基于土地生态阻力分级的结果，考虑保护“源”与距离的远近关系，通过 ArcGIS10.1 软件平台的 Spatial Analyst—Distance—Cost Distance 命令，采用最小累积阻力模型［式(6-20)］，调整土地生态阻力面的阈值，建立土地生态阻力面分布图，见图 6-19。

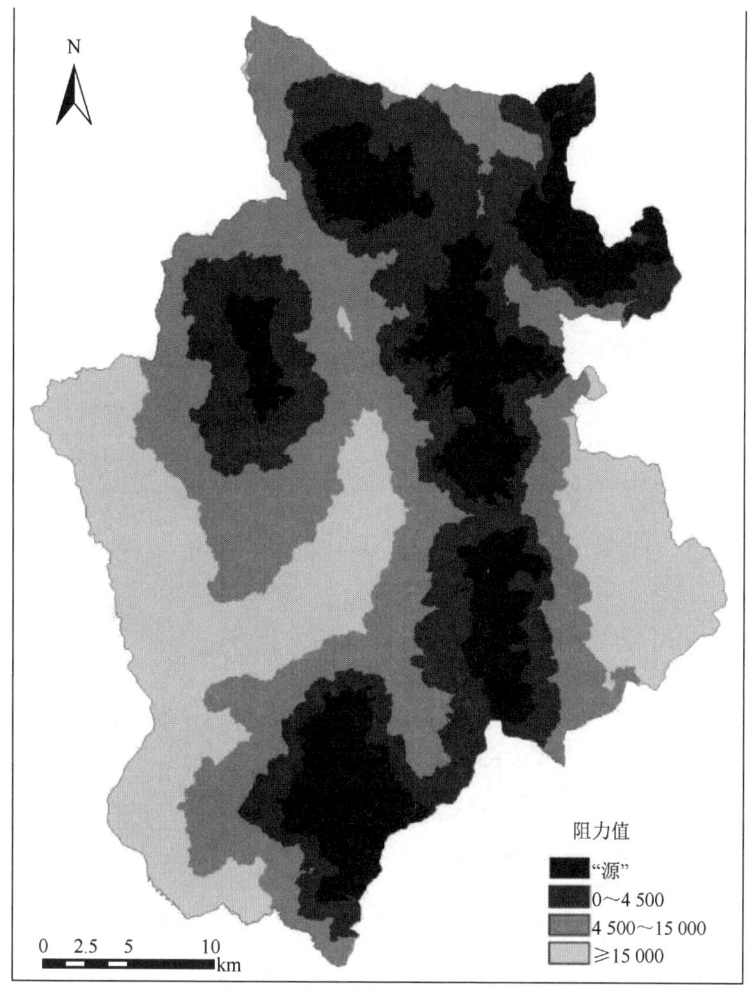

图 6-19　阻力面分级图

3. 西盟县生态安全格局

传统的规划是围绕"核心保护区"并划分一个简单等距离区域来确定不同安全水平的区域（徐卫华等，2010），本书基于研究区实际情况，通过 ArcGIS10.1 软件平台，根据不同阻力等级的发展阈值，对研究区的土地生态阻力面分级图进行重分类，建立不同安全水平的土地生态安全格局（图 6-20，彩图见附图 21），并根据各级生态安全格局的特色制定保护措施。"源"外的第一层阻力圈层直接包围着保护"源"，是生态安全格局的缓冲区，不仅是保护"源"恢复或扩展的潜在地带，也是维护保护"源"生态整体性的关键性地段。第二层阻力圈层是生态安全的过渡区，是人类活动与保护源的过渡地带，随着距保护"源"距离的增加，保护"源"扩展相对阻力也逐渐增加，即对人类开发的抗干扰能力逐渐增加。第三层阻力圈层是生态边缘区，由于其远离保护"源"，对物种扩展的相对阻力较高，人类活动对保护"源"的影响较低。

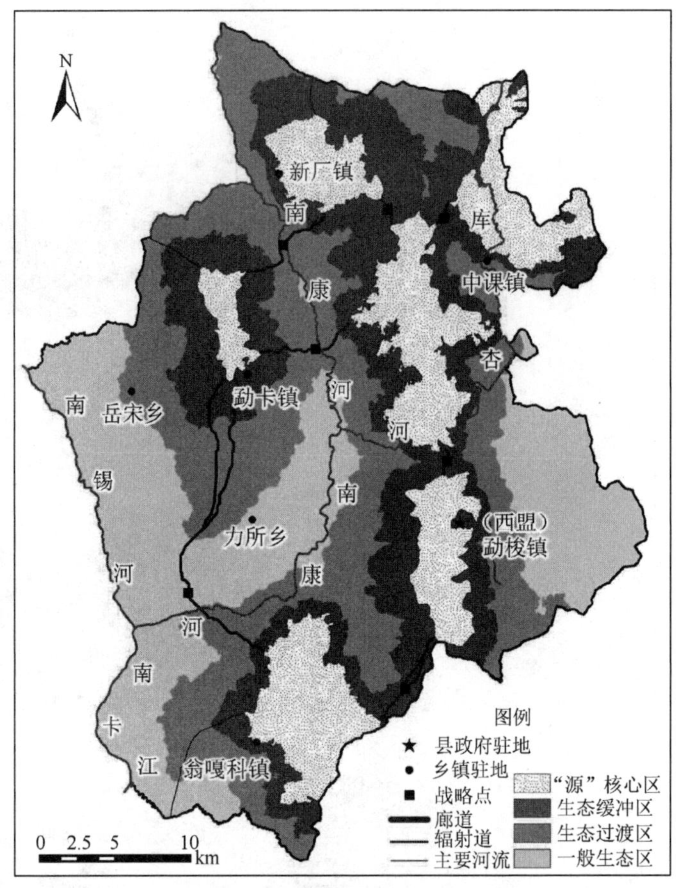

图 6-20　西盟佤族自治县土地生态安全格局

1）强化核心“源”的保护

“源”生态安全格局的核心区，也是生态安全的保护红线，严格禁止任何开发建设。西盟县保护“源”区面积为 23 465.53hm^2，占西盟县总面积的 18.66%。“源”区不仅是取得自然环境本底信息的所在地，还是为保护和监测环境提供评价的来源地。因此，“源”区应保持并恢复乡土物种，在土地利用方面应该加强生态保护。

2）廊道、辐射道的设置与保护

土地安全格局中的廊道判别需要借助 ArcGIS10.1 软件平台的 Spatial Analyst Tools—Corridor 工具，计算不同源之间的最小成本路径，廊道和辐射道划定后，需要设置相应的宽度，根据保护对象的不同，其宽度 3～1200m 不等（程迎轩等，2016）。根据朱强等（2005）学者对生物保护廊道宽度值的研究，60～100m 不仅是满足动植物迁移和传播及生物多样性保护的合适宽度，也是大多数乔木种群，尤其是常绿阔叶林存活的最小廊道宽度。因此，在没有对研究区开展详细研究的基础上，西盟县生态廊道的宽度根据保护“源”的具体情况和参考“源”缓冲区范围来确定，选择建立廊道宽度为 80m（赵筱青和易琦，2018）。除此之外，研究区内的南卡江、南康河和库杏河等天然河流也是生物迁徙、传播的重要通道之一。在判别得到的七条源间廊道和三条辐射道的基础上，与三条原有生境廊道（河流）有机结合，形成网状的生态廊道系统（图 6-20）。

3）构建战略点

战略点是物种迁移或扩散过程中的关键性地区，一般位于廊道内部，可在 MCR 阻力面上结合相邻“源”之间等阻力线的相切点共同判定。研究共划定七个战略点，在战略点范围内，应该减少人类活动，保持原有的土地覆被，如果已有人为干扰，应恢复其原有覆被，维护其生态功能的正常发挥（图 6-20）。

4. 基于生态安全格局的生态用地划分

生态用地作为维护地区生态平衡，提供生态产品与生态系统服务的重要空间，对地区的水资源保护、生物多样性保护，以及预防和减缓自然灾害等具有重要作用（喻锋等，2015）。研究在保护西盟县乡土类型（常绿阔叶林等）、保护生物多样性的基础上划分生态用地。“源”核心区不仅面积较小，对人类活动的敏感性高，抗干扰能力也较弱，与周围的“源”之间的空间联系较弱，生态安全水平相应较低。而生态边缘区远离“源”，对人类活动的敏感性低，抗干扰能力强，对物种迁移和扩散影响较小，生态安全水平相应较高（刘晓，2015）。根据生态安全格局各个阻力面的分布特征和生态用地的需求，划分如下四类生态用地。

1）低安全水平生态用地

“源”核心区作为优先保护对象，划分为西盟县低安全水平生态用地，其面积为 23 465.53hm^2，占总面积的 18.66%。低安全水平生态用地是保护生物多样性、保障生态系统服务功能的土地底线，任何形式的人类活动及开发建设均会危及生态安全，也是未来开发建设不可逾越的底线。

2）中安全水平生态用地

生态缓冲区划分为西盟县中安全水平生态用地，其面积为 31 704.52hm^2，占总面积的 25.20%。中安全水平生态用地不仅包围着“源”，发挥着生态保护的作用，而且对土地类型相互之间物质能量的流通也承担着不可或缺的角色。因此，中安全水平的生态用地应该控制人类建设活动，尽量保持原有环境，勐梭镇、中课镇、新厂镇、翁嘎科镇和勐卡镇的建设用地发展规划应该注意合理扩张。

3）高安全水平生态用地

生态过渡区划分为西盟县高安全水平生态用地，其面积为 37 529.67hm^2，占总面积的 29.83%。高安全水平生态用地对于常绿阔叶林的扩展效率较低，但是具有一定的抗干扰能力，可以进行有条件的开发建设。

4）适宜建设区

生态边缘区划分为西盟县主要的适宜建设区，开发建设区用地面积为 33 098.19hm^2，占总面积的 26.31%。适宜建设区的土地生态阻力值高，不仅远离保护“源”，还是人类活动频繁区，可优先进行开发建设，但仍然需要限制建设的规模及强度，保护生态环境，以免未来开发过度。

6.4.2 西盟县土地利用生态优化及结果分析

1. 西盟县土地利用生态优化方法

在提升西盟县土地生态安全水平的总目标下，根据西盟县生态用地的划分结果，以及生态廊道区的空间布局（图 6-21），确定西盟县土地利用生态优化实施方案（表 6-27），实施方法尽可能地将增强区域生态安全和土地利用的可持续性结合起来，力求达到局部目标与整体目标的综合。通过生态优化方法寻找并优化各级生态用地中不合理的土地利用，从而得到西盟县 2025 年的土地利用生态优化结果（图 6-22，彩图见附图 22）。

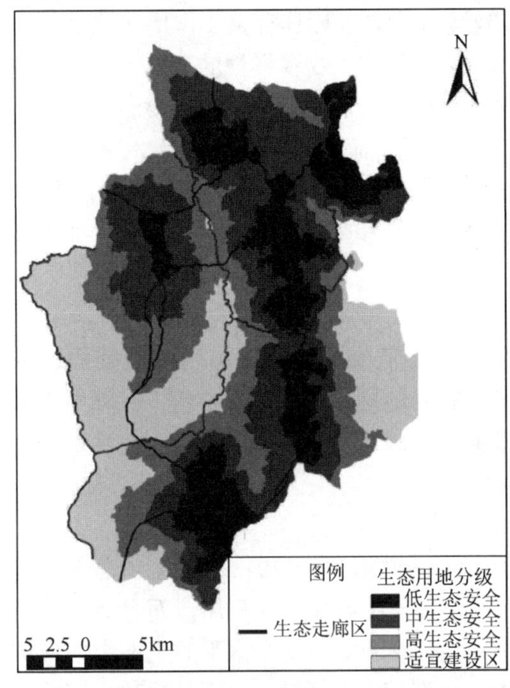

图 6-21　西盟佤族自治县生态用地及生态走廊区分布

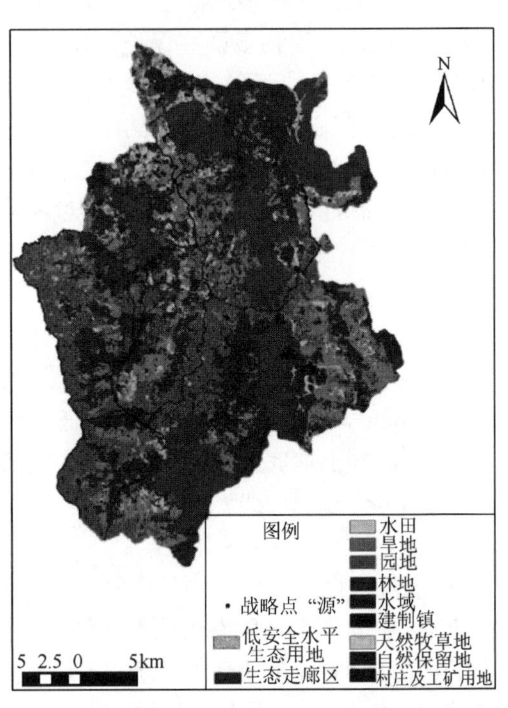

图 6-22　西盟佤族自治县 2025 年土地利用生态优化结果图

表 6-27　西盟县土地利用生态优化实施方案

生态用地类型	现状土地利用类型	优化后土地利用类型	处于生态走廊区内
低安全水平生态用地	水田、旱地、园地、建设用地、自然保留地	优化为林地	优化为林地
	林地、天然牧草地、水域	保持原有地类	保持原有地类
中安全水平生态用地	水田	保持原有地类	优化为林地
	旱地	保持原有地类	优化为林地
高安全水平生态用地	园地	保持原有地类	优化为林地
	建设用地	保持原有地类	优化为林地

续表

生态用地类型	现状土地利用类型	优化后土地利用类型	处于生态走廊区内
适宜建设区	林地	保持原有地类	保持原有地类
	天然牧草地	保持原有地类	保持原有地类
	水域	保持原有地类	保持原有地类
	自然保留地	处于中安全水平生态用地的自然保留地优化为林地，处于高安全水平生态用地和适宜建设区的自然保留地优先补充或发展建设用地和耕地	优化为林地

在生态优化方法设计中，主要的优化依据为生态用地和生态走廊区的空间分布(图 6-21)，通过 ArcGIS10.1 软件平台判断并调整其间不合理的用地类型（表 6-27）。林地、天然牧草地和水域等地类本身具有生态保护的功能，在生态优化中保持原有地类，不进行调整；低安全水平生态用地中的耕地、园地、建设用地和自然保留地优化为林地；中安全水平生态用地、高安全水平生态用地和适宜建设区中，凡是处于生态走廊区内的耕地、园地、建设用地和自然保留地均恢复为林地，而生态走廊区外的地类除自然保留地外，均保留原有地类。其中，处于中安全水平生态用地区的自然保留地均转为林地，高安全水平生态用地和适宜建设区的自然保留地可优先补充或发展建设用地和耕地，其余自然保留地也可转为林地。

2. 西盟县土地利用生态优化结果

1）土地利用效益分析

将土地利用现状面积代入 2025 年土地利用目标函数，得到其效益值（表 6-28）。2025 年土地利用生态优化结果与现状相比，经济效益略低于现状，社会效益和生态效益均高于现状。

表 6-28　2025 年土地利用生态优化效益分析

效益类型	单位	2015 年现状	2025 年土地利用生态优化
经济效益	10^4 元	137 745.81	137 237.53
社会效益	1	2.23	2.24
生态效益	10^4 元	226 941.60	233 560.63

2）土地利用数量结构分析

（1）2015 年和 2025 年土地利用数量结构变化。

林地、耕地和园地仍为西盟县的主要用地（表 6-29）。2015 年林地、耕地和园地总面积为 119 730.81hm^2，占全县总面积的 95.18%，至 2025 年分别为 121 560.83hm^2 和 96.63%。其中，林地的面积呈增加趋势，从 2015 年的 66 374.89hm^2 增加至 2025 年的 70 067.20hm^2；园地面积呈减少趋势，从 2015 年的 19 814.94hm^2 减少至 2025 年的 19 309.07hm^2；耕地面积总体呈减少趋势，从 2015 年的 33 540.98hm^2 减少至 2025 年的 32 184.56hm^2。

表 6-29 西盟县土地利用结构优化前后变化（2015～2025 年）

土地利用类型		2015 年现状		2025 年	
		面积/hm^2	比例/%	面积/hm^2	比例/%
耕地	水田	7 265.49	5.78	7 371.65	5.86
	旱地	26 275.49	20.89	24 812.91	19.72
	小计	33 540.98	26.67	32 184.56	25.58
园地		19 814.94	15.75	19 309.07	15.35
林地		66 374.89	52.76	70 067.20	55.70
建设用地	村庄及工矿用地	1 970.86	1.57	1 939.39	1.54
	建制镇	267.06	0.21	392.38	0.31
	小计	2 237.92	1.78	2 331.77	1.85
天然牧草地		38.45	0.03	38.45	0.03
水域		249.69	0.20	249.69	0.20
自然保留地		3 541.04	2.81	1 617.17	1.29
合计		125 797.91	100.00	125 797.91	100.00

注：生态优化中自然保留地优先补充或发展建设用地和耕地，其余转为林地；由于土地利用分类方式不同，各地类面积与第四章有所差别。

总体而言，2025 年优化后旱地、园地、村庄及工矿用地和自然保留地面积均低于现状，其中，自然保留地和旱地面积减少最多；水田、林地和建制镇面积均大于现状，林地面积增加最多；天然牧草地和水域面积变化不大。

从地类变化面积的绝对量分析，面积变化最大的地类是林地，2025 年优化后林地面积与现状相比，增加了 3692.31hm^2；其次为自然保留地和旱地，与现状相比，2025 年优化后自然保留地面积减少了 1923.87hm^2，旱地面积减少了 1462.58hm^2。

（2）西盟县生态用地数量特征分析。

西盟县低安全水平生态用地中仅包含两种土地利用类型（表 6-30），分别为林地和水域；中安全水平生态用地中，林地面积最大，其次为旱地，其余地类面积较少；高安全水平生态用地中，林地面积依旧最大，其次为旱地和园地；适宜建设区用地中，园地面积最大，其次为林地和旱地。

各土地利用类型方面，水田分布主要位于高安全水平生态用地，旱地分布主要位于高安全水平生态用地和适宜建设区，园地面积从中安全水平生态用地→高安全水平生态用地→适宜建设区呈现增加趋势，主要位于适宜建设区；林地所占面积从低安全水平生态用地→中安全水平生态用地→高安全水平生态用地→适宜建设区逐渐减少；村庄及工矿用地主要位于高安全水平生态用地，而建制镇主要位于中安全水平生态用地，需要制定合理的建制镇扩展方向；天然牧草地位于中安全水平生态用地；水域分布主要集中于低安全水平生态用地和高安全水平生态用地；自然保留地保留在高安全水平生态用地和适宜建设区内的，用于补充或发展建设用地和耕地。

表6-30　西盟县2025年土地利用生态优化结果　（单位：hm^2）

土地利用类型	低安全水平生态用地	中安全水平生态用地	高安全水平生态用地	适宜建设区	合计
水田	0.00	2 301.25	3 287.52	1 782.88	7 371.65
旱地	0.00	5 870.63	9 827.17	9 115.11	24 812.91
园地	0.00	1 940.23	6 143.31	11 225.53	19 309.07
林地	23 375.02	20 738.03	16 273.42	9 680.73	70 067.2
村庄及工矿用地	0.00	570.73	889.66	479.00	1 939.39
建制镇	0.00	242.67	141.74	7.97	392.38
天然牧草地	0.00	38.45	0.00	0.00	38.45
水域	90.51	2.53	96.98	59.67	249.69
自然保留地	0.00	0.00	869.87	747.30	1 617.17
合计	23 465.53	31 704.52	37 529.67	33 098.19	125 797.91

3）土地利用空间布局分析

从2025年各地类的空间分布分析，西盟县林地主要分布在东北部和东南部，对西盟县的生态安全起着重要的维持作用；园地主要分布在西部及南卡江与南康河两岸；水田和旱地主要分布在东部和北部南康河两岸；建制镇主要位于勐卡镇（老县城）和勐梭镇（新县城）；自然保留地和村庄及工矿用地呈零散分布（图6-22）。考虑西盟县的建制镇主要位于中安全水平生态用地，需要注意其扩展方向，西盟县的建制镇主要为勐卡镇（老县城）和勐梭镇（新县城），老县城由于地处地质灾害频发区，已经不再适宜发展。通过分析西盟县新县城生态优化的空间分布（图6-23，彩图见附图23），新县城南侧为龙潭保护区，其他三侧坡度较大，且靠近自然保护区，因此，新城区的发展方向为东南方向，发展方向远离“源”，不仅满足了城市发展需求，也维护了生态安全。

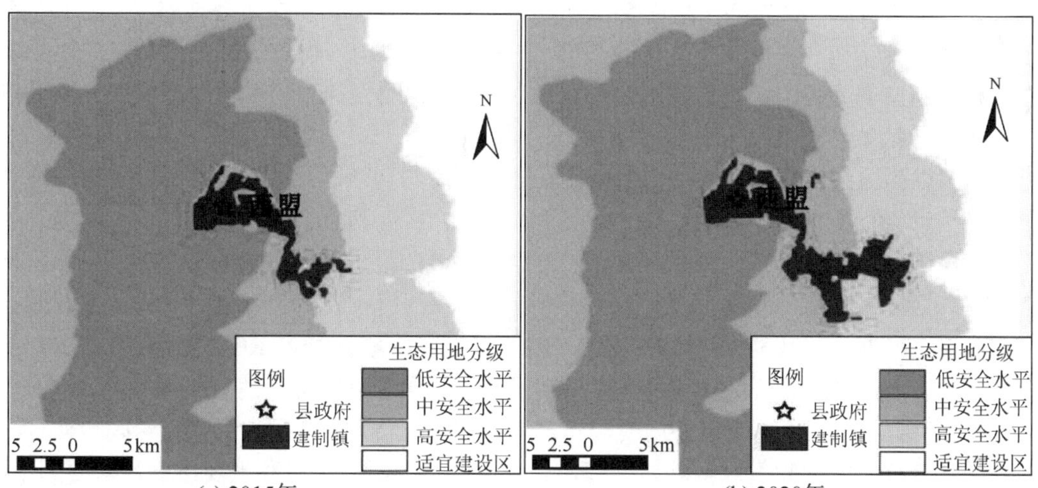

(a) 2015年　　(b) 2020年

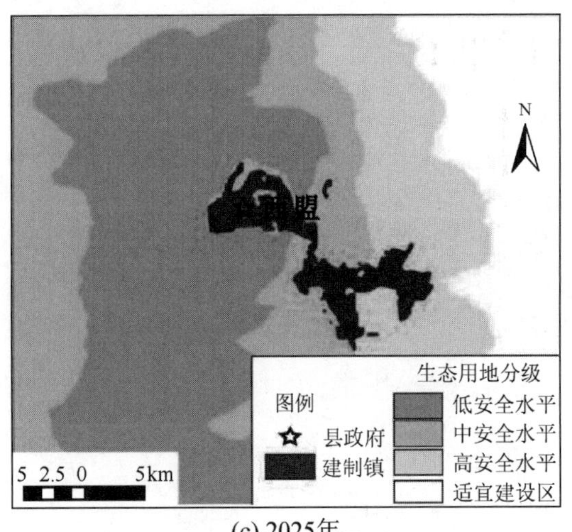

(c) 2025年

图 6-23　西盟佤族自治县建制镇（新县城）发展趋势

生态优化后的西盟县具有 13 条生态廊道（图 6-22），其中，七条为“源”间廊道，三条为研究区内的河流（南康河、库杏河和南卡江），三条为“源”向外围土地扩展的辐射道。处于生态廊道内的原有林地、水域和天然牧草地可保留，其他地类恢复为林地；有七个对促进和阻碍生态过程有关键性作用的战略点。这较好地实现了优化预期目标，按照优化实施方案优化，从总体上提升了西盟县的植被覆盖度，能够有效增加区域的土地生态安全水平。

6.5　本 章 小 结

本章首先以发展为导向，构建了生态、经济和社会效益最优的交互式多目标规划模型，选取西盟县 2025 年的土地利用数量结构优化方案，并运用 MAS—CLUE-S 模型进行空间配置，其结果可以为西盟县土地的合理利用提供参考。同时，考虑西盟县的生态保护，在土地利用数量结构和空间布局优化的基础上，加入生态优化，得到生态保护与发展情景下的土地利用空间格局，优化结果为促进西盟县土地资源的可持续利用和生态保护提供了依据。主要结论如下。

（1）以西盟县发展为导向的土地利用优化配置，与现状相比，综合效益、建设用地和土地利用率均优于现状；与《总规——西盟》相比，土地利用结构更为合理，不仅提升了土地利用率，还保护了耕地资源，满足了西盟县发展的需求。在 CLUE-S 模型基础上，耦合 MAS 模型，考虑土地部门、林业部门和城市建设部门智能体的用地需求，构建西盟县土地利用空间布局优化体系，并对 MAS—CLUE-S 模型进行检验，ROC 检验＞0.7，Kappa 系数＞0.85，模型在方法、技术和模拟精度提升等方面都具有可行性。

（2）西盟县土地生态安全格局的构建以保护和发展自然保护区、水源涵养区和具有一定地域代表性的大面积常绿阔叶林为基本目标，选取了高程、坡度和地表覆盖为阻力因子，基于 GIS 技术用最小累积阻力模型（MCR 模型）设计了西盟县的生态安全格局，识别了对“源”间物种迁移和扩散其保护和维护作用的“源”间廊道、辐射道及战略点，划分了有利于生态保护的“源”核心区、生态缓冲区、生态过渡区和生态边缘区，确定了西盟县低生态安全水平生态用地、中生态安全水平生态用地、高生态安全水平生态用地和适宜建设区四种生态用地类型。

（3）在土地利用结构优化配置的基础上，考虑西盟县生态保护与发展情景，进行生态优化，得到西盟县 2025 年土地利用优化方案。优化后的经济效益虽然与现状相比有所下降，但社会效益和生态效益均呈上升趋势。优化后耕地资源得到保护，林地和建设用地增加，天然牧草地和水域面积不变，自然保留地和园地减少，土地利用率提高。林地主要布局在东北部和东南部，对西盟县的生态安全起着重要的维持作用；园地主要布局在西部及南卡江与南康河两岸；水田和旱地主要布局在东部和北部南康河两岸；建制镇主要位于勐卡镇（老县城）和勐梭镇（新县城）；自然保留地和村庄及工矿用地呈零散分布。优化后的西盟县构建了 13 条生态廊道和 7 个战略点。

（4）土地利用优化首先考虑研究区的发展，对研究区展开数量结构优化和空间布局优化配置。同时，考虑研究区的生态安全，在土地利用结构优化配置的基础上，展开生态优化，分析研究区在生态保护中发展的土地利用优化格局。土地利用优化模式及方法总结见图 6-24。

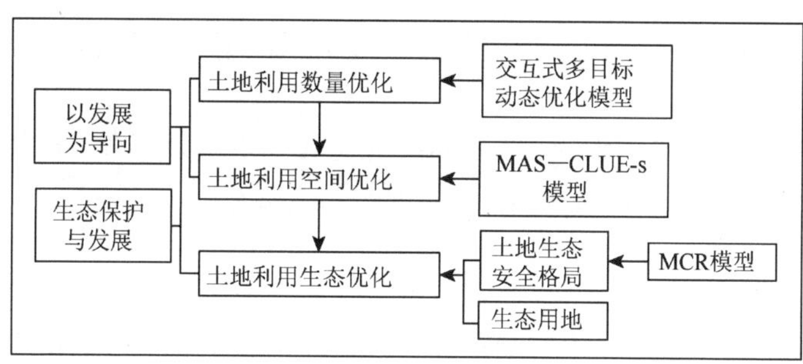

图 6-24　土地利用优化模式及方法

第 7 章　基于 MAS-LCM 耦合模型的孟连县土地利用时空变化模拟预测

7.1　基本理论与模型描述

7.1.1　CA 模型理论

CA 模型又称为元胞自动机，是所有元胞赋予有限不同状态，执行相同转换规则，元胞遵守相同转换规则在局部空间上同时发生转变，推动模型的演变（摆万奇和赵士洞，1997）。CA 模型是一类模型的总称，根据模型元胞转换规则不同，有多种扩展模型。

元胞空间、元胞状态、邻域、转换规则及时间是标准 CA 模型的构成部分，可以简单地描述如下：

$$S_{(t+1)} = f(S_t, N) \tag{7-1}$$

式中，S 为元胞状态；N 为元胞领域；t 和 $t+1$ 为不同时段；f 为元胞的转换规则。

1）元胞状态

元胞是 CA 模型最基本的组成部分，每个元胞在一定时刻都有自己相应的状态，研究六类土地利用类型定义为 CA 模型中不同时刻的元胞状态。

2）元胞空间

元胞空间就是指元胞分布几何空间，其中二维四方形元胞组成的网格对应土地类型变化中土地二维栅格空间，这种元胞空间形式在土地利用时空变化模拟预测研究中应用最为广泛。

3）元胞邻域

主要有 Von.neumala 型、Moore 型和扩展 Moore 型三种形式的元胞邻域，这三类元胞邻域可见图 7-1。

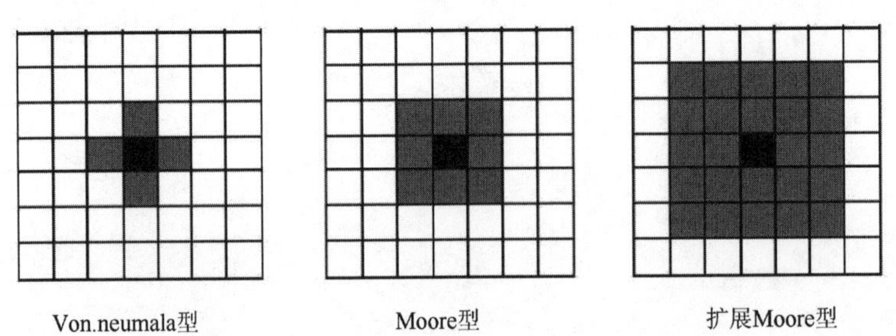

图 7-1　元胞邻域的不同模型

其中，黑色为中心元胞，灰色代表中心元胞邻域；Von.neumala 型邻域有四个元胞，邻域半径为 1；Moore 型邻域有八个元胞，邻域半径为 1；将 Moore 型的元胞邻域半径扩展到 2 时，即形成扩展的 Moore 型。

4）元胞转换规则

转换规则是 CA 模型的核心内容，决定元胞状态转换变化，即从一种土地利用类型转换为另一种土地利用类型。CA 模型只有加入符合土地利用变化规律的转换规则才能模拟复杂的地理现象，元胞本身的结构不发展，但其状态在不停发生变化。

$$S_{i,j}^{t+1} = f(S_{i,j}^{t}, S_{n,m}^{t}) \tag{7-2}$$

式中，$S_{i,j}^{t+1}$ 为 $t+1$ 时刻元胞（i,j）的状态；f 为元胞转换规则；$S_{i,j}^{t}$ 为 t 时刻元胞（i,j）的状态；$S_{n,m}^{t}$ 为 t 时刻元胞（i,j）的邻域状态。

5）时间

CA 模型是一个动态模型，在保证符合过去土地利用动态变化规律的前提下，模拟未来某个时刻土地利用状态，包含了过去（t–1）、现在（t）、未来（$t+1$）三个时刻，$t+1$ 时刻的元胞状态直接受到 t 时刻的元胞状态的影响，同时由于地理现象的时间滞后性，t–1 元胞状态也能影响 $t+1$ 时刻元胞状态。

7.1.2　MAS 模型理论

MAS 模型是复杂适应系统理论、人工生命及分布式人工智能技术融合的系统模型（薛领和杨开忠，2002；刘大均等，2013）。在 MAS 模型模拟预测土地利用变化中，智能体是地理空间中的不同土地利用主体，如政府、居民等，不同智能体共同参与土地利用决策过程。对象为不同土地利用类型，如水域、经济园地等，环境是指研究区域的人文环境和自然环境，特别是影响智能体土地利用行为选择的人文环境因素，如政策、个人意愿等。

MAS 模型中微观智能体的行为及其之间的相互作用推算出的全局行为以非线式的方式表现出来（孟庆国和罗杭，2017），这与地理空间系统中空间个体相互作用的结果相符，是深入理解地理空间演化特征的天然工具，但是一般 MAS 模型缺乏空间概念，如何解决智能体的地理空间表达问题值得深入探讨。

MAS 模型由多个智能体组成，智能体代表具有相同属性的一类人或者组织，智能体受环境的影响相互作用，又通过自身行为改变对象和周边环境，系统组成可归纳为：智能体、行为、对象、环境（图 7-2）。

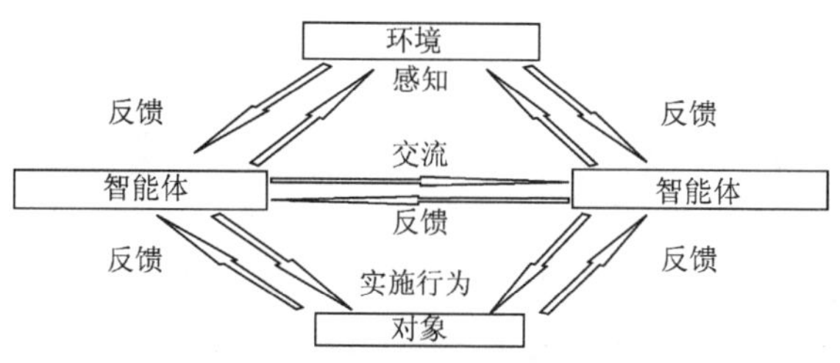

图 7-2　智能体系统的结构图

7.1.3 Markov 模型理论

Markov 模型是一种数学预测方法，以概率方法研究事件未来变化趋势，主要是依据事件 t 时刻状态概率判断事件 $t+1$ 时刻的状态（徐建华，2002）。

Markov 模型的公式如下：

$$X_{t+1} = X_t \times \boldsymbol{P} \tag{7-3}$$

$$\boldsymbol{P} = \begin{bmatrix} P_{11} & P_{12} & \cdots & P_{1n} \\ P_{21} & P_{22} & \cdots & P_{2n} \\ \vdots & \vdots & & \vdots \\ P_{n1} & P_{n2} & \cdots & P_{nn} \end{bmatrix} \tag{7-4}$$

式中，X_t 为事件在 t 时刻的状态；$\boldsymbol{P}$ 为转移概率矩阵，取值范围在 0～1；X_{t+1} 为事件在 $t+1$ 时刻的状态。

在土地利用时空变化模拟预测中，各地类之间的数量转换很难以用数学函数式进行描述，土地利用时空变化又是在以往土地利用状况基础上发生转变。这与 Markov 模型内涵相符（李斌等，2017）。因此，研究采用 Markov 模型模拟预测各地类的数量变化。

7.1.4 模型描述

1. Logistic-CA-Markov 模型

Markov 模型根据转移矩阵预测未来土地利用数量变化，空间信息预测较弱，CA 模型空间模拟预测较强，将这两种模型耦合形成 CA-Markov 模型，能够综合运用两种模型各自的优势，从数量和空间两个角度同时模拟预测土地利用变化。但是，CA-Markov 模型并未考虑土地利用驱动因素随时间的变化，其假定土地利用驱动因素是相同的，现实情况下土地利用变化是受到多方面驱动因素影响的，自然因素较为稳定，在短时间内变化不大，而人文社会因素往往变化较为明显，这样就会造成 CA-Markov 模型模拟预测不符合实际状况（吴燕辉和周勇，2008；杨维鸽，2010）。

目前，对区域土地利用变化与其驱动因素之间关系研究的方法很多，其中二元 Logistic 回归方法是研究土地利用变化与驱动因素回归关系最为常用的一种方法，详见 4.1.2 节中“2. 二元 Logistic 回归分析方法”部分。

2. MAS-LCM 模型

Logistic-CA-Markov（LCM）模型具有在地理空间和数量上的模拟预测优势，还考虑土地利用驱动因素随时间的变化，但是难以分析土地利用决策行为主体的土地利用选择，这是不符合实际也是不科学的。把 MAS 模型和 LCM 模型结合起来，耦合成 MAS-LCM 模型，使其既具有 LCM 模型优势，又考虑了多智能体系统各土地利用主体的复杂空间决策行为，符合基于人地耦合系统开展的土地利用变化研究潮流，也弥补了 LCM 模型对土地利用主体考虑不足的劣势。在 MAS-LCM 耦合模型中，MAS 模型代表各空间决策土地利用主体，LCM 模型代表影响土地利用变化的各种空间环境过程，Markov 模型预测未来时间段土地利用数量变化，MAS 模型的转换规则和 LCM 模型转换规则耦合成 MAS-LCM 耦合模型转换规则，土地利用数量变化在 MAS-LCM 耦合转换规则的判断下产生模拟预测结果。

7.2　土地利用时空变化模拟预测研究

7.2.1　CA 模型的构建

1）元胞及其状态

研究区土地利用栅格数据和二维方形元胞形状一致，一个栅格大小为 30m×30m，即为一个元胞单元。元胞状态为一个离散的状态集，在模拟预测土地利用变化时，需要赋予特定的土地类型，土地类型共划分为耕地、建设用地、林地、经济园地、其他用地和水域六类，因此元胞的状态就有这六种类型。

2）元胞邻域

元胞邻域主要有 Von.neumala 型、Moore 型和扩展的 Moore 型三种形式，元胞邻域的选择影响转换规则的挖掘和模拟精度（周成虎等，2009）。冯永玖和韩震（2011）研究元胞邻域对元胞自动机模拟土地利用变化影响时，以 Logistic 回归 CA 模型为例，分别基于 Von.neumala 型、Moore3×3 型、Moore5×5 型及 Moore7×7 型邻域，模拟研究区土地利用变化，其中 Moore5×5 邻域的模拟精度最高，模拟效果最好。IDRISI15.0 软件通过滤波器定义元胞的邻域，软件默认 Moore5×5 型的滤波器，根据学者研究结果和软件设计标准，选择 Moore5×5 型元胞邻域。

3）转换规则

转换规则是 LCM 模型土地利用时空变化模拟预测的核心，正确地定义转换规则能提高模拟精度。IDRISI 软件通过土地类型空间分布适宜性概率图的制作，定义 LCM 模型的转换规则。

7.2.2　土地利用数量模拟预测分析

利用 IDRISI15.0 软件中的 Markov 模块方法来获取转移概率矩阵和转移面积矩阵，在 Markov 模块中叠加研究区两个不同时段的土地利用现状图，并设定两个不同时段的土地利用现状图时间间隔和预测时间周期，即可生成土地利用转移概率矩阵和转移面积矩阵，来模拟预测孟连县土地类型数量。

依照研究 Markov 模块模拟预测设计要求，首先添加 2005 年和 2010 年孟连县土地利用现状图，时间间隔为 5 年，以 2010 年土地利用现状数据为基础模拟 2015 年土地利用变化，则设定模拟时间周期都为 5 年，运行 Markov 模块就可以得到 2005～2010 年土地利用面积转移矩阵和概率转移矩阵。其次，添加 2005 年、2015 年孟连县土地利用现状图，时间间隔为 10 年，以 2015 年土地利用现状数据为基础模拟预测 2025 年土地利用变化，则设定模拟预测时间周期为 10 年，运行 Markov 模块就可以得到 2005～2015 年土地利用面积转移矩阵和概率转移矩阵（表 7-1～表 7-4）。

表 7-1　孟连县 2005～2010 年土地利用面积转移矩阵

	Class 1	Class 2	Class 3	Class 4	Class 5	Class 6
Class 1	462 749	998	35 118	29 361	145	224
Class 2	84	6 333	167	74	0	96
Class 3	46 699	661	1 069 639	74 660	1 836	515
Class 4	18 941	4	3 120	309 218	661	131
Class 5	118	0	3 042	564	20 047	0
Class 6	72	1	79	309	0	8 205

注：在 IDRISI15.0 版本软件中，不能识别汉字，数字 1、2、3、4、5、6 分别代表耕地、建设用地、林地、经济园地、其他用地、水域六类用地类型，与表 7-2～表 7-4 相同，转移矩阵是栅格单位，一个栅格的大小为 30m×30m。

表 7-2　孟连县 2005～2010 年土地利用概率转移矩阵

	Class 1	Class 2	Class 3	Class 4	Class 5	Class 6
Class 1	0.875 4	0.001 9	0.066 4	0.055 5	0.000 3	0.000 4
Class 2	0.012 5	0.937 6	0.024 8	0.011 0	0	0.014 2
Class 3	0.039 1	0.000 6	0.895 8	0.062 5	0.001 5	0.000 4
Class 4	0.057 0	0	0.009 4	0.931 2	0.002 0	0.000 4
Class 5	0.005 0	0	0.128 0	0.023 7	0.843 3	0
Class 6	0.008 3	0.000 1	0.009 1	0.035 7	0	0.946 7

表 7-3　孟连县 2005～2015 年土地利用面积转移矩阵

	Class 1	Class 2	Class 3	Class 4	Class 5	Class 6
Class 1	391 268	10 220	47 837	54 490	3 421	970
Class 2	823	23 625	577	476	58	279
Class 3	75 393	8 611	965 188	92 573	6 577	715
Class 4	16 815	836	24 551	332 294	1 692	259
Class 5	3 397	33	3 380	1 033	22 911	18
Class 6	1 433	43	636	458	44	4 662

表 7-4　孟连县 2005～2015 年土地利用概率转移矩阵

	Class 1	Class 2	Class 3	Class 4	Class 5	Class 6
Class 1	0.769 0	0.020 1	0.094 1	0.107 2	0.006 7	0.001 9
Class 2	0.031 8	0.914 3	0.022 3	0.018 4	0.002 2	0.010 8
Class 3	0.065 6	0.007 5	0.840 0	0.080 6	0.005 7	0.000 6

续表

	Class 1	Class 2	Class 3	Class 4	Class 5	Class 6
Class 4	0.045 0	0.002 2	0.057 7	0.889 8	0.004 5	0.000 7
Class 5	0.110 4	0.001 1	0.109 8	0.033 6	0.744 5	0.000 6
Class 6	0.196 9	0.005 9	0.087 4	0.062 9	0.006 0	0.640 9

7.2.3　土地类型空间分布适宜性概率分析

1. 二元 Logistic 回归方法驱动因子的选择

在孟连县实际状况基础上考虑土地利用变化驱动因子，但是受到数据收集、因子量化和因子空间化的限制，研究主要从自然环境因素和社会经济因素两个方面选择孟连县土地利用变化的驱动因子（表 7-5）。孟连县山区面积占 98%以上，最高海拔与最低海拔相差 2103m，海拔相差大，自然环境对土地利用变化影响很大，特别是海拔、坡度、坡向、距河流距离驱动因子，对耕地、建设用地的空间布局起着主导作用。因此，研究选取这四个自然因素驱动因子分析孟连县土地类型的空间分布适宜性概率。社会经济因素表达土地利用主体行为选择范围，其中乡镇农业劳动力数量影响土地利用的开发面积和投入产出效益；距主要道路距离、距农村居民点距离、距乡镇距离、距县城距离等代表交通便利程度和距市场远近程度，影响土地种植作物种类的选择，进而改变土地利用用途，这些都直接与人们对土地利用的决策有关。鉴于此，研究选取这五个社会经济因素分析孟连县土地利用变化。为了说明选择因子的合理性和科学性，通过 ROC 方法对二元 Logistic 回归结果进行检验，如果效果较好，则说明土地利用驱动因子选取是合理和科学的。

坡度、坡向、海拔三个自然因子从地形数据中提取得到；乡镇农业劳动力数量采用 IDW 空间插值方法得到；距离因子可以采用“Euclidean Distance”工具制成栅格图形。自然因子和距离因子在 2010～2015 年基本不变，以静态数据进行处理，乡镇农业劳动力数量在 2010～2015 年发生变化，以动态数据进行处理。各数据空间表达见图 7-3 和图 7-4。

表 7-5　孟连县土地利用变化驱动因子

因子分类	名称	使用代码
自然	坡度	x_1
自然	坡向	x_2
自然	海拔	x_3
自然	距河流距离	x_4
社会经济	乡镇农业劳动力数量	x_5
社会经济	距县城距离	x_6
社会经济	距主要道路距离	x_7
社会经济	距农村居民点距离	x_8
社会经济	距乡镇距离	x_9

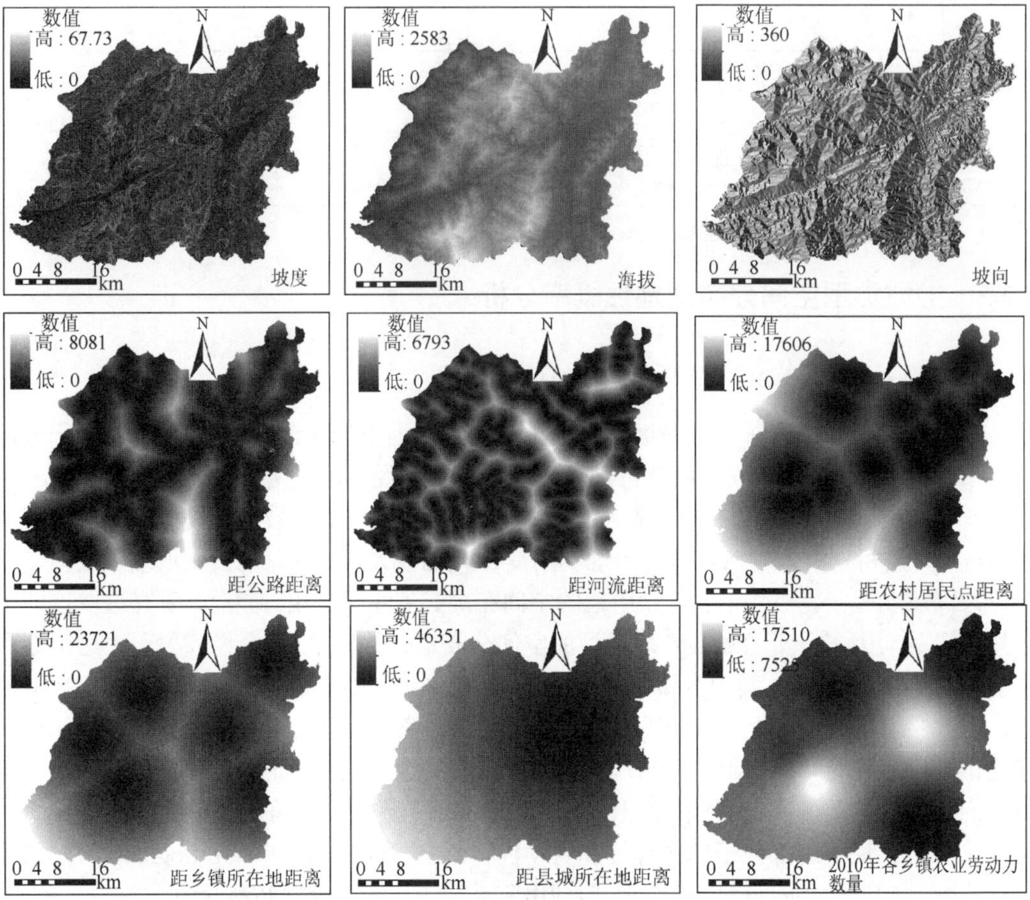

图 7-3　孟连傣族拉祜族佤族自治县 2010 年驱动因素

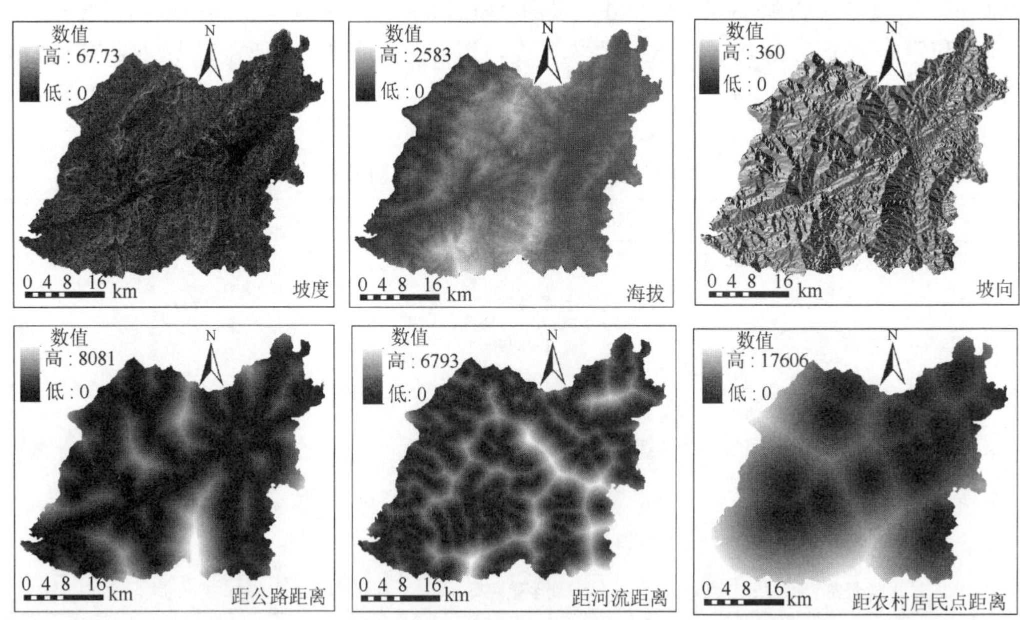

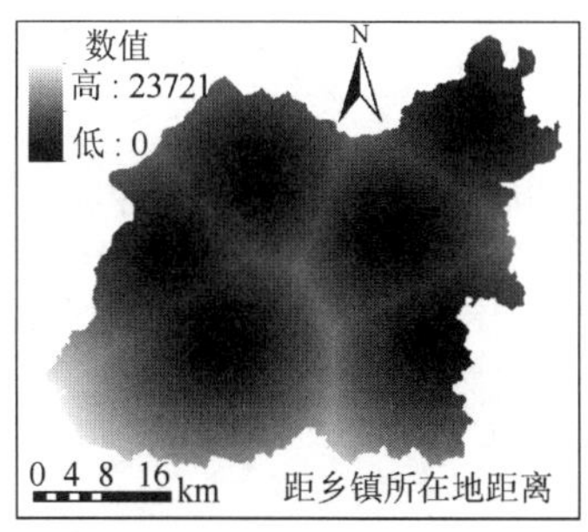

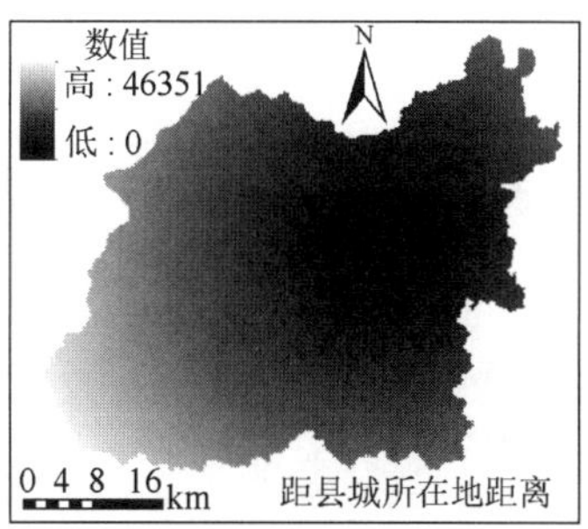

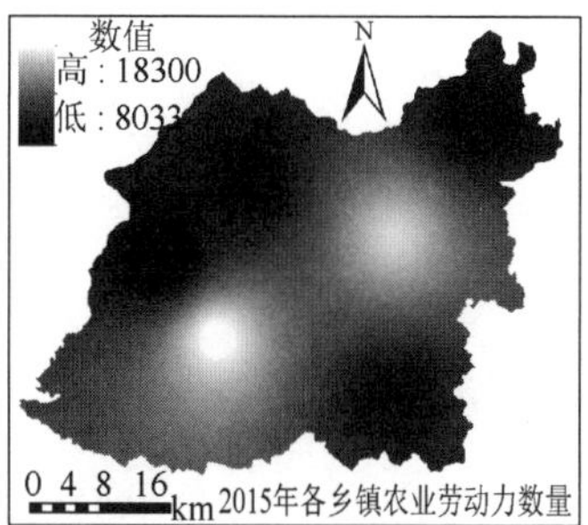

图 7-4　孟连傣族拉祜族佤族自治县 2015 年驱动因素

2. 二元 Logistic 回归方程和各土地类型空间分布适宜性概率分析

采用二元 Logistic 回归方程分析孟连县土地利用变化和驱动因子之间的回归关系，获得各土地利用类型空间分布适宜性概率图，作为 Logistic-CA-Markov 模型的转换规则。通过 ROC 值对各土地利用类型空间分布适宜性概率真实性进行验证，当 ROC 值大于 0.7 时，说明回归效果较好（朱会义和李秀彬，2003），各土地利用类型空间分布适宜性概率是真实可信的，本部分内容在 IDRISI 软件 Logistic 模块中完成。在 Logistic 模块中输入孟连县 2010 年和 2015 年各土地利用类型现状图，每种土地利用类型现状图对应九种驱动因子。九种驱动因子应先在 ArcGIS10.1 软件做数据标准化处理，取值范围标准化到 0～1，消除量纲的影响，就可以得到对应各土地利用类型的二元 Logistic 回归方程系数（表 7-6 和表 7-7）。

表 7-6　孟连县 2010 年二元 Logistic 回归方程因子系数

因子变量	土地类型					
	耕地（class1）	建设用地（class2）	林地（class3）	经济园地（class4）	其他用地（class5）	水域（class6）
x_1	−0.040 051	−0.130 978	0.054 465	−0.001 690	0.004 073	−0.181 894
x_2	0.001 256	0.000 519	0.000 269	0.002 464	0.000 707	−0.000 048
x_3	0.000 582	−0.003 837	0.002 891	−0.001 357	0.002 379	0.001 220
x_4	0.000 140	−0.000 697	0.000 053	0.000 022	−0.000 425	0.000 422
x_5	0.000 135	0.000 781	0.000 108	0.000 104	−0.000 102	0.000 200
x_6	0.000 013	−0.000 089	0.000 009	0.000 082	0.000 099	0.000 030
x_7	−0.000 337	−0.004 900	0.000 213	−0.000 093	−0.000 090	−0.001 395
x_8	−0.000 057	0.000 082	−0.000 089	0.000 137	−0.000 078	0.000 089
x_9	0.000 049	−0.000 020	−0.000 006	−0.000 003	0.000 063	0.000 005
β（常数项）	−3.275 505	−9.457 501	−5.640 522	−4.447 610	−8.115 827	−7.996 408

表 7-7　孟连县 2015 年二元 Logistic 回归方程因子系数

因子变量	土地类型					
	耕地（class1）	建设用地（class2）	林地（class3）	经济园地（class4）	其他用地（class5）	水域（class6）
x_1	−0.044 139	−0.107 434	0.056 430	0.003 054	−0.000 352	−0.203 440
x_2	0.001 372	0.001 623	0.000 143	0.002 105	0.000 727	0.000 676
x_3	0.000 739	0.000 059	0.002 789	−0.001 496	0.001 953	0.001 268
x_4	0.000 109	−0.000 075	0.000 031	0.000 065	−0.000 289	0.000 403
x_5	0.000 164	0.000 307	0.000 139	0.000 086	−0.000 024	0.000 194
x_6	0.000 006	−0.000 014	0.000 014	0.000 092	0.000 068	0.000 025
x_7	−0.000 285	−0.000 665	0.000 200	−0.000 138	−0.000 082	−0.001 286
x_8	−0.000 095	0.000 067	−0.000 059	0.000 141	−0.000 105	0.000 128
x_9	0.000 042	−0.000 010	−0.000 024	0.000 012	0.000 081	0.000 011
β（常数项）	−3.430 968	−6.637 767	−5.977 335	−4.184 577	−7.676 394	−8.100 053

把表 7-6 和表 7-7 中的系数代入式（6-7），得到 2010 年和 2015 年孟连县各土地利用类型的空间分布适宜性概率回归方程，2010 年各土地利用类型的空间分布适宜性概率回归方程如下。

（1）耕地：

$$\log[P_1/(1-P_1)] = -3.275\,505-0.040\,051x_1 + 0.001\,256x_2 + 0.000\,582x_3 + 0.000\,140x_4 + 0.000\,135x_5 + 0.000\,013x_6-0.000\,337x_7-0.000\,057x_8 + 0.000\,049x_9$$

（2）建设用地：

$$\log[P_2/(1-P_2)] = -9.457\,501-0.130\,978x_1 + 0.000\,519x_2-0.003\,837x_3-0.000\,697x_4 + 0.000\,781x_5-0.000\,089x_6-0.004\,900x_7 + 0.000\,082x_8-0.000\,020x_9$$

（3）林地：

$$\log[P_3/(1-P_3)] = -5.640\,522 + 0.054\,465x_1 + 0.000\,269x_2 + 0.002\,891x_3 + 0.000\,053x_4 + 0.000\,108x_5 + 0.000\,009x_6 + 0.000\,213x_7-0.000\,089x_8-0.000\,006x_9$$

（4）经济园地：

$$\log[P_4/(1-P_4)] = -4.447\,610-0.001\,690x_1 + 0.002\,464x_2-0.001\,357x_3 + 0.000\,022x_4 + 0.000\,104x_5 + 0.000\,082x_6-0.000\,093x_7 + 0.000\,137x_8-0.000\,003x_9$$

（5）其他用地：

$$\log[P_5/(1-P_5)] = -8.115\,827 + 0.004\,073x_1 + 0.000\,707x_2 + 0.002\,379x_3-0.000\,425x_4-0.000\,102x_5 + 0.000\,099x_6-0.000\,090x_7-0.000\,078x_8 + 0.000\,063x_9$$

（6）水域：

$$\log[P_6/(1-P_6)] = -7.996\,408-0.181\,894x_1-0.000\,048x_2 + 0.001\,220x_3 + 0.000\,422x_4 + 0.000\,200x_5 + 0.000\,030x_6-0.001\,395x_7 + 0.000\,089x_8 + 0.000\,005x_9$$

2015 年各土地利用类型的空间分布适宜性概率回归方程如下。

（1）耕地：

$$\log[P_1/(1-P_1)] = -3.430\,968-0.044\,139x_1 + 0.001\,372x_2 + 0.000\,739x_3 + 0.000\,109x_4 +$$

$0.000\ 164x_5 + 0.000\ 006x_6 - 0.000\ 285x_7 - 0.000\ 095x_8 + 0.000\ 042x_9$

（2）建设用地：

$\log[P_2/(1-P_2)] = -6.637\ 767 - 0.107\ 434x_1 + 0.001\ 623x_2 + 0.000\ 059x_3 - 0.000\ 075x_4 + 0.000\ 307x_5 - 0.000\ 014x_6 - 0.000\ 665x_7 + 0.000\ 067x_8 - 0.000\ 010x_9$

（3）林地：

$\log[P_3/(1-P_3)] = -5.977\ 335 + 0.056\ 430x_1 + 0.000\ 143x_2 + 0.002\ 789x_3 + 0.000\ 031x_4 + 0.000\ 139x_5 + 0.000\ 014x_6 + 0.000\ 200x_7 - 0.000\ 059x_8 - 0.000\ 024x_9$

（4）经济园地：

$\log[P_4/(1-P_4)] = -4.184\ 577 + 0.003\ 054x_1 + 0.002\ 105x_2 - 0.001\ 496x_3 + 0.000\ 065x_4 + 0.000\ 086x_5 + 0.000\ 092x_6 - 0.000\ 138x_7 + 0.000\ 141x_8 + 0.000\ 012x_9$

（5）其他用地：

$\log[P_5/(1-P_5)] = -7.676\ 394 - 0.000\ 352x_1 + 0.000\ 727x_2 + 0.001\ 953x_3 - 0.000\ 289x_4 - 0.000\ 024x_5 + 0.000\ 068x_6 - 0.000\ 082x_7 - 0.000\ 105x_8 + 0.000\ 081x_9$

（6）水域：

$\log[P_6/(1-P_6)] = -8.100\ 053 - 0.203\ 440x_1 + 0.000\ 676x_2 + 0.001\ 268x_3 + 0.000\ 403x_4 + 0.000\ 194x_5 + 0.000\ 025x_6 - 0.001\ 286x_7 + 0.000\ 128x_8 + 0.000\ 011x_9$

根据获得的 2010 年和 2015 年孟连县各土地利用类型的空间分布适宜性概率回归方程和九种驱动因子文件，利用 Logistic 模块工具即可得到 2010 年和 2015 年孟连县各土地类型的空间分布适宜性概率图，并标准化到 0～255，符合软件下一步运行的要求（图 7-5 和图 7-6）。

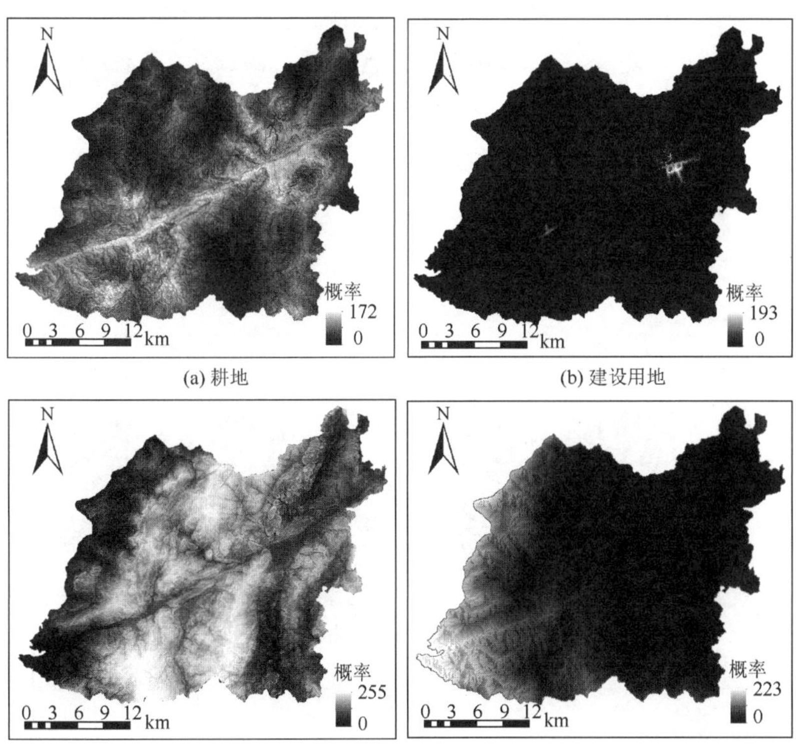

(a) 耕地　(b) 建设用地

(c) 林地　(d) 经济园地

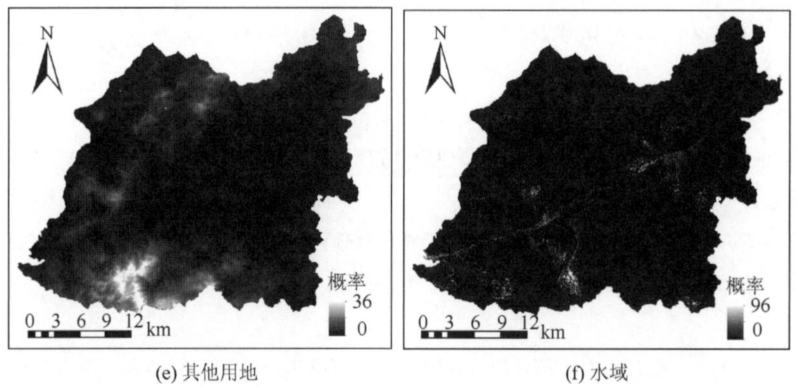

(e) 其他用地　(f) 水域

图 7-5　2010 年孟连傣族拉祜族佤族自治县各土地类型的空间分布适宜性概率图

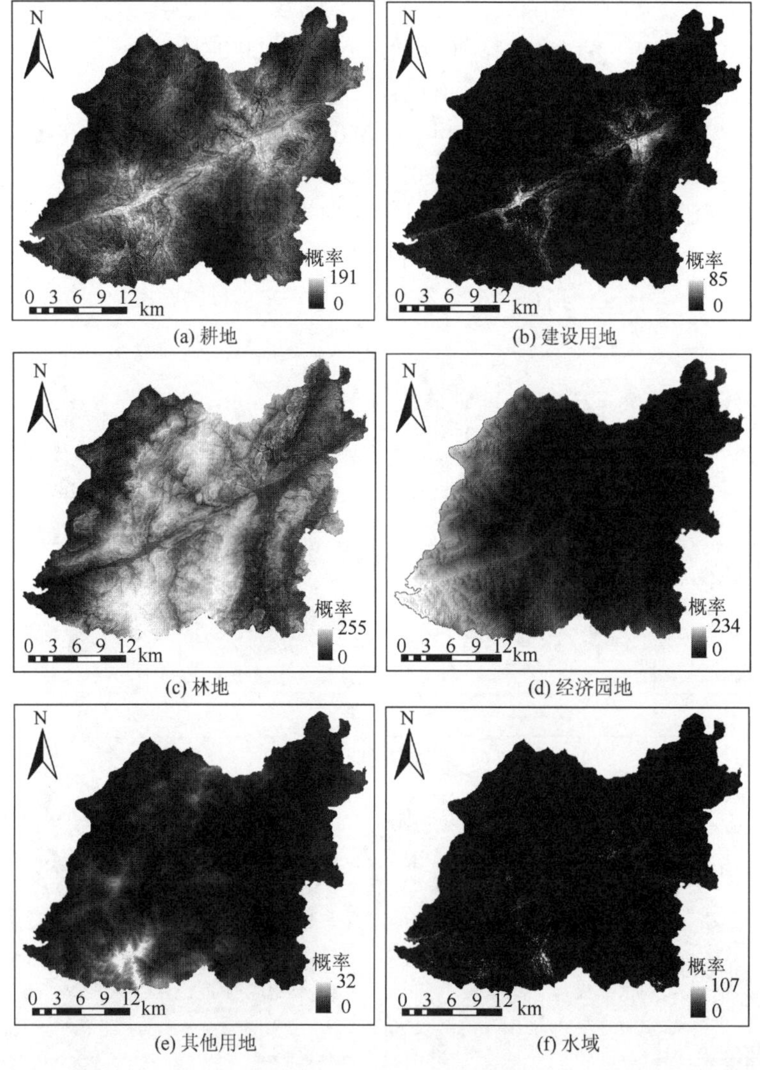

(a) 耕地　(b) 建设用地

(c) 林地　(d) 经济园地

(e) 其他用地　(f) 水域

图 7-6　2015 年孟连傣族拉祜族佤族自治县各土地类型的空间分布适宜性概率图

针对二元 Logistic 回归得到的空间分布适宜性概率图与土地利用现状是否一致，研究采用 ROC 方法进行检验，2010 年和 2015 年各土地类型回归的 ROC 值在 Logistic 模块工具进行二元 Logistic 回归时直接得出（表 7-8）。

表 7-8　孟连县 2010 年和 2015 年土地利用类型 ROC 值

ROC 值	耕地	建设用地	林地	经济园地	其他用地	水域
2010 年	0.765 8	0.973 9	0.911 8	0.865 1	0.839 3	0.904 0
2015 年	0.782 9	0.855 0	0.909 6	0.870 3	0.802 2	0.901 1

由表 7-8 可知，各地类的 ROC 值均大于 0.7，说明孟连县土地利用的驱动因子选择是合适的，得到的各土地类型空间分布适宜性概率图符合孟连县土地利用实际情况。

7.2.4　Logistic-CA-Markov 模型模拟预测精度有效性评价

利用 IDRISI 软件中的 CA-Markov 模块工具模拟基于 Logistic-CA-Markov 模型的孟连县 2015 年土地利用，通过计算孟连县 2015 年土地利用模拟图和 2015 年遥感图解译得到 2015 年土地利用现状图的 Kappa 系数，检验模型模拟预测精度的有效性。

以 2010 年土地利用现状图为基期年数据，2005～2010 年土地利用面积转移矩阵表为 Markov 面积转移矩阵文件，2010 年孟连县二元 Logistic 回归的各土地利用类型空间适宜性概率图为 Logistic-CA-Markov 模型转换规则文件，模拟年份设置为 5 年，选择 5×5 的滤波器，根据上述设置运行 CA-Markov 模块，就可以得到基于 2010 年土地利用现状数据的 2015 年土地利用模拟预测图（图 7-7，彩图见附图 24）。

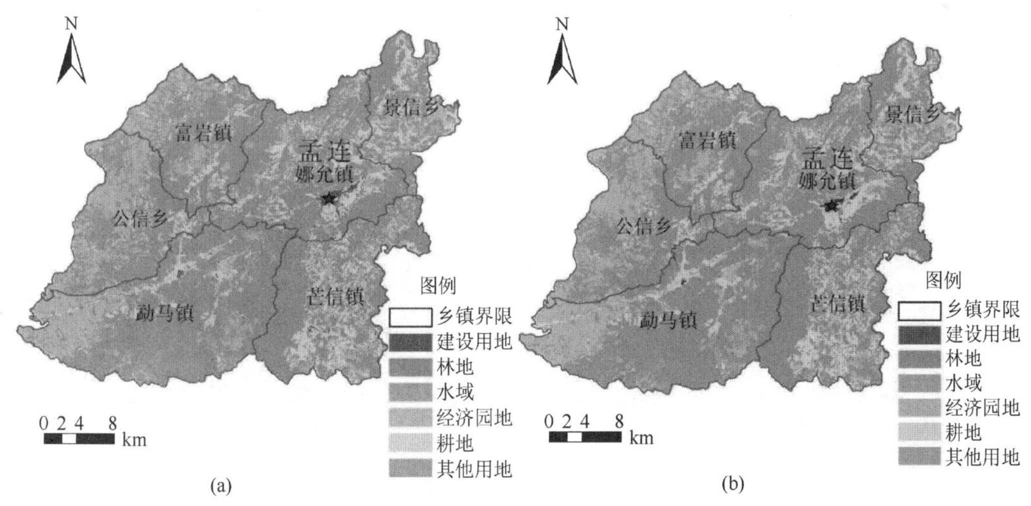

图 7-7　2015 年土地利用现状（a）和 Logistic-CA-Markov 模型 2015 年土地利用模拟预测（b）图

当 Kappa 系数<0.4 时，说明两个图像的一致性较差，模型模拟效果不佳；当 Kappa 系数在 0.4～0.75 时，说明两个图像的一致性一般，模型模拟效果一般；当 Kappa 系数>0.75 时，说明两个图像的一致性较高，模型模拟效果较好，具有较高的可信度。孟连县 2015 年土地利用现状图和孟连县 2015 年土地利用模拟图导入 IDRISI 软件中的 CROSSTAB 模块工具，得到的 Kappa 系数为 0.8598，说明模型模拟预测的准确性很高，研究设计的 Logistic-CA-Markov 模型可以使用，再以此模型为基准，耦合 MAS 模型，也可以为 MAS-LCM 耦合模型模拟预测提供精度保证。

7.2.5　Logistic-CA-Markov 模型预测结果及其与 2015 年土地利用现状对比分析

利用 IDRISI 软件中的 CA-Markov 模块工具模拟预测基于 Logistic-CA-Markov 模型的孟连县 2025 年土地利用变化。以 2015 年土地利用现状图为基期年数据，2005～2015 年土地利用面积转移矩阵表为 Markov 面积转移矩阵文件，2015 年孟连县二元 Logistic 回归的各土地利用类型空间适宜性概率图为 Logistic-CA-Markov 模型的转换规则文件，模拟年份设置为 10 年，选择 5×5 的滤波器，根据上述设置来运行 CA-Markov 模块工具，就可以得到基于 2015 年土地利用现状数据的 2025 年土地利用模拟预测图。

在 ArcGIS10.1 软件中利用有关工具处理孟连县 2015 年土地利用现状图和基于 Logistic-CA-Markov 模型的孟连县 2025 年土地利用模拟预测图，结果如图 7-8（彩图见附图 25）和图 7-9 所示，由此可以对比基于 Logistic-CA-Markov 模型模拟预测的 2025 年土地利用变化与 2015 年土地利用现状之间的区别。

（1）耕地。孟连县 2015 年耕地面积是 45 712.35hm^2，在基于 Logistic-CA-Markov 模型模拟预测的孟连县 2025 年土地利用变化中，耕地面积是 44 061.75hm^2，耕地面积减少了 1650.60hm^2，减少的耕地主要集中在孟连县西部勐马镇、公信乡、富岩镇这三个地方，这与本书第 4 章土地利用格局变化分析中耕地变化的趋势是一致的，主要是经济园地种植面积扩大占用耕地导致的。

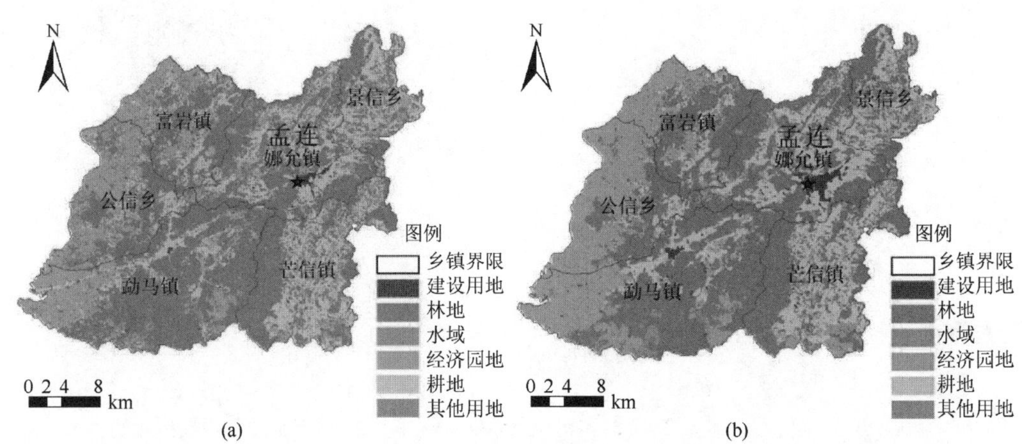

图 7-8　2015 年土地利用现状（a）和 Logistic-CA-Markov 模型 2025 年土地利用模拟预测（b）图

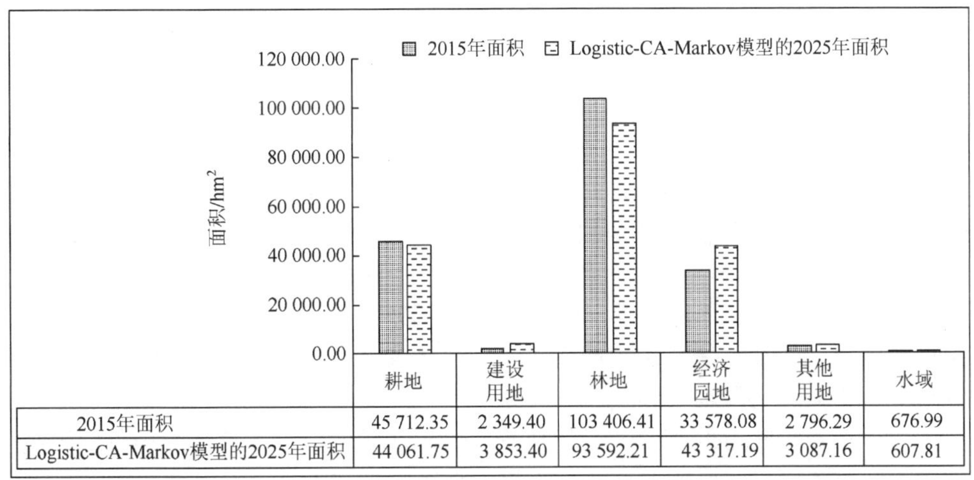

图 7-9　孟连县 2015 年和基于 Logistic-CA-Markov 模型的 2025 年土地利用面积

（2）建设用地。孟连县 2015 年建设用面积是 2349.40hm^2，在基于 Logistic-CA-Markov 模型模拟预测的孟连县 2025 年土地利用变化中，建设用地面积是 3853.40hm^2，建设用地面积增加了 1504.00hm^2，符合建设用地发展趋势，增加的面积主要在县政府所在地娜允镇和勐马镇政府所在地附近。

（3）林地。孟连县 2015 年林地面积是 103 406.41hm^2，在基于 Logistic-CA-Markov 模型模拟预测的孟连县 2025 年土地利用变化中，林地面积是 93 592.21hm^2，林地面积减少了 9814.20hm^2，减少的林地也都主要集中在孟连县西部勐马镇、公信乡、富岩镇这三个地方，主要是经济园地扩大占用林地导致的。

（4）经济园地。孟连县 2015 年经济园地面积是 33 578.08hm^2，在基于 Logistic-CA-Markov 模型模拟预测的孟连县 2025 年土地利用变化中，经济园地面积是 43 317.19hm^2，经济园地面积增加了 9739.11hm^2，增加的经济园地也都主要集中在孟连县西部地区，其占用了大量的耕地和林地。

（5）其他用地和水域。在基于 Logistic-CA-Markov 模型模拟预测的孟连县 2025 年土地利用变化中，其他用地和水域与 2015 年土地利用数据相比，变化较小。其中，其他用地面积增加了 290.87hm^2，水域面积减少了 69.18hm^2，符合其各自的发展趋势。

综上可知，在基于 Logistic-CA-Markov 模型模拟预测的孟连县 2025 年土地利用变化中，经济园地、建设用地和其他用地面积在增加，耕地、林地和水域面积在减少，经济园地面积增加最多，林地面积减少最多；土地利用变化在空间上主要体现在孟连县西部勐马镇、公信乡、富岩镇这三个地方，主要是经济园地扩大占用耕地、林地导致的。

7.3　基于 MAS-LCM 耦合模型的土地利用时空变化模拟预测研究

MAS-LCM 耦合模型主要是在 Logistic-CA-Markov 模型的基础上耦合 MAS 模型，关键是 MAS 模型的构建、MAS 模型的转换规则和 Logistic-CA-Markov 模型转换规则的结合。

7.3.1 MAS 模型的构建

采用随机抽样的方法，以面对面问卷调查访谈的方式对研究区土地利用主体的生产行为和意愿进行调查，在实地调查结果的基础上构建 MAS 模型。调查分为两步：第一步是前期调查，调查主要包括孟连县 2015 年主要土地利用类型、土地利用类型投入产出要素、土地利用主体行为及意愿，这部分任务在 2015 年 1 月中旬完成。第二步是问卷调查访谈，问卷调查访谈时间在 2015 年 12 月进行，在前期调查的基础上，结合 2015 年遥感解译的土地利用现状图，设计调查访谈问卷和调查路线，调查访谈问卷涉及孟连县所有乡镇的 13 个典型行政村，行政村位置选取要包含所有的土地利用类型，特别是要涉及大面积经济园地种植区的村庄，同时要考虑各土地利用驱动因子的变化，如随海拔变化、距道路远近变化、距县城距离变化等土地利用驱动因子变化中村庄位置的对比选择，保证调查访谈数据的时效性、准确性、代表性。根据第 4 章孟连县土地利用格局变化特征分析结果，耕地、建设用地、林地、经济园地这四类土地类型的土地利用变化较大，受土地利用主体行为影响较多，其他用地和水域土地变化较小，受土地利用主体行为影响较少。因此，在 MAS 模型构建中，主要选择耕地、建设用地、林地、经济园地这四种类型的土地利用智能体。

在实地调查访谈中得知，耕地、建设用地、林地主要受到基本农田保护区、建设用地空间管制分区、林地利用保护规划这三个土地利用政策影响，经济园地主要受农户种植行为影响。因此，拟定国土部门、农业部门、林业部门和农户四种土地利用智能体，农业部门、国土部门、林业部门对耕地、建设用地、林地这三类土地利用进行指导，农户影响经济园地的种植行为选择。国土部门、农业部门、林业部门都属于国家行政机关，这三类土地利用主体的行为规则以相关规划为准，这样 MAS 模型转换规则分析就分为规划和农户行为规则两部分。

对于规划部分，主要是根据不同规划文件设定的土地利用状态判断对应地类的空间适宜性概率，以此作为农业部门、建设部门和林业部门智能体转换规则，模拟预测耕地、建设用地和林地的土地利用变化趋势。具体公式详见 6.1.2 节中的 MAS—CLUE-S 模型构建部分[式（6-8）]。

农户行为部分，主要采用农户土地利用调查访谈问卷的形式，并参考 Valbuena 等（2010）、常笑等（2013）在农户行为决策框架分析方面的成果，分析农户经济园地种植行为。由于孟连县大量耕地流转为经济园地，特别是 2010～2015 年耕地已经成为经济园地来源的第一转入类型，使经济园地面积快速扩张，因此，研究农户对经济园地种植的选择时，设定经济园地扩张主要由耕地流入。

影响农户土地利用行为的因素很多，主要涉及经济利益因素、农业机械因素、农业劳动力数量因素和土地政策因素（刘成武和黄利民，2014）。本书主要针对影响孟连县农户对经济园地种植选择，以此构建农户经济园地种植行为规则。为此，在现有种植格局基础上，针对农户是否会占用耕地扩大经济园地种植面积及其原因进行了访谈调查。调查发现，在 139 份有效调查问卷中，有 98 个农户因为追求种植经济效益最大化，产生了占用耕地扩大经济园地的意愿；有 41 个农户因为农业劳动力数量不足，继续保持耕地，不发展经济园地，这是因为经济园地需要更多的劳动力来管理，当劳动力不足时，农户只能选择耕地的种植方式。

因此，农户会以土地生产经济效益最大化意愿和农业劳动力能力作为最主要甚至是决定性的经济园地种植行为标准，经济园地将在农业劳动力充足、种植经济效益较高的地方快速发展。经济园地和耕地这两类土地经济效益由土地收入效益减去土地投入成本所得，收入效益主要由土地作物价格、每亩产量、国家种地补贴决定，土地投入成本主要由农药、化肥、种子、人工投入费用决定，由于孟连县 98%面积为山区，交通不便，基本不涉及土地机械使用费用。这些是在农户行为规则构建过程中主要考虑的因素。

由于农户在经济园地种植行为决策中，主要受农业劳动力数量和土地种植经济效益的影响，故农户行为决策可表示为能力与意愿的函数，农户能力因素为农业劳动力数量（Labor），农户意愿因素为某种土地利用方式的经济效益大小（Profit）。因此，构建农户行为决策函数如下：设农户对栅格土地(i,j)选择种植经济园地的概率为$P_{i.j}^{\text{human}}$，作为农户智能体转换规则，模拟预测经济园地变化趋势，$P_{i.j}^{\text{human}}$公式如下：

$$P_{i.j}^{\text{human}} = W_l \times \text{Labor}_{i,j} + W_p \times \text{Profit}_{i,j} \tag{7-5}$$

式中，$\text{Labor}_{i,j}$为农户的农业劳动人数对每个土地利用栅格的影响度，即土地利用栅格上劳动力的多少；W_l为农业劳动人数影响权重；$\text{Profit}_{i,j}$为耕地或经济园地土地利用方式的经济效益对农户行为决策的影响度，这里经济效益可以理解为耕地或经济园地的单位面积平均利润；W_p为土地利用方式经济效益影响权重。其中，

$$\text{Labor}_{i,j} = \frac{L_{t,(i,j)}}{\sum_1^n L_{t,(i,j)}} \tag{7-6}$$

$$\text{Profit}_{i,j} = \frac{P_{t(i,j)}}{\sum_1^m P_{t(i,j)}} \tag{7-7}$$

式中，$L_{t(i,j)}$为某一栅格(i,j)时间 t 农户农业劳动人数，这里以乡镇农业劳动力数量分布表示；n 为研究区所有的栅格数量；$P_{t(i,j)}$为某一土地利用类型栅格(i,j)时间 t 的经济效益；m 为所有的土地利用类型，由于经济园地主要由耕地转入，这里只计算经济园地、耕地栅格(i,j)时间 t 的经济效益，m 只代表这两种土地利用类型，其余四类土地利用类型经济效益直接设定为 0。

对于影响权重 W_l和 W_p，由如下公式表示：

$$W_l = \frac{n_l}{n_{\text{sum}}} \tag{7-8}$$

$$W_p = \frac{n_p}{n_{\text{sum}}} \tag{7-9}$$

式中，n_{sum}为本次调查访谈问卷的农户总数；关于农户在现有的种植格局基础上是否选择占用耕地扩大经济园地种植面积及原因的访谈调查中，n_l为有多少个农户因为农业劳动力数量限制，没有选择占用耕地扩大经济园林；n_p为有多少个农户因为追求种植经济利润最大化，选择占用耕地扩大经济园地。通过计算选择农业劳动力数量限制的户数及选择种植

经济效益最大化的户数分别占调查问卷总数的比例，表达农业劳动力数量影响权重 W_l 和经济效益影响权重 W_p。

7.3.2 MAS-LCM 耦合模型的构建

MAS-LCM 耦合模型是在 Logistic-CA-Markov 模型的基础上，结合 MAS 模型转换规则和 Logistic-CA-Markov 模型转换规则得到的，关键是要得到 MAS-LCM 耦合模型的土地类型空间分布适宜性概率，作为 MAS-LCM 耦合模型的转换规则文件，这部分在 ArcGIS10.1 软件中操作，利用 ArcGIS10.1 软件中的“Raster Calculator”工具来得到想要的结果。孟连县六种用地类型中，其他用地和水域受人类影响活动较少，直接采用 Logistic-CA-Markov 模型的转换规则，即用二元 Logistic 回归得到这两类土地利用类型的空间分布适宜性概率，而耕地、建设用地、经济园地和林地受人类活动影响较多，则采用 MAS-LCM 耦合模型转换规则得到这四类土地利用类型的空间分布适宜性概率。

1）耕地的转换规则

2015 年，由于《孟连县土地利用总体规划（2010～2020 年）》（以下简称《总规——孟连》）设定的基本农田保护区政策，使得耕地的转换严格受到土地利用规划的影响。因此，耕地的 MAS-LCM 耦合模型的转换规则是在二元 Logistic 回归方法的基础上，加上土地利用规划中的基本农田保护区来设定的。根据式（7-4），凡是划定的基本农田保护区耕地一律不准转移为其他五类土地利用类型，基本农田保护区内耕地空间适应性概率设置为 1，基本农田保护区外的耕地转换由孟连县 2015 年二元 Logistic 回归得到的耕地空间分布适宜性概率决定，把 Logistic-CA-Markov 模型的转换规则和 MAS 模型的转换规则耦合成 MAS-LCM 模型的转换规则（图 7-10，彩图见附图 26），并得到孟连县 2015 年耕地 MAS-LCM 耦合模型的空间分布适宜性概率图（图 7-11）。

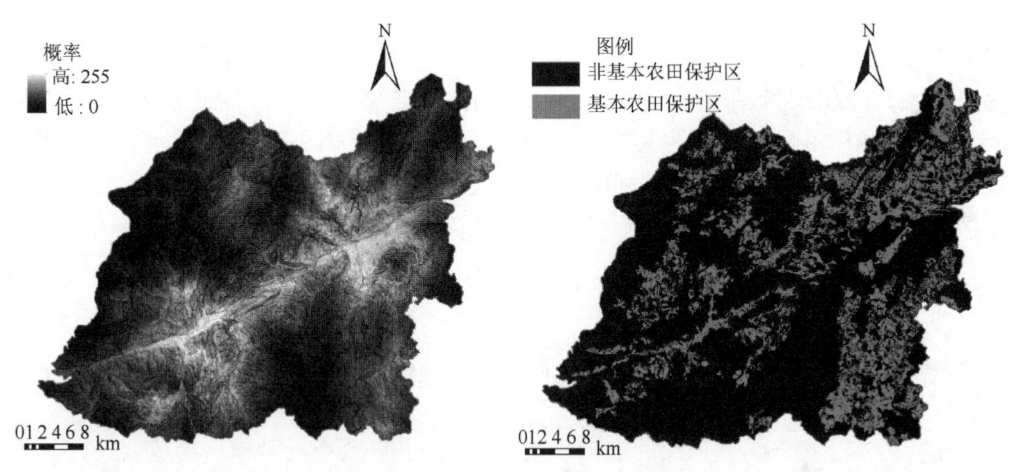

(a) 2015年耕地二元Logistic回归的空间分布适宜性概率　　(b) 基本农田保护区

图 7-10　孟连傣族拉祜族佤族自治县 2015 年耕地 MAS-LCM 耦合模型转换规则因子

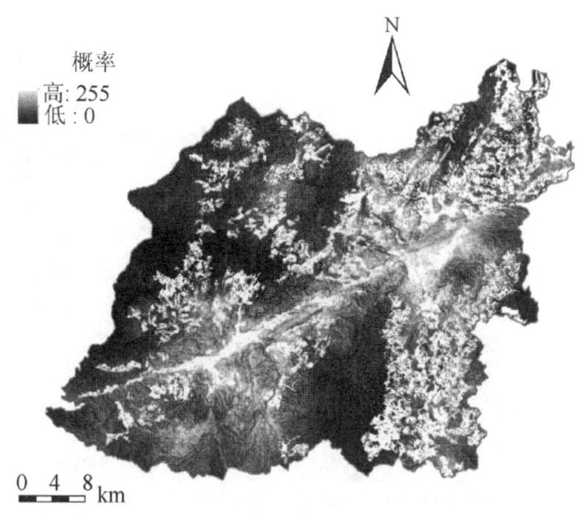

图 7-11　孟连傣族拉祜族佤族自治县 2015 年耕地 MAS-LCM 耦合模型的空间分布适宜性概率图

2）建设用地的转换规则

建设用地除了受到自然条件的影响外，还受土地利用规划中建设用地空间管制分区政策的影响，根据《总规——孟连》中关于孟连县建设用地空间管制分区的划定，孟连县建设用地空间管制分区共划定三大区域：允许建设区、有条件建设区、限制建设区。因此，建设用地的 MAS-LCM 耦合模型的转换规则是在二元 Logistic 回归方法的基础上，加上建设用地空间管制规划政策来设定。根据式（7-4），将允许建设区和有条件建设区合并，合并区域允许其他五类土地利用类型转为建设用地，建设用地转换由孟连县 2015 年二元 Logistic 回归得到的建设用地空间分布适宜性概率决定；限制建设区内其他五类土地利用类型一律不准转为建设用地，限制建设区内建设用地空间适宜性概率直接设定为 0，把 Logistic-CA-Markov 模型的转换规则和 MAS 模型的转换规则耦合成 MAS-LCM 模型的转换规则（图 7-12，彩图见附图 27），并得到孟连县 2015 年建设用地 MAS-LCM 耦合模型空间分布适宜性概率图（图 7-13）。

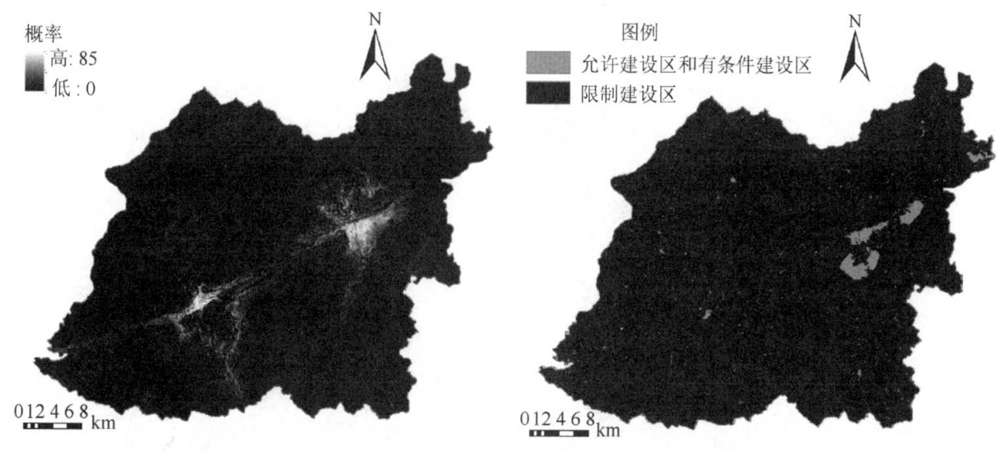

(a) 2015年建设用地二元Logistic回归的空间分布适宜性概率　　(b) 建设用地空间管制分区

图 7-12　孟连傣族拉祜族佤族自治县 2015 年建设用地 MAS-LCM 耦合模型转换规则因子图

图 7-13　孟连傣族拉祜族佤族自治县 2015 年建设用地 MAS-LCM 耦合模型空间分布适宜性概率图

3）林地的转换规则

根据《孟连县林地利用保护规划（2010～2020 年）》中林地等级划分标准，将林地划定为Ⅰ级、Ⅱ级、Ⅲ级、Ⅳ级四个保护等级，其中，Ⅰ级和Ⅱ级是生态保护非常重要的地方，如自然风景区，生物多样性非常丰富，不能因为眼前的经济发展而开发为其他用地。Ⅲ级和Ⅳ级保护林地以保障主要林产品生产为目的，是可以合理、适度利用的林地，如果国家要建设公共设施，可允许占用这两类保护林地，孟连县范围内无Ⅰ级保护林地，只有Ⅱ级、Ⅲ级、Ⅳ级三个等级保护林地。因此，林地的 MAS-LCM 耦合模型的转换规则是在二元 Logistic 回归方法的基础上，加上林地利用保护规划政策来设定的。根据式（7-4），Ⅱ级林地保护范围内不允许林地转为其他五类土地利用类型，直接设定林地空间适宜性概率为 1，Ⅱ级林地保护区以外的林地转换由孟连县 2015 年二元 Logistic 回归得到的林地空间适宜性概率决定。把 Logistic-CA-Markov 模型的转换规则和 MAS 模型的转换规则耦合成 MAS-LCM 模型的转换规则（图 7-14，彩图见附图 28），并得到孟连县 2015 年林地 MAS-LCM 耦合模型空间分布适宜性概率图（图 7-15）。

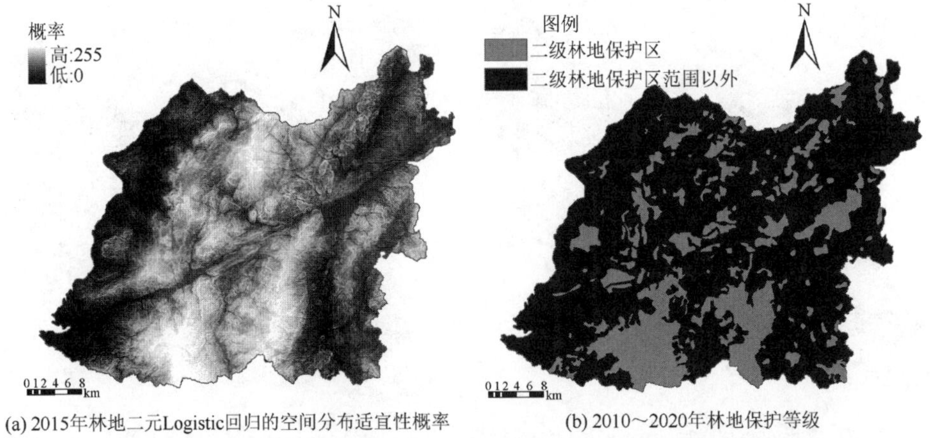

(a) 2015年林地二元Logistic回归的空间分布适宜性概率　　(b) 2010～2020年林地保护等级

图 7-14　孟连傣族拉祜族佤族自治县 2015 年林地 MAS-LCM 耦合模型转换规则因子图

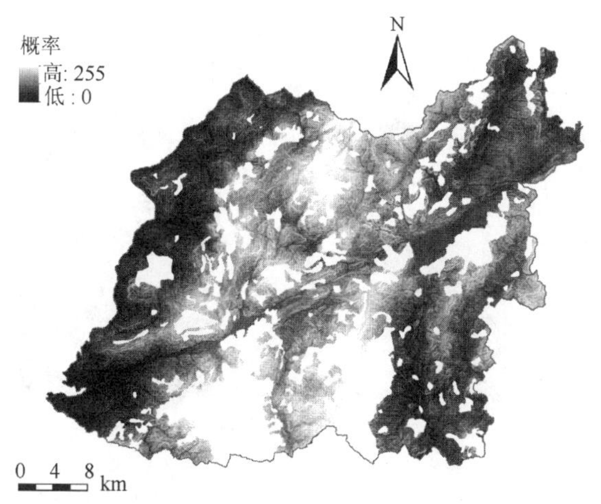

图 7-15　孟连傣族拉祜族佤族自治县 2015 年林地 MAS-LCM 耦合模型空间分布适宜性概率图

4）经济园地的转换规则

对于孟连县 2015 年经济园地而言，其种植面积在 2005～2015 年迅速扩张，受人类活动影响十分明显，根据前文对 MAS 模型转换规则的说明，这里以农户的选择行为来设定 2015 年经济园地的空间分布适宜性概率，且设定农户在耕地和经济园地之间选择经济园地种植的适宜性概率。经济园地种植的空间分布适宜性概率，受农户能力限制和经济利益的影响，这里能力设定为各乡镇农业劳动力的数量（表 7-9），根据式（7-6）计算，可以得到孟连县 2015 年各乡镇农业劳动力数量分布图［图 7-16（a）］，表示农户能力之间的区别；经济利益是指耕地和经济园地平均收益，耕地和经济园地的平均收益根据孟连县调查问卷数据（表 7-10）经过计算得到耕地 2015 年每亩的收益为 793.5 元，经济园地 2015 年每亩的收益为 932.6 元，根据式（7-7）计算，可以得到孟连县 2015 年耕地和经济园地经济效益分布图［图 7-16（b）］。在 139 份有效调查访谈问卷中，有 98 个农户选择种植行为受到经济利益的驱使，有 41 个农户选择种植行为受到农业劳动力数量的限制，根据式（7-8）可以得到农业劳动力数量影响系数为 0.3，根据式（7-9）可以得到经济利益影响系数为 0.7，以上所得数据代入式（7-5），利用 IDRISI 软件 MCE 模块工具中 WLC 方法运行数据，就可以得到孟连县 2015 年经济园地 MAS-LCM 耦合模型空间分布适宜性概率图（图 7-17）。

表 7-9　孟连县 2015 年各乡镇农业劳动力数量分布

乡镇名称	娜允镇	勐马镇	芒信镇	景信乡	公信乡	富岩镇
农业劳动力数量/个	17 136	18 300	9 250	8 183	8 033	8 807

资料来源：孟连傣族拉祜族佤族自治县统计局，2016 年 1 月。

表 7-10　孟连县 2015 年耕地、经济园地种植面积和经济效益

土地类型	水稻	玉米	甘蔗	橡胶	茶叶	咖啡
种植面积/亩	62 685	134 445	89 820	321 170	82 141	89 470
经济效益/（元/亩）	868	576	1 042	939	1 379	500

资料来源：种植面积数据由孟连傣族拉祜族佤族自治县统计局提供，经济效益由 139 份调查问卷计算得出，2016 年 1 月。

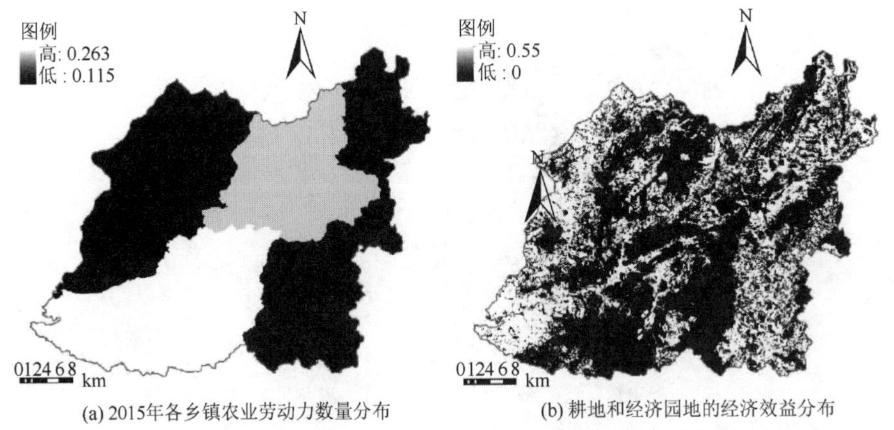

(a) 2015年各乡镇农业劳动力数量分布　　(b) 耕地和经济园地的经济效益分布

图 7-16　孟连傣族拉祜族佤族自治县 2015 年经济园地 MAS-LCM 耦合模型转换规则因子图

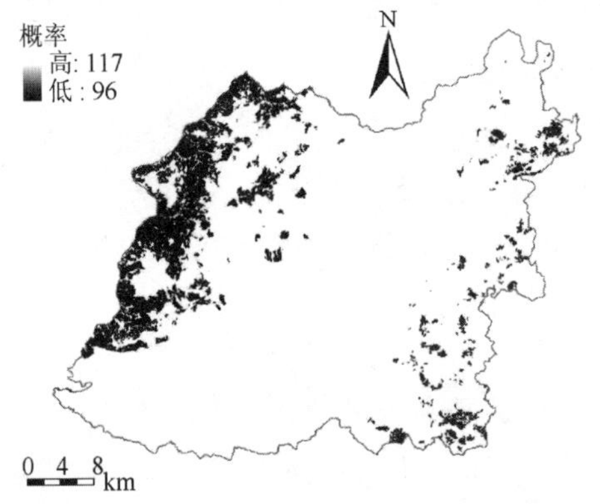

图 7-17　孟连傣族拉祜族佤族自治县 2015 年经济园地 MAS-LCM 耦合模型空间分布适宜性概率图

把由二元 Logistic 回归得到的水域和其他用地的空间分布适宜性概率图和由 MAS-LCM 耦合模型得到的耕地、建设用地、林地和经济园地的空间分布适宜性概率图组合，得到孟连县 2015 年 MAS-LCM 耦合模型的各土地利用类型空间适宜性概率图（图 7-18）。

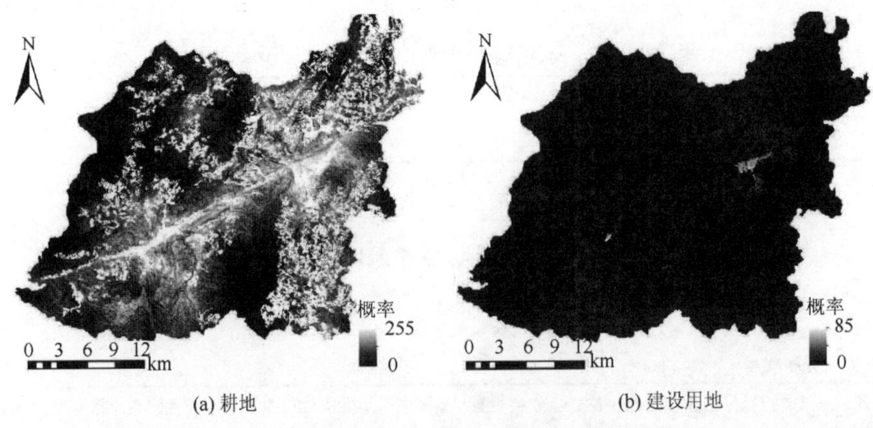

(a) 耕地　　(b) 建设用地

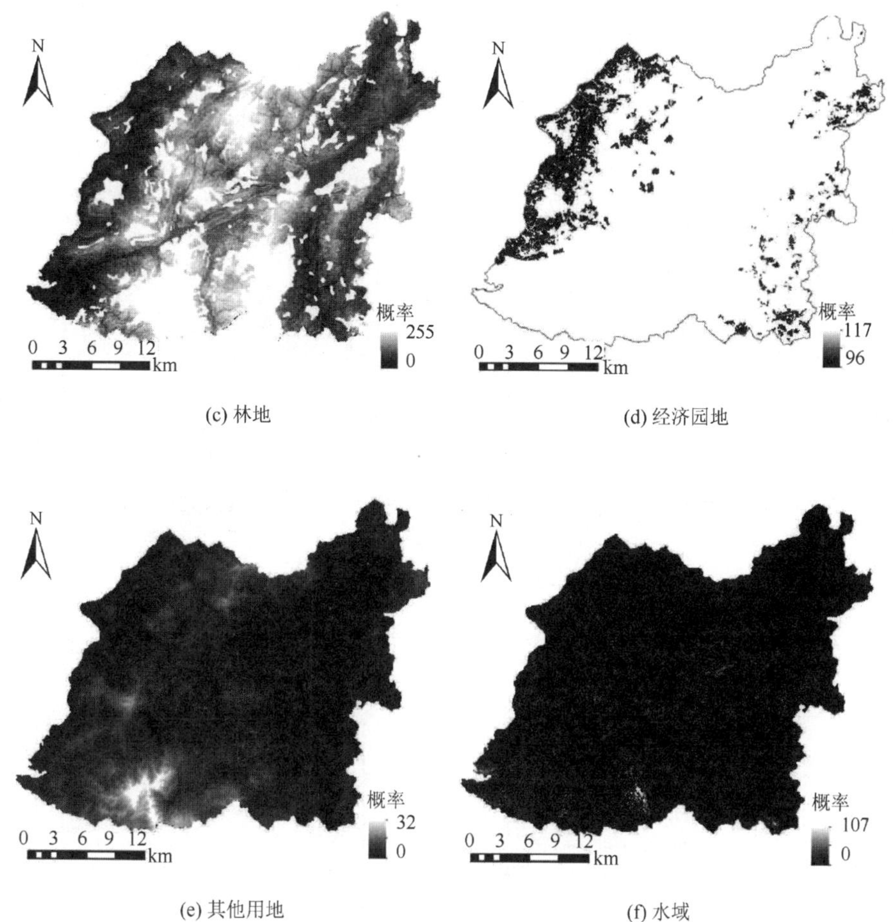

(c) 林地　　(d) 经济园地

(e) 其他用地　　(f) 水域

图 7-18　2015 年孟连傣族拉祜族佤族自治县 MAS-LCM 耦合模型的土地类型空间分布适宜性概率图

7.3.3　MAS-LCM 耦合模型预测结果及其与 2015 年土地利用现状对比分析

利用 IDRISI 软件中的 CA-Markov 模块工具，以 2015 年土地利用现状图为基期年数据，2005～2015 年土地利用面积转移矩阵表为 Markov 面积转移矩阵文件，2015 年孟连县 MAS-LCM 耦合模型转换规则得到的各土地利用类型空间适宜性概率图为 MAS-LCM 模型的转换规则文件，模拟年份设置为 10 年，选择 5×5 的滤波器，根据上述设置运行 CA-Markov 模块工具，就可以得到基于 2015 年土地利用现状数据的 2025 年土地利用模拟预测图［图 7-19（b)]。

在 ArcGIS10.1 软件中利用有关工具及 Excel 工具处理孟连县 2015 年土地利用现状图和基于 MAS-LCM 耦合模型的孟连县 2025 年土地利用模拟预测图，可以得到图 7-19（彩图见附图 29）和图 7-20，用于对比基于 MAS-LCM 模型模拟预测的 2025 年土地利用变化与 2015 年土地利用现状之间的区别。

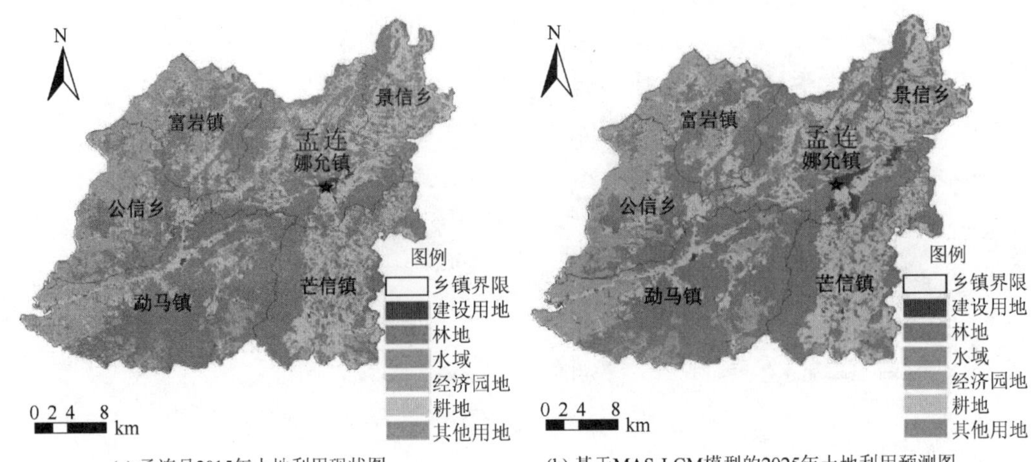

(a) 孟连县2015年土地利用现状图　(b) 基于MAS-LCM模型的2025年土地利用预测图

图 7-19　孟连傣族拉祜族佤族自治县 2015 年土地利用现状图和 MAS-LCM 模型的 2025 年土地利用模拟预测图

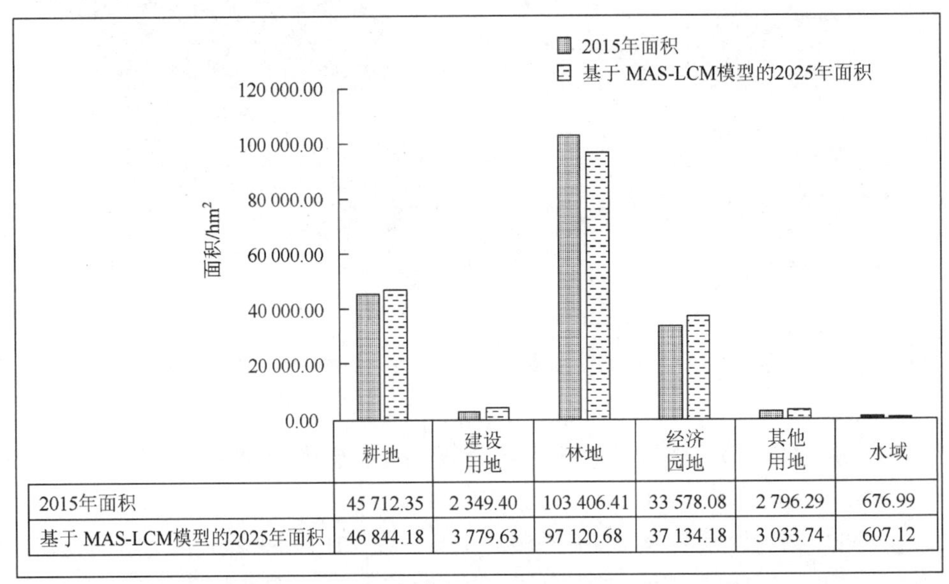

	耕地	建设用地	林地	经济园地	其他用地	水域
2015年面积	45 712.35	2 349.40	103 406.41	33 578.08	2 796.29	676.99
基于 MAS-LCM模型的2025年面积	46 844.18	3 779.63	97 120.68	37 134.18	3 033.74	607.12

图 7-20　孟连县 2015 年和 MAS-LCM 模型的 2025 年土地利用数量图

（1）耕地。孟连县 2015 年耕地面积是 45 712.35hm^2，基于 MAS-LCM 耦合模型模拟预测的孟连县 2025 年耕地面积是 46 844.18hm^2，耕地面积在增加，增加了 1131.83hm^2，增加的耕地主要集中在孟连县勐马镇、公信乡、富岩镇、景信乡四个地方。

（2）建设用地。孟连县 2015 年建设用地面积是 2349.40hm^2，基于 MAS-LCM 耦合模型模拟预测的孟连县 2025 年建设用地面积是 3779.63hm^2，建设用地面积在增加，增加了 1430.23hm^2，符合建设用地发展趋势，增加的面积主要在县政府所在地娜允镇和勐马镇政府所在地附近。

（3）林地。孟连县 2015 年林地面积是 103 406.41hm^2，基于 MAS-LCM 耦合模型

模拟预测的孟连县 2025 年林地面积是 97120.68hm^2，林地面积在减少，减少了 6285.73hm^2，减少的林地也都主要集中在孟连县西部勐马镇、公信乡、富岩镇这三个地方，主要是经济园地、耕地、建设用地扩大占用林地导致的。

（4）经济园地。孟连县 2015 年经济园地面积是 33 578.08hm^2，基于 MAS-LCM 耦合模型模拟预测的孟连县 2025 年经济园地面积是 37 134.18hm^2，经济园地面积在增加，增加了 3556.10hm^2，增加的经济园地也都主要集中在孟连县西部地区。

（5）其他用地和水域。其他用地和水域受人类影响较少，面积变化较少，直接采用 Logistic-CA-Markov 模型的转换规则，基于 Logistic-CA-Markov 模型模拟预测的孟连县 2025 年其他用地面积在增加，增加了 237.45hm^2，水域面积在减少，减少了 69.87hm^2。

综上可知，基于 MAS-LCM 耦合模型模拟预测的孟连县 2025 年土地利用图中，在土地利用现状发展条件和土地利用主体行为影响下，经济园地、耕地、建设用地和其他用地面积在增加，林地和水域面积在减少，经济园地面积增加最多，林地面积减少最多；土地利用变化在空间上主要体现在孟连县勐马镇、公信乡、富岩镇和娜允镇这四个地方，是经济园地、耕地和建设用地面积扩大导致的。

7.4　Logistic-CA-Markov 模型和 MAS-LCM 模型的 2025 年模拟预测结果对比分析

在 ArcGIS10.1 软件和 Excel 软件中处理基于 Logistic-CA-Markov（LCM）模型模拟预测的孟连县 2025 年土地利用图、基于 MAS-LCM 耦合模型模拟预测的孟连县 2025 年土地利用图，可以得到图 7-21（彩图见附图 30）和图 7-22。分析不同模型模拟预测情况下，孟连县各土地利用变化特点。

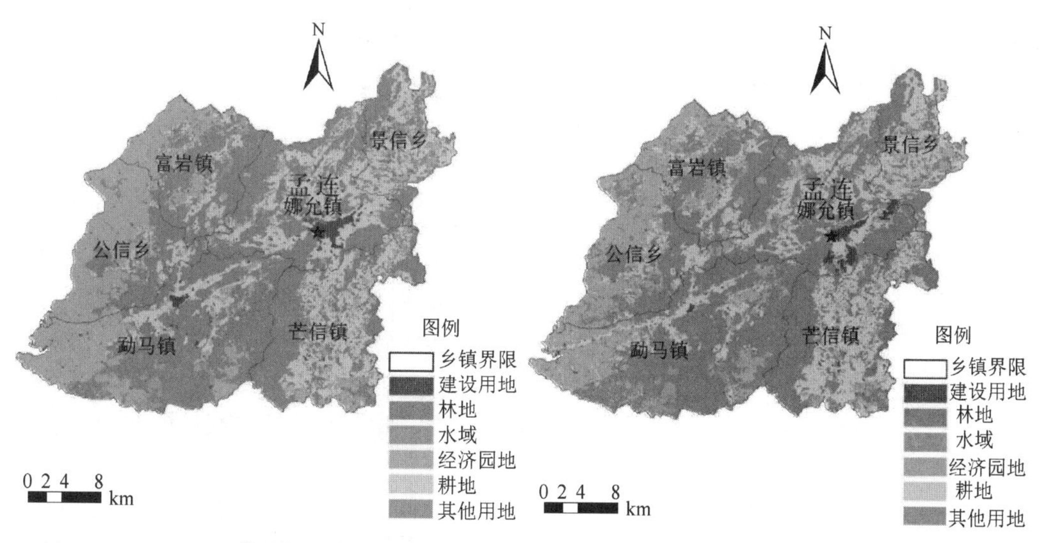

(a) Logistic-CA-Markov模型的2025年土地利用预测图　　(b) MAS-LCM模型的2025年土地利用预测图

图 7-21　Logistic-CA-Markov 模型和 MAS-LCM 耦合模型的 2025 年土地利用模拟预测图

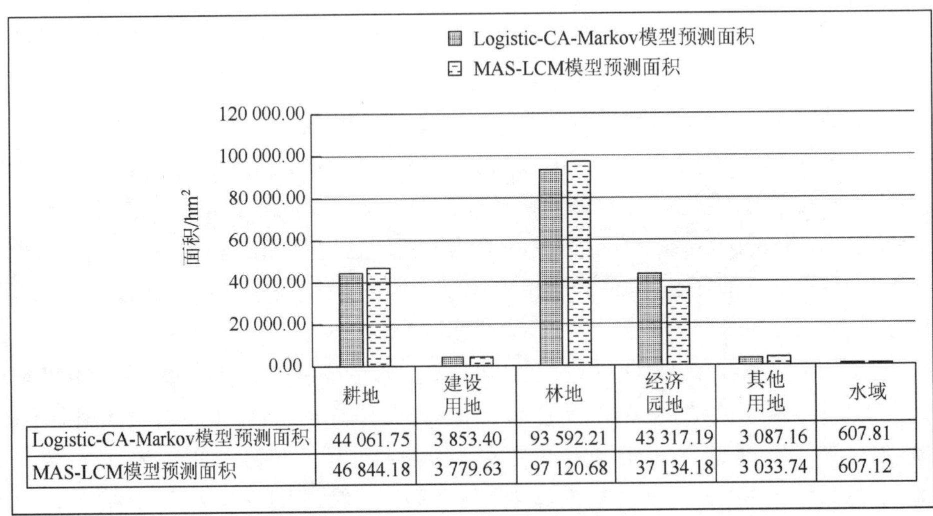

	耕地	建设用地	林地	经济园地	其他用地	水域
Logistic-CA-Markov模型预测面积	44 061.75	3 853.40	93 592.21	43 317.19	3 087.16	607.81
MAS-LCM模型预测面积	46 844.18	3 779.63	97 120.68	37 134.18	3 033.74	607.12

图 7-22　Logistic-CA-Markov 模型和 MAS-LCM 耦合模型的土地利用预测数量

（1）耕地。MAS-LCM 耦合模型模拟预测的耕地面积比 Logistic-CA-Markov 模型模拟预测的耕地面积增加 2782.43hm^2，增加的耕地主要集中在孟连县西部的勐马镇、景信乡、富岩镇、景信乡，这是由于 MAS 模型中设置了基本农田保护区，使基本农田保护区得到保护，而且把经济园地以前占用的基本农田重新恢复成基本农田，在孟连县勐马镇西部地区，这种现象在图 7-21 中表现非常明显。表明 MAS-LCM 耦合模型在保护耕地，特别是保护基本农田方面的模拟预测水平更好。

（2）建设用地。MAS-LCM 耦合模型模拟预测的建设用地面积比 Logistic- CA-Markov 模型模拟预测的建设用地面积减少 73.77hm^2。相比之下，MAS-LCM 耦合模型模拟预测模式下建设用地在空间上没有占用基本农田和二级保护林地，而 Logistic-CA-Markov 模型模拟预测模式下建设用地占用了大量的基本农田和林地，这在县城周围特别突出。这是由于 MAS-LCM 模型中设置了建设用地空间管制分区政策，使建设用地在合理的管制空间内发展扩大，这样就避免了 Logistic-CA-Markov 模型模拟预测模式下建设用地“摊大饼式”发展，符合建设用地发展趋势。

（3）林地。MAS-LCM 耦合模型模拟预测的林地面积比 Logistic-CA-Markov 模型模拟预测的林地面积增加 3528.47hm^2。增加的林地也都主要集中在孟连县西部勐马镇、公信乡、富岩镇这三个地方。两种不同模型模拟预测结果相比，MAS-LCM 耦合模型模拟预测模式下林地得到了较多的保留，这对孟连县的生态环境保护特别重要，特别是在孟连县西部经济园地种植面积扩大的情况下，避免了二级林地保护区被经济园地占用。表明 MAS-LCM 耦合模型中林地保护等级的设定对孟连县林地保护起到了关键的作用，也符合林地未来的发展趋势。

（4）经济园地。MAS-LCM 耦合模型模拟预测的经济园地面积比 Logistic-CA-Markov 模型模拟预测的经济园地面积减少 6183.01hm^2。相比之下，MAS-LCM 耦合模型模拟预测模式下经济园地增长的迅猛势头得到缓解，避免了耕地和林地被经济园地大面积占用，同时在空间上使经济园地分布在劳动力充足和经济效益更高的地方，有利于提高经济园地的种植效益。说明 MAS-LCM 耦合模型中由农户来选择经济园地的种植行为更科学，比 Logistic-CA-Markov 模型中依靠自然社会环境来预测经济园地的种植格局更符合孟连县发展实际。

（5）其他用地和水域。其他用地和水域是用相同的转换规则来进行模拟预测的，模拟结果基本一致，模拟预测得到的数据也都符合其各自的发展趋势。

综上可知，MAS-LCM 耦合模型与 Logistic-CA-Markov 模型模拟预测结果相比，耕地和林地面积增加，建设用地和经济园地面积减少，其他用地和水域面积几乎相同。说明在 MAS-LCM 耦合模型模拟预测下，经济园地种植面积增长的趋势放缓，建设用地有序稳步发展，遏制了耕地和林地被大量占用，特别是基本农田和二级林地保护区得到保护，避免了被经济园地和建设用地占用，土地利用结构趋于稳定，对孟连县可持续发展具有重要意义，MAS-LCM 耦合模型比 Logistic-CA-Markov 模型更适合孟连县山区土地利用变化的模拟预测。

同时，在 Logistic-CA-Markov 模型基础上，基本农田保护区、建设用地空间管制分区、林地利用保护区等政策决定了耕地、建设用地和林地利用变化，特别是农户科学选择经济园地种植行为，与我国土地利用变化中各种大型土地保护工程（耕地保护、林地保护）的持续推进相符，土地利用模拟预测得到的结果更符合土地利用变化的自然性、社会性和人文性特征。在土地利用自然社会经济背景下，科学分析土地利用主体行为，把土地利用主体人文影响因子添加到 MAS-LCM 耦合模型中，对提高模型模拟预测的科学性有重要作用。

7.5 本 章 小 结

采用 MAS-LCM 耦合模型模拟预测孟连县 2025 年土地利用变化，并对预测结果进行了分析，主要结论如下。

（1）基于 MAS-LCM 耦合模型的孟连县土地利用变化模拟预测：①在 MAS 模型构建中，依据孟连县 2005～2015 年 10 年间土地利用变化的特点和问卷调查访谈数据，设定农业部门、国土部门、林业部门和农户为土地利用主体，分别选择耕地、建设用地、林地和经济园地四类土地的种植行为。②基于 MAS-LCM 耦合模型模拟预测的孟连县 2025 年土地利用变化，与 2015 年土地利用现状数据相比，经济园地、耕地、建设用地、其他用地面积在增加，林地、水域面积在减少，经济园地面积增加最多，林地面积减少最多；土地利用变化在空间上主要体现在孟连县勐马镇、公信乡、富岩镇、娜允镇这四个地方，是经济园地、耕地、建设用地面积扩大所致。

（2）MAS-LCM 耦合模型模拟预测下，经济园地种植面积增长的趋势放缓，建设用地有序稳步发展，遏制了耕地和林地被大量占用，特别是基本农田和二级林地保护区得到保护，避免了被经济园地和建设用地占用，土地利用结构趋于稳定，对孟连县可持续发展具有重要意义。MAS-LCM 耦合模型适于山区土地利用变化的模拟预测。

（3）在 LCM 模型基础上，基本农田保护区、建设用地空间管制分区、林地利用保护区等政策决定了耕地、建设用地和林地利用变化，特别是农户科学选择经济园种植行为，与我国土地利用变化中各种大型土地保护工程（耕地保护、林地保护）的持续推进相符，土地利用模拟预测结果更符合土地利用变化的自然性、社会性和人文性特征。因此，在土地利用自然社会经济背景下，科学分析土地利用主体行为，把土地利用主体人文影响因子添加到 MAS-LCM 耦合模型中，对提高模型模拟预测的科学性有重要作用。

第 8 章　基于 GMDP 模型和 ACO 算法的澜沧县土地利用优化配置

8.1　基于 GMDP 模型的土地利用数量结构优化

8.1.1　研究方法

灰色多目标动态规划模型（GDMP）是多目标线性规划与灰色预测理论交叉而衍生的优化体系，其主体思想在于将不确定性的目标函数和约束条件定义在某一确定范围的满意区域内（吕永霞，2006）。建模过程如下。

定义 1：根据已有信息只能确定取值范围的某个集合，称为一个灰色区间，记为$[\alpha, \beta]$。在该取值范围内确定的某一具体值称为白化值，记为 $\otimes$（a）；于是，有 $\otimes$（a）$\in[\alpha, \beta]$。

定义 2：灰色多目标线性规划：

$$\max（或 \min）Z = \otimes（A）\boldsymbol{X} \tag{8-1}$$

$$\text{s.t} \otimes（B）\boldsymbol{X} \leqslant \otimes（b） \tag{8-2}$$

式中，$\boldsymbol{X}$ 为 n 维决策变量向量；$\otimes$（A）为 $k \times n$ 矩阵，即目标函数系数矩阵；$\otimes$（B）为 $m \times n$ 矩阵，即约束方程系数矩阵；$\otimes$（b）为 m 维向量，即约束向量。

$\otimes$（A）、$\otimes$（B）、$\otimes$（b）采用 GM(1, 1)灰色预测及实际情况综合得出，均限定在其相应的灰色区间内。建立模型后，在 Matlab、Lingo 软件中进行调试、计算并分析，以判断是否适用，最终确定土地利用数量结构优化方案。

8.1.2　土地利用数量结构优化的目标函数

1. 社会效益目标

1）评价指标的选择

土地作为人类生存的物质基础，是人类社会发展的根本。土地利用社会效益指的是土地利用对社会需求的满足程度、影响程度等（杨赟和盖艾鸿，2013），土地利用社会效益的好坏直接影响人在社会生活中的各个方面，最终影响社会发展规律。在土地用优化配置的相关研究中，考虑社会效益的虽然不少，但社会效益所涉及的范围广泛，同时社会效益受社会政治、社会伦理等多个层次的影响，其定义至今仍比较模糊。

研究从资料的可获取性、影响因子的可量化性及评价指标的强相关性等角度出发，选取人均耕地占有量、人均园地占有量、人均建筑用地占有量和人均绿地面积四个指标，构建社会效益指数来衡量澜沧县土地利用的社会效益。

2）指标权重的确定

指标权重的确定是衡量社会效益评价是否合理的关键环节。当前国内外相关研究的指标权重量化方法大体分为主观定性分析法和客观定量分析法，主要包括主成分分析法、特尔菲法（专家打分法）、熵值法等。本书根据杨赟和盖艾鸿（2013）在研究黄土丘陵沟壑地区土地利用效益评价时采用的变异系数法确定指标权重。变异系数又称为离散系数、标准差率等，用变异系数作为权重的思想在于：样本值之间的差异程度能反映指标本身对目标的重要性程度，如某个指标的观测值之间的变化量（即差异）大，则其对目标的影响也就越明显，即权重大，反之则权重小（王晓青等，2018）。变异系数法确定权重的计算过程如下：

$$\overline{x}_j = \frac{1}{n}\sum_{i=1}^{n} x_{ij} \qquad j = 1,2,3,\cdots,m \tag{8-3}$$

$$s_j = \sqrt{\frac{1}{n}\sum_{i=1}^{n}(x_{ij} - \overline{x}_j)^2} \qquad j = 1,2,3,\cdots,m \tag{8-4}$$

$$\mathrm{CV}_j = \frac{s_j}{\overline{x}_j} \qquad j = 1,2,3,\cdots,m \tag{8-5}$$

$$W_j = \frac{\mathrm{CV}_j}{\sum_{j=1}^{n}\mathrm{CV}_j} \tag{8-6}$$

式中，$\overline{x}_j$为指标j的平均值；x_{ij}为指标j的第i项观测值；m为指标总个数；n为观测样本个数；CV_j为指标j的变异系数；W_j为指标j的权重。

根据上述分析，选取人均耕地面积、人均园地面积、人均绿地面积和人均建筑用地面积四个指标，以多年澜沧县土地利用现状图及澜沧县历年统计年鉴中的人口数据资料为基础，得到各指标在各年份上的观测值，计算得到澜沧县土地利用社会效益评价的四个指标权重，具体见表 8-1。

表 8-1　澜沧县土地利用社会效益评价指标权重

指标	人均耕地面积	人均园地面积	人均绿地面积	人均建筑用地面积
权重（W）	0.206	0.237	0.213	0.345

据表 8-1 的权重分析结果，可以得到澜沧县土地利用社会效益评价目标函数表达式：

$$\max F_1(x) = \frac{\left[0.206\cdot x_1 + 0.237\cdot x_2 + 0.213\cdot(x_3 + x_4) + 0.345\cdot(x_5 + x_6)\right]}{P} \tag{8-7}$$

式中，F_1（x）为土地利用的社会效益；x_i为i类型用地面积；P为 2020 年人口总数。

2. 经济效益目标

土地利用经济效益的评定多采用单位土地利用类型的经济产出值来核算（唐丽静等，2019）。经济效益目标函数为

$$\max F_2(x) = \sum_{i=1}^{n} P_i \cdot x_i \qquad i = 1, 2, \cdots, 11 \tag{8-8}$$

$$P_i = k \cdot c_i \tag{8-9}$$

式中，F_2（x）为土地利用经济效益；P_i为单位土地经济效益系数；x_i为 i 类型用地面积；k 为常数，根据某种用地类型的单位产出值预测得出；c_i为各土地利用类型经济效益的相对权重。

1）确定经济效益相对权重 c_i

不同土地利用类型的经济效益是澜沧县第一产业、第二产业和第三产业产值的一部分，按照不同用地类型对产值结构的贡献差异，可以判断该种用地类型在经济效益中的相对权重大小，因此，采用综合平衡法和 AHP 层次分析法来确定澜沧县土地利用的经济效益权重（图 8-1）。

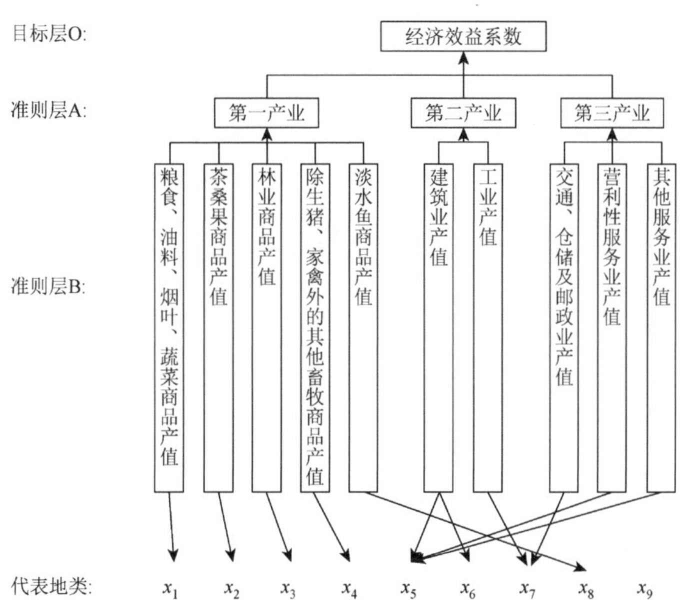

图 8-1　土地利用经济效益系数分析

以澜沧县近 10 年统计资料为基础，首先确定准则层 A 的权重，根据澜沧县多年统计资料中第一产业、第二产业和第三产业的产值结构比例大小来确定。然后，对于准则层 B 的指标，统计澜沧县近 10 年各指标的产值，同样以比例结构决定权重的方法确定准则层 B 的权重。最后，以 A 层权重和 B 层权重相乘得到加权权重作为目标层，即澜沧县九类土地利用类型的经济效益相对权重。其中，为了简化计算过程，将城镇建设用地（x_5）和农村居民点用地（x_6）在建筑业产值指标中的比重均取为 0.5（表 8-2）。

表 8-2　澜沧县土地利用经济效益权重

A 层指标	B 层指标	用地类型	代码	A 层权重	B 层权重	A×B 加权权重
第一产业	粮食、油料等的商品产值	耕地	x_1	0.349	0.416	0.145
	茶桑果商品产值	园地	x_2		0.364	0.127
	林业商品产值	林地	x_3		0.147	0.051
	除生猪以外的畜牧商品产值	牧草地	x_4		0.005	0.002
	淡水鱼商品产值	水域	x_8		0.068	0.024
		小计	—		1.000	—
第二产业	建筑业产值×0.5	城镇建设用地	x_5	0.319	0.215	0.069
	建筑业产值×0.5	农村居民点用地	x_6		0.215	0.069
	工业产值	其他建设用地	x_7		0.570	0.182
		小计	—		1.000	—
第三产业	邮政、仓储等产值	其他建设用地	x_7	0.332	0.080	0.026
	营利性服务业产值	城镇建设用地	x_5		0.046	0.015
	其他服务业产值	城镇建设用地	x_5		0.874	0.290
		小计	—		1.000	—
		总计	—		—	1.000

根据表 8-2 的分析结果可以得到澜沧县土地利用经济效益权重向量，即 $c_i = (0.145, 0.127, 0.051, 0.002, 0.374, 0.069, 0.208, 0.024, 0.000)$。

2）确定常数 k 和经济效益系数向量 P_i

选用耕地的经济效益，即以澜沧县每公顷耕地总产值的变化趋势来确定常数 k，再依据各类用地的相对权重，根据式（8-9）即可得到经济效益系数向量，即向量 P_i。根据澜沧县近 10 年耕地保有量和粮食产值统计年鉴资料，采用线性拟合、GM(1, 1)及回归分析等方法，澜沧县 2020 年单位耕地产出经济效益为 12 636.89 元/hm^2，于是依式（8-9）有 $k \times 0.145 = 12\,636.89$，得到常数 k 为 87 150.97。由于自然保留地基本不产生经济效益，对经济效益目标函数的影响极小，但为了模型计算的需要，研究取自然保留地的经济效益系数为 1 元/hm^2，则 $P_i = (12\,636.89, 11\,069.82, 4458.01, 150.80, 32\,610.34, 5990.93, 18\,137.10, 2073.49, 1)$。得到澜沧县土地利用经济效益目标函数为

$$\begin{aligned}\max F_2(x) = & 12\,636.89 \cdot x_1 + 11\,069.82 \cdot x_2 + 4458.01 \cdot x_3 + 150.80 \cdot x_4 \\ & + 32\,610.34 \cdot x_5 + 5990.93 \cdot x_6 + 18\,137.10 \cdot x_7 + 2073.49 \cdot x_8 + x_9\end{aligned} \tag{8-10}$$

式中，$F_2(x)$为经济效益函数；x_i 为第 i 种用地类型面积。

3. 生态效益目标

自 1997 年 Costanza 等提出全球生态系统服务价值和自然资本后，国内外学者便对土地利用变化驱动下的生态系统服务价值（ESV）变化做了大量研究（Semwal et al.，2004；盛晓雯等，2018），将单位土地利用所产生的生态服务价值定量化（谢高地等，2005），从

而将生态系统服务价值作为生态目标逐步引入土地利用数量结构优化中来。以生态系统服务价值作为生态效益目标，相对其他如生态绿当量、森林覆盖率等生态效益评价而言，能更全面地评价区域土地利用的生态效益（刘艳芳等，2002）。

本书以澜沧县多年主要农作物可比价格的平均值，作为单位农田生态系统服务价值标准，以消除研究区年际间生态环境和生产力的差异性（王航等，2017）。同时，根据谢高地等（2008）的研究，采用基于生物量的服务价值，对单位土地生态系统服务系数进行修订，使之尽可能符合研究区实际。

表 8-3 定义我国每公顷农田的平均自然粮食产量的经济价值为 1，其他生态系统服务价值以相对于农田生态系统生产服务贡献的大小来确定。其中，原表中园地一项的价值当量缺失而取森林与牧草地的平均值。依据谢高地等的研究：1 当量因子的经济价值相当于当年研究区平均粮食单产市场价值的 1/7，研究选取澜沧县稻谷、小麦、玉米等主要农作物的播种面积、产量及可比价格作为基础数据。根据式（8-11）确定耕地单位面积生产服务经济价值，再根据式（8-12）确定澜沧县其他地类单位面积生态系统服务价值。

$$E_n = \frac{1}{7} \cdot \sum \frac{m_j \cdot p_j \cdot q_j}{M} \qquad j = 1,2,3,\cdots \tag{8-11}$$

$$E_{fk} = e_{fk} \cdot E_n \tag{8-12}$$

式中，E_n 为单位耕地面积的生产服务经济价值；m_j 为 j 类作物的播种面积；q_j 为 j 作物的单产；p_j 为 j 类作物的价格；M 为总农作物播种面积；E_{fk} 为第 k 类生态系统第 f 项功能的服务价值；e_{fk} 为表 8-3 中单位面积生态服务价值当量。

表 8-3　中国陆地生态系统单位面积生态服务价值当量表

生态系统服务功能	森林	园地	牧草地	农田	水域	未利用地
食物生产	0.33	0.38	0.43	1.00	0.53	0.02
原材料生产	2.98	1.67	0.36	0.39	0.35	0.04
气体调节	4.32	2.91	1.50	0.72	0.51	0.06
气候调节	4.07	2.82	1.56	0.97	2.06	0.13
水文调节	4.09	2.81	1.52	0.77	18.77	0.07
废物处理	1.72	1.52	1.32	1.39	14.85	0.26
保持土壤	4.02	3.13	2.24	1.47	0.41	0.17
维持生物多样性	4.51	3.19	1.87	1.02	3.43	0.40
提供美学景观	2.08	1.48	0.87	0.17	4.44	0.24
合计	28.12	19.91	11.67	7.90	45.35	1.39

根据澜沧县 2013 年土地利用现状结构，结合表 8-4，根据式（8-13）和式（8-14）可以计算得到澜沧县各生态系统服务功能的总服务价值，见表 8-5。

$$E_f = \sum_i A_i \times C_{if} \tag{8-13}$$

$$E_{总}=\sum_{f}\sum_{i}A_i\times C_{if} \tag{8-14}$$

式中，E_f和$E_{总}$分别为第f项功能价值和总的生态服务价值；A_i为第i类用地的面积；C_{if}为第i类用地第f项功能的单位面积服务价值。

表 8-4　澜沧县生态系统单位面积生态服务价值　　[单位:元/(hm^2·a)]

功能	耕地	园地	林地	牧草地	建设用地	水域	自然保留地
食物生产	399.27	275.86	239.56	312.16	0.00	384.75	14.52
原材料生产	155.72	1 212.34	2 163.33	261.34	0.00	254.08	29.04
气体调节	287.48	2 112.51	3 136.10	1 088.93	0.00	370.23	43.56
气候调节	387.29	2 043.55	2 954.62	1 132.48	0.00	1 495.46	94.37
水文调节	307.44	2 036.29	2 969.14	1 103.44	−6 678.00	13 626.08	50.82
废物处理	554.99	1 103.44	1 248.63	958.25	−2 174.10	10 780.36	188.75
保持土壤	586.93	2 272.22	2 918.32	1 626.13	0.00	297.64	123.41
维持生物多样性	407.26	2 315.78	3 274.03	1 357.53	0.00	2 490.01	290.38
提供美学景观	67.88	1 070.78	1 509.98	631.58	214.00	3 223.22	174.23
合计	3 154.26	14 442.77	20 413.71	8 471.84	−8 638.10	32 921.83	1 009.08

表 8-5　2013 年澜沧县各功能生态服务价值

功能	生态服务价值	功能	生态服务价值
食物生产	23 779.71	废物处理	88 002.46
原材料生产	128 160.38	保持土壤	184 656.48
气体调节	188 750.56	维持生物多样性	201 447.86
气候调节	181 238.08	提供美学景观	90 979.67
水文调节	177 600.87	总计	1 264 616.07

以表 8-5 中各生态系统服务功能的价值总量和表 8-4 中澜沧县单位土地利用类型的生态系统服务价值为基础，以总生态系统服务价值尽可能最大为优化目标，得到生态效益目标函数为

$$\begin{aligned}\max F_3(x)=&3154.26\cdot x_1+14\,442.77\cdot x_2+20\,413.71\cdot x_3+8\,471.84\cdot x_4\\&-8\,638.10\cdot(x_5+x_6+x_7)+32\,921.83\cdot x_8+1\,009.07\cdot x_9\end{aligned} \tag{8-15}$$

式中，F_3（x）为生态效益函数；x_i为i类用地面积。

8.1.3　土地利用数量结构优化的约束条件

为贯彻《澜沧县土地利用总体规划（2010～2020 年）》（简称《总规——澜沧》）中关于保护耕地、促进城镇科学发展及改善生态环境的要求，约束条件主要包含总面积约束、人口总量约束、耕地保护约束、城乡建设用地规划约束、生态环境约束、其他宏观约束和数学模型约束七个方面，包括 16 个约束方程。具体如下。

（1）总面积约束：

$$x_1 + x_2 + x_3 + x_4 + x_5 + x_6 + x_7 + x_8 + x_9 = 873\,527.49\text{hm}^2 \quad (8\text{-}16)$$

（2）人口总量约束：人口数量的变化是未来土地利用结构变化的主要影响因素，人口总量必须控制在土地所能承载的范围之内，即

$$M_1 \cdot (x_1 + x_2 + x_3 + x_4 + x_6) + M_2 \cdot x_5 \leqslant P \quad (8\text{-}17)$$

式中，M_1 为单位农用地的人口密度，根据澜沧县多年统计年鉴中农业人口和非农业人口数据，采用 GM(1, 1)与回归分析等的综合预测结果为 0.541～0.544 人/hm^2；M_2 为单位城镇用地的人口密度，综合预测结果为 100～107 人/hm^2；P 为澜沧县总人口，综合预测结果为 514 125～520 574 人，其中，上限为 GM(1, 1)预测结果，下限根据多年人口数据中按最大 6.7‰人口自然增长率预测。设定三种人口增长模式，如表 8-6 所示。

表 8-6　澜沧县未来人口增长模式设定

人口增长速度	M_1/(人/hm^2)	M_2/(人/hm^2)	最大人口 P/人
较慢	0.541	100	514 125
适中	0.542	105	517 350
较快	0.544	107	520 574

（3）耕地保护约束：为保证粮食安全，优化后的澜沧县 2020 年耕地保有量不得低于《总规——澜沧》中普洱市下达的最小耕地面积 196 807.26hm^2，即

$$x_1 \geqslant 196\,807.26\text{hm}^2 \quad (8\text{-}18)$$

（4）城乡建设用地规划约束：为了科学促进城镇建设用的发展，以及合理控制建设用地无序扩张，促进土地节约集约利用的要求，根据《总规——澜沧》，建设用地约束条件如下。

a. 建设用地总规模约束。建设用地扩张总规模必须控制在《总规——澜沧》的限定之内：

$$x_5 + x_6 + x_7 \leqslant 9667.3\text{hm}^2 \quad (8\text{-}19)$$

b. 城镇建设用地扩张约束。城镇建设用地适当增加，面积大于 2013 年现状，但不超过《总规——澜沧》规定的 656.10hm^2，即

$$588.87\text{hm}^2 \leqslant x_5 \leqslant 656.10\text{hm}^2 \quad (8\text{-}20)$$

c. 澜沧县受糯扎渡水电站工程搬迁集中安置的影响，农村居民点用地将适当减少，但不低于《总规——澜沧》中规定的 6468.26hm^2：

$$6468.26\text{hm}^2 \leqslant x_6 \leqslant 6857.46\text{hm}^2 \quad (8\text{-}21)$$

d. 其他建设用地主要包括道路交通用地、独立工矿用地等，受当地政策规划导向的影响明显，因此，本书设定其与《总规——澜沧》保持一致：

$$x_7 = 1308.96\text{hm}^2 \tag{8-22}$$

（5）生态环境约束：为适应生态建设的需要，重点选择澜沧县生态系统服务功能中的水土保持、生物多样性等不得低于 2013 年，因此，构建约束条件如下。

a. 水文调节约束：

$$\begin{aligned}&307.44 \cdot x_1 + 2036.29 \cdot x_2 + 2969.14 \cdot x_3 + 1103.44 \cdot x_4 - 6678.00 \cdot (x_5 + x_6 + x_7)\\&+13\,626.08 \cdot x_8 + 50.82 \cdot x_9 \geqslant 177\,600.87\text{万元}\end{aligned} \tag{8-23}$$

b. 土壤保持约束：

$$\begin{aligned}&586.93 \cdot x_1 + 2272.22 \cdot x_2 + 2918.32 \cdot x_3 + 1626.13 \cdot x_4 + 297.64 \cdot x_8\\&+123.41 \cdot x_9 \geqslant 184\,656.48\text{万元}\end{aligned} \tag{8-24}$$

c. 生物多样性约束：

$$\begin{aligned}&407.26 \cdot x_1 + 2315.78 \cdot x_2 + 3274.03 \cdot x_3 + 1357.53 \cdot x_4 + 2490.01 \cdot x_8\\&+290.38 \cdot x_9 \geqslant 201\,447.86\text{万元}\end{aligned} \tag{8-25}$$

（6）其他宏观约束：根据《总规——澜沧》的要求，园地、林地、牧草地及未利用土地等的宏观约束如下：

$$x_2 \geqslant 38\,613.48\text{hm}^2 \tag{8-26}$$

a. 林地面积约束：

$$x_3 \geqslant 542\,158.83\text{hm}^2 \tag{8-27}$$

b. 牧草地面积约束：

$$x_4 \geqslant 559.31\text{hm}^2 \tag{8-28}$$

c. 水域面积约束。受糯扎渡水电站建设淹没区的影响，水域面积大量增加。由于水域的增长主要来自水电站大坝蓄水，因此，设定其与《总规——澜沧》一致：

$$x_8 = 13\,475.16\text{hm}^2 \tag{8-29}$$

d. 自然保留地面积约束：

$$x_9 \geqslant 31\,111.44\text{hm}^2 \tag{8-30}$$

（7）数学模型约束：

$$x_i \geqslant 0 \qquad i = \{1,2,3,4,5,6,7,8,9\} \tag{8-31}$$

8.1.4　优化方案设计与模型求解

综合 8.1.2 节和 8.1.3 节的分析，根据澜沧县人口增长的灰色区间，设定人口增长速度较慢、适中和较快三种不同情景模式，得到澜沧县 2020 年土地利用数量结构优化的目标函数和约束条件方程，如下。

目标函数：

$$F(x)=\begin{cases}\max F_1(x)=\dfrac{[0.206\cdot x_1+0.237\cdot x_2+0.213\cdot(x_3+x_4)+0.345\cdot(x_5+x_6)]}{P}\\ \max F_2(x)=12\,636.89\cdot x_1+11\,069.82\cdot x_2+4458.01\cdot x_3+150.80\cdot x_4+32\,610.34\cdot x_5\\ \qquad +5990.93\cdot x_6+18\,137.10\cdot x_7+2073.49\cdot x_8+x_9\\ \max F_3(x)=3154.25\cdot x_1+14\,442.78\cdot x_2+20\,413.71\cdot x_3+8471.84\cdot x_4\\ \qquad -8638.10\cdot(x_5+x_6+x_7)+32\,921.83\cdot x_8+1009.07\cdot x_9\end{cases}$$

约束条件：

$$\text{S.T}=\begin{cases}x_1+x_2+x_3+x_4+x_5+x_6+x_7+x_8+x_9=873\,527.49\\ 0.541\cdot(x_1+x_2+x_3+x_4+x_6)+100\cdot x_5\leqslant 514\,125 \quad \text{情景一：人口增速较慢}\\ 0.542\cdot(x_1+x_2+x_3+x_4+x_6)+105\cdot x_5\leqslant 517\,350 \quad \text{情景二：人口增速适中}\\ 0.544\cdot(x_1+x_2+x_3+x_4+x_6)+107\cdot x_5\leqslant 520\,574 \quad \text{情景三：人口增速较快}\\ x_1\geqslant 196\,807.26\\ x_2\geqslant 38\,613.48\\ x_3\geqslant 542\,158.83\\ x_4\geqslant 559.31\\ x_5+x_6+x_7\leqslant 9667.3\\ 588.87\leqslant x_5\leqslant 656.10\\ 6468.26\leqslant x_6\leqslant 6857.46\\ x_7=1308.96\\ x_8=13\,475.16\\ x_9\geqslant 31\,111.44\\ 307.44\cdot x_1+2036.29\cdot x_2+2969.14\cdot x_3+1103.44\cdot x_4-6678.00\cdot(x_5+x_6+x_7)\\ +13\,626.08\cdot x_8+50.82\cdot x_9\geqslant 177\,600.87\\ 586.93\cdot x_1+2272.22\cdot x_2+2918.32\cdot x_3+1626.13\cdot x_4+297.64\cdot x_8\\ +123.41\cdot x_9\geqslant 184\,656.48\\ 407.26\cdot x_1+2315.78\cdot x_2+3274.03\cdot x_3+1357.53\cdot x_4+2490.01\cdot x_8\\ +290.38\cdot x_9\geqslant 201\,447.86\\ x_i\geqslant 0 \qquad i=\{1,2,3,4,5,6,7,8,9\}\end{cases}$$

多目标线性规划函数，均需要将多目标转化为单目标进行求解，一般有三种方法：一是理想点法，先分别在单目标条件下求得各个单目标的最优解，即各个目标的理想点值，再利用理想点将多目标问题转化为单目标问题以求解多目标线性规划的非劣解。二是线性加权法，此方法最为简单，即对目标函数的各个单目标赋予权重以将多目标问题转换成单目标问题。三是模糊偏差法，即对各个单目标设定一个额外的偏差变量，以目标函数的理想值与偏差变量之和的差值最小为出发点，从而将多目标线性问题转化为求偏差变量最小的单目标规划问题。总之，线性加权法的求解过程简单，但权重的界定会在很大程度上影响多目标规划问题的初衷，主观性较强；模糊偏差法与理想点法类似，其思想都是使各个目标尽可能达到最大，但模糊偏差法由于设定了额外的偏差变量，导致其计算量大于理想点法。本书采用理想点法求解，主要求解过程如下：

$$\max Z_i(x)=Z_i^*(x) \quad \text{(8-32)}$$
$$\text{s.t} \quad B(x)\leqslant \boldsymbol{b} \qquad i=1,2,3,\cdots$$

$$\min \varphi\left[Z(x)\right]=\sqrt{\sum_{i=1}^{n}\left[Z_i(x)-Z_i^*(x)\right]^2} \qquad i=1,2,3,\cdots \quad \text{(8-33)}$$
$$\text{s.t} \quad B(x)\leqslant \boldsymbol{b}$$

式中，Z（x）为目标函数；Z_i（x）为第 i 个单目标函数；Z_i^*（x）为单目标条件下求解得到的第 i 个目标的理想点；B（x）为约束函数；$\boldsymbol{b}$ 为约束系数矩阵。

根据 GMDP 原理，分别取人口约束条件中灰色区间的上、中、下限，在 LINGO11.0 和 Matlab2012a 软件中运行、调试，最终预选出澜沧县 2020 年三种不同人口增长模式情景下的土地利用数量结构优化方案。具体结果见表 8-7。

表 8-7 澜沧县 2020 年土地利用数量结构优化结果对比分析

	年份		2013 年现状		2020 年《总规——澜沧》		2020 年优化					
							情景一：人口增速慢		情景二：人口增速中		情景三：人口增速快	
	类型		面积	比例	面积	比例	面积	比例	面积	比例	面积	比例
用地类型及其比例结构	耕地	x_1	231 613.83	26.52	232 351.74	26.60	227 134.57	26.00	227 685.90	26.07	228 538.72	26.16
	园地	x_2	41 838.12	4.79	39 155.4	4.48	47 609.28	5.45	48 437.04	5.54	49 029.10	5.61
	林地	x_3	551 441.52	63.13	547 506.54	62.68	545 204.41	62.42	543 753.93	62.25	542 298.83	62.08
	牧草地	x_4	558.90	0.06	566.19	0.06	559.31	0.06	559.31	0.06	559.31	0.07
	城镇建设用地	x_5	588.87	0.07	656.10	0.08	656.10	0.08	656.10	0.08	656.10	0.08
	农村居民点用地	x_6	6 857.46	0.79	6 636.33	0.76	6 468.26	0.74	6 539.65	0.75	6 549.87	0.75
	其他建设用地	x_7	642.33	0.07	1 308.96	0.15	1 308.96	0.15	1 308.96	0.15	1 308.96	0.15
	水域	x_8	2 480.22	0.28	13 475.16	1.54	13 475.16	1.54	13 475.16	1.54	13 475.16	1.54
	自然保留地	x_9	37 506.24	4.29	31 871.07	3.65	31 111.44	3.56	31 111.44	3.56	31 111.44	3.56
	总计		873 527.49	100.00	873 527.49	100.00	873 527.49	100.00	873 527.49	100.00	873 527.49	100.00
效益	人口/人		496 800		518 045		513 004		517 111		520 078	
	社会效益指数		0.358		0.341		0.345		0.342		0.340	
	经济效益/万元		478 511.00		591 638.82		593 278.43		594 289.55		595 381.95	
	生态效益/万元		1 264 616.07		1 288 133.48		1 294 060.80		1 292 407.58		1 290 552.45	

注：2013 年经济效益为澜沧县 2013 年年末 GDP 总值。

8.2　澜沧县土地利用适宜性评价

土地利用适宜性评价是根据区域土地利用的社会、自然、经济等的综合要求，从土壤理化性质、人文社会条件、生态环境等多个角度，科学地确定最适合的土地利用方式的过程（李靖等，2018；纪学朋等，2019）。土地利用适宜性评价结果主要作为土地利用空间优化配置的判断函数，是空间优化配置的基础。将研究区土地利用类型划分成农用地、建设用地和其他土地三种类别。

在空间优化过程中，水域和其他建设用地直接采用《总规——澜沧》中的布局方式替换，再依次配置耕地、园地、林地、牧草地、城镇建设用地、农村居民点用地，最终剩下自然保留地，自然保留地不直接进行优化配置，涉及其他用地类型占用自然保留地时，根据对应地类的适宜性评价和空间紧凑性原则，仍可以得到最佳的自然保留地转出结果。因此，本书仅对农用地和建设用地进行适宜性评价，确定澜沧县农用地和城镇建设用地在空间上的适宜性评价结果。

8.2.1　适宜性评价的原则

根据研究区实际情况，澜沧县土地利用适宜性评价的原则如下。

（1）针对性原则。土地利用适宜性要根据研究区的实际情况提出具体用地类型的评价因子。例如，农用地的评价因子重点针对土壤理化性质、降水量指标等自然地理条件，而建设用地适宜性评价则需要考虑的是地形地质条件、道路交通状况等社会经济条件。

（2）多指标评价原则。某种用地类型的适宜性状态应考虑多种评价因子，以反映土地利用类型的综合适宜性，同时不能违反最小因子限制原理。例如，某区域配置建设用地在地形坡度、地质等条件下非常适宜，然而该区域现状用地类型为基本农田，综合考虑后是不适宜的。

（3）因地制宜原则。土地适宜性评价要根据研究区域的实际情况，制定符合区域自然地理条件和社会经济发展状况的评价指标体系。例如，划分因子评价等级时，需要综合考虑区域实际、参考相关研究成果，设定合理的分级区间。

（4）资料可获取性原则。土地适宜性评价要严格遵循科学性、合理性，做到有据可依。资料的可获取性原则保证了评价因子的准确性，避免出现模糊的评价指标，但影响土地利用适宜性评价的合理性和实用性。

8.2.2　农用地适宜性评价

1. 指标选择与标准化处理

农用地包括：耕地（x_1）、园地（x_2）、林地（x_3）及牧草地（x_4）。由于研究将在土地利用适宜性评价的基础上对研究区各类用地进行空间优化配置，现状土地利用类型将作为重要的参评因子，运用到各类用地的适宜性评价之中。农用地适宜性评价的指标体系主要包括三个方面，分别为自然地理条件、人文社会因子和现状土地利用类型。具体指标及其正向或负向属性（其中，正向说明值越大则越适宜，负向说明值越大越不适宜）如表 8-8 所示。

表 8-8　澜沧县农用地适宜性评价指标选择及其获取方式和指标属性

	指标	获取方式	指标属性
自然地理条件	高程（X1）	澜沧县 90m 分辨率 DEM 图提取	负向
	坡度（X2）	澜沧县 90m 分辨率 DEM 图提取	正向
	坡向（X3）	澜沧县 90m 分辨率 DEM 图提取	非正负向
	年降水量（X4）	澜沧县多年平均降水量数据插值	正向
	土壤 K 值（X5）	澜沧县土壤质地图计算得到	负向
	土壤有机质含量（X6）	澜沧县农用地分等定级数据库提取	正向
	距主要河流距离（X7）	澜沧县 2013 年土地利用现状图提取	负向
	距水库水面距离（X8）	澜沧县 2013 年土地利用现状图提取	负向
人文社会因子	灌溉保证率（X9）	澜沧县农用地分等定级数据库提取	正向
	距农村居民点距离（X10）	澜沧县 2013 年土地利用现状图提取	负向
	距城镇建设用地距离（X11）	澜沧县 2013 年土地利用现状图提取	正向
	距农村道路距离（X12）	澜沧县 2013 年土地利用现状图提取	负向
现状因子	距现状耕地距离（X13）	澜沧县 2013 年土地利用现状图提取	负向
	距现状园地距离（X14）	澜沧县 2013 年土地利用现状图提取	负向
	距现状林地距离（X15）	澜沧县 2013 年土地利用现状图提取	负向
	距现状牧草地距离（X16）	澜沧县 2013 年土地利用现状图提取	负向

注：坡度、坡向因子和灌溉保证率因子需要分级赋值量化，再标准化处理。

由于评价指标之间的单位不统一，数值差异大，为了消除这种影响，需要统一标准化为 0～1 的无量纲数据。因此，在进行适宜性评价前采用隶属度函数进行标准化（董莉丽和郑粉莉，2010）。计算公式为

$$Q(x_i)=(x_i-x_{i\min})\div(x_{i\max}-x_{i\min}) \quad x_i\in\text{正向指标} \tag{8-34}$$

$$Q(x_i)=(x_{i\max}-x_i)\div(x_{i\max}-x_{i\min}) \quad x_i\in\text{负向指标} \tag{8-35}$$

式中，$Q(x_i)$ 为第 i 项指标的标准化值；x_i 为第 i 项指标的 value 值；$x_{i\max}$ 和 $x_{i\min}$ 分别为 x_i 的最大值和最小值。农用地适宜性评价指标体系的相关说明如下。

1）高程、坡度和坡向

高程、坡度和坡向对农用地的影响主要体现在温度和日照条件上，其中，高程直接采用 DEM 影像提取，并采用式（8-35）归一化；坡度在 DEM 提取的基础上分级，根据云南省农用地分等定级技术规范，坡度 0°～2°赋值为 4，2°～6°赋值为 3，6°～15°赋值为 2，15°～25°赋值为 1，大于 25°则赋值为 0，再采用式（8-34）标准化。坡向同样采用 DEM 影像提取，但坡向需要根据四方向法将其重新分级，研究取阳坡（135°～225°）赋值为 4，半阳坡（45°～135°）赋值为 3，半阴坡（225°～315°）赋值为 2，阴坡（315°～360°、0°～

45°）赋值为 1，再采用式（8-34）标准化。

2）年降水量

降水量直接影响土壤水分含量，而农用地类型以农业生产为主，对土壤水分含量要求较高，一般而言，降水充足的地区更适合配置农用地。研究所获取的年降水量数据是澜沧县境内各气象站点 2007～2012 年的平均降水量值，采用克里金插值法插值生成澜沧县年平均降水量图，再采用式（8-34）进行标准化。

3）土壤 K 值

土壤 K 值也称为土壤可侵蚀性因子，表示单位降水侵蚀力所引起的土壤流失率，土壤 K 值与土壤质地，即土壤粒径有密切关系。一般而言，土壤 K 值越高则代表土壤被侵蚀的可能性就越高，因此，土壤 K 值越高，则越不适宜配置农用地类型。研究所获取的土壤 K 值为矢量格式，先转成栅格，再采用式（8-35）进行标准化处理。

4）土壤有机质含量

土壤有机质是土壤肥力的重要评价指标，有机质含量较高的土壤具有较高的生产能力而更适合作为农用地。研究从澜沧县农用地分等定级数据库中提取农用地土壤有机质含量数据，再采用克里金插值法生成整个澜沧县的土壤有机质含量图。土壤有机质含量因子属于正向指标，因此采用式（8-34）标准化。

5）距主要河流距离、距水库水面距离

距主要河流和水库水面的距离越近可以表征具有更好的灌溉条件，选择主要河流和水库水面作为农用地适宜性评价的因子。距水体越近代表适宜性越好，因此，采用式（8-35）标准化。

6）灌溉保证率

农用地作为农业生产活动的对象，较好的灌溉条件是提高农用地适宜性的有效途径。研究从澜沧县农用地分等定级数据库中提取灌溉保证率，数据库中分为四种级别的灌溉保证率，分别为充分满足、基本满足、一般满足和无灌溉设施，因此，需要重新赋值量化。其中，充分满足赋值为 4，基本满足赋值为 3，一般满足赋值为 2，无灌溉设施赋值为 1。最后采用式（8-34）进行标准化处理。

7）距农村居民点距离、距城镇建设用地距离和距农村道路距离

一般而言，农用地更靠近农村居民点而相对离城镇建设用地远，距农村居民点和距城镇建设用地的距离是影响农用地适宜性的因子。农作物和肥料等的有效转运是提高农用地生产效率的保证，而承担这一角色的多为农村道路交通用地，尤其是对于地形变化复杂的澜沧县而言，发达的村级道路是提高农业生产活动效率的有效途径。因此，将距农村居民点距离、距城镇建设用地距离和距农村道路距离作为重要的农用地适宜性评价指标。其中，距农村居民点距离和距农村道路距离因子采用式（8-35）标准化，距城镇建设用地距离则采用式（8-34）标准化处理。

8）距现状耕地、园地、林地及牧草地距离

现状用地类型是评价区域土地作为某种用地类型适宜性的重要参考，一般而言，越靠近某种用地类型则越适宜布置与之相同的用地类型。由于研究涉及各类用地的空间优化配置，因此考虑现状用地类型作为各类用地在空间上适宜性的重要指标。例如，在评价耕地

适宜性时选择上述 X1～X12、X13 作为评价指标，而评价园地时则选择 X1～X12、X14 作为评价指标，林地、牧草地的适宜性评价类推，从而得到农用地中各个用地类型的适宜性评价结果。现状用地类型因子均采用式（8-35）标准化处理。

上述农用地适宜性评价指标标准化处理结果见图 8-2。

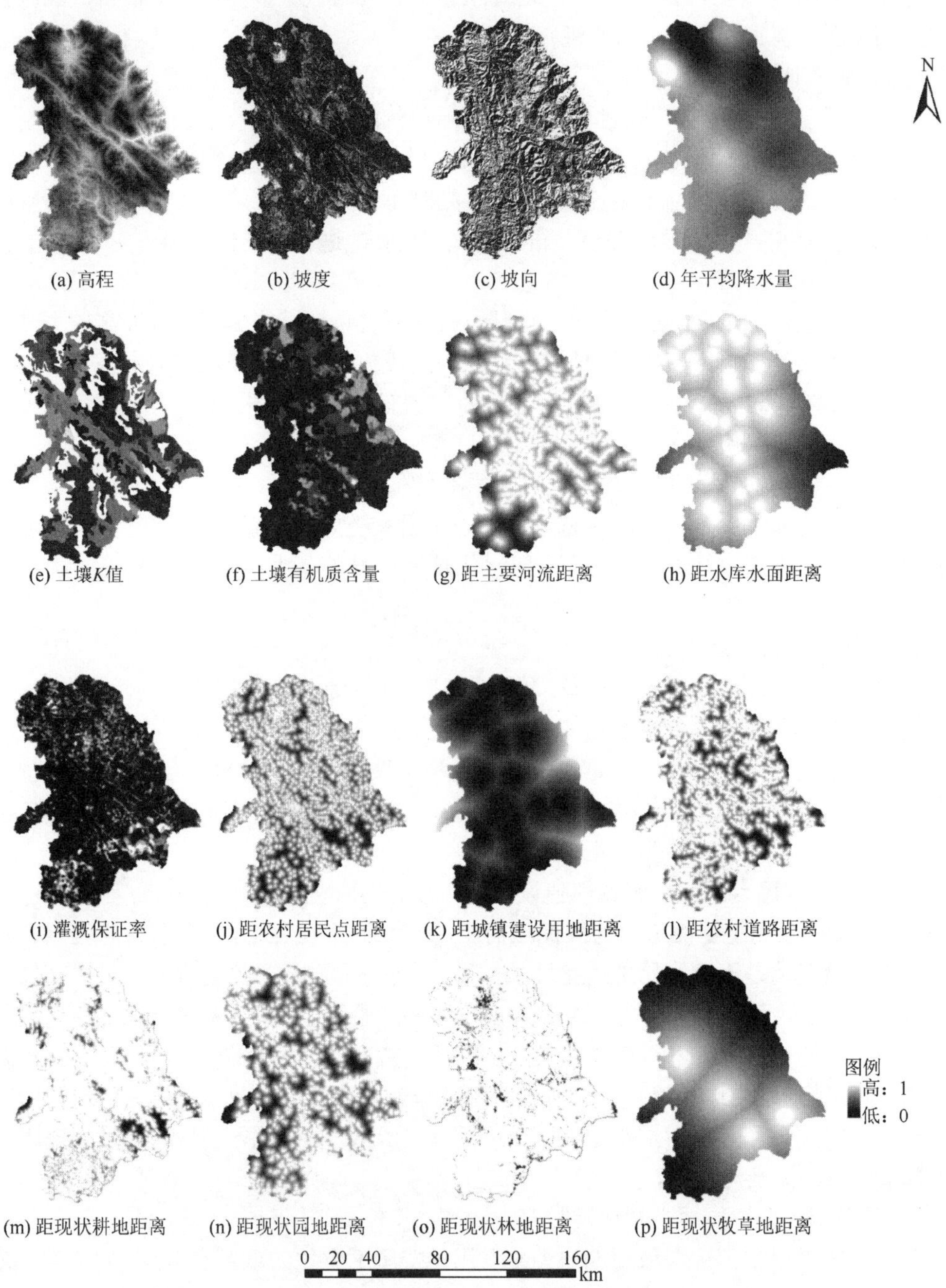

图 8-2　农用地适宜性评价因子标准化图

2. 指标权重的确定

评价指标的权重，表示各个指标对评价对象的重要程度，以此突出主要指标而压缩次要指标，从而均衡评价结果，使其更加符合研究区实际情况。本书运用主成分分析法确定权重，主成分分析本身是一种降维技术：将原来多个指标替换成少数几个主要指标，主成分分析法确定权重的主要途径是根据指标贡献率的大小确定指标权重。

主成分分析法确定权重的主要过程如下。

（1）假定有 n 个样本，每个样本有 p 个评价指标，构成 $n\times p$ 阶数据矩阵。先计算评价指标的相关系数矩阵：

$$\boldsymbol{R}=\begin{bmatrix} r_{11} & r_{12} & \cdots & r_{1p} \\ r_{21} & r_{22} & \cdots & r_{2p} \\ \vdots & \vdots & & \vdots \\ r_{p1} & r_{p2} & \cdots & r_{pp} \end{bmatrix} \tag{8-36}$$

式中，r_{ij} 为指标 x_i 与 x_j 的相关系数：

$$r_{ij}=\frac{\sum_{k=1}^{n}(x_{ki}-\overline{x}_i)\cdot(x_{kj}-\overline{x}_j)}{\sqrt{\sum_{k=1}^{n}(x_{ki}-\overline{x}_i)^2\cdot\sum_{k=1}^{n}(x_{kj}-\overline{x}_j)^2}} \tag{8-37}$$

（2）计算特征值与特征向量：通过解特征方程$|\lambda_i-\boldsymbol{R}|(i=1,2,\cdots,p)$，求出特征根 λ_i，特征根按大小排序，即 $\lambda_1\geqslant\lambda_2\geqslant\cdots\geqslant\lambda_p$；再求出特征根所对应的特征向量 $\boldsymbol{e}_i(i=1,2,\cdots,p)$。

（3）计算累计贡献率，并选择主成分：

$$G=\sum_{k=1}^{m}\lambda_k\Big/\sum_{k=1}^{p}\lambda_k \tag{8-38}$$

式中，G 为累计贡献率；m 为主分量个数，一般取累计贡献率大于 85%的特征值对应第 1、2、…、m 个主成分。

（4）确定各主成分函数：

$$\begin{gathered} F_1=a_{11}X_1+a_{12}X_2+\cdots+a_{1p}X_p \\ F_2=a_{21}X_1+a_{22}X_2+\cdots+a_{2p}X_p \\ \vdots \\ F_m=a_{m1}X_1+a_{m2}X_2+\cdots+a_{mp}X_p \end{gathered} \tag{8-39}$$

式中，F_m 为第 m 个主成分；系数 a_{mp} 为第 m 个特征值所对应的特征向量 $\boldsymbol{e}_i$；X_p 为评价因子。

（5）确定各评价因子的权重：

$$c_i=\frac{\sum_{k=1}^{m}\left|a_{mp}\right|\cdot b_m}{G} \tag{8-40}$$

$$w_i=c_i\Big/\sum c_i \tag{8-41}$$

式中，c_i 为权重系数；a_{mp} 为各主成分的系数，即第 m 个特征值所对应的特征向量 $\boldsymbol{e}_i$；b_m 为各主成分的方差贡献率；G 为累计贡献率；w_i 即为评价因子的权重。

3. 农用地适宜性评价结果及分析

根据上述分析，耕地适宜性评价采用 X1～X12、X13 指标进行评价；园地采用 X1～X12、X14 指标进行评价；林地采用 X1～X12、X15 指标进行评价；牧草地采用 X1～X12、X16 指标进行评价。主成分分析在 ArcGIS10.1 软件中运用 Principle Components 工具实现。以耕地适宜性评价权重确定为例，具体操作过程如下。

首先经过主成分分析，得到特征值与特征向量，具体见表 8-9。然后，得到特征值所对应主成分的累计贡献率（表 8-10）。

表 8-9　耕地适宜性评价主成分分析的特征值及其对应的特征向量

主成分		F1	F2	F3	F4	F5	F6	F7	F8	F9	F10	F11	F12	F13
特征值		0.081	0.038	0.031	0.028	0.028	0.022	0.020	0.014	0.011	0.010	0.008	0.006	0.002
特征向量	X1	−0.008	−0.197	0.182	0.168	0.197	0.081	0.647	−0.294	−0.230	0.336	0.407	−0.081	−0.109
	X2	0.011	−0.065	−0.091	0.349	−0.372	−0.840	0.143	0.024	0.025	0.000	0.022	0.006	0.018
	X3	0.997	0.054	0.043	0.005	0.023	−0.004	0.005	−0.009	−0.016	−0.011	−0.004	−0.001	−0.011
	X4	0.011	0.095	0.035	−0.132	−0.289	0.070	0.041	0.210	0.028	0.831	−0.319	0.208	0.038
	X5	−0.031	0.812	−0.421	0.254	0.086	0.091	0.266	−0.082	−0.021	−0.026	−0.056	0.000	0.004
	X6	−0.015	−0.043	−0.028	0.241	0.776	−0.294	−0.291	0.125	−0.232	0.241	−0.186	0.068	0.016
	X7	0.007	−0.083	0.102	0.217	0.227	0.028	0.135	−0.117	0.897	0.076	−0.160	−0.120	0.032
	X8	0.000	0.130	0.084	0.450	−0.155	0.174	−0.494	0.153	0.108	0.222	0.615	−0.058	−0.098
	X9	0.063	−0.498	−0.798	0.208	−0.063	0.239	−0.004	−0.012	−0.010	0.065	−0.037	0.014	0.026
	X10	−0.007	−0.079	0.146	0.290	0.007	0.152	0.222	0.370	0.028	−0.253	−0.075	0.696	−0.353
	X11	0.015	0.038	−0.239	−0.441	0.205	−0.179	0.223	0.631	0.201	0.027	0.420	−0.084	0.001
	X12	−0.006	−0.058	0.168	0.319	−0.090	0.181	0.169	0.498	−0.177	−0.084	−0.318	−0.634	−0.088
	X13	0.005	−0.034	0.125	0.191	0.001	0.115	0.121	0.164	−0.051	−0.085	0.077	0.185	0.918

表 8-10　耕地适宜性评价的特征值及其贡献率和累计贡献率

项目	F1	F2	F3	F4	F5	F6	F7	F8	F9	F10	F11	F12	F13
特征值	0.081	0.038	0.031	0.028	0.028	0.022	0.020	0.014	0.011	0.010	0.008	0.006	0.002
贡献率/%	27.21	12.81	10.24	9.44	9.20	7.29	6.81	4.57	3.72	3.23	2.71	1.97	0.80
累计贡献率/%	27.21	40.02	50.26	59.70	68.90	76.19	83.00	87.57	91.29	94.52	97.23	99.20	100.00

根据表 8-10，前八个主分量的累计贡献率已达到 87.57%，因此选择前八个主成分。依据主成分分析确权法的计算过程，结合式（8-40）和式（8-41），得到耕地适宜性评价指标的权重。同理，可以得到园地、林地和牧草地的适宜性评价指标权重。农用地适宜性评价因子及其权重具体见表 8-11。

表 8-11　农用地适宜性评价因子及其权重

因子	变量名	评价因子	评价因子权重			
			耕地	园地	林地	牧草地
自然地理因子	X1	高程	0.076	0.076	0.075	0.064
	X2	坡度	0.085	0.088	0.088	0.078
	X3	坡向	0.152	0.161	0.162	0.137
	X4	年降水量	0.04	0.04	0.044	0.045
	X5	土壤 *K* 值	0.115	0.12	0.116	0.116
	X6	土壤有机质含量	0.082	0.077	0.088	0.092
	X7	距主要河流距离	0.043	0.043	0.044	0.043
	X8	距水库水面距离	0.072	0.066	0.075	0.069
人文社会因子	X9	灌溉保证率	0.111	0.109	0.108	0.101
	X10	距农村居民点距离	0.052	0.057	0.05	0.041
	X11	距城镇建设用地距离	0.08	0.078	0.081	0.061
	X12	距农村道路距离	0.06	0.056	0.061	0.046
现状因子	X13	距现状耕地距离	0.032	—	—	—
	X14	距现状园地距离	—	0.029	—	—
	X15	距现状林地距离	—	—	0.008	—
	X16	距现状牧草地距离	—	—	—	0.107
		总计	1.000	1.000	1.000	1.000

从表 8-11 的权重结果来看，高程因子和坡度因子对牧草地的影响最小，而对耕地、园地和林地的影响基本相同，事实上高程和坡度因子对所有农用地类型的适宜性影响均不明显，这与澜沧县地形条件复杂存在一定的关系，因此不同高程和不同坡度上均有较大面积的农用地分布；坡向因子对四种农用地类型的影响都是最大的，说明坡向在很大程度上影响农用地的分布；年降水量因子对耕地和园地的影响较小，对林地和牧草地的影响最大；土壤 *K* 值因子对四种农用地类型的适宜性影响均较大；土壤有机质含量对牧草地的适宜性影响最大；距主要河流距离和距水库水面距离对农用地的影响均不明显；灌溉保证率对农用地的影响程度较大，其中，对耕地的适宜性影响最大；距农村居民点距离和距农村道路距离对耕地的影响较明显，对牧草地的影响最小；而距城镇建设用地距离因子则对牧草地的影响最小，对林地的影响最大。从距现状用地类型距离因子的权重来看，农用地类型的适宜性与现状用地类型因子的相关性均较小，其中对牧草地的影响相对较大，这与澜沧县牧草地分布面积小和分布较为集中有一定关系。

总体而言，自然地理因子对澜沧县农用地适宜性的影响最大，平均影响水平达到 67%；人文社会因子的平均影响水平为 28.75%；现状用地类型因子对农用地适宜性的平均影响水平为 4.25%，这表明研究区地形地貌、土壤条件是影响农用地分布的主要因素。综合上述农用地适宜性评价因子标准化图和因子权重分析结果，在 ArcGIS10.1 软件中进行空间叠加分析，得到澜沧县各农用地类型的土地利用适宜性评价结果，如图 8-3 所示。

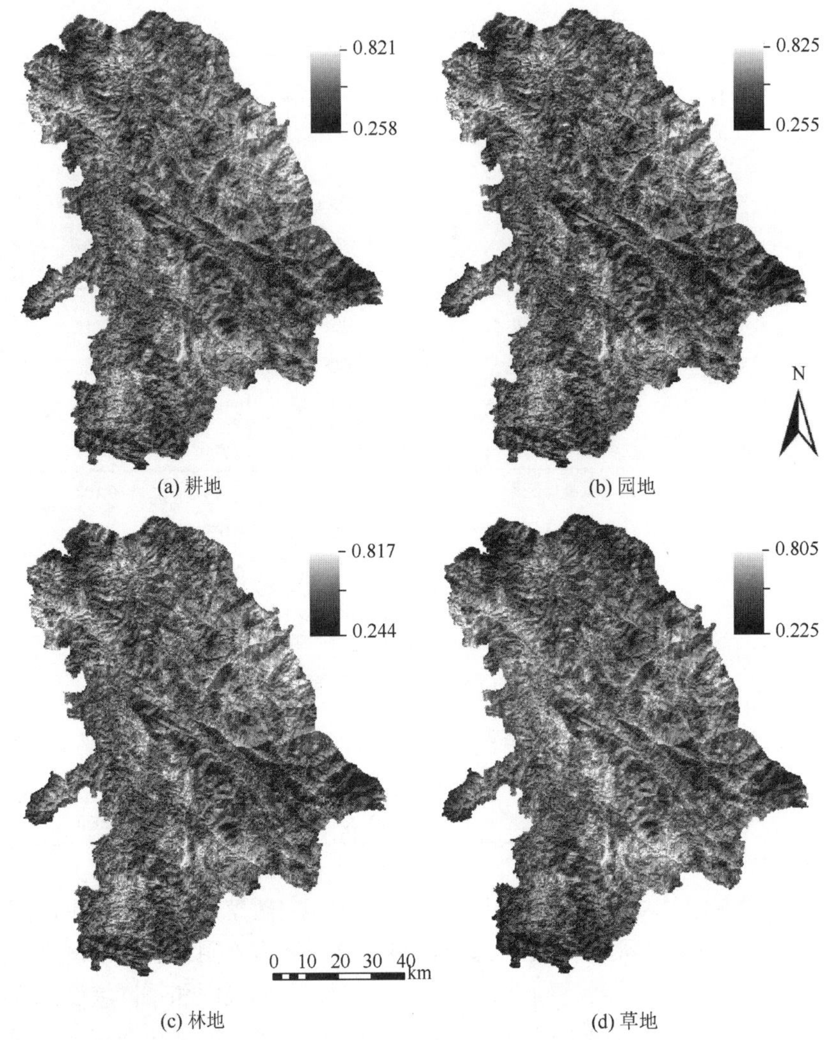

(a) 耕地　(b) 园地　(c) 林地　(d) 草地

图 8-3　澜沧拉祜族自治县农用地适宜性评价结果

8.2.3　建设用地适宜性评价

1. 指标选择与标准化处理

建设用地包括城镇建设用地（X5）、农村居民点用地（X6）和其他建设用地（X7）三类，本书仅对城镇建设用地和农村居民点用地进行适宜性评价。建设用地适宜性评价与农用地适宜性评价方法相同，即因子叠加分析法。与农用地适宜性评价不同的是，建设用地的适宜性需要考虑地质条件，同时根据云南省城镇建设用地上山、保护坝区耕地资源及低丘缓坡综合开发思想的指导，建设用地应尽可能不占用优质的农用地资源，因此，农用地适宜性评价的结果是建设用地适宜性评价的重要参评因子。澜沧县建设用地适宜性评价指标见表 8-12。

表 8-12　澜沧县建设用地适宜性评价指标

指标		获取方式	指标属性
地理地质条件	高程（X1）	澜沧县 90m 分辨率 DEM 图提取	负向
	坡度（X2）	澜沧县 90m 分辨率 DEM 图提取	正向
	距主要河流距离（X3）	澜沧县 2013 年土地利用现状图提取	负向
	距水库水面距离（X4）	澜沧县 2013 年土地利用现状图提取	负向
	地质灾害易发水平（X5）	澜沧县地质灾害防治规划	负向
	距主要地质灾害点距离（X6）	澜沧县地质灾害防治规划	正向
人文社会因子	距县政府距离（X7）	澜沧县 2013 年土地利用现状图提取	负向
	距乡镇政府距离（X8）	澜沧县 2013 年土地利用现状图提取	负向
	距主要道路距离（X9）	澜沧县 2013 年土地利用现状图提取	负向
	分乡镇总人口（X10）	采用 2013 年统计数据插值	正向
农用地适宜性因子	耕地适宜性分布（X11）	4.3.2 节分析结果	负向
	园地适宜性分布（X12）	4.3.2 节分析结果	负向
	林地适宜性分布（X13）	4.3.2 节分析结果	负向
	牧草地适宜性分布（X14）	4.3.2 节分析结果	负向
现状因子	距现状城镇建设用地距离（X15）	澜沧县 2013 年土地利用现状图提取	负向
	距现状农村居民点距离（X16）	澜沧县 2013 年土地利用现状图提取	负向

注：坡度和地质灾害易发水平需要分级，再标准化处理。

对城镇建设用地和农村居民点用地进行空间优化配置。选择 X1～X15 作为澜沧县城镇建设用地适宜性评价指标体系，选择 X1～X6、X8～X14、X16 作为农村居民点用地的适宜性评价指标体系。建设用地适宜性评价指标体系的相关说明如下。

（1）高程和坡度。高程和坡度影响建设成本和工程施工的难度。由于澜沧县大力推进城镇建设用地上山，根据《云南省人民政府关于加强耕地保护促进城镇化科学发展的意见》（云政发〔2011〕185 号）文件的要求，适当调整缓坡资源（8°～25°的坡地）的分级值。其中，0°～2°赋值为 6；2°～6°赋值为 5；6°～8°赋值为 4；8°～10°赋值为 3；10°～15°赋值为 2；15°～25°赋值为 1；大于 25°则赋值为 0，再采用式（8-34）标准化。

（2）距主要河流和水库水面的距离。主要河流和水库水面是生活用水的主要来源，水源供给的满足程度在很大程度上影响城镇建设用地的发展和规划。距主要河流越近越有利于城镇建设用地的扩张，因此，采用式（8-35）标准化处理。

（3）地质灾害易发水平和主要地质灾害点。地质灾害易发水平根据《云南省澜沧县 2011～2020 年地质灾害防治部署图》提取而来，地质灾害是建设用地适宜性评价需要重点考虑的因子。主要地质灾害点包括滑坡、崩塌、不稳定斜坡及泥石流的监测点。建设用地的布局应当尽可能远离这些地质灾害易发区域。因此，地质灾害易发水平采用式（8-35）标准化处理，距主要地质灾害点的距离因子则采用式（8-34）标准化处理。

（4）距县政府距离、距乡镇政府距离、距主要道路距离及分乡镇总人口。建设用地主要服务于人类的生产和生活，带动社会经济发展。其中，县政府所在地和乡政府所在地作为县域社会发展的增长极，是经济和政治的中心，建设用地相对靠近这些地区有利于促进经济的发展；主要道路是县域发展的血管，越靠近道路交通用地越有利于发挥建设用地的职能；人口越集中的区域越能促进建设用地的发展。距县政府距离、距乡政府距离和距主要道路距离因子需要采用式（8-35）进行标准化，而人口因子需要采用式（8-34）标准化。

（5）农用地适宜性因子。受云南省大力开发低丘缓坡资源和城镇建设用地上山政策的影响，建设用地的布局需要尽量避开优质的农用地资源，因此，越适用于农用地的区域越不适宜建设用地。耕地、园地、林地、牧草地的适宜性结果在参与建设用地适宜性评价时需要采用式（8-35）标准化处理。

（6）距现状城镇建设用地距离和距现状农村居民点距离。建设用地的扩张，尤其是城镇建设用地的发展靠近现有的城镇建设用地资源有利于配置相应的城市设施，农村居民点的发展同样如此。距城镇建设用地和农村居民点用地越近，建设用地适宜性则越高，因此，需要采用式（8-35）进行标准化处理。

2. 指标权重的确定

根据上一小节建设用地适宜性评价因子的分析结果，指标因子经过式（8-34）和式（8-35）的标准化处理，得到澜沧县建设用地适宜性评价因子标准化图（图 8-4）。

建设用地适宜性评价指标因子的权重确定同样采用主成分分析法，主成分分析的过程与耕地适宜性评价因子权重确定过程类似，这里不再赘述。选择 X1～X15 作为澜沧县城镇建设用地适宜性评价指标体系，选择 X1～X6、X8～X14、X16 作为农村居民点用地的适宜性评价指标体系，从而得到澜沧县城镇建设用地和农村居民点用地适宜性评价的指标权重，如表 8-13 所示。

表 8-13　建设用地适宜性评价因子及其权重

因子	评价因子	变量名	评价因子权重	
			城镇建设用地	农村居民点用地
地理地质条件	高程	X1	0.054	0.082
	坡度	X2	0.095	0.111
	距主要河流距离	X3	0.044	0.063
	距水库水面距离	X4	0.073	0.086
	地质灾害易发水平	X5	0.109	0.112
	距主要地质灾害点距离	X6	0.062	0.060
人文社会因子	距县政府距离	X7	0.098	—
	距乡镇政府距离	X8	0.056	0.072
	距主要道路距离	X9	0.059	0.076
	分乡镇总人口	X10	0.035	0.040
农用地适宜性因子	耕地适宜性分布	X11	0.062	0.066
	园地适宜性分布	X12	0.063	0.067
	林地适宜性分布	X13	0.063	0.066
	牧草地适宜性分布	X14	0.056	0.061
现状因子	距现状城镇建设用地距离	X15	0.071	—
	距现状农村居民点距离	X16	—	0.038
	总计	—	1.000	1.000

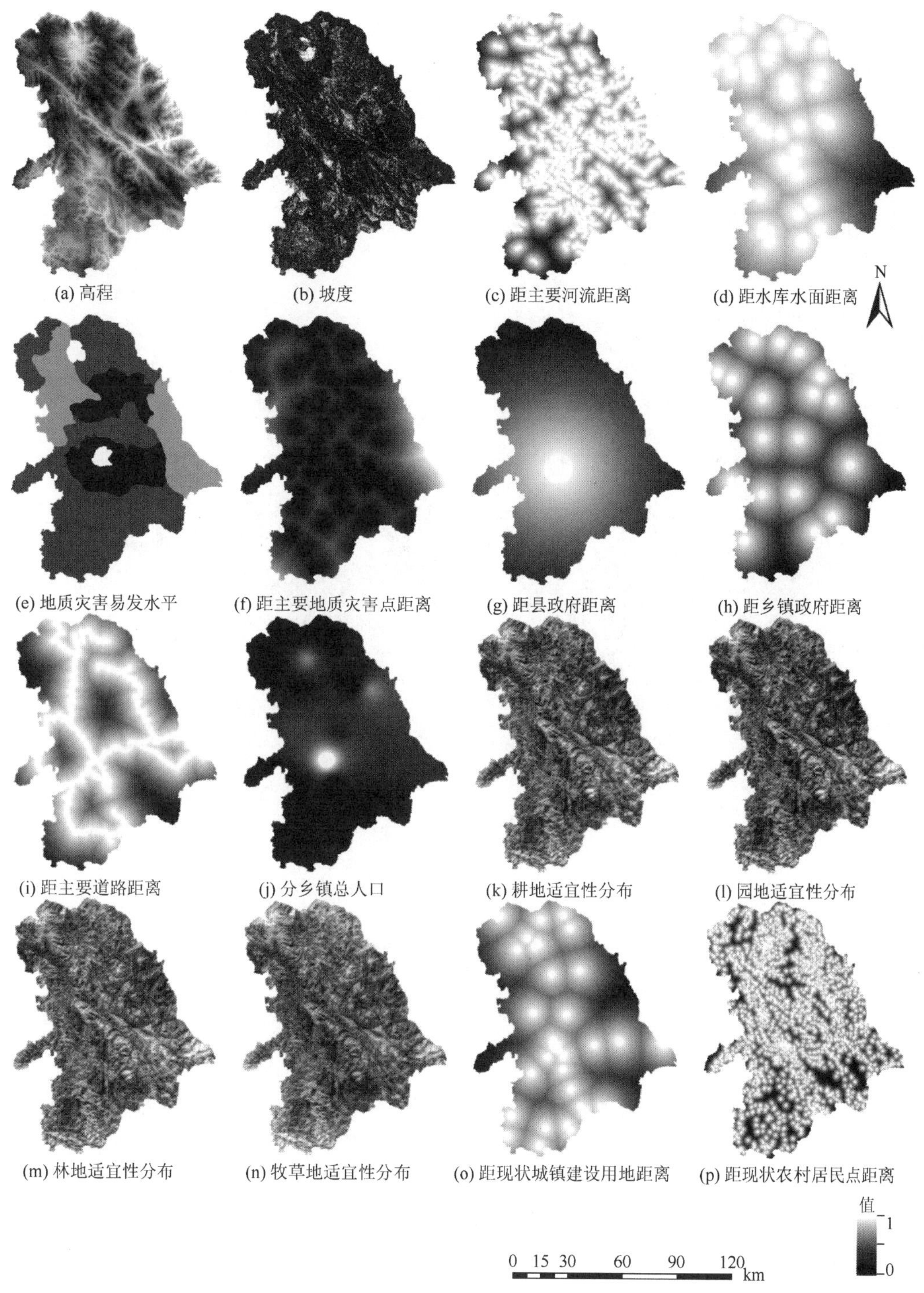

图 8-4 建设用地适宜性评价因子标准化图

总体而言，由表 8-13 的建设用地适宜性评价因子及其权重可以看出，地理地质条件因子对城镇建设用地和农村居民点用地适宜性的影响水平平均为 47.5%，人文社会因子为

21.8%，农用地适宜性因子为 25.2%，现状建设用地类型因子为 5.5%。其中，地质灾害易发水平因子是影响城镇建设用地和农村居民点用地布局的主要因素，其次为坡度因子，说明地形、地质条件是澜沧县建设用地布局的主要影响因素；人文社会因子主要是距县政府距离和距主要道路距离，表明增长极和交通因子可以有效促进县域城镇建设用地的发展；农用地适宜性因子方面，四种农用地类型对建设用地的适宜性约束力程度相当；距现状城镇建设用地距离因子的权重要大于距现状农村居民点距离因子，表明城镇建设用地的发展应以老城镇为中心，而农村居民点则不然。

3. 建设用地适宜性评价结果及分析

根据上述分析结果，结合图 8-4 的标准化评价因子图层及表 8-13 的因子权重，在 ArcGIS10.1 软件中采用空间因子叠加分析，得到澜沧县建设用地适宜性评价结果，如图 8-5 所示。

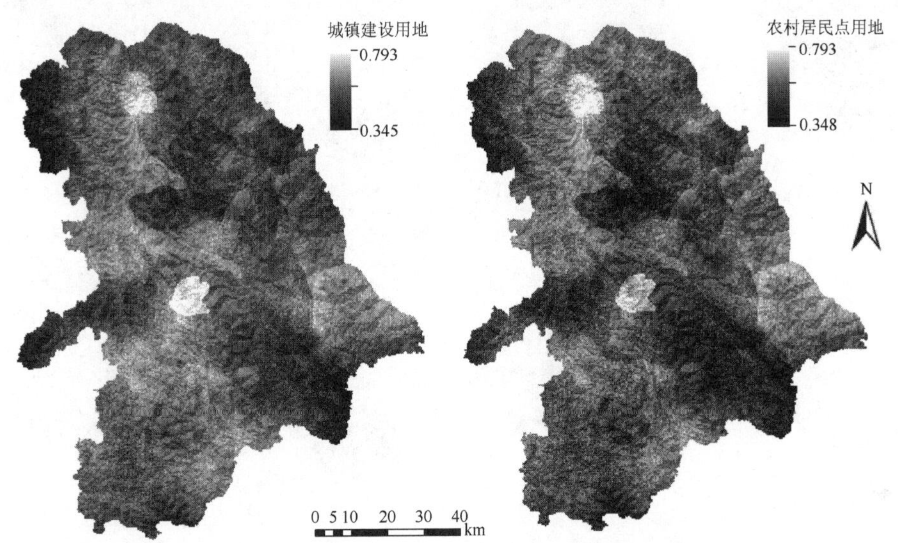

图 8-5　澜沧拉祜族自治县建设用地适宜性评价结果

8.3　基于 ACO 算法的 2020 年和 2025 年土地利用空间优化配置

土地利用空间优化是土地利用数量结构优化的深入，目的在于将最佳区域的土地利用数量结构，在符合区域自然地理条件和社会人文条件的基础上，实现空间上的合理布局。研究采用蚁群优化算法（ACO），在澜沧县 2020 年土地利用数量结构优化，以及澜沧县土地利用适宜性评价的基础上，进行澜沧县 2020 年土地利用空间优化配置。土地利用空间优化配置的模型描述如下：

$$M = (S, \Omega, f) \tag{8-42}$$

式中，S 为候选配置方案；Ω 为限制条件；f 为目标函数。那么，最优的土地利用空间优化配置就在于寻求最佳的区域元胞(I, j)组合方式 I_{opt}，使得

$$f(I_{\mathrm{opt}}) \geqslant f(I) \quad \forall I \in S \tag{8-43}$$

8.3.1　蚁群算法（ACO）简介

蚁群算法最早由意大利学者 Colorni A、Dorigo M 和 Maniezzo V 等在 1992 年提出（谢鹏飞，2016），蚁群算法属于仿生优化算法的一种，根据蚂蚁觅食过程中蚁群总能搜索到食物与蚁巢之间最短路径的现象而来，因此，蚁群算法最早应用于线性路径寻优，如商旅问题。后经国内外学者的不断开发和深入研究将其引用到空间寻优过程中来。蚁群算法主要包括两个阶段：一是自适应阶段；二是协作阶段。蚁群算法在优化配置过程中的主要运行过程可描述为；先随机生成问题的初始解，然后根据蚁群算法自适应阶段的判断函数和协作阶段的信息素协作函数相互作用，进行初始解的随机扰动，即蚁群移动而形成新的解，如此反复迭代以搜索空间最优解。

8.3.2　基于蚁群算法的土地利用空间优化模型构建

基于蚁群优化算法的土地利用空间优化配置主要包括三个核心部分：一是需要配置的蚁群个体总数；二是决定蚁群随机移动的概率函数；三是判断蚁群布局是否达到最佳配置的判断函数。其中，蚁群个体总数根据土地利用数量结构优化结果而来，每一个栅格代表一只蚂蚁。例如，2020 年土地利用数量结构优化方案中耕地保有量为 227 685.90hm^2，以 90m×90m 栅格大小计，共为 281 094 个（注：换算成栅格后采用四舍五入的原则，超过 0.5 个栅格即记为 1 个栅格，少于 0.5 则剔除），即耕地类蚂蚁总数为 281 094 只。

蚁群随机移动的概率函数受蚁群自身的自适应函数（启发式值）和正反馈机制（信息素强度）的影响，研究将设定多种启发式值和信息素强度的权重，并根据优化过程的收敛曲线决定最佳的权重组合。

判断函数的评价原则主要包括两个，分别为土地利用适宜性原则和空间紧凑性原则，由于这属于多目标判断函数，为简化研究过程，取适宜性原则和紧凑原则的权重均为 0.5。图 8-6 为基于蚁群算法的土地利用空间优化过程示意图。

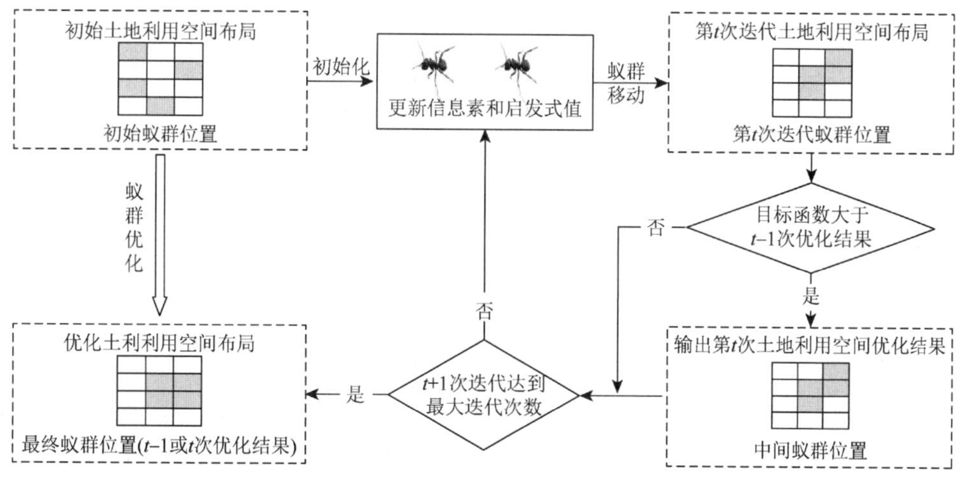

图 8-6　基于蚁群算法的土地利用空间优化过程示意图

1. 蚁群选择的概率函数

在自然界的蚁群觅食过程中，蚂蚁走过的路径上会留下信息素，信息素又会受环境的影响而自然蒸发，蚂蚁的路径选择很大程度上取决于路径上信息素浓度的大小。蚁群优化算法为了模拟蚂蚁的觅食过程，引入概率函数以决定每个蚂蚁的移动过程。研究空间优化的蚁群移动概率函数的描述如下。

$$P_{ij}^{k}(t)=\begin{cases}\dfrac{\left[\tau_{ij}(t)\right]^{\alpha}\cdot\left[\eta_{ij}(t)\right]^{\beta}}{\sum\left[\tau_{x}(t)\right]^{\alpha}\cdot\left[\eta_{x}(t)\right]^{\beta}} & x\in\text{允许配置}k\text{类用地}\\ 0 & x\in\text{不允许配置}k\text{类用地}\end{cases}\tag{8-44}$$

式中，$P_{ij}^{k}(t)$ 为第 t 次迭代时蚂蚁选择元胞(i,j)作为第 k 类用地类型的概率，这个概率受自身启发式值 η_{ij} 和群体正反馈机制 τ_{ij} 的影响，其中，η_{ij} 函数和 τ_{ij} 函数在 GeoSOS 软件中直接集成。常数 α 和 β 为权重，一般根据启发式值和信息素强度的相对重要程度来决定。$P_{ij}^{k}(t)=0$ 用来排除某些如自然保护区、基本农田等空间位置上的元胞，即用地类型转换受限制的情景。在优化过程中，特定元胞上的信息素强度越多则越容易吸引蚂蚁去占据此元胞。最终，根据信息素的更新情况，以蚁群占据元胞为代表，形成土地利用空间优化配置。

2. 蚁群优化的目标函数

蚁群优化的目标函数，也可以称为蚁群选择的判断函数，用于判断某次迭代的结果是否优于上一次迭代，从而决定是否输出优化结果。研究空间优化配置的目标函数包含两个方面，分别为空间紧凑性和土地利用适宜性。

在土地利用空间优化过程中，空间紧凑性目标和土地利用适宜性目标必然会存在一定的冲突，而研究区澜沧县属于高山峡谷地区，地形条件复杂，土地利用的紧凑性和适宜性对于澜沧县的土地利用空间布局而言，二者的利害关系相当。同时，为了简化模型的运行，研究取紧凑性和适宜性目标的权重均为 0.5。于是，空间优化的总目标函数为

$$U=0.5\cdot f(\text{comp})+0.5\cdot f(\text{suit})\tag{8-45}$$

根据 GeoSOS 系统中生物智能优化配置的相关要求和设置，适当调整优化过程中蚁群随机选择概率函数的参数，结合澜沧县土地利用现状、澜沧县土地利用数量结构优化和土地利用适宜性评价的结果，实现澜沧县土地利用空间优化配置。其中，紧凑性目标可以在 GeoSOS 软件中直接设置。

3. 空间优化配置的原则

蚁群优化算法在很大程度上依赖于蚂蚁之间的合作，然而代表不同用地类型的蚂蚁之间存在直接竞争关系。如当 q_0 种用地类型的蚂蚁根据式（8-44）选择某个元胞时，恰好 q_1 种用地类型的蚂蚁也适合此元胞时就形成了冲突，因此，空间优化配置的原则就在于协调这种冲突。研究区澜沧县属于农业大县，农业产业结构占全县 GDP 的比重较大，依据《总规——澜沧》中关于耕地保护和云南省城镇建设用地上山等政策规划的指导思想，设

定农用地优先配置为第一原则，同时参考澜沧县土地利用经济效益权重，设定权重越大越优先配置为第二原则。因此，研究空间优化配置顺序为耕地、园地、林地、牧草地，然后配置城镇建设用地、农村居民点用地。

需要特别指出的是，研究中有两处涉及转换概率需设置为 0 的情景：一是其他建设用地和水域用地类型不做空间优化，直接采用 2020 年土地利用总体规划中的结构，因此，该空间位置上的栅格转换概率为 0，即

$$P_{ij}^{k}(t)=0 \qquad k\in\{\text{水域、其他建设用地}\}$$

二是需要将规划为基本农田保护区、生态环境安全控制区、澜沧县重点生态保护区（主要为澜沧县内的自然林地），以及糯扎渡境内的自然保护区的栅格转换概率设置为 0，从而避免城镇建设用地占用规划基本农田，保护澜沧县生态系统安全。具体空间布局优化限制区域如图 8-7（彩图见附图 31）所示。

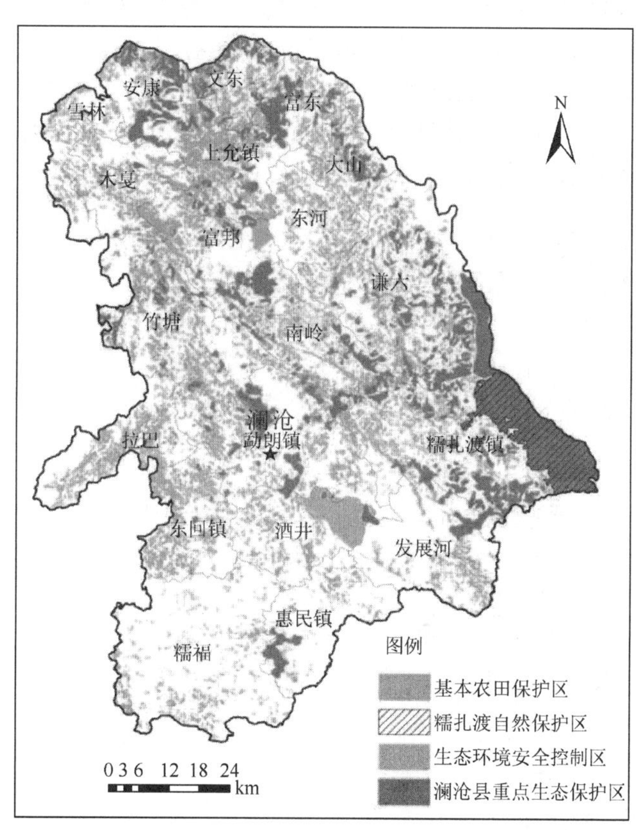

图 8-7　澜沧拉祜族自治县空间布局优化限制区域

4. 蚁群优化算法相关参数设置

根据 GeoSOS 平台的操作要求，研究蚁群优化算法主要涉及三个参数，启发权重 α、信息权重 β 及信息素蒸发系数 ρ。三个参数的不同组合能在一定程度上影响蚁群寻优的收敛过程和精度。根据相关学者的研究（叶志伟和郑肇葆，2004；许泉立等，2014；莫致良

等，2017；李立等，2018;)，$\alpha=3\pm1$ 附近保持稳定的收敛速度；$\beta=4\pm1$ 附近保持稳定的收敛速度；$0.15\leqslant\rho\leqslant0.35$ 时收敛效果较好，因此，研究设定以下 10 套组合方案（表 8-14），以 1000 只蚂蚁迭代 300 次，模拟耕地寻优过程，最后根据各个组合参数的目标函数收敛曲线确定研究最佳的参数组合。

表 8-14　蚁群算法参数 α、β、ρ 组合设置

参数值	序号									
	1	2	3	4	5	6	7	8	9	10
α	2	2	3	2	2	3	4	4	2	2
β	3	4	5	3	5	4	5	5	3	4
ρ	0.15	0.15	0.15	0.25	0.25	0.25	0.25	0.35	0.35	0.35

根据图 8-8 的蚁群算法收敛曲线可知，参数组合序号 2、3、5、6、7、8 均过早收敛，导致最终的优化得分值低；参数组合序号 1、4、9 收敛速度适中，但优化得分值相对较低；采用序号为 10 的蚁群优化参数组合时，从第 250 次迭代后开始逐渐收敛，收敛速度合适，其优化得分值是本次模拟优化结果中最高的。因此，选择 $\alpha=2$、$\beta=4$、$\rho=0.35$ 作为研究蚁群优化算法的参数组合方式。

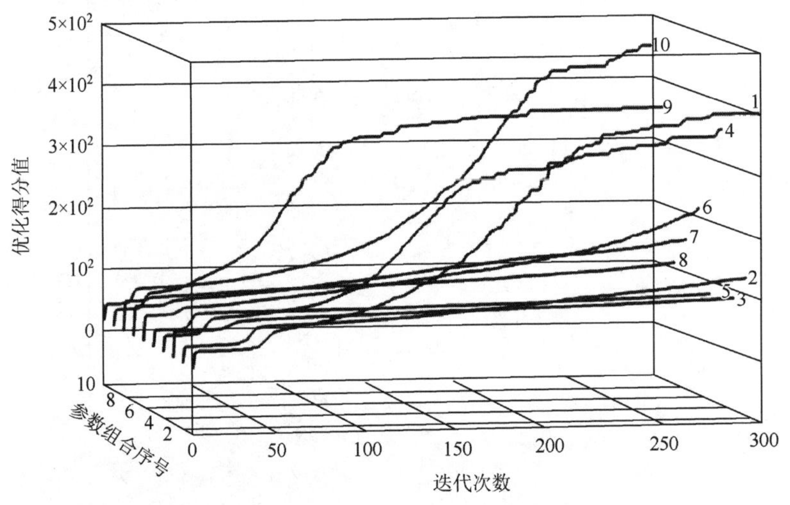

图 8-8　不同 α、β、ρ 组合下的蚁群算法收敛曲线

5. 蚁群优化算法的精度检验

为了验证蚁群优化算法的可行性，以澜沧县 2013 年土地利用数量结构为基础，在考虑适宜性和紧凑性（权重均取 0.5）的条件下，同时取 $\alpha=2$、$\beta=4$、$\rho=0.35$，用蚁群优化算法优化模型对 2013 年土地利用空间结构进行模拟优化配置，最后计算模拟优化结果与 2013 年土地利用现状的 Kappa 系数值，验证优化模型的精度。其中，澜沧县 2013 年模拟空间优化的蚁群规模（即需要优化配置的栅格个数），直接采用 2013 年现状土地利用数量结构所对应的蚁群规模，如表 8-15 所示。

表 8-15　澜沧县 2013 年模拟空间优化栅格数量

用地类型	代码	2013 年模拟优化面积/hm^2	栅格个数(90m×90m)/个
耕地	x_1	231 613.83	285 943
园地	x_2	41 838.12	51 652
林地	x_3	551 441.52	680 792
牧草地	x_4	558.9	690
城镇建设用地	x_5	588.87	727
农村居民点用地	x_6	6 857.46	8 466
其他建设用地	x_7	642.33	793
水域	x_8	2 480.22	3 062
自然保留地	x_9	37 506.24	46 304
总计	—	873 527.49	1 078 429

注：不足一个栅格的按四舍五入的原则生成一个完整栅格。

依据澜沧县土地利用空间优化配置的原则，某个地类优化完成后，设置其转换概率为 0，再进入下一地类的优化过程，依次类推完成澜沧县所有用地类型的空间优化。其中，其他建设用地和水域没有进行适宜性评价，因此不对 2013 年其他建设用地和水域进行模拟优化，而直接采用此两种用地类型在 2013 年的空间布局方式。澜沧县 2013 年土地利用现状与模拟空间优化结果如图 8-9（彩图见附图 32）所示。

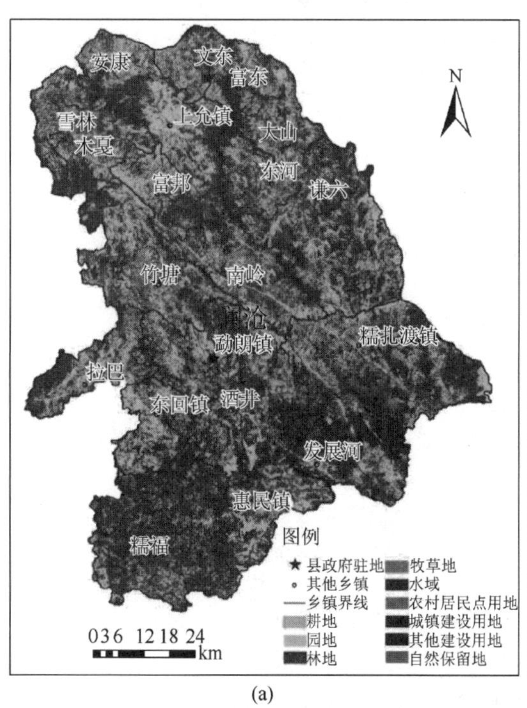

(a)

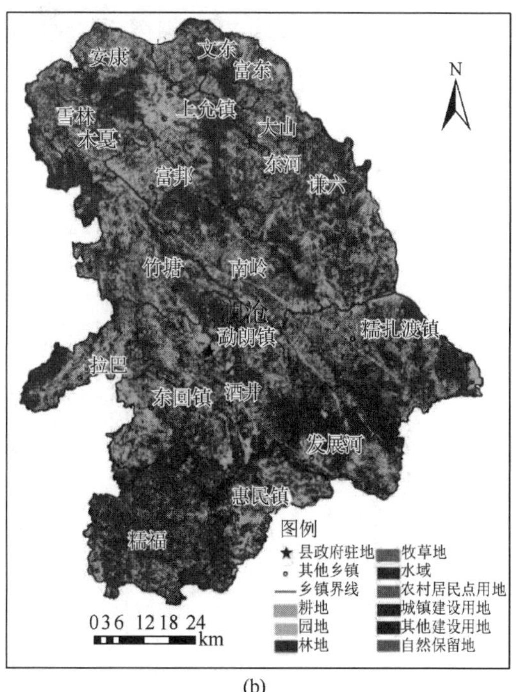

(b)

图 8-9　澜沧拉祜族自治县 2013 年土地利用现状（a）与模拟空间优化（b）结果

对优化结果与实际结果一致性评价，即精度检验的方法中，Kappa 系数应用最为广泛。Kappa 系数最早由 Conhen 提出，计算方法为：

$$k=\frac{P_0-P_e}{1-P_e} \tag{8-46}$$

式中，P_0 为观察一致性，即总体精度；P_e 为期望一致性，即由偶然因素造成的模拟结果与实际结果相一致的概率。$k=1$ 表示完全一致，$k=0$ 则完全不一致。研究中，优化方案在基期年土地利用数量结构的基础上，考虑适宜性和空间紧凑性，仅需要调整部分用地类型栅格的空间位置，理论上 Kappa 系数越靠近 1 越符合实际情况。根据相关学者的研究，若 Kappa 系数超过 85%，则认为精度较高（田苗等，2012）。

利用 ENVI 软件中 Using Ground Truth Image 功能，得到 2013 年澜沧县土地利用模拟优化结构与 2013 年土地利用现状结构的总体精度为 94.07%，Kappa 系数为 0.91，表明研究所构建的多目标蚁群空间优化配置模型具有一定的可靠性，可以用于澜沧县 2020 年和 2025 年的土地利用空间优化配置。

8.3.3 土地利用空间布局优化

1. 基于蚁群算法的空间布局优化配置

根据澜沧县 2020 年土地利用数量结构优化结果和土地利用适宜性评价结果，依据上述蚁群空间优化模型的构建过程，采用 GeoSOS 平台实现澜沧县 2020 年土地利用空间优化配置。其中，澜沧县 2020 年空间优化的蚁群规模如表 8-16 所示。

表 8-16 澜沧县 2020 年空间优化栅格数量约束

用地类型	代码	2020 年优化面积/hm^2	栅格个数(90m×90m)/个
耕地	x_1	227 685.90	281 094
园地	x_2	48 437.04	59 799
林地	x_3	543 753.93	671 301
牧草地	x_4	559.31	690
城镇建设用地	x_5	656.10	810
农村居民点用地	x_6	6 539.65	8 074
其他建设用地	x_7	1 308.96	1 616
水域	x_8	13 475.16	16 636
自然保留地	x_9	31 111.44	38 409
总计	—	873 527.49	1 078 429

与 2013 年土地利用模拟优化过程类似，其他建设用地和水域直接采用《总规——澜沧》中的用地结构替换。其他各用地类优化配置完成后汇总形成澜沧县 2020 年土地利用空间优化结果，如图 8-10（彩图见附图 33）所示。

2. 澜沧县 2020 年土地利用空间优化结果分析

为了比较优化效果，从土地利用适宜性得分值、土地利用空间结构指数及空间紧凑性、土地利用转移矩阵三个角度，对比分析澜沧县现状土地利用结构、《总规——澜沧》土地利用结构和 2020 年土地利用空间优化结构。

1）土地利用适宜性分析

土地利用适宜性对比分析主要包含耕地、园地、林地、牧草地、城镇建设用地和农村居民点用地。优化前后此六种地类的适宜性值变化结果如表 8-17 和图 8-11 所示。

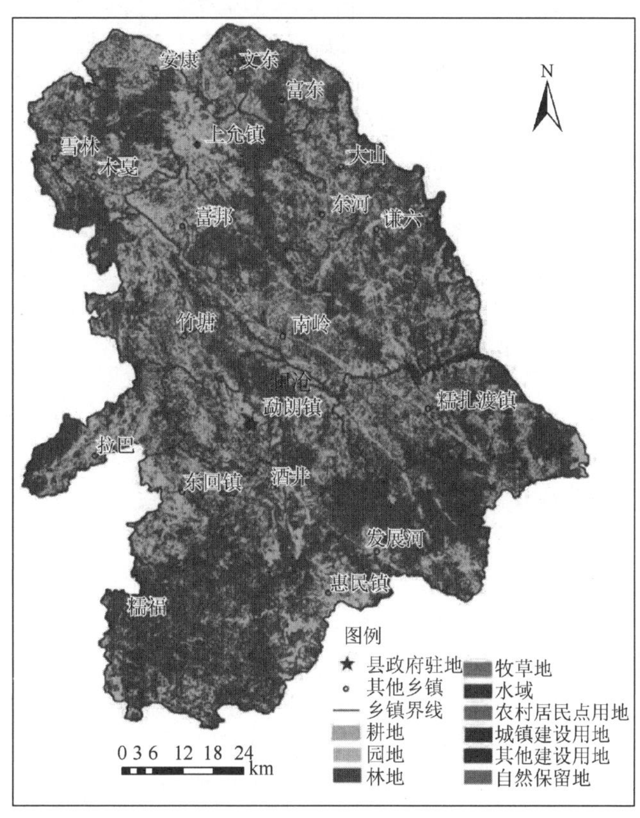

图 8-10　澜沧拉祜族自治县 2020 年土地利用空间优化结果

表 8-17　优化前后土地利用适宜性对比

用地类型	现状结构适宜性统计			《总规——澜沧》结构适宜性统计			2020 年优化结构适宜性统计		
	栅格数目	适宜性总值	平均值	栅格数目	适宜性总值	平均值	栅格数目	适宜性总值	平均值
耕地	285 943	149 936.8	0.524	286 854	150 163.6	0.523	281 094	147 344.1	0.524
园地	51 652	27 105.6	0.525	48 340	25 188.5	0.521	59 799	30 909.03	0.517
林地	680 792	337 246.4	0.495	675 934	334 573.8	0.495	671 301	332 326.8	0.495
牧草地	690	377.9	0.548	699	382.9	0.548	690	378.36	0.548
城镇建设用地	727	468.4	0.644	810	524.9	0.648	810	531.14	0.656
农村居民点用地	8 466	4 741.1	0.560	8 193	4 590.0	0.560	8 074	4 519.35	0.560

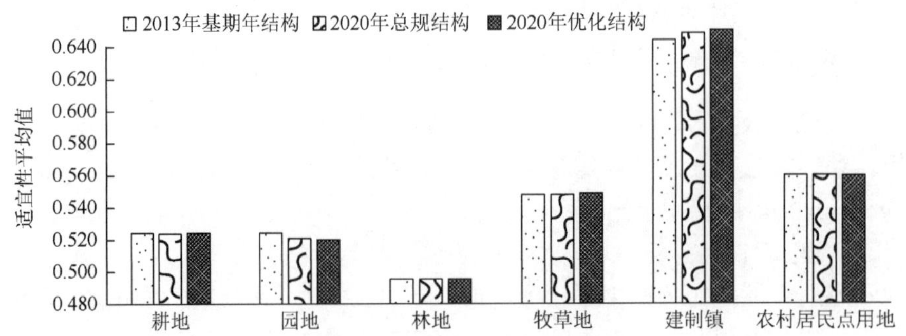

图 8-11 优化前后各地类土地利用适宜性平均值

从表 8-17 可以看出，优化后耕地、林地和农村居民点用地的适宜性总值低于现状和《总规——澜沧》中的适宜性总值；优化后牧草地的适宜性总值高于现状，但低于《总规——澜沧》；优化后园地和城镇建设用地的适宜性总值高于现状和《总规——澜沧》中的适宜性总值。但是，优化后林地、牧草地和农村居民点用地的适宜性平均值与现状和《总规——澜沧》中的适宜性值相同；优化后耕地的适宜性平均值与现状相同，但高于《总规——澜沧》；城镇建设用地的适宜性平均值高于现状和《总规——澜沧》；园地的适宜性平均值基本与现状和《总规——澜沧》中的适宜性平均值持平。地类适宜性总值的高低与栅格数目的多少有直接关系，而地类适宜性平均值则能反映单位土地利用的适宜性，代表某种用地类型的整体适宜性水平，说明优化后土地利用空间结构的适宜性与现状和《总规——澜沧》中的土地利用结构相比，在一定程度上得到改善。

2）土地利用空间结构分析

为了对比分析优化前后的空间结构差异，选择斑块密度指数（PD）、分维度指数（FRAC）和紧凑度指数（CI）三个指标来衡量。

从表 8-18 可以看出，在斑块密度指数（PD）方面，澜沧县 2020 年优化结构中，各土地利用类型的 PD 值均低于现状和《总规——澜沧》，说明优化后，澜沧县土地利用斑块总数减少，土地利用破碎化程度明显降低；在分维度指数（FRAC）方面，三种土地利用空间结构的 FRAC 值介于 1.007～1.054，变化差异较小，林地和园地的 FRAC 值在优化后，低于现状和《总规——澜沧》，耕地、农村居民点用地的 FRAC 值保持不变，牧草地、城镇建设用地和自然保留地的 FRAC 值在优化后均高于现状和《总规——澜沧》，说明优化后，林地和园地的斑块边界整体趋于平滑，而牧草地、城镇建设用地和自然保留地的斑块边界则相对更加复杂；从紧凑度指数（CI）上看，优化后，各类用地的 CI 值均高于现状和《总规——澜沧》，土地利用紧凑性提高，集约利用程度提升。空间结构指数的分析表明，优化后澜沧县土地利用斑块更趋于紧凑，土地利用效率将有效提升。

表 8-18 2020 年优化前后土地利用空间结构指数对比

项目		耕地	园地	林地	牧草地	城镇建设用地	农村居民点用地	自然保留地
斑块密度指数（PD）	现状结构	6.883	2.062	3.071	0.017	0.026	0.655	2.236
	《总规——澜沧》结构	6.839	1.978	3.094	0.016	0.026	0.626	2.020
	优化结构	3.840	1.860	1.090	0.015	0.014	0.623	1.647

续表

项目		耕地	园地	林地	牧草地	城镇建设用地	农村居民点用地	自然保留地
分维度指数（FRAC）	现状结构	1.035	1.023	1.067	1.042	1.024	1.007	1.018
	《总规——澜沧》结构	1.035	1.022	1.067	1.043	1.027	1.007	1.016
	优化结构	1.035	1.017	1.054	1.046	1.046	1.007	1.021
紧凑度指数（CI）	现状结构	0.012 3	0.029 2	0.016 3	0.439 3	0.303 6	0.039 6	0.025 1
	《总规——澜沧》结构	0.012 4	0.029 6	0.016 3	0.452 7	0.313 4	0.040 7	0.025 7
	优化结构	0.012 5	0.033 0	0.016 5	0.472 4	0.569 2	0.041 7	0.031 4

3）土地利用转移分析

A. 土地利用转移空间位置分析

为了对比分析 2020 年优化结果、2013 年现状土地利用结构和 2020 年《总规——澜沧》中土地利用结构在空间分布上的差异，采用 GIS 空间分析工具，得到 2013 年土地利用现状与 2020 年优化土地利用结构空间转移分布图、2020 年《总规——澜沧》土地利用结构与 2020 年优化土地利用结构空间转移分布图及 2013 年土地利用现状与 2020 年《总规——澜沧》土地利用结构空间转移分布图，具体见图 8-12～图 8-20（彩图见附图 34～附图 42）。其中，受研究区面积大的影响，图中只列出单个斑块面积超过 8.1hm^2 的空间转移结果，小于 8.1hm^2 的斑块统一归为其他用地。

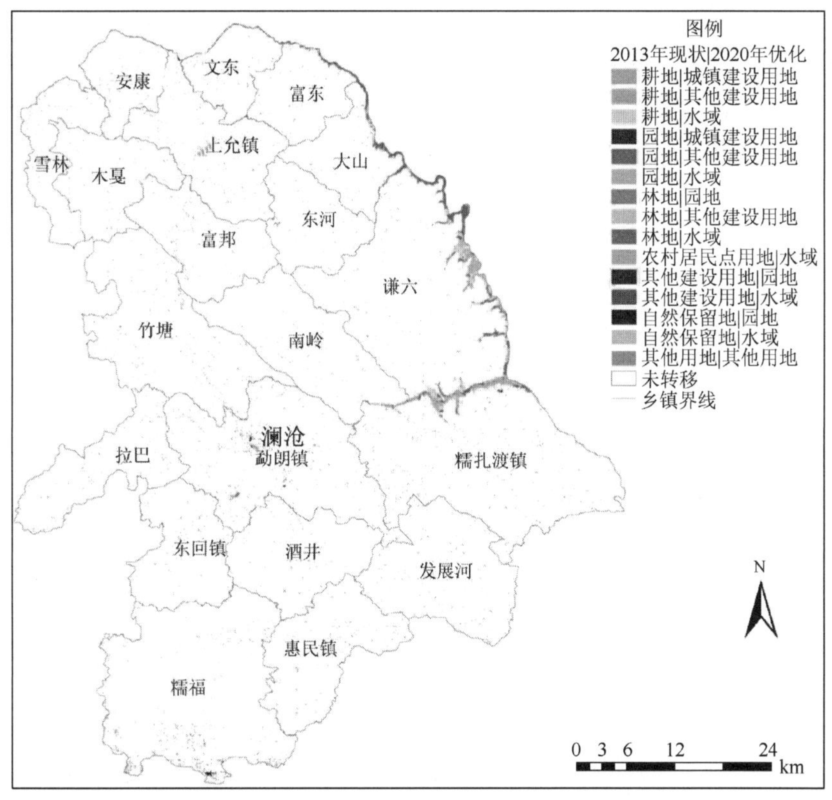

图 8-12　2013 年土地利用现状与 2020 年优化土地利用结构空间转移分布图

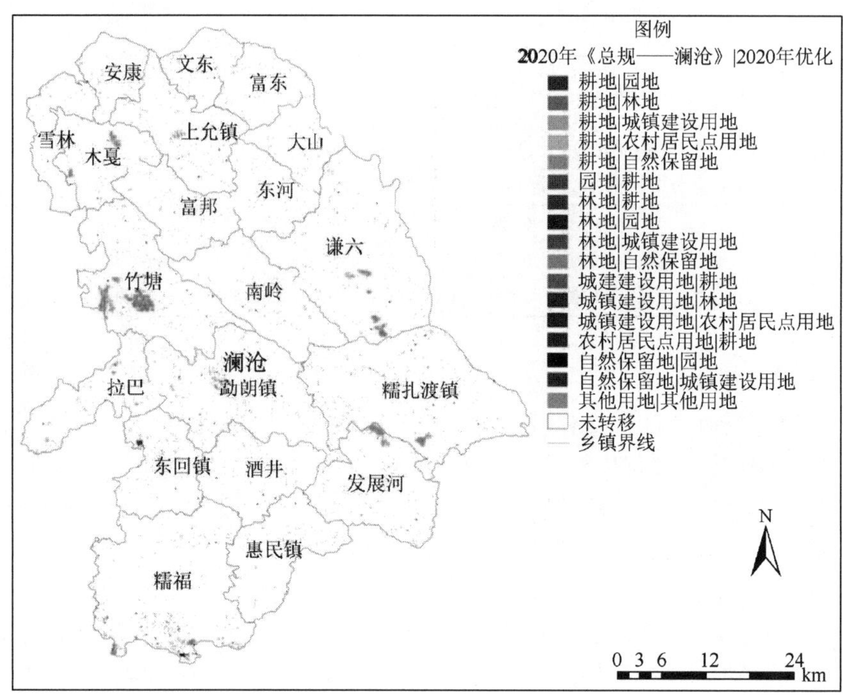

图 8-13　2020 年《总规——澜沧》土地利用结构与 2020 年优化土地利用结构空间转移分布图

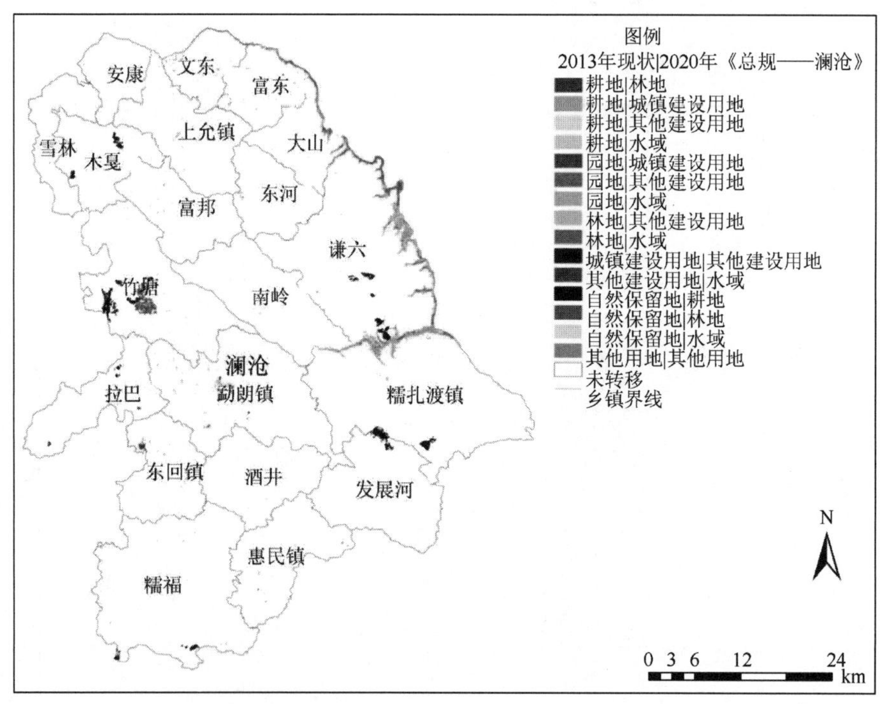

图 8-14　2013 年土地利用现状与 2020 年《总规——澜沧》土地利用结构空间转移分布图

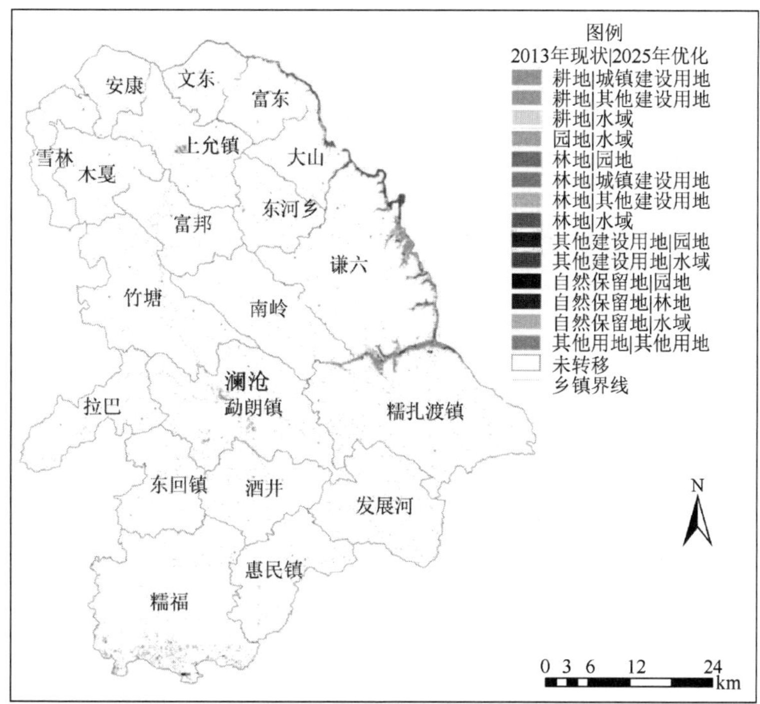

图 8-15　2013 年土地利用现状与 2025 年优化土地利用结构空间转移分布图

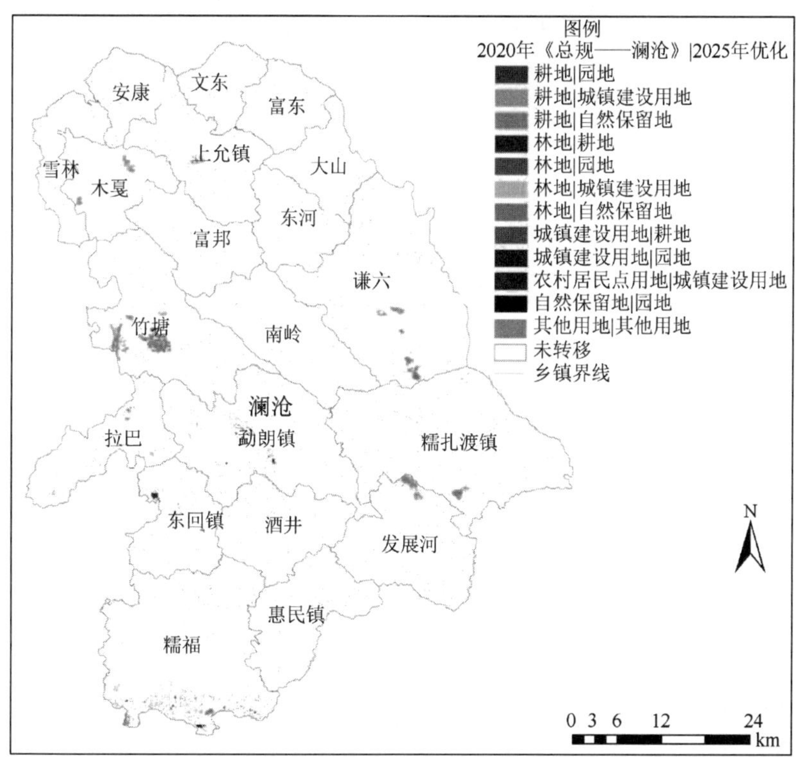

图 8-16　2020 年《总规——澜沧》土地利用结构与 2025 年优化土地利用结构空间转移分布图

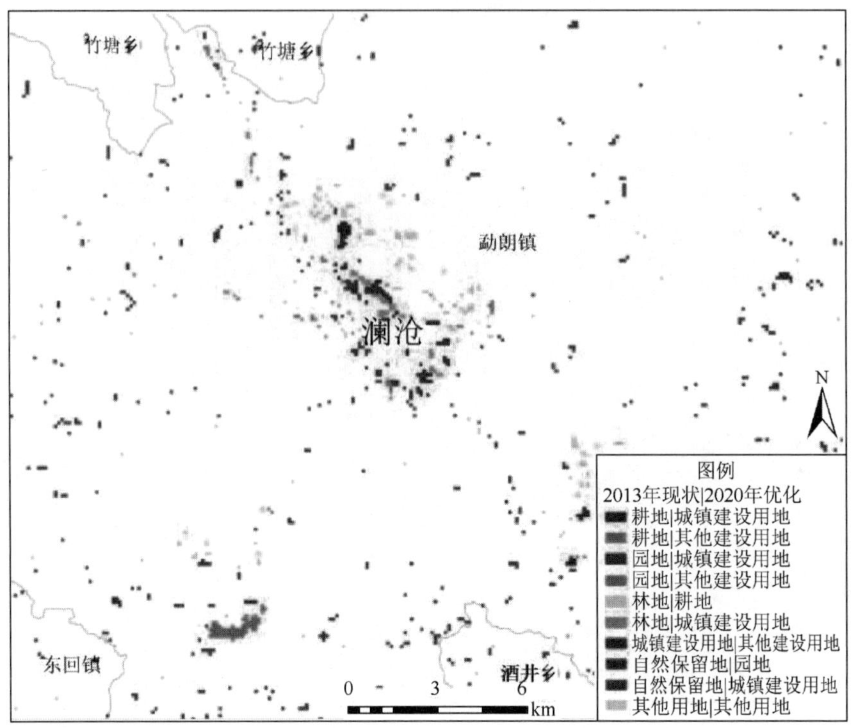

(a) 2013年现状～2020年优化土地利用结构空间转移

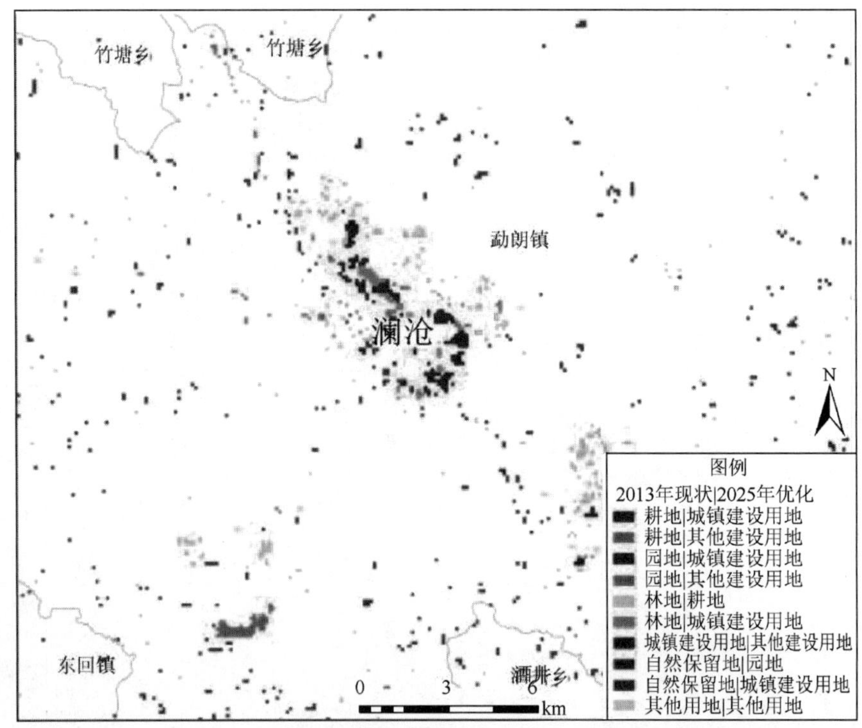

(b) 2013年现状～2025年优化土地利用结构空间转移

图 8-17　勐朗镇 2013 年现状与 2020 年和 2025 年优化土地利用结构空间转移分布对比

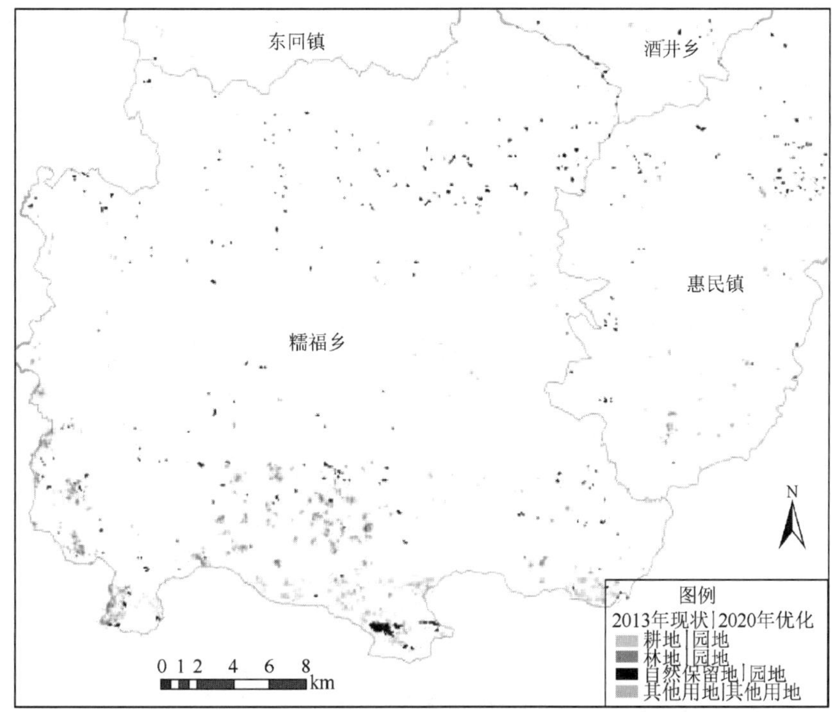

(a) 2013年现状～2020年优化土地利用结构空间转移

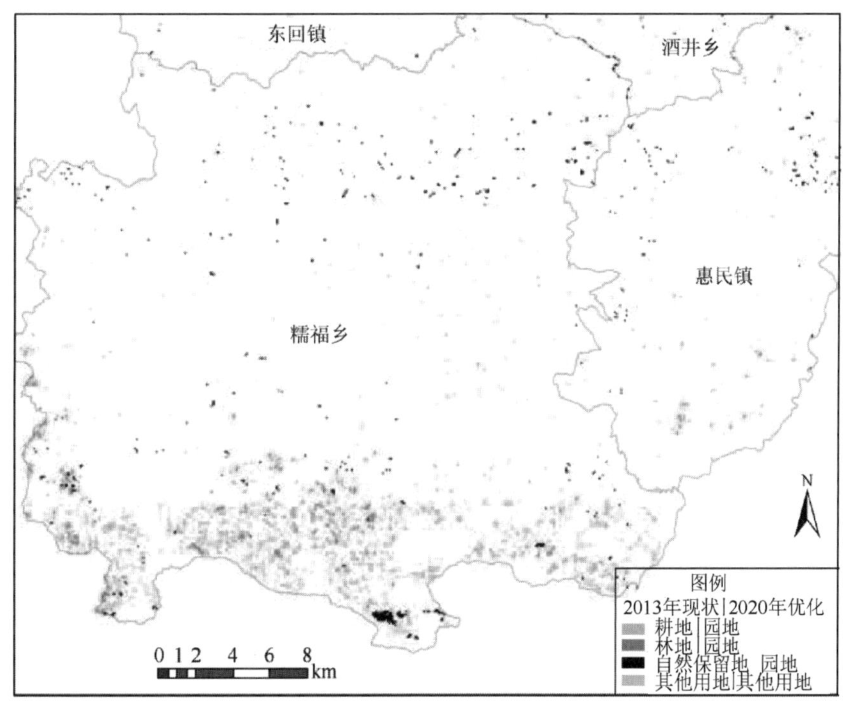

(b) 2013年现状～2025年优化土地利用结构空间转移

图 8-18　糯福乡 2013 年现状与 2020 年和 2025 年优化土地利用结构空间转移分布对比

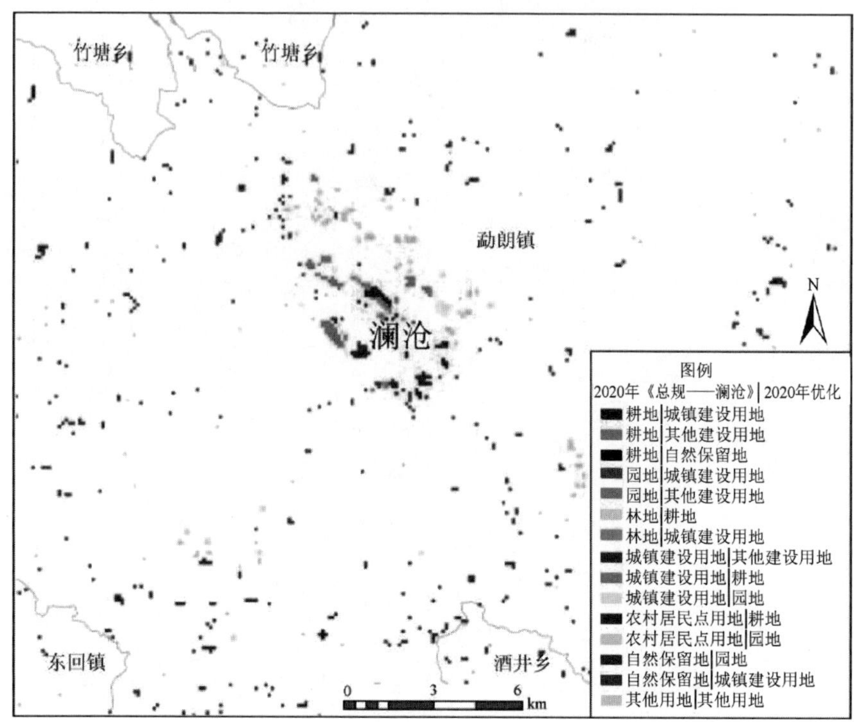

(a) 2020年《总规——澜沧》～2020年优化土地利用空间转移

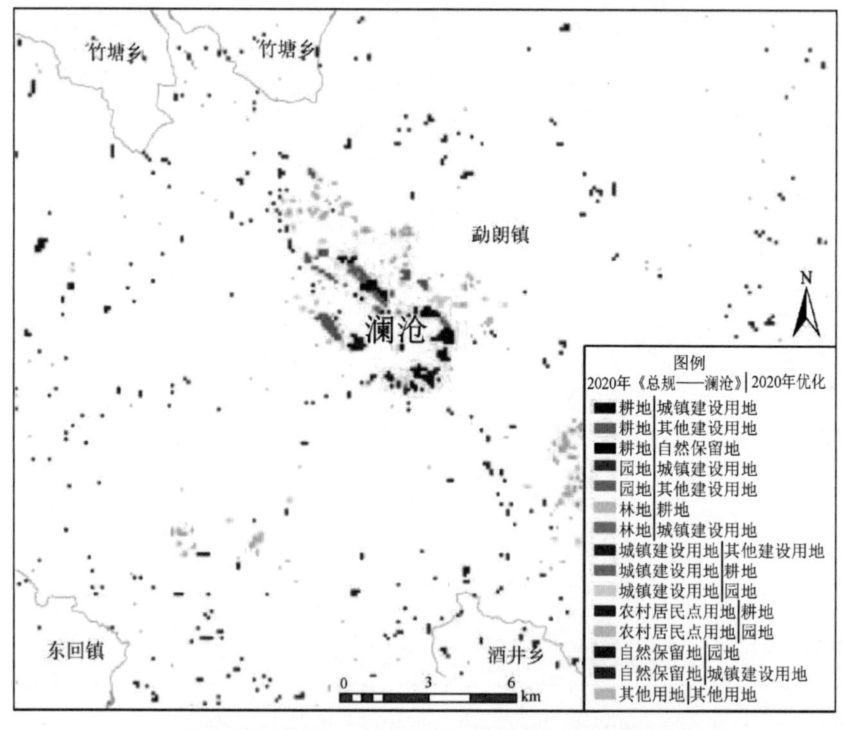

(b) 2020年《总规——澜沧》～2025年优化土地利用空间转移

图 8-19　勐朗镇 2020 年《总规——澜沧》与 2020 年和 2025 年优化土地利用结构空间转移分布对比

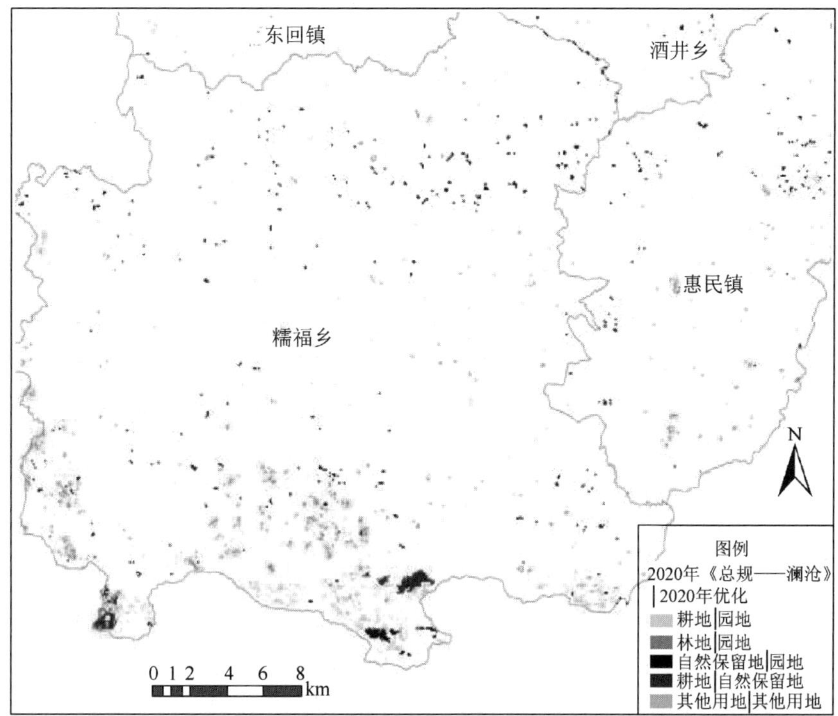

(a) 2020年《总规——澜沧》～2020年优化土地利用空间转移

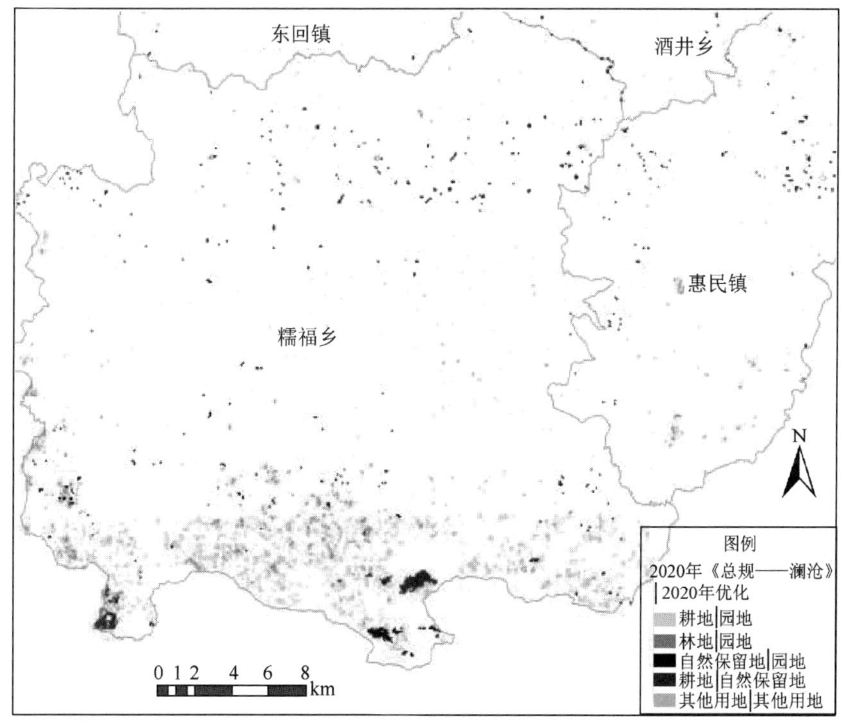

(b) 2020年《总规——澜沧》～2025年优化土地利用空间转移

图 8-20　糯福乡 2020 年《总规——澜沧》与 2020 年和 2025 年优化土地利用结构空间转移分布对比

（1）优化土地利用结构与现状土地利用结构相比。从图 8-12 和图 8-17～图 8-20 可以看出，优化后，2013 年土地利用空间转移较大的区域主要分布在澜沧江沿岸的文东乡、富东乡、大山乡、谦六乡和糯扎渡镇，以及澜沧县北部的上允镇、中部的勐朗镇及南部的糯福乡。其中，澜沧江沿岸的几个乡镇发生转移的地类主要为林地、园地，且以 2013 年现状林地、园地转移为 2020 年优化水域为主，上允镇主要以耕地转移为城镇建设用地为主，勐朗镇主要以耕地、园地转移为城镇建设用地和其他建设用地，自然保留地转移为园地为主，糯福乡则主要以耕地、林地和自然保留地转移为园地为主。从其他用地类型的转移分布来看，澜沧县 2020 年土地利用优化配置后，各个乡镇均有发生用地类型之间的转换，但单个转移斑块面积相对较小。

（2）优化土地利用结构与《总规——澜沧》中土地利用结构相比。从图 8-13 和图 8-17～图 8-20 可以看出，优化后，地类空间转移主要发生在谦六乡、木戛乡、竹塘乡、发展河乡、糯福乡、东回镇、糯扎渡镇和勐朗镇。其中，谦六乡、木戛乡、糯扎渡镇和发展河乡在优化后，主要由《总规——澜沧》中的耕地转移为 2020 年优化结构中的自然保留地；糯福乡则主要由《总规——澜沧》中的自然保留地转移为优化后的园地；糯扎渡镇主要由《总规——澜沧》中的林地转移为优化后的园地；竹塘乡主要由《总规——澜沧》中的林地转移为 2020 年优化结构中的自然保留地，以及耕地转移为自然保留地；东回镇则主要由《总规——澜沧》中的林地转移为耕地；上允镇主要由《总规——澜沧》中的耕地转移为优化结构中的城镇建设用地和农村居民点用地；勐朗镇则主要以《总规——澜沧》中的城镇建设用地转移为优化结构中的耕地和林地，另有部分耕地转移为城镇建设用地。其余各乡镇的单个斑块转移面积较小，多以《总规——澜沧》中的自然保留地转移为园地为主。

（3）现状结构与《总规——澜沧》中土地利用结构相比。从图 8-14 可以看出，地类空间转移较大的区域主要发生在澜沧江沿岸的富东乡、大山乡、谦六乡、糯扎渡镇，以及发展河乡、糯福乡、竹塘乡和木戛乡。其中，澜沧江沿岸的几个乡镇主要由基期年的林地、园地转移成《总规——澜沧》中的水域，谦六乡还有部分自然保留地转移成耕地；糯扎渡镇、发展河乡、糯福乡、竹塘乡和木戛乡有大量的基期年自然保留地转移成《总规——澜沧》中的耕地，另外，竹塘乡还有大量自然保留地转移成《总规——澜沧》中的林地。其余各乡镇发生转移的面积不大。

总体上，2020 年优化土地利用结构以基期年自然保留地、林地和耕地转移成园地为主，同时在澜沧江沿岸有大量基期年林地、园地转移成水域。而《总规——澜沧》中土地利用结构，则主要由基期年的自然保留地转移成耕地和林地，在澜沧江沿岸几个乡镇有大量林地和园地转移成水域。对比分析表明，2020 年优化土地利用结构相比《总规——澜沧》更侧重于保护优质耕地资源，不存在将竹塘乡和糯扎渡镇以及发展河乡的大片基期年自然保留地转移成耕地或林地的现象，同时，2020 年土地利用优化结果对各个乡镇基期年土地利用空间结构的调整力度要大于《总规——澜沧》，更利于减小土地利用破碎化程度，提高土地利用效率。

B. 土地利用转移数量分析

澜沧县 2013 年现状土地利用结构、2020 年《总规——澜沧》土地利用结构和 2020 年优化结构之间的转移矩阵见表 8-19 和表 8-20。

表 8-19　澜沧县 2020 年土地利用空间优化结构与基期年土地利用结构及 2020 年《总规——澜沧》土地利用结构转移矩阵表　（单位：hm^2）

项目		2020 年土地利用优化结构									
		耕地	园地	林地	牧草地	城镇建设用地	农村居民点用地	其他建设用地	水域	自然保留地	总计
2013 年现状土地利用结构	耕地	227 518.47	1 126.71	—	—	98.82	14.58	268.92	2 586.33	—	231 613.83
	园地	21.87	39 114.09	12.96	0.81	10.53	6.48	68.85	2 602.53	—	41 838.12
	林地	106.11	2 369.25	543 718.17	0.81	25.11	6.48	335.34	4 880.25	—	551 441.52
	牧草地	—	9.72	—	549.18	—	—	—	—	—	558.90
	城镇建设用地	2.43	32.40	—	—	494.10	—	59.94	—	—	588.87
	农村居民点用地	16.20	216.27	6.48	0.81	12.15	6 512.40	25.11	68.04	—	6 857.46
	其他建设用地	1.62	93.96	0.81	5.67	1.62	—	504.63	34.02	—	642.33
	水域	—	21.06	—	—	1.62	—	5.67	2 451.87	—	2 480.22
	自然保留地	19.44	5 453.73	15.39	1.62	12.15	—	40.50	852.12	31 111.29	37 506.24
	总计	227 686.14	48 437.19	543 753.81	558.90	656.10	6 539.94	1 308.96	13 475.16	31 111.29	873 527.49
2020 年《总规——澜沧》土地利用结构	耕地	227 176.65	1 292.76	3.24	—	97.20	277.83	—	—	3 504.06	232 351.74
	园地	22.68	39 088.17	13.77	0.81	8.10	21.87	—	—	—	39 155.40
	林地	277.83	2 376.54	543 656.61	0.81	20.25	33.21	—	—	1 141.29	547 506.54
	牧草地	—	11.34	—	554.85	—	—	—	—	—	566.19
	城镇建设用地	81.81	52.65	13.77	—	498.15	6.48	—	—	3.24	656.10
	农村居民点用地	108.54	253.53	51.84	0.81	17.82	6 199.74	—	—	4.05	6 636.33

续表

项目		2020 年土地利用优化结构									
		耕地	园地	林地	牧草地	城镇建设用地	农村居民点用地	其他建设用地	水域	自然保留地	总计
2020 年《总规——澜沧》土地利用结构	其他建设用地	—	—	—	—	—	—	1 308.96	—	—	1 308.96
	水域	—	—	—	—	—	—	—	13475.16	—	13 475.16
	自然保留地	18.63	5 362.20	14.58	1.62	14.58	0.81	—	—	26 458.65	31 871.07
	总计	227 686.14	48 437.19	543 753.81	558.90	656.10	6 539.94	1 308.96	13 475.16	31 111.29	873 527.49

注：受空间优化过程中矢量与栅格数据相互转化时四舍五入的影响，本表中 2020 年的各优化地类面积数值存在一定误差。

表 8-20　澜沧县 2013 基期年土地利用结构与 2020 年《总规——澜沧》土地利用结构转移矩阵　（单位：hm²）

项目		2013 年现状土地利用结构									
		耕地	园地	林地	牧草地	城镇建设用地	农村居民点用地	其他建设用地	水域	自然保留地	总计
2020 年《总规——澜沧》土地利用结构	耕地	228 392.46	6.48	3.24	—	9.72	287.55	52.65	—	3 599.64	232 351.74
	园地	0.81	39 097.89	0.81	—	5.67	22.68	22.68	4.86	—	39 155.40
	林地	171.72	—	546 123.87	—	7.29	34.02	18.63	8.91	1 142.10	547 506.54
	牧草地	—	—	—	558.90	—	—	7.29	—	—	566.19
	城镇建设用地	86.67	25.92	25.92	—	493.29	6.48	—	8.10	9.72	656.10
	农村居民点用地	106.92	31.59	72.09	—	6.48	6 412.77	0.81	0.81	4.86	6 636.33
	其他建设用地	268.92	68.85	335.34	—	59.94	25.11	504.63	5.67	40.50	1 308.96
	水域	2 586.33	2 602.53	4 880.25	—	—	68.04	34.02	2 451.87	852.12	13 475.16
	自然保留地	—	4.86	—	—	6.48	0.81	1.62	—	31 857.30	31 871.07
	总计	231 613.83	41 838.12	551 441.52	558.90	588.87	6 857.46	642.33	2 480.22	37 506.24	873 527.49

（1）优化土地利用结构与现状土地利用结构相比。

优化后耕地基本上全部由基期年耕地转换而来，同时受糯扎渡水电淹没区的影响，基期年将有 2586.33hm^2 耕地转移成水域，另外有 1126.71hm^2 在优化后转移成园地，有 98.82hm^2 基期年耕地在优化后成为城镇建设用地，有 14.58hm^2 转换为农村居民点用地。

优化后园地面积增加，增加的园地面积主要由基期年的自然保留地、林地和耕地转入，转入面积分别为 5453.73hm^2、2369.25hm^2 和 1126.71hm^2；同样是受糯扎渡水电站建设的影响，优化后，基期年有 2602.53hm^2 园地转出为水域。

优化后林地总面积为 543 753.81hm^2，相比基期年林地面积少 7687.71hm^2。基期年林地主要转出为优化后的园地和水域，其中转出为园地的林地有 2369.25hm^2，转出为水域的林地有 4880.25hm^2。

牧草地基本不发生转移，这与牧草地面积较小和分布相对集中有关。

优化后城镇建设用地面积为 656.10hm^2，主要由基期年的耕地和林地转入，面积分别为 98.82hm^2 和 25.11hm^2。而基期年城镇建设用地主要转出为其他建设用地，达 59.94hm^2。

优化后基期年农村居民点用地有 216.27hm^2 转出为园地，其次有 68.04hm^2 被水域淹没。

优化后其他建设用地的增加量主要来自于耕地和林地；增加的水域主要来自于耕地、园地和林地。而自然保留地在 2020 年优化结构中只有转出，没有转入，主要转出为园地，面积达 5453.73hm^2，有 40.50hm^2 转出为其他建设用地，另有 852.12hm^2 被水所淹没。

（2）优化土地利用结构与《总规——澜沧》中土地利用结构相比。

优化后耕地主要来自于 2020 年规划耕地，而《总规——澜沧》中耕地在优化后有 3504.06hm^2 转出为自然保留地，而根据表 8-20 的分析，《总规——澜沧》中有 3599.64hm^2 耕地是由基期年自然保留地经土地开发整理出来的，而整理开发的耕地资源在一定程度上其适宜性不如基期年现状耕地资源，这表明优化结构有利于保护优质的耕地资源。

优化后园地增加的部分主要由《总规——澜沧》中的自然保留地、林地和耕地转入，转入面积分别为 5362.20hm^2、2376.54hm^2 和 1292.76hm^2。

优化后林地主要由《总规——澜沧》中的林地转入，而《总规——澜沧》中林地则分别有 2376.54hm^2 和 1141.29hm^2 转出为优化结构中的园地和自然保留地。优化结构中的牧草地与《总规——澜沧》的牧草地基本不发生转移。

优化后，城镇建设用地与《总规——澜沧》中城镇建设用地总量相同，但空间位置发生变化。其中，《总规——澜沧》的部分城镇建设用地主要转出成为耕地、园地和林地，面积分别为 81.81hm^2、52.65hm^2 和 13.77hm^2；而优化后城镇建设用地的增加量则主要来自《总规——澜沧》中的耕地、林地、农村居民点用地和自然保留地，转入面积分别为 97.20hm^2、20.25hm^2、17.82hm^2 和 14.58hm^2。

优化后，农村居民点用地有部分来自《总规——澜沧》中的耕地、园地和林地，面积分别为 277.83hm^2、21.87hm^2 和 33.21hm^2；而《总规——澜沧》中的农村居民点用地，在优化后则分别有 108.54hm^2、253.53hm^2 和 51.84hm^2 转出为耕地、园地和林地；优化后，《总规——澜沧》转出的农村居民点用地较转入的农村居民点用地面积多 96.39hm^2，说明农村居民点用地集约利用程度增加。

总体而言，2020 年土地利用空间优化结构与基期年土地利用空间结构相比，面积变化较大的用地类型为林地、园地、自然保留地、水域、城镇建设用地、耕地。2020 年土地利用空间优化结构与 2020《总规——澜沧》土地利用空间结构相比，面积变化较大的用地类型为林地、园地、自然保留地和耕地。说明影响澜沧县土地利用综合效益的用地类型主要为林地、园地、自然保留地和耕地。根据表 8-19 和表 8-20 的对比分析，结合空间位置转移分析结果，优化后将有较大面积的基期年优质耕地资源得到保护。

综上所述，澜沧县 2020 年土地利用空间优化配置结果表明，在社会、经济、生态三方效益都有较大诉求的背景下，2020 年优化土地利用空间结构能在一定程度上提高土地利用适宜性和土地利用空间紧凑性，并能在一定程度上保护耕地资源，同时在 2020 年优化土地利用结构中自然保留地得到合理利用，土地破碎化程度降低，土地利用率提高。

3. 澜沧县 2025 年土地利用空间优化结果分析

由于澜沧县机场及其他附属设施的建设完善及国家人口政策的调整等，未来一定时期内澜沧县的人口、社会、经济会发生较大变化。其中，人口增长速度将适当提升，社会经济发展加快，当前《总规——澜沧》已不能适应各部门今后一定时期内的社会经济发展对土地的需求，尤其城镇建设规模难以适应未来发展。因此，依据前述的澜沧县 2020 年土地利用优化配置 GMDP-ACO 模型及其可行性结论，通过预测 2025 年澜沧县城镇建设用地需求，进一步研究 2025 年澜沧县土地利用优化配置。

研究主要从土地利用数量结构、土地利用适宜性、土地利用空间结构指数及土地利用转移矩阵四个角度分析，并与澜沧县 2013 年基期年土地利用结构、澜沧县 2020 年《总规——澜沧》土地利用结构进行对比。

1）土地利用数量结构分析

从表 8-21 可以看出，与 2013 年现状和 2020 年《总规——澜沧》相比，2025 年优化结果中耕地、林地、农村居民点用地和自然保留地减少，园地和城镇建设用地增加，牧草地相比现状和《总规——澜沧》基本保持不变，其他建设用地和水域相比《总规——澜沧》保持不变。同时澜沧县的土地利用仍以林地和耕地为主，城镇建设用地所占比例很低，优化后城镇建设用地和园地面积大量增加，表明未来澜沧县社会经济发展的重点在农业产业结构上，可以考虑加大经济园林种植，同时加大第二产业、第三产业方面的投入，充分利用澜沧县的区位资源。

表 8-21　澜沧县 2025 年土地利用数量结构优化结果

地类	代码	2013 年现状		2020 年《总规——澜沧》		2025 年优化	
		面积/hm^2	比例/%	面积/hm^2	比例/%	面积/hm^2	比例/%
耕地	X1	231613.83	26.51	232351.74	26.60	226583.47	25.94
园地	X2	41838.12	4.79	39155.40	4.48	48074.46	5.50
林地	X3	551441.52	63.13	547506.54	62.68	544971.50	62.39
牧草地	X4	558.90	0.06	566.19	0.06	559.31	0.06
城镇建设用地	X5	588.87	0.07	656.10	0.08	799.47	0.09
农村居民点用地	X6	6857.46	0.79	6636.33	0.76	6643.72	0.76
其他建设用地	X7	642.33	0.07	1308.96	0.15	1308.96	0.15

续表

地类	代码	2013 年现状		2020 年《总规——澜沧》		2025 年优化	
		面积/hm^2	比例/%	面积/hm^2	比例/%	面积/hm^2	比例/%
水域	X8	2480.22	0.28	13475.16	1.54	13475.16	1.54
自然保留地	X9	37506.24	4.29	31871.07	3.65	31111.44	3.56
总计		873527.49	100.00	873527.49	100.00	873527.49	100.00
人口		496800		518045		535340	
社会效益		0.358		0.341		0.330	
经济效益/万元		478511		591639		752364	
生态效益/万元		1264616.07		1288133.48		1293807.95	

2）土地利用适宜性分析

与 2020 年土地利用空间结构分析一样，土地利用适宜性分析主要包含耕地、园地、林地、牧草地、城镇建设用地和农村居民点用地。2025 年土地利用空间布局优化后，此六种地类的适宜性值变化结果如表 8-22 所示。

表 8-22　优化前后土地利用适宜性对比

用地类型	现状结构适宜性统计			《总规——澜沧》结构适宜性统计			2025 年优化结构适宜性统计		
	栅格数目	适宜性总值	平均值	栅格数目	适宜性总值	平均值	栅格数目	适宜性总值	平均值
耕地	285 943	149 936.8	0.524	286 854	150 163.6	0.523	279 733	146 717.6	0.524
园地	51 652	27 105.6	0.525	48 340	25 188.5	0.521	59 351	30 955.5	0.522
林地	680 792	337 246.4	0.495	675 934	334 573.8	0.495	672 805	333 043.2	0.495
牧草地	690	377.9	0.548	699	382.9	0.548	690	377.9	0.548
城镇建设用地	727	468.4	0.644	810	524.9	0.648	987	650.2	0.659
农村居民点用地	8 466	4 741.1	0.560	8 193	4 590.0	0.560	8 202	4 592.6	0.560

从表 8-22 可以看出，2025 年优化土地利用结构的适宜性变化趋势与 2020 年优化结果一致。优化后耕地、林地的适宜性总值低于现状和《总规——澜沧》中的适宜性值；优化后牧草地的适宜性总值与现状持平，但低于《总规——澜沧》；优化后园地和城镇建设用地的适宜性总值高于现状和《总规——澜沧》中的总适宜性值；优化后农村居民点用地的适宜性总值低于现状，但高于《总规——澜沧》。优化后林地、牧草地和农村居民点用地的适宜性平均值与现状和《总规——澜沧》中的适宜性平均值相同；优化后耕地的适宜性平均值与现状相同，但高于《总规——澜沧》；城镇建设用地的适宜性平均值高于现状和《总规——澜沧》中的适宜性平均值；园地的适宜性平均值低于现状，但略高于《总规——澜沧》。说明优化后土地利用空间结构的适宜性与现状和《总规——澜沧》中的土地利用结构相比，在一定程度上得到改善。

3）土地利用空间结构指数

选择斑块密度指数（PD）、分维度指数（FRAC）和紧凑度指数（CI）三个指标来分析澜沧县 2025 年土地利用空间优化，结果如图 8-21（彩图见附图 43）所示。

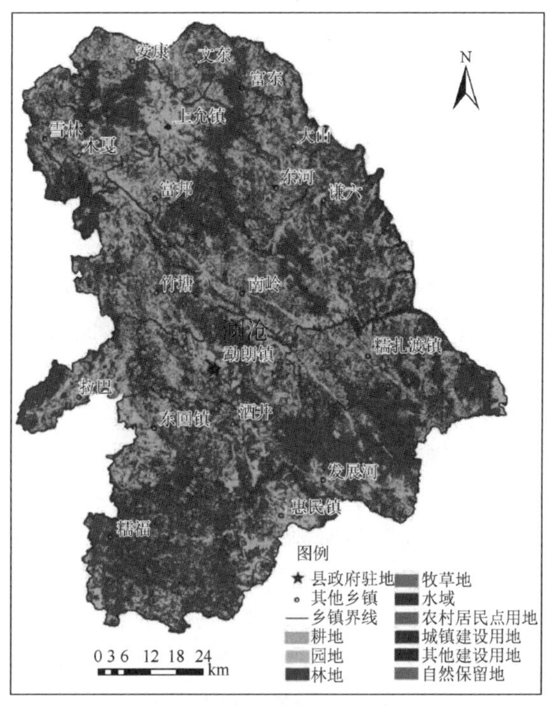

图 8-21　澜沧拉祜族自治县 2025 年土地利用空间优化结果

从表 8-23 可以看出，在斑块密度指数（PD）方面，澜沧县 2025 年优化结构中各土地利用类型的 PD 指数均低于基期年和《总规——澜沧》，说明优化后澜沧县土地利用斑块总数减少，土地利用破碎化程度明显降低；在分维度指数（FRAC）方面，三种土地利用空间结构的 FRAC 指数介于 1.007～1.067，变化差异较小，其中优化后园地的 FRAC 值低于基期年和《总规——澜沧》，牧草地、城镇建设用地和自然保留地的 FRAC 值高于基期年和《总规——澜沧》，说明优化后，园地斑块边界整体趋于平滑，而牧草地、城镇建设用地和自然保留地斑块边界则相对更加复杂；在紧凑度指数（CI）方面，优化后各类用地的土地利用紧凑度上升，土地利用效率增加。

表 8-23　优化前后土地利用空间结构指数对比

项目		耕地	园地	林地	牧草地	城镇建设用地	农村居民点用地	自然保留地
斑块密度指数（PD）	现状结构	6.883	2.062	3.071	0.017	0.026	0.655	2.236
	《总规——澜沧》结构	6.839	1.978	3.094	0.016	0.026	0.626	2.020
	优化结构	6.778	1.825	2.083	0.016	0.017	0.621	1.646
分维度指数（FRAC）	现状结构	1.035	1.023	1.067	1.042	1.024	1.007	1.018
	《总规——澜沧》结构	1.035	1.022	1.067	1.043	1.027	1.007	1.016
	优化结构	1.035	1.018	1.067	1.044	1.047	1.007	1.021
紧凑度指数（CI）	现状结构	0.0123	0.0292	0.0163	0.4393	0.3036	0.0396	0.0251
	《总规——澜沧》结构	0.0124	0.0296	0.0163	0.4527	0.3134	0.0407	0.0257
	优化结构	0.0125	0.0325	0.0165	0.4545	0.5117	0.0411	0.0315

总体上，澜沧县2025年优化土地利用空间结构指数在变化趋势上均与2020年土地利用空间优化结构指数的变化基本相同，二者最大的区别在于FRAC的变化。其中，2025年城镇建设用地的FRAC值增加，表明在2025年城镇建设用地面积增加后，其边界形状较之2020年优化结果更复杂。

4）土地利用转移分析

A. 土地利用转移空间位置分析

澜沧县2013年工地利用现状与2025年优化土地利用空间转移分布和2020年《总规——澜沧》土地利用结构与2025年优化土地利用结构空间转移分布见图8-15～图8-20。其中，受澜沧县面积大的影响，图中只显示单个斑块面积超过 $8.1hm^2$ 的空间转移结果，小于 $8.1hm^2$ 的斑块统一归为其他用地。

（1）优化土地利用结构与现状土地利用结构相比。

从图8-15和图8-17～图8-20可以看出，2025年土地利用优化结果与2013年现状相比，空间位置发生较大转移的区域主要为澜沧江沿岸的富东乡、大山乡、谦六乡和糯扎渡镇，以及澜沧县南部的糯福乡，澜沧县中部的勐朗镇和澜沧县北部的上允镇等。其中，澜沧江沿岸的几个乡镇的林地、园地转移成2025年水域，同时有部分林地转移成园地。澜沧县南部的糯福乡的自然保留地转移成 2025 年园地和林地。澜沧县中部的勐朗镇则主要是林地和耕地转移成2025年城镇建设用地。澜沧县北部的上允镇主要是耕地转移成农村居民点用地和城镇建设用地为主。总体上，各乡镇的地类空间转移分布结果与2020年优化结果相似。

（2）优化土地利用结构与《总规——澜沧》中土地利用结构相比。

从图8-16和图8-17~-图8-20可以看出，2025年土地利用优化结果与2020年《总规——澜沧》土地利用空间结构相比，发生较大变化的区域位于谦六乡、糯扎渡镇、发展河乡、糯福乡、东回镇、竹塘乡、木戛乡和上允镇等。其中，谦六乡、木戛乡、糯扎渡镇、发展河乡主要由《总规——澜沧》的耕地转变为2025年的自然保留地；糯福乡主要由《总规——澜沧》的自然保留地转变为2025年的园地，同时有部分耕地转变为自然保留地；东回镇主要由《总规——澜沧》的林地转变为2025年的耕地；竹塘乡主要由《总规——澜沧》的耕地、林地转变为 2025 年的自然保留地；上允镇主要由《总规——澜沧》的耕地转变为城镇建设用地和农村居民点用地；勐朗镇则主要由耕地、林地转变为城镇建设用地，另有部分城镇建设用地转变为耕地和园地。

总体上，2025年优化土地利用结构与2013年现状土地利用结构和2020年《总规——澜沧》土地利用结构的空间转移分布结果，基本与2020年优化结果相同。对比图8-14的结果，表明2025年优化结果比《总规——澜沧》土地利用结构更侧重于对各个乡镇的土地利用空间布局进行调整以达到紧凑性的目的，同时对优质耕地的保护力度要大于《总规——澜沧》，2025年优化后的土地利用破碎化程度降低，土地利用效率提高。

B. 土地利用转移数量分析

澜沧县2025年土地利用优化结构与澜沧县2013年土地利用结构和2020年《总规——澜沧》土地利用结构的转移矩阵见表8-24。

表 8-24　澜沧县 2025 年土地利用空间优化方案与基期年土地利用结构及 2020 年土地利用总体规划结构转移矩阵表　（单位：hm²）

项目		2025 年土地利用优化结构									
		耕地	园地	林地	牧草地	城镇建设用地	农村居民点用地	其他建设用地	水域	自然保留地	总计
2013 年土地利用结构	耕地	226 226.52	2 346.57	0.81	0.81	169.29	14.58	268.92	2 586.33	—	231 613.83
	园地	59.94	39 052.53	34.02	0.81	17.82	1.62	68.85	2 602.53	—	41 838.12
	林地	212.22	1 076.49	544 880.52	—	49.41	7.29	335.34	4 880.25	—	551 441.52
	牧草地	—	2.43	—	556.47	—	—	—	—	—	558.90
	城镇建设用地	2.43	13.77	—	—	512.73	—	59.94	—	—	588.87
	农村居民点用地	0.81	114.21	—	—	30.78	6 618.51	25.11	68.04	—	6 857.46
	其他建设用地	2.43	98.01	0.81	—	1.62	0.81	504.63	34.02	—	642.33
	水域	—	21.06	—	—	1.62	—	5.67	2 451.87	—	2 480.22
	自然保留地	79.38	5 349.24	55.89	0.81	16.20	0.81	40.50	852.12	31 111.29	37 506.24
	总计	226 583.73	48 074.31	544 972.05	558.90	799.47	6 643.62	1 308.96	13 475.16	31 111.29	873 527.49
2020 年土地利用总体规划结构	耕地	225 883.08	2 503.71	5.67	0.81	165.24	295.65	—	—	3 497.58	232 351.74
	园地	59.94	39 020.13	34.02	0.81	16.20	24.30	—	—	—	39 155.40
	林地	383.13	1 092.69	544 802.76	—	46.17	41.31	—	—	1 140.48	547 506.54
	牧草地	—	9.72	—	556.47	—	—	—	—	—	566.19
	城镇建设用地	77.76	36.45	14.58	—	518.40	6.48	—	—	2.43	656.10

续表

项目		2025 年土地利用优化结构									
		耕地	园地	林地	牧草地	城镇建设用地	农村居民点用地	其他建设用地	水域	自然保留地	总计
2020 年土地利用总体规划结构	农村居民点用地	110.16	152.28	61.56	—	34.83	6 274.26	—	—	3.24	6 636.33
	其他建设用地	—	—	—	—	—	—	1 308.96	—	—	1 308.96
	水域	—	—	—	—	—	—	—	13 475.16	—	13 475.16
	自然保留地	69.66	5 259.33	53.46	0.81	18.63	1.62	—	—	26 467.56	31 871.07
	总计	226 583.73	48 074.31	544 972.05	558.90	799.47	6 643.62	1 308.96	13 475.16	31 111.29	873 527.49

（1）优化土地利用结构与基期年土地利用结构相比。

优化后耕地面积为 226 583.73hm^2，比基期年减少 5030.10hm^2。基期年耕地主要转出为水域和园地，转出面积分别为 2586.33hm^2 和 2346.57hm^2。

优化后园地面积增加，增加的园地面积主要由基期年的自然保留地、耕地和林地转入而来，转入面积分别为 5349.24hm^2、2346.57hm^2 和 1076.49hm^2；受糯扎渡水电建设的影响，基期年园地主要转出为水域，达到 2602.53hm^2。

优化后林地减少，减少的部分主要为基期年林地转出为园地、其他建设用地、耕地和水域，其中转出为园地的林地有 1076.49hm^2，转出为水域的林地有 4880.25hm^2。

牧草地则基本不发生转移。

优化后城镇建设用地增加，增加的部分主要由基期年耕地和林地转入而来，转入面积分别为 169.29hm^2 和 49.41hm^2，其次由基期年农村居民点用地、园地和自然保留地转入，转入面积分别为 30.78hm^2、17.82hm^2 和 16.20hm^2。基期年城镇建设用地主要转出为其他建设用地，达到 59.94hm^2。

优化后基期年农村居民点用地有 114.21hm^2 转出为园地，其次有 68.04hm^2 被水淹没。

优化后其他建设用地的增加量主要来自于基期年耕地和林地；水域的增长量主要来自于基期年耕地、园地和林地。而自然保留地在 2025 年优化结构中只有转出，没有转入，基期年有 5349.24hm^2 自然保留地转出为园地，另有 852.12hm^2 转出为水域。

（2）优化土地利用结构与《总规——澜沧》土地利用结构相比。

优化后耕地主要来自于《总规——澜沧》耕地，而《总规——澜沧》中耕地则有 2503.71hm^2 转出为园地，有 165.24hm^2 耕地转出为城镇建设用地，有 295.65hm^2 耕地转出为农村居民点用地，另有 3497.58hm^2 转出为自然保留地。根据上述土地利用空间转移分析及表 8-19 的分析，这是由于《总规——澜沧》中部分耕地是由基期年自然保留地经土地开发整理而来的，优化后这部分耕地还原为自然保留地，表明优化结构有利于保护优质的耕地资源。

优化后，园地增加的部分主要由《总规——澜沧》中自然保留地、耕地和林地转入，转入面积分别为 5259.33hm^2、2503.71hm^2 和 1092.69hm^2。

优化后牧草地与《总规——澜沧》中牧草地基本保持不变。

优化后，增加的城镇建设用地主要来自于《总规——澜沧》中的耕地，新增城镇建设用地占用耕地面积 165.24hm^2。

优化后农村居民点用地需占用《总规——澜沧》中 295.65hm^2 的耕地，但同时《总规——澜沧》中的农村居民点用地分别有 110.16hm^2 和 152.28hm^2 的转出为耕地和园地。

总体上，2025 年优化土地利用结构与现状土地利用结构相比，水域、农村居民点用地及耕地、园地和林地等受糯扎渡水电站淹没的影响而变化量较大。与《总规——澜沧》的土地利用结构相比，优化后有较大面积的耕地和林地资源得到保护，自然保留地将得到合理利用，土地利用效率提高。

总之，在社会、经济、生态三方效益都有较大诉求的背景下，2025 年优化结构能在一定程度上促进澜沧县社会经济的发展，同时又保护了未来一定时期内的生态环境；优化后粮食安全能得到保证，土地利用适宜性提升，空间紧凑性提高，自然保留地得到合理利用，土地利用率提高。简而言之，澜沧县 2025 年土地利用优化结构能有效促进澜沧县社会、经济、生态和谐可持续发展。

8.4　本章小结

为探讨土地利用类型多样、地形条件复杂、人工经济园林大面积引种的山区土地利用优化配置，以云南省澜沧县为研究对象，运用社会经济统计数据、TM 遥感数据、地形地质数据、气象数据、降水数据等，在《总规——澜沧》的相关要求下，以总面积约束、人口总量约束、耕地保护约束、城乡建设用地规划约束、生态环境约束、其他宏观约束和数学模型约束七个方面为约束条件，以社会、经济及生态效益为数量结构优化目标，以最佳土地利用适宜性和最大空间紧凑性为空间布局优化目标，构建 GMDP-ACO 优化模型算法，分别对澜沧县 2020 年和 2025 年土地利用结构进行优化配置。主要结论如下。

1）灰色多目标动态规划模型（GMDP）

以理想点法求解获取多目标线性规划的非劣解，符合线性规划方程的求解要求。以 GeoSOS 为平台，构建澜沧县土地利用空间布局优化体系，并以筛选法获取 α、β、ρ 参数，建立 ACO 优化算法，验证的整体精度为 94.07%，Kappa 系数为 0.91。通过对比分析澜沧县 2020 年和 2025 年土地利用优化结构与 2013 年澜沧县土地用现状结构和 2020 年《总规——澜沧》中的土地利用结构，基于 GMDP-ACO 的多目标土地利用结构优化模型是可行的。

2）澜沧县 2020 年土地利用结构优化

（1）效益方面，情景一、情景二和情景三下的 2020 年澜沧县土地用数量结构优化方案中，社会效益指数分别为 0.345、0.342 和 0.340，均低于现状年（0.358），但相比《总规——澜沧》（0.341），情景一和情景二的优化结果仍有优势。三套优化方案的经济效益和生态效益均明显高于基期年和《总规——澜沧》。随着人口的增加，社会效益指数和生态效益减小，经济效益增加。

（2）数量结构方面，优化后的土地利用结构与现状相比，耕地、林地和自然保留地减少，园地、城镇建设用地和其他建设用地面积增加，牧草地保持不变。与《总规——澜沧》中土地利用结构相比，耕地、林地、牧草地、农村居民点用地和自然保留地减少，园地增加，城镇建设用地、其他建设用地和水域保持不变。随着人口的不断增加，优化后耕地、农村居民点用地的减少趋势逐步放缓，园地的增加和林地的减少趋势逐步加大。说明人口是影响澜沧县未来土地利用的重要因素，人口增加意味着需要更多的耕地、园地和农村居民点用地，并消耗更多的林地资源。

（3）空间结构方面，优化后林地、牧草地和农村居民点用地的适宜性平均值与现状和《总规——澜沧》中的适宜性值相同；耕地的适宜性平均值与现状相同，但高于《总规——澜沧》；城镇建设用地的适宜性平均值高于现状和《总规——澜沧》；园地的适宜性平均值低于现状，但略高于《总规——澜沧》，优化后澜沧县整体土地利用适宜性水平得到一定程度改善。2020 年优化后土地利用的破碎化程度比现状和《总规——澜沧》明显降低，地类斑块更趋于紧凑，单个地类斑块面积更大。优化后更多基期年的优质耕地和林地资源将得到保护，自然保留地得到充分利用，土地利用效率提高。

3）澜沧县 2025 年土地利用结构优化

（1）效益方面，优化后土地利用社会效益指数低于基期年和《总规——澜沧》，但是人均耕地占有量仍然超过《总规——澜沧》限定的最小值 0.38hm^2/人，达到 0.423hm^2/人，粮食安全可以得到保证，同时经济效益和生态效益明显高于基期年和《总规——澜沧》。

（2）数量结构方面，2025 年土地利用优化结果中，各用地类型面积的变化趋势与 2020 年优化结果基本相同。优化后耕地、林地、农村居民点用地和自然保留地比现状减少，园地、城镇建设用地、其他建设用地、水域增加，牧草地基本保持不变；优化后耕地、林地、牧草地农村居民点用地和自然保留地比《总规——澜沧》减少，园地、城镇建设用地增加，水域和其他建设用地则保持不变。

（3）空间结构方面，相比基期年和《总规——澜沧》的土地利用结构，优化后，澜沧县整体土地利用适宜性水平提升，土地利用的破碎化程度明显降低，地类斑块集聚程度上升，紧凑度上升，自然保留地得到充分利用，土地利用效率将得到改善。

第9章 总　结

9.1 人工经济园林引种区土地利用生态安全

9.1.1 人工经济园林引种区土地利用变化及影响因素

2000～2015年，普洱市边三县的土地利用类型以林地（天然有林地及人工经济园林）、旱地、草地为主，15年间大面积种植人工经济园林是导致边三县土地利用时空变化和地类转移的重要原因，区域内土地利用程度不断增强；边三县的土地利用空间变化与橡胶、桉树、茶等人工经济园林种植及水电站建设密切相关。

在影响因素方面，边三县土地利用变化同时受到自然环境和社会经济因素的影响，其中，社会经济因素的影响比自然环境因素更快、更强且更直接，社会经济因素对大多数土地类型都产生强烈影响，而自然环境因素仅在某些年份影响某种土地类型的时空变化。整体上看，边三县主要土地利用类型的时空变化都受到政策（基本农田政策和自然保护区政策）、地形（海拔和坡度）、可达性（距居民点距离和距道路距离）和潜在生产力（降水量和距水域距离）因素的影响。其中，政策因素对土地利用具有明显的引导作用；地形因素是人类活动的基础，往往也起到决定性作用；可达性决定了人类行为活动的便利程度；土地潜在生产力决定了人工林和耕地的产量。

9.1.2 人工经济园林引种区土地利用生态安全评价

在评价指标上，研究基于"D-P-S-R"和"自然-社会-经济"耦合模型构建了普洱市边三县土地利用生态安全评价指标体系，充分体现了生态系统作为一个复杂系统，其不仅可以分为自然、社会和经济几个方面，而且与生态安全要素之间存在密切的因果关系，能较好地适用于大面积人工经济园林引种区的土地利用生态安全评价中。在评价方法上，采用模糊综合评价和景观生态安全度模型分别对西盟县土地利用生态安全时空特征进行评价与分析。两种模型各有优劣，模糊综合评价模型综合考虑了土壤侵蚀、农村人均收入等众多因素，能较好地反映出区域土地利用生态安全的细节，并更加强调在保证区域生态环境良好的同时注重区域社会经济的发展；景观生态安全度模型考虑因素较少，相对简单，能快速地对区域景观生态安全性进行评价。

在评价结果方面，2000～2015年普洱市边三县的生态安全性都呈先增后减的趋势。其中，西盟县和孟连县2000～2005年退耕还林等生态工程实施使区域生态安全性增加，而2005～2015年则随着大面积人工经济园林的种植，区域生态安全性呈现下降趋势，生态安全恶化的区域与人工经济园林引种区高度相关；澜沧县2000～2005年的退耕还林等生态工程实施同样使区域生态安全性增加，2005～2010 年土地利用生态安全性略微下降但变化不大，而 2010～2015 年生态安全性明显下降，人工经济园林种植及开垦耕地等人为干扰并不强烈，生态安全性下降主要由连年干旱、南北向和东西向公路修建等因素导致。

9.2 人工经济园林引种区土地利用优化配置

9.2.1 人工经济园林引种区土地利用优化配置方法

本书分别采用了 MAS—CLUE-S、MAS-LCM、GMDP-ACO 三种耦合模型方法进行研究区土地利用优化配置，并对优化的精度进行检验，其中，以 GMDP-ACO 模型配置澜沧县土地利用的精度最高，Kappa 系数达到 0.91，MAS—CLUE-S 模型优化西盟县、MAS-LCM 模型模拟孟连县土地利用的精度相差不大，Kappa 系数分别为 0.87 和 0.86（表 9-1）。三个模型各有特点、各有优劣，在今后土地利用优化配置研究中应视研究区具体情况选用。总之，三个模型的总体精度（Kappa 系数）都已超过 0.85，能为云南省人工经济园林引种区土地利用优化配置研究提供参考。

MAS—CLUE-S 耦合模型是在 CLUE-S 模型的基础上，考虑土地部门、林业部门和城市建设部门等多个主体的用地需求，进行土地利用的数量优化与空间配置，模型具有良好的可操作性，土地利用时空格局配置结果精度较好，能克服大部分土地利用优化研究结果难以实际应用的情况，可为促进人工经济园林引种区土地资源的可持续发展和生态系统保育提供依据。

MAS-LCM 耦合模型是将 MAS 模型和 Logistic-CA-Markov 模型耦合，使其既具有空间环境表达能力，又考虑了各土地利用主体的复杂空间决策行为，表达了土地利用变化中各主体的关键作用，且融入与自然社会环境相互作用的理念，符合当前人地耦合系统的思想。其在 Logistic-CA-Markov 模型基础上，通过梳理往年土地利用变化的特点和结合调查访谈问卷数据，设定农业部门、国土部门、林业部门和农户个人为土地利用主体，特别是融入了农户科学选择人工经济园林的种植行为方式，模拟预测得到的土地利用结果更符合未来的发展趋势。

GMDP-ACO 耦合模型在 GMDP 模型结构优化的基础上采用 ACO 算法配置土地时空格局，具有较高的目的性和动态性，优化精度相对较高。其动态规划基于对土地、人口等预测结果，在预测方程达到检验要求的情况下人为影响较小，优化配置过程中客观性较强；但预测的准确性需要有较多的实际资料来支撑验证，工作量相对较大。因此，在 GMDP-ACO 耦合模型的应用过程中，需要酌情邀请对研究区社会经济等方面较为熟悉的专家进行各个参数内容的前期确定，以增强模型的实际应用价值，进而有效提高区域土地利用的综合效益。

表 9-1 边三县土地利用优化配置方法与结果对比

优化相关内容	西盟县	孟连县	澜沧县
优化方法	MAS—CLUE-S	MAS-LCM	GMDP-ACO

续表

<table>
<tr><th colspan="2">优化相关内容</th><th>西盟县</th><th>孟连县</th><th>澜沧县</th></tr>
<tr><td rowspan="2">年份</td><td>基期年</td><td>2015</td><td>2015</td><td>2013</td></tr>
<tr><td>目标年</td><td>2020/2025</td><td>2025</td><td>2020/2025</td></tr>
<tr><td colspan="2">优化精度</td><td>0.87</td><td>0.86</td><td>0.91</td></tr>
<tr><td rowspan="2">相同之处</td><td>效益状况</td><td colspan="3">综合效益均优于基期现状和总规；经济和生态效益均大于总规</td></tr>
<tr><td>数量结构</td><td colspan="3">建设用地面积不断增加；耕地面积不断减少；水域和草地面积变化不大</td></tr>
<tr><td rowspan="6">不同之处</td><td>效益状况</td><td>经济和社会效益略低于基期现状，生态效益提高</td><td>更符合区域土地利用变化的自然性、社会性和人文性特征</td><td>社会效益低于基期现状和总规，经济和生态效益提高</td></tr>
<tr><td>数量结构</td><td>水田、林地、建制镇、村庄和工矿用地面积增加，自然保留地、旱地和园地面积减少，水域和草地面积基本不变</td><td>经济园地、建设用地和其他面积增加，耕地和林地面积减少，水域面积减少但变化不大</td><td>园地和建设用地面积增加，耕地、林地和自然保留地面积减少，草地和水域面积基本不变</td></tr>
<tr><td>主导性质</td><td>目的先导性</td><td>随机概率性</td><td>目的先导性</td></tr>
<tr><td>模型优势</td><td>引入多主体的行为选择，克服大部分土地利用优化结果难以实际应用的情况</td><td>既具有空间环境表达能力，又考虑了各土地利用主体的复杂空间决策行为</td><td>空间紧凑性确保了各地类的集约程度；模型动态性较好，优化精度较高</td></tr>
<tr><td>模型劣势</td><td>缺乏对农户主体的认识和分析，有待进一步完善</td><td>流程复杂，需要明晰政策、人为主体对土地利用决策的作用机制；在如何设定影响区域土地利用变化的转换规则等方面有待完善</td><td>存在一定主观性，需要对研究区有较为深入的了解；自适应函数的参数要求较高，容易形成局部最优解</td></tr>
<tr><td>主要应用</td><td>人为干扰较强区域的土地利用优化配置</td><td>人为干扰较强区域的土地利用预测模拟</td><td>自然植被丰富区域的土地利用优化配置</td></tr>
</table>

注：对比时主要采用 2025 年优化结果进行分析。

9.2.2　人工经济园林引种区土地利用优化配置结果

2000～2015 年，西盟县人工经济园林种植以橡胶和茶为主，橡胶园和茶园面积迅速增加。通过 MAS—CLUE-S 模型对西盟县 2020 年、2025 年土地利用时空格局进行优化配置，从利用效益看，西盟县 2025 年土地利用优化结果的综合效益大于基期现状和总规，且经济、社会和生态各单效益都大于总规。但由于西盟县基期现状的生态效益较差，为达到土地利用综合、平衡发展，优化结果中放弃了一些经济效益和社会效益，致使两个效益比基期现状略低，而使生态效益有所提高；从土地结构看，由于西盟县基期现状的人工经济园林种植比例较高，影响了县域内土地利用生态安全，2025 年优化结果中水田、林地、建制镇、村庄和工矿用地面积增加，自然保留地、旱地和园地面积减少，因此未来应当降低园地比例，适当提高林地、水田等土地利用类型的面积，协调区域的土地利用生态安全状况。

2000～2015 年，孟连县人工经济园林种植以橡胶、茶和桉树为主，橡胶园、茶园和桉树林面积迅速增加。通过 MAS-LCM 模型对孟连县 2025 年土地利用时空格局进行模拟预测，从土地效益看，孟连县2025年模拟结果更符合区域土地利用变化的自然性、社会性和人文性特征；从土地结构看，孟连县2025年模拟结果中经济园地、建设用地和其他面积增加，耕地和林地面积减少，因此未来可以适当增加人工经济园林的种植面积，提升土地利用的综合效益。

2000～2015年，澜沧县人工经济园林种植以桉树为主，桉树林面积迅速增加，其他人工经济园林的面积变化不大。通过GMDP-ACO模型对澜沧县2020年、2025年土地利用时空格局进行优化配置，从利用效益看，澜沧县2025年土地利用优化结果的综合效益大于基期现状和总规，同时经济和生态两个效益都大于基期现状和总规，但社会效益则有所下降，在促进综合发展的前提下，牺牲了部分县域的土地利用社会效益；从土地结构看，由于澜沧县基期现状的人工经济园林种植比例并不明显，2025年优化结果中园地和建设用地面积增加，耕地、林地和自然保留地面积减少，因此未来可以适当增加人工经济园林的种植面积，提升土地利用的综合效益。

整体上，不论人工经济园林大面积引种区采用何种方法进行土地利用优化配置，其目标年土地利用优化结果的综合效益都强于各县基期现状和土地利用总体规划中的土地利用综合效益。同时，未来10年中，在未调整主要政策、未发生自然灾害的情况下，边三县的土地利用都将保持建设用地面积不断增加、耕地面积满足耕地保有量要求、水域和草地面积变化不大的趋势，而人工经济园林和林地的增减是协调与管控区域土地利用综合效益、土地利用生态安全的关键（表9-1）。

9.3 人工经济园林引种区土地利用生态安全及优化配置展望

从土地利用影响因素及生态安全角度出发，研究大面积人工经济园林引种区的土地利用数量结构和空间布局优化配置是一个庞大的系统工程，涉及区域的土地时空格局、土地驱动机制、土地生态系统、土地资源管理、土地经济和可持续发展等多个研究领域。本书已基本形成了人工经济园林引种区土地利用生态安全及优化配置的理论框架和方法体系，虽然取得了一定的研究成果，但由于数据可获得性、时间精力和篇幅所限，相对于整个研究视角和领域来说，还存在许多需要进一步充实和完善之处，很多问题还有待深入研究。土地利用生态安全及优化配置理论框架和方法体系的不断完善和实践应用，必将有力地推动土地利用生态系统朝着绿色、经济、健康的方向发展，促进人工经济园林引种区实现土地资源的有效利用和可持续发展。

（1）人工经济园林引种区土地利用生态安全及优化配置的理论体系需不断完善。在已有研究积累的基础上，还应针对该理论体系存在的不足进行深入研究，特别是土地利用影响机制、土地生态安全评价方法体系、土地利用优化目标和配置效益等方面需要深入研究和不断拓展。对人工经济园林引种区的土地利用生态安全问题、优化配置综合效益问题进行更深入地探讨，以提升理论水平及方法体系的可行性、可操作性和可适用性，为区域下一步人工经济园林引种、布局提供指导。

（2）人工经济园林引种区土地利用生态安全及优化配置的实践应用需不断加强。目前已有的研究积累主要以土地利用生态安全及优化配置的理论框架和方法体系为主，对人工经济园林引种区形成一定的指导作用。但在人工经济园林引种前后的生态环境效应、生态系统服务方面的监测仍较为薄弱，仅以 15 年的时间进行研究，缺乏长期、更有效的生态安全数据支撑，而这些方面正是土地利用生态安全评估的重要环节。未来还应进行人工经济园林林下范围和附近区域的生态环境效应、生态系统服务等内容的长期监测与评估，探讨区域内土地利用的影响机制及综合效应，为土地利用优化配置提供更完善的支撑。同时，随着我国“一带一路”倡议的实施、国土空间规划的开展和西南生态安全屏障的构建，云南省人工经济园林引种区（普洱市边三县）地处我国西南边陲，扮演着极其重要的作用。进一步开展该区域土地利用优化配置研究，应与国家各项战略部署相结合、与生态安全屏障构建相适应、与各级国土空间规划相接洽，吸收、归纳并整理新的理论方法体系，使土地利用优化配置研究结果切实应用到区域国土空间保护与开发、人工经济园林引种与管控等各项实际工作和具体应用之中。

参考文献

摆万奇，赵士洞.1997.土地利用和土地覆盖变化研究模型综述[J].自然资源学报，（2）：74-80.

常春艳，赵庚星，王凌，等.2012.黄河口生态脆弱区土地利用时空变化及驱动因素分析[J].农业工程学报，28（24）：226-234.

常笑，刘黎明，刘朝旭，等.2013.农户土地利用决策行为的多智能体模拟方法[J].农业工程学报，29（14）：227-237.

陈趁新，胡昌苗，霍连志，等. 2014. Landsat TM 数据不同辐射校正方法对土地覆盖遥感分类的影响[J]. 遥感学报，18（2）：320-334.

陈星，周成虎.2005.生态安全：国内外研究综述[J].地理科学进展，（6）：8-20.

陈莹，胡梦可，方勇.2017.武汉市土地利用程度和经济发展的重心迁移及耦合协调性研究[J].长江流域资源与环境，26（8）：1131-1140.

陈影，张利，何玲，等.2016.基于多模型结合的土地利用结构多情景优化模拟[J].生态学报，36（17）：5391-5400.

程迎轩，王红梅，刘光盛，等.2016.基于最小累计阻力模型的生态用地空间布局优化[J].农业工程学报，32（16）：248-257.

崔志刚.2009.基于 GIS 的土地利用变化研究——以重庆市江津区为例[D].重庆：西南大学.

邓书斌. 2010. ENVI 遥感图像处理方法[M]. 北京：科学出版社.

董莉丽，郑粉莉.2010.黄土丘陵沟壑区土地利用和植被类型对土壤质量的影响[J].兰州大学学报（自然科学版），46（2）：39-44.

段依妮，张立福，晏磊，等. 2014. 遥感影像相对辐射校正方法及适用性研究[J].遥感学报，18（3）：597-617.

方萍.2011.合肥市土地利用变化的生态安全评价[D].合肥：安徽师范大学.

冯学智，肖鹏峰，赵书河，等. 2011. 遥感数字图像处理与应用[M]. 北京：商务印书馆.

冯异星，罗格平，尹昌应，等.2009.干旱区内陆河流域土地利用程度变化与生态安全评价——以新疆玛纳斯河流域为例[J].自然资源学报，24（11）：1921-1932.

冯永玖，韩震.2011.元胞邻域对空间直观模拟结果的影响[J].地理研究，30（6）：1055-1065.

符蓉，濮励杰，钱敏，等.2012.区域土地利用变化情景模拟设计与实证分析——基于多智能体系统（MAS）模型[J].资源科学，34（3）：468-474.

傅伯杰，周国逸，白永飞，等.2009.中国主要陆地生态系统服务功能与生态安全[J].地球科学进展，24（6）：571-576.

傅伯杰，陈利顶，马克明，等.2011.景观生态学原理及应用[M].北京：科学出版社.

高春风.2004.生态安全指标体系的建立与应用[J].环境保护科学，30（3）：38-40.

高天明，沈镭，刘立涛，等.2012.橡胶种植对景洪市经济社会和生态环境的影响[J].资源科学，34（7）：1200-1206.

高长波，陈新庚，韦朝海，等.2006.区域生态安全：概念及评价理论基础[J].生态环境，15（1）：169-174.

龚建周，刘彦随，夏北成.2010a.经济——生态导向下的广州市土地利用结构优化配置潜力研究[C].中国自然资源学会土地资源研究专业委员会，中国地理学会农业地理与乡村发展专业委员会，中国自然资源学会土地资源研究专业委员会，中国地理学会农业地理与乡村发展专业委员会. 中国自然资源学会 2010 年学术年会.

龚建周，刘彦随，张灵.2010b.广州市土地利用结构优化配置及其潜力[J].地理学报，65（11）：1391-1400.

顾泽贤，赵筱青，高翔宇，等.2016.澜沧县景观格局变化及其生态系统服务价值评价[J].生态科学，35（5）：143-153.

郭凤芝.2004.土地资源安全评价的几个理论问题[J].山西财经大学学报，（3）：61-65.

郭泺，薛达元，余世孝，等.2008.泰山景观生态安全动态分析与评价[J].山地学报，（3）：331-338.

郭小燕，刘学录，王联国.2015.基于混合蛙跳算法的土地利用格局优化[J].农业工程学报，276（24）：289-296，385.

郭娅，濮励杰，赵姚阳，等.2007.国内外土地利用区划研究的回顾与展望[J].长江流域资源与环境，（6）：759-763.

何东进，洪伟，胡海清，等.2004.武夷山风景名胜区景观类型空间关系及其尺度效应初探[J].中国生态农业学报，（3）：24-28.

何玲，贾启建，李超，等.2016.基于生态系统服务价值和生态安全格局的土地利用格局模拟[J].农业工程学报，32（3）：275-284.

胡喜生，洪伟，吴承祯.2013.土地生态系统服务功能价值动态估算模型的改进与应用——以福州市为例[J].资源科学，35（1）：

30-41.
胡召玲，杜培军，赵昕.2007.徐州煤矿区土地利用变化分析[J].地理学报，(11)：1204-1214.
黄海.2014.基于改进粒子群算法的低碳型土地利用结构优化——以重庆市为例[J].土壤通报，45（2）：303-306.
黄慧萍，李强子.2017.大数据时代土地利用优化的机遇、数据源及潜在应用[J].中国土地科学，31（7）：74-82.
黄家政，赵萍，郑刘根，等.2014.淮南矿区土地利用/覆盖时空变化特征及预测[J].合肥工业大学学报（自然科学版），37（8）：981-986.
黄烈佳，杨鹏.2019.长江经济带土地生态安全时空演化特征及影响因素[J].长江流域资源与环境，28（8）：1780-1790.
吉冬青，文雅，魏建兵，等.2013.流溪河流域土地利用景观生态安全动态分析[J].热带地理，33（3）：299-306.
纪学朋，黄贤金，陈逸，等.2019.基于陆海统筹视角的国土空间开发建设适宜性评价——以辽宁省为例[J].自然资源学报，34（3）：451-463.
金玉香.2015.临翔区和双江县茶园遥感信息提取及其生态适宜性评价[D].昆明：云南大学.
李斌，刘越岩，张斌，等.2017.基于 Tietenberg 模型的土地利用变化多情景模拟预测——以武汉市蔡甸区为例[J].资源科学，39（9）：1739-1752.
李昊，李世平，银敏华.2016.中国土地生态安全研究进展与展望[J].干旱区资源与环境，30（9）：50-56.
李晖，易娜，姚文璟，等.2011.基于景观安全格局的香格里拉县生态用地规划[J].生态学报，31（20）：5928-5936.
李京京，吕哲敏，石小平，等.2016.基于地形梯度的汾河流域土地利用时空变化分析[J].农业工程学报，32（7）：230-236.
李靖，廖和平，蔡进.2018.基于风险评价的低丘缓坡土地开发建设适宜性情景模拟——以重庆市巴南区为例[J].资源科学，40（5）：967-979.
李立，邢婷婷，王佳.2018.基于改进蚁群算法的 CA 的应用——以土地利用模拟为例[J].计算机工程与应用，54（20）：253-258.
李赛红.2012.基于物质流分析的土地利用生态安全评价[D].南京：南京信息工程大学.
李绥，石铁矛，付士磊，等.2011.南充城市扩展中的景观生态安全格局[J].应用生态学报，22（3）：734-740.
李涛，陈坚，冯倩，等. 2016. 湖南湘江流域 1990～2010 年土地利用/覆被变化及影响因素机理分析[J]. 湖南生态科学学报，3（4）：10-17.
李小文，刘素红.2008.遥感原理与应用[M].北京：科学出版社.
李璇琼，何政伟，陈晓杰，等.2013.RS 和 GIS 支持下的县域生态安全评价[J].测绘科学，38（1）：68-71.
李学东，杨玥，杨波，等.2018.基于耕作半径分析的山区农村居民点布局优化[J].农业工程学报，34（12）：267-273.
李学全，李辉.2004.多目标线性规划的模糊折衷算法[J].中南大学学报（自然科学版），(3)：514-517.
李杨帆，林静玉，孙翔.2017.城市区域生态风险预警方法及其在景观生态安全格局调控中的应用[J].地理研究，36（3）：485-494.
李玉环，赵庚星.2001.适宜性评价基础上的农用地资源配置研究[J].山东农业大学学报（自然科学版），(3)：280-284.
李玉平，蔡运龙.2007.河北省土地生态安全评价[J].北京大学学报（自然科学版），43（6）：784-789.
李月臣.2008.中国北方 13 省市区生态安全动态变化分析[J].地理研究，(5)：1150-1160.
李钊，张永福，张景路.2014.干旱区绿洲县域土地利用规划中土地生态安全预测——以新疆阿瓦提县为例[J].水土保持研究，21（6）：148-151.
梁烨，刘学录，汪丽.2013.基于灰色多目标线性规划的庄浪县土地利用结构优化研究[J].甘肃农业大学学报，48（3）：93-98.
刘成武，黄利民.2014.农户土地利用投入变化及其土地利用意愿分析[J].农业工程学报，30（20）：297-305.
刘大均，谢双玉，陈君子，等.2013.基于分形理论的区域旅游景区系统空间结构演化模式研究——以武汉市为例[J].经济地理，33（4）：155-160
刘海娟，陆凡.2013.遗传投影寻踪插值模型在生态安全评价中的应用——以甘肃省民勤县为例[J].西北农林科技大学学报（自然科学版），41（1）：118-124.
刘红兵.2008.GPS-RTK 技术支持下的小区域土地利用变化研究[J].山西师范大学学报（自然科学版），22（4）：118-122.
刘纪远.1996.中国资源环境遥感宏观调查与动态研究[M].北京：中国科学技术出版社.
刘康，李月娥，吴群，等.2015.基于 Probit 回归模型的经济发达地区土地利用变化驱动力分析——以南京市为例[J].应用生态学报，26（7）：2131-2138.
刘荣霞，薛安，韩鹏，等.2005.土地利用结构优化方法述评[J].北京大学学报（自然科学版），(4)：655-662.

刘世梁，杨志峰，崔保山，等.2005.道路对景观的影响及其生态风险评价——以澜沧江流域为例[J].生态学杂志，(8)：897-901.
刘姝驿，杨庆媛，何春燕，等.2013.基于层次分析法（AHP）和模糊综合评价法的土地整治效益评价——重庆市3个区县26个村农村土地整治的实证[J].中国农学通报，29（26)：54-60.
刘晓.2015.基于土地利用景观格局的疏勒河流域生态安全研究[D].兰州：西北师范大学.
刘旭华，王劲峰，刘纪远，等.2005.国家尺度耕地变化驱动力的定量分析方法[J].农业工程学报，(4)：56-60.
刘彦随.1999a.区域土地利用系统优化调控的机理与模式[J].资源科学，(4)：63-68.
刘彦随.1999b.土地利用优化配置中系列模型的应用——以乐清市为例[J].地理科学进展，(1)：28-33.
刘艳芳，明冬萍，杨建宇.2002.基于生态绿当量的土地利用结构优化[J].武汉大学学报（信息科学版)，(5)：493-498，515.
刘艳芳，李兴林，龚红波.2005.基于遗传算法的土地利用结构优化研究[J].武汉大学学报（信息科学版)，(4)：288-292.
卢良恕.2004.立足于食物安全的大局·着眼于生产能力的提高·确保我国新时期的粮食安全[J].中国食物与营养，(4)：4-7.
陆文涛，代超，郭怀成.2015.基于Dyna-CLUE模型的滇池流域土地利用情景设计与模拟[J].地理研究，34（9)：1619-1629.
路昌，雷国平，周浩，等.2017.挠力河流域土地利用变化及地形梯度效应分析[J].中国土地科学，31（8)：53-60.
栾乔林，谷秀兰，吴继万，等.2015.区域土地资源可持续利用的生态安全评价———以海南省为例[J].农学学报，5（6)：71-77.
罗鼎，月卿，邵晓梅，等.2009.土地利用空间优化配置研究进展与展望[J].地理科学进展，28（5)：791-797.
吕建树，吴泉源，张祖陆，等.2012.基于RS和GIS的济宁市土地利用变化及生态安全研究[J].地理科学，32（8)：928-935.
吕永霞.2006.土地利用结构优化灰色多目标规划建模与实证研究[D].南宁：广西大学.
马冰滢，黄姣，李双成.2019.基于生态-经济权衡的京津冀城市群土地利用优化配置.地理科学进展，38（1)：26-37.
马才学，孟芬，赵利利. 2015. 1990～2005年武汉市土地利用时空变化及其政策驱动因素分析[J]. 水土保持研究，22(2)：117-122.
马松增，史明昌，杨贵森，等.2013.基于GIS的土地利用时空动态变化分析——以塔里木盆地农垦区为例[J].水土保持研究，20（1)：177-181.
马晓，杨宇明，赵一鹤.2012.普洱地区桉树人工林下植物种类调查[J].热带农业科技，35（3)：42-46.
马艳霞，刘学录，黄建洲.2010.土地评价方法对指标权重的影响——以兰州市永登县和皋兰县为例[J].湖南农业科学，(8)：32-34.
马瑛.2007.北方农牧交错带土地利用生态安全评价[J].干旱区资源与环境，(7)：53-58.
蒙吉军，赵春红，刘明达.2011.基于土地利用变化的区域生态安全评价——以鄂尔多斯市为例[J].自然资源学报，26(4)：578-590.
孟成，卢新海，彭明军，等.2015.基于Markov-C5.0的CA城市用地布局模拟预测方法[J].中国土地科学，29（6)：82-88.
孟庆国，罗杭.2017.基于多智能体的城市群政府合作建模与仿真——嵌入并反馈于一个异构性社会网络[J].管理科学学报，20（3)：183-207.
莫致良，杜震洪，张丰，等.2017.基于可扩展多目标蚁群算法的土地利用优化配置[J].浙江大学学报（理学版)，44（6)：649-659.
牛涛，塔西甫拉提·特依拜，姚远.2013.基于遥感的干旱区典型绿洲土地利用/覆被变化研究[J].安徽农业科学，41(11)：5145-5147.
潘竟虎，刘晓.2015.基于空间主成分和最小累积阻力模型的内陆河景观生态安全评价与格局优化——以张掖市甘州区为例[J].应用生态学报，26（10)：3126-3136.
彭建，王仰麟，景娟，等.2005.城市景观功能的区域协调规划——以深圳市为例[J].生态学报，(7)：1714-1719.
钱乐祥，李仕峰，崔海山，等. 2012. 基于单一影像局部回归模型修复的Landsat 7 ETM SLC-OFF图像质量评价[J]. 地理与地理信息科学，28（5)：21-24.
钱敏，濮励杰，朱明，等.2010.土地利用结构优化研究综述[J].长江流域资源与环境，19（12)：1410-1415.
仇恒佳，卞新民，姚剑亭，等.2008.环太湖景观生态安全综合评价研究——以苏州市吴中区为例[J].安徽农业科学，(3)：1185-1188.
曲艺，舒帮荣，欧名豪，等.2013.基于生态用地约束的土地利用数量结构优化[J].中国人口·资源与环境，23（1)：155-161.
任怡.2009.渭北黄土高原永寿县复合农林景观格局与结构优化技术研究[D].北京：北京林业大学.
申晨，岳彩荣，梅鸿刚.2016.基于Landsat数据的普洱市土地利用变化动态监测[J].林业调查规划，41（2)：17-22.
盛东，李桂元，徐义军.2010.湖南省小流域生态安全综合评价指标体系研究[J].水土保持研究，17（2)：58-63.
盛晓雯，曹银贵，周伟，等.2018.京津冀地区土地利用变化对生态系统服务价值的影响[J].中国农业资源与区划，39（6)：79-86.
时卉，杨兆萍，韩芳，等.2013.新疆天池景区生态安全度时空分异特征与驱动机制[J].地理科学进展，32（3)：475-485.
双文元，郝晋珉，艾东，等.2014.基于AVC理论的农村居民点适宜性评价及分区管控[J].土壤，46（1)：126-133.

苏泳娴，张虹鸥，陈修治，等.2013.佛山市高明区生态安全格局和建设用地扩展预案[J].生态学报，33（5）：193-203.

孙贤斌，刘红玉.2011.江苏盐城市海滨土地利用对景观生态风险的影响[J].国土资源遥感，（3）：140-145.

谈迎新，於忠祥.2012.基于 DSR 模型的淮河流域生态安全评价研究[J].安徽农业大学学报（社会科学版），21（5）：41-45.

汤国安，张友顺，刘咏梅，等. 2004. 遥感数字图像处理[M]. 北京：科学出版社.

唐丽静，王冬艳，杨园园.2019.基于“多规合一”和生态足迹法的土地利用结构优化[J].农业工程学报，35（1）：243-251.

唐娉，张宏伟，赵永超，等. 2014. 全球 30m 分辨率多光谱影像数据自动化处理的实践与思考[J]. 遥感学报，18（2）：231-253.

唐秀美，陈百明，路庆斌，等.2010.生态系统服务价值的生态区位修正方法——以北京市为例[J].生态学报，30（13）：3526-3535.

田苗，王鹏新，严泰来，等.2012.Kappa 系数的修正及在干旱预测精度及一致性评价中的应用[J].农业工程学报，28（24）：1-7.

童小容，杨庆媛，毕国华. 2018. 重庆市 2000～2015 年土地利用变化时空特征分析[J]. 长江流域资源与环境，27（11）：2481-2495.

王丹丹，王慎敏，刘文琦，等.2015.交互式多目标土地利用规划模型研究[J].地理与地理信息科学，31（3）：92-97.

王恩涌，赵荣，张小林，等.2000.人文地理学[M].北京：高等教育出版社.

王耕，王利，吴伟.2007.区域生态安全概念及评价体系的再认识[J].生态学报，27（4）：1627-1637.

王耕，王嘉丽，龚丽妍，等.2013.基于 GIS-Markov 区域生态安全时空演变研究——以大连市甘井子区为例[J].地理科学，33（8）：957-964.

王耕，苏柏灵，王嘉丽，等.2015.基于 GIS 的沿海地区生态安全时空测度与演变——以大连市瓦房店为例[J].生态学报，35（3）：670-677.

王国刚，刘彦随，方方.2013.环渤海地区土地利用效益综合测度及空间分异[J].地理科学进展，32（4）：649-656.

王航，秦奋，朱筠，等.2017.土地利用及景观格局演变对生态系统服务价值的影响[J].生态学报，37（4）：1286-1296.

王建英.2013.基于生物多样性保护的土地利用结构优化[D].武汉：中国地质大学.

王建英，邹利林，黄远水，等.2017.基于胁迫生态理论的旅游度假区用地布局优化——以武夷山国家旅游度假区为例[J].生态学杂志，36（4）：1165-1172.

王娟，崔保山，姚华荣，等.2008.纵向岭谷区澜沧江流域景观生态安全时空分异特征[J].生态学报，28（4）：1681-1690.

王庆日，谭永忠，薛继斌，等.2010.基于优度评价法的西藏土地利用生态安全评价研究[J].中国土地科学，24（3）：48-54.

王慎敏，杨齐祺，王丹丹，等.2014.马鞍山市土地精明利用数量结构研究[J].中国土地科学，28（11）：74-80.

王小玉，张安明.2008.土地资源安全评价体系指标研究[C].中国自然资源学会土地资源研究专业委员会，中国地理学会农业地理与乡村发展专业委员会，中国自然资源学会土地资源研究专业委员会，中国地理学会农业地理与乡村发展专业委员会，中国自然资源学会土地资源研究专业委员会. 中国土地资源可持续利用与新农村建设学术研讨会.

王晓，路建国，朱伟亚，等.2014.基于空间开发适宜性评价的建设用地扩展配置研究[J].山东农业大学学报（自然科学版），45（2）：243-251.

王晓青，史文娇，孙晓芳，等.2018.黄淮海高标准农田建设项目综合效益评价及区域差异[J].农业工程学报，34（16）：238-248.

王兴友.2015.西盟县土地利用生态安全时空分异特征研究[D].昆明：云南大学.

王雪微，王士君，宋飏，等.2015.交通要素驱动下的长春市土地利用时空变化[J].经济地理，35（4）：155-161.

王永艳.2014.三峡库区腹地景观格局优化的典型案例研究[D].重庆：重庆师范大学.

王越，宋戈，吕冰.2019.基于多智能体粒子群算法的松嫩平原土地利用格局优化[J].资源科学，41（4）：729-739.

王喆，赵筱青，张龙飞.2016.普洱市人工桉树林种植区植被覆盖时空变化研究[J].云南地理环境研究，28（2）：7-14，79.

韦仕川，冯科，邢云峰，等.2008.资源型城市土地利用变化及生态安全数字模拟[J].农业工程学报，24（9）：64-68.

韦玉春，汤国安，汪闽，等. 2019. 遥感数字图像处理教程[M]. 3 版. 北京：科学出版社.

魏彬，杨校生，吴明，等.2009.生态安全评价方法研究进展[J].湖南农业大学学报（自然科学版），35（5）：572-579.

魏伟，石培基，周俊菊，等.2016.基于生态安全格局的干旱内陆河流域土地利用优化配置分区[J].农业工程学报，32（18）：9-18.

魏媛，吴长勇，徐筑燕.2015.贵阳市土地利用变化对生态系统服务价值的影响[J].贵州农业科学，43（2）：185-188.

文博，刘友兆，夏敏.2014.基于景观安全格局的农村居民点用地布局优化[J].农业工程学报，30（8）：181-191.

吴次芳，叶艳妹.2000.20 世纪国际土地利用规划的发展及其新世纪展望[J].中国土地科学，（1）：15-20.

吴绍洪，戴尔阜，郑度，等.2007.区域可持续发展中的环境伦理案例分析：不同社会群体责任[J].地理研究，（6）：1109-1116.

吴燕辉，周勇.2008.土地利用规划中的土地适宜性评价[J].农业系统科学与综合研究，（2）：232-235.

伍星，沈珍瑶，刘瑞民.2008.长江上游土地利用/覆被变化及区域分异研究[J].应用基础与工程科学学报，16（6）：819-829.
肖笃宁，解伏菊，魏建兵.2004.区域生态建设与景观生态学的使命[J].应用生态学报，（10）：1731-1736.
谢高地，鲁春霞，冷允法，等.2003.青藏高原生态资产的价值评估[J].自然资源学报，18（2）：189-196.
谢高地，肖玉，甄霖，等.2005.我国粮食生产的生态服务价值研究[J].中国生态农业学报，（3）：10-13.
谢高地，甄霖，鲁春霞，等.2008.一个基于专家知识的生态系统服务价值化方法[J].自然资源学报，（5）：911-919.
谢高地，成升魁，肖玉，等.2017.新时期中国粮食供需平衡态势及粮食安全观的重构[J].自然资源学报，32（6）：895-903.
谢花林.2008.基于 GIS 的典型农牧交错区土地利用生态安全评价[J].生态学杂志，27（1）：135-139.
谢俊奇，吴次芳.2004.中国土地资源安全问题研究[M].北京：中国大地出版社.
谢鹏飞.2016.基于 GMDP 模型和 ACO 算法的澜沧县多目标土地利用优化配置研究[D].昆明：云南大学.
修丽娜.2011.基于 OWA-GIS 的区域土地生态安全评价研究[D].北京：中国地质大学.
徐建华.2002.现代地理学中的数学方法[M].北京：高等教育出版社.
徐卫华，罗翀，欧阳志云，等.2010.区域自然保护区群规划——以秦岭山系为例[J].生态学报，30（6）：1648-1654.
徐永明. 2019. ENVI 遥感图像处理方法[M]. 北京：科学出版社.
许茜，李奇，陈懂懂，等.2017.三江源土地利用变化特征及因素分析[J].生态环境学报，26（11）：1836-1843.
许泉立，杨昆，王桂林，等.2014.基于蚁群算法的洱海流域土地利用变化模拟[J].农业工程学报，30（19）：290-299.
许小亮，李鑫，肖长江，等.2016.基于 CLUE-S 模型的不同情景下区域土地利用布局优化[J].生态学报，36（17）：5401-5410.
薛亮，任志远.2011.基于空间马尔科夫链的关中地区生态安全时空演变分析[J].生态环境学报，20（1）：114-118.
薛领，杨开忠.2002.复杂性科学理论与区域空间演化模拟研究[J].地理研究，（1）：79-88.
杨建宇，岳彦利，宋海荣，等.2015.基于空间模拟退火算法的耕地质量布样及优化方法[J].农业工程学报，31（20）：253-261.
杨静，庄家尧，张金池.2013.基于 RS 和 GIS 的徐州市 20 年间土地利用变化研究[J].南京林业大学学报（自然科学版），37（2）：85-91.
杨俊，李雪铭，张云，等.2008.基于因果网络模型的城市生态安全空间分异——以大连市为例[J].生态学报，（6）：2774-2783.
杨莉，何腾兵，林昌虎，等.2009.基于系统动力学的黔西县土地利用结构优化研究[J].山地农业生物学报，28（1）：24-27.
杨庆朋.2007.土地利用结构与布局优化研究——以卢龙县为例[D].保定：河北农业大学.
杨维鸽.2010.基于 CA-Markov 模型和多层次模型的土地利用变化模拟和影响因素研究——以陕西省米脂县高西沟村为例[D].西安：西北大学.
杨文轩，庞红丽，张旭.2013.兰州市近 10 年的土地利用动态变化研究[J].水土保持研究，20（3）：231-236.
杨洋，何春阳，李晓兵.2010.基于 GIS 的云南栽培型普洱茶树大规模种植适宜性评价[J].北京林业大学学报，32（3）：33-40.
杨赟，盖艾鸿.2013.黄土丘陵沟壑地区土地利用效益评价——以庆阳市为例[J].甘肃农业大学学报，48（6）：131-134.
杨云川，廖丽萍，燕柳斌，等.2016.北海市银滩土地利用演变特征及其影响因素[J].水土保持通报，36（6）：223-230.
杨子生，赵乔贵.2014.基于第二次全国土地调查的云南省坝区县、半山半坝县和山区县的划分[J].自然资源学报，29(4)：564-574.
杨子生.2015.云南山区城镇建设用地适宜性评价中的特殊因子分析[J].水土保持研究，22（4）：269-275.
姚晓军，张明军，孙美平.2007.甘肃省土地利用程度地域分异规律研究[J].干旱区研究，24（3）：312-315.
姚瑶.2013.基于生态系统服务的关中地区土地资源生态安全研究[D].西安：陕西师范大学.
叶欣，裴亮.2013.基于 CA 模型的土地利用变化研究[J].测绘与空间地理信息，36（9）：56-58.
叶长盛，冯艳芬.2013.基于土地利用变化的珠江三角洲生态风险评价[J].农业工程学报，29（19）：224-232.
叶志伟，郑肇葆.2004.蚁群算法中参数 α、β、ρ 设置的研究——以 TSP 问题为例[J].武汉大学学报（信息科学版），(7)：597-601.
游巍斌，何东进，巫丽芸，等.2011.武夷山风景名胜区景观生态安全度时空分异规律[J].生态学报，31（21）：6317-6327.
于福科，黄新会，王克勤，等.2009.桉树人工林生态退化与恢复研究进展[J].中国生态农业学报，17（2）：393-398.
喻锋，李晓兵，王宏，等. 2006. 皇甫川流域土地利用变化与生态安全评价[J]. 地理学报，61（6）：645-653.
喻锋，李晓兵，王宏.2014.生态安全条件下土地利用格局优化——以皇甫川流域为例[J].生态学报，34（12）：3198-3210.
喻锋，李晓波，张丽君，等.2015.中国生态用地研究：内涵、分类与时空格局[J].生态学报，35（14）：4931-4943.
袁满，刘耀林.2014.基于多智能体遗传算法的土地利用优化配置[J].农业工程学报，30（1）：191-199.
曾娟.2013.基于碳排放约束的广州市土地利用数量结构优化研究[D].广州：广州大学.

曾永年，靳文凭，王慧敏，等.2014.青海高原东部土地利用变化模拟与景观生态风险评价[J].农业工程学报，30（4）：185-194.

张洪云，臧淑英，张玉红，等.2015.人类土地利用活动对自然保护区影响研究：以黑龙江省为例[J].环境科学与技术，38（11）：271-276.

张继权，伊坤朋，Tani H，等.2011.基于 DPSIR 的吉林省白山市生态安全评价[J].应用生态学报，22（1）：189-195.

张金屯，邱扬，郑凤英.2000.景观格局的数量研究方法[J].山地学报，（4）：346-352.

张龙飞，赵筱青，谢鹏飞.2014.基于 MAS 模型的土地利用空间优化研究方法综述[J].云南地理环境研究，26（4）：28-34.

张巧艳，骆东奇，张天生.2005.土地利用结构优化配置方法研究进展[J].甘肃农业，（11）：49-50.

张淑莉，张爱国.2012.临汾市土地生态安全度的县域差异研究[J].山西师范大学学报（自然科学版），26（2）：105-107.

张晓燕，陈影，门明新，等.2010.基于产能的耕地资源人口承载力研究[J].水土保持研究，17（3）：176-180.

张颖，赵宇鸾.2018.黔桂岩溶山区土地利用程度演变的空间分异特征[J].水土保持研究，25（1）：287-297.

张志杰，张浩，常玉光，等.2015.Landsat 系列卫星光学遥感器辐射定标方法综述[J].遥感学报，19（5）：719-732.

赵春容，赵万民.2010.模糊综合评价法在城市生态安全评价中的应用[J].环境科学与技术，33（3）：185-189.

赵静，张凯，李乃洁.2011.方差分析法和极值法统计在样本均匀性检验中的应用[J].品牌与标准化，（16）：42.

赵筱青，易琦.2018.人工林的生态环境效应与景观生态安全格局——以云南桉树引种区为例[M].北京：科学出版社.

赵筱青，和春兰，易琦.2012.大面积桉树引种区土壤水分及水源涵养性能研究[J].水土保持学报，26（3）：205-210.

赵筱青，王兴友，谢鹏飞，等. 2015. 基于结构与功能安全性的景观生态安全时空变化——以人工园林大面积种植区西盟县为例[J]. 地理研究，34（8）：1581-1591.

赵筱青，顾泽贤，高翔宇.2016.人工园林大面积种植区土地利用/覆被变化对生态系统服务价值影响[J].长江流域资源与环境，25（1）：88-97.

赵筱青，李思楠，谭琨，等.2019.基于功能空间分类的抚仙湖流域“3 类空间”时空格局变化[J].水土保持研究，26(4)：299-305.

郑华伟，夏梦蕾，张锐，等.2016.基于熵值法和灰色预测模型的耕地生态安全诊断[J].水土保持通报，36（3）：284-289.

周成虎，欧阳，马廷，等.2009.地理系统模拟的 CA 模型理论探讨[J].地理科学进展，28（6）：833-838.

朱会义，李秀彬.2003.关于区域土地利用变化指数模型方法的讨论[J].地理学报，（5）：643-650.

朱康文，李月臣，周梦甜.2015.基于 CLUE-S 模型的重庆市主城区土地利用情景模拟[J].长江流域资源与环境，24(5)：789-797.

朱强，俞孔坚，李迪华.2005.景观规划中的生态廊道宽度[J].生态学报，（9）：2406-2412.

朱珠，张琳，叶晓雯，等.2012.基于 TOPSIS 方法的土地利用综合效益评价[J].经济地理，32（10）：139-144.

左伟，王桥，王文杰，等.2002.区域生态安全评价指标与标准研究[J].地理学与国土研究，18（1）：67-71.

Aguiar A P D，Câmara G，Escada M I S.2007.Spatial statistical analysis of land-use determinants in the Brazilian Amazonia：exploring intra-regional heterogeneity[J].Ecological Modelling，209（2-4）：169-188.

Arefiev N，Terleev V，Badenko V.2015.GIS-based fuzzy method for urban planning[J].Procedia Engineering，117：39-44.

Bruno D，Belmar O，Sánchez-Fernández D，et al.2014.Environmental determinants of woody and herbaceous riparian vegetation patterns in a semi-arid mediterranean basin[J].Hydrobiologia，730（1）：45-57.

Bürgi M，Hersperger A M，Schneeberger N.2004.Driving forces of landscape change-current and new directions[J].Landscape Ecology，19（8）：857-868.

Cao K，Ye X Y.2013.Coarse-grained parallel genetic algorithm applied to a vector based land use allocation optimization problem：the case study of Tongzhou Newtown，Beijing，China[J].Stochastic Environmental Research and Risk Assessment，27（5）：1133-1142.

Cao Y G，Bai Z K，Zhou W.2013.Forces driving changes in cultivated land and management countermeasures in the Three Gorges Reservoir Area，China[J].Journal of Mountain Science，（1）：149-162.

Chang Y C，Ko T Y.2014.An interactive dynamic multi-objective programming model to support better land use planning[J].Land Use Policy，36：13-22.

Chu X，Deng X Z，Jin G，et al.2017.Ecological security assessment based on ecological footprint approach in Beijing-Tianjin-Hebei region，China[J].Physics and Chemistry of the Earth，101：43-51.

Chuvieco E.1993.Integration of linear programming and GIS for land-use modelling[J].International Journal of Geographical

Information Systems，7（1）：71-83.

Coskun M，Turan A N U. 2016. The Comparison of the forms of land capability classification of Atalay and USA in Eskişehir Province（Turkey）[J]. Scientific Research，4（13）：33-138.

Cui H J，Guo P，Li M，et al.2019.A multi-risk assessment framework for agricultural land use optimization[J].Stochastic Environmental Research and Risk Assessment，33（2）：563-579.

Department of Economic and Social Affairs in United Nations.2019.The Sustainable Development Goals Report 2018[R].New York：Department of Economic and Social Affairs.

Dökmeci V F，Çağdaş G，Tokcan S.1993.Multiobjective land-use planning model[J].Journal of Urban Planning and Development，119（1）：15.

Doorn V A M，Bakker M M.2007.The destination of arable land in a marginal agricultural landscape in South Portugal：an exploration of land use change determinants[J].Landscape Ecology，22（7）：1073-1087.

Du P J，Xia J S，Du Q，et al.2013.Evaluation of the spatio-temporal pattern of urban ecological security using remote sensing and GIS[J].International Journal of Remote Sensing，34（3）：848-863.

Du S H，Wang Q，Guo L.2014.Spatially varying relationships between land-cover change and driving factors at multiple sampling scales[J].Journal of Environmental Management，137（1）：101-110.

Echeverria C，Coomes D A，Hall M，et al.2008.Spatially explicit models to analyze forest loss and fragmentation between 1976 and 2020 in southern Chile[J].Ecological Modelling，212（3-4）：439-449.

Feng Y J，Yang Q Q，Tong X H，et al.2018.Evaluating land ecological security and examining its relationships with driving factors using GIS and generalized additive model[J].Science of the Total Environment，633：1469-1479.

Food and Agriculture Organization of the United Nations.1993.Guidelines for Land-Use Planning[M].New York：Department of Economic and Social Affairs.

Gao Q Z，Kang M Y，Xu H M，et al.2010.Optimization of land use structure and spatial pattern for the semi-arid loess hilly–gully region in China[J].CATENA，81（3）：196-202.

Geist H J，Lambin E F.2001.What Drives Tropical Deforestation[M].Belgium：LUCC International Project Office in University of Louvain.

Huizing H G J，Bronsveld M C.1994.Interactive multiple goal analysis for land use planning[J].ITC Journal，（4）：366-373.

Kang M Y，Liu S，Huang X X，et al.2005.Evaluation of an ecological security model in Zhalute Banner，Inner Mongolia[J].Mountain Research and Development，25（1）：60-67.

Kennedy C，Zhong M，Corfee-Morlot J.2016.Infrastructure for China's ecologically balanced civilization[J].Engineering，2（4）：414-425.

Kleemann J，Baysal G，Bulley H N N，et al.2017.Assessing driving forces of land use and land cover change by a mixed-method approach in north-eastern Ghana，West Africa[J].Journal of Environmental Management，196（1）：411-442.

Lambin E F，Turner B L，Geist H J，et al.2001.The causes of land-use and land-cover change：moving beyond the myths[J].Global Environmental Change，11（4）：261-269.

Li B，Zhang L W，Huang J F，et al.2012.Comprehensive suitability evaluation of tea crops using GIS and a modified land ecological suitability evaluation model[J].Pedosphere，22（1）：122-130.

Li H，Cai Y L.2011.Regional eco-security assessment based on the perspective of complex system science：a case study of chongming in China[J].Human and Ecological Risk Assessment：An International Journal，17（6）：1210-1228.

Li X Y，Yang Y，Liu Y.2017.Research progress in man-land relationship evolution and its resource-environment base in China[J].Journal of Geographical Sciences，27（8）：899-924.

Li Y F，Sun X，Zhu X D，et al.2010.An early warning method of landscape ecological security in rapid urbanizing coastal areas and its application in Xiamen，China[J].Ecological Modelling，221（19）：2251-2260.

Mao X Y，Meng J J，Xiang Y Y.2013.Cellular automata-based model for developing land use ecological security patterns in semi-arid areas：a case study of Ordos，Inner Mongolia，China[J].Environmental Earth Sciences，70（1）：269-279.

Meneses B M，Reis E，Pereira S，et al.2017.Understanding driving forces and implications associated with the land use and land cover changes in Portugal[J].Sustainability，9（3）：351.

Mitsuda Y，Ito S.2011.A review of spatial-explicit factors determining spatial distribution of land use/land-use change[J].Landscape and Ecological Engineering，7（1）：117-125.

Mousa A A，El Desoky I M.2013.Stability of Pareto optimal allocation of land reclamation by multistage decision-based multipheromone ant colony optimization[J].Swarm and Evolutionary Computation，13：13-21.

Müller D，Zeller M.2002.Land use dynamics in the central highlands of Vietnam：a spatial model combining village survey data with satellite imagery interpretation[J].Agricultural Economics，27（3）：333-354.

Müller R，Müller D，Schierhorn F，et al.2011.Spatiotemporal modeling of the expansion of mechanized agriculture in the Bolivian lowland forests[J].Applied Geography，31（2）：631-640.

Newman M E，McLaren K P，Wilson B S.2014.Long-term socio-economic and spatial pattern drivers of land cover change in a Caribbean tropical moist forest，the Cockpit Country，Jamaica[J].Agriculture Ecosystems and Environment，186（15）：185-200.

Nie Y，Avraamidou S，Xiao X，et al.2019.A Food-Energy-Water Nexus approach for land use optimization[J].Science of the Total Environment，659：7-19.

Ou Z R，Zhu Q K，Sun Y Y.2017.Regional ecological security and diagnosis of obstacle factors in underdeveloped regions：a case study in Yunnan Province，China[J].Journal of Mountain Science，14（5）：870-884.

Pablito L S，José C R，Ramón D V，et al. 2016. Evaluation of radiometric and atmospheric correction algorithms for aboveground forest biomass estimation using landsat 5 TM data[J]. Remote Sensing，8（5）：69.

Peng J，Pan Y J，Liu Y X，et al.2018.Linking ecological degradation risk to identify ecological security patterns in a rapidly urbanizing landscape[J].Habitat International，71：110-124.

Peng W F，Zhou J M.2019.Development of land resources in transitional zones based on ecological security pattern：a case study in China[J].Natural Resources Research，28（1-S1）：43-60.

Pilehforooshha P，Karimi M，Taleai M.2014.A GIS-based agricultural land-use allocation model coupling increase and decrease in land demand[J].Agricultural Systems，130：116-125.

Porta J，Parapar J，Doallo R，et al.2013.High performance genetic algorithm for land use planning[J].Computers Environment and Urban Systems，37：45-58.

Prishchepov A V，Müller D，Dubinin M，et al.2013.Determinants of agricultural land abandonment in post-Soviet European Russia[J].Land Use Policy，30（1）：873-884.

Rabbinge R，van Latesteijn H C.1992.Long-term options for land use in the European community[J].Agricultural Systems，40（1）：195-210.

Raj S，Das G，Pothen J，et al.2005.Relationship between latex yield of Hevea brasiliensis and antecedent environmental parameters[J].International Journal of Biometeorology，49（3）：189-196.

Ray D，Behera M D，Jacob J.2016.Predicting the distribution of rubber trees（Hevea brasiliensis）through ecological niche modelling with climate，soil，topography and socioeconomic factors[J].Ecological Research，31（1）：75-91.

Ren F H.1997.A training model for GIS application in land resource allocation[J].ISPRS Journal of Photogrammetry and Remote Sensing，52（6）：261-265.

Ren Z Y，Wang L X.2007.Spatio-temporal differentiation of landscape ecological niche in western ecological frangible region[J].Journal of Geographical Sciences，17（4）：479-486.

Rogers K S.1997.Ecological security and multinational corporations[J].Popline，3（1）：1-10.

Rosa I M D，Purves D，Carreiras J M B，et al.2015.Modelling land cover change in the Brazilian Amazon：temporal changes in drivers and calibration issues[J].Regional Environmental Change，15（1）：123-137.

Rutherford G N，Bebi P，Edwards P J，et al.2008.Assessing land-use statistics to model land cover change in a mountainous landscape in the European Alps[J].Ecological Modelling，212（3-4）：460-471.

Satake A，Iwasa Y.2006.Coupled ecological and social dynamics in a forested landscape：the deviation of individual decisions from the social optimum[J].Ecological Research，21（3）：370-379.

Semwal R L，Nautiyal S，Sen K K，et al. 2004. Patterns and ecological implications of agricultural land-use changes: a case study from central Himalaya，India[J]. Agriculture，Ecosystems & Environment，102（1）：81-92.

Sharifi M A，van Keulen H.1994.A decision support system for land use planning at farm enterprise level[J].Agricultural Systems，45（3）：239-257.

Shi X Q，Zhao J Z，Ouyang Z Y.2006.Assessment of eco-security in the Knowledge Grid e-science environment[J].Journal of Systems and Software，79（2）：246-252.

Shu B R，Zhang H H，Li Y L，et al.2014.Spatiotemporal variation analysis of driving forces of urban land spatial expansion using logistic regression：a case study of port towns in Taicang City，China[J].Habitat International，43：181-190.

Słowinski M，Lamentowicz M，Łuców D，et al.2017.Tornado project-the impact of catastrophic deforestation on the lake and peatland ecosystems of the Tuchola Pinewoods，Northern Poland[C].European Geosciences Union：EGU General Assembly Conference.

Stevenson R J，White K D.1995.A comparison of natural and human determinants of phytoplankton communities in the Kentucky River basin，USA[J].Hydrobiologia，297（3）：201-216.

Stewart T J，Janssen R.2014.A multiobjective GIS-based land use planning algorithm[J].Computers Environment and Urban Systems，46：25-34.

Su Y X，Chen X Z，Liao J S，et al. 2016. Modeling the optimal ecological security pattern for guiding the urban constructed land expansions[J]. Urban Forestry and Urban Greening，19：35-46.

Thorn M，Green M，Scott D，et al.2013.Characteristics and determinants of human-carnivore conflict in South African farmland[J].Biodiversity and Conservation，22（8）：1715-1730.

Valbuena D，Verburg P H，Bregt A K，et al.2010.An agent-based approach to model land-use change at a regional scale[J].Landscape Ecology，25（2）：185-199.

Ventara S J.1992.Conflict prediction and provention in rural land-use planning：a GIS approach[J].Progress in Rural Policy and Planning，2：26-29.

Vulević T，Todosijević M，Dragović N，et al.2018.Land use optimization for sustainable development of mountain regions of western Serbia[J].Journal of Mountain Science，15（7）：1471-1480.

Wang Q R，Liu R M，Men C，et al.2018.Application of genetic algorithm to land use optimization for non-point source pollution control based on CLUE-S and SWAT[J].Journal of Hydrology，560：86-96.

Wang X H，Yu S，Huang G H.2004.Land allocation based on integrated GIS-optimization modeling at a watershed level[J].Landscape and Urban Planning，66（2）：61-74.

Wu X，Wang S，Fu B，et al.2018.Land use optimization based on ecosystem service assessment：a case study in the Yanhe watershed[J].Land Use Policy，72：303-312.

Xie Y L，Xia D X，Ji L，et al.2018.An inexact stochastic-fuzzy optimization model for agricultural water allocation and land resources utilization management under considering effective rainfall[J].Ecological Indicators，92：301-311.

You W B，Ji Z R，Wu L Y，et al.2017.Modeling changes in land use patterns and ecosystem services to explore a potential solution for meeting the management needs of a heritage site at the landscape level[J].Ecological Indicators，73：68-78.

Yu Y H，Yu M M，Lin L，et al.2019.National green GDP assessment and prediction for China based on a CA-Markov land use simulation model[J].Sustainability，11（3）：576.

Zhang H H，Zeng Y N，Jin X B，et al.2016.Simulating multi-objective land use optimization allocation using Multi-agent system-a case study in Changsha，China[J].Ecological Modelling，320（24）：334-347.

Zhao X Q，Ding N，Yan P.2012.Changing rules of physical and chemical properties of *Eucalyptus uraphylla* spp.Forest at different ages in southwest Yunnan Province[J].Agricultural Science and Technology，13（6）：1298-1302.

Zhao X Q，Xu X H.2015.Research on landscape ecological security pattern in a Eucalyptus introduced region based on biodiversity conservation[J].Russian Journal of Ecology，46（1）：59-70.

Zhao X Q，Pu J W，Wang X Y，et al.2018.Land-use spatio-temporal change and its driving factors in an artificial forest area in southwest China[J].Sustainability，10（11）：4066.

Zou T H，Yoshino K.2017.Environmental vulnerability evaluation using a spatial principal components approach in the Daxing’anling region，China[J].Ecological Indicators，78：405-415.

Zuo W，Zhou H Z，Zhu X H.2005.Integrated evaluation of ecological security at different scales using remote sensing：a case study of Zhongxian county，the Three Gorges Area，China[J].Pedosphere，15（4）：456-464.

附　　图

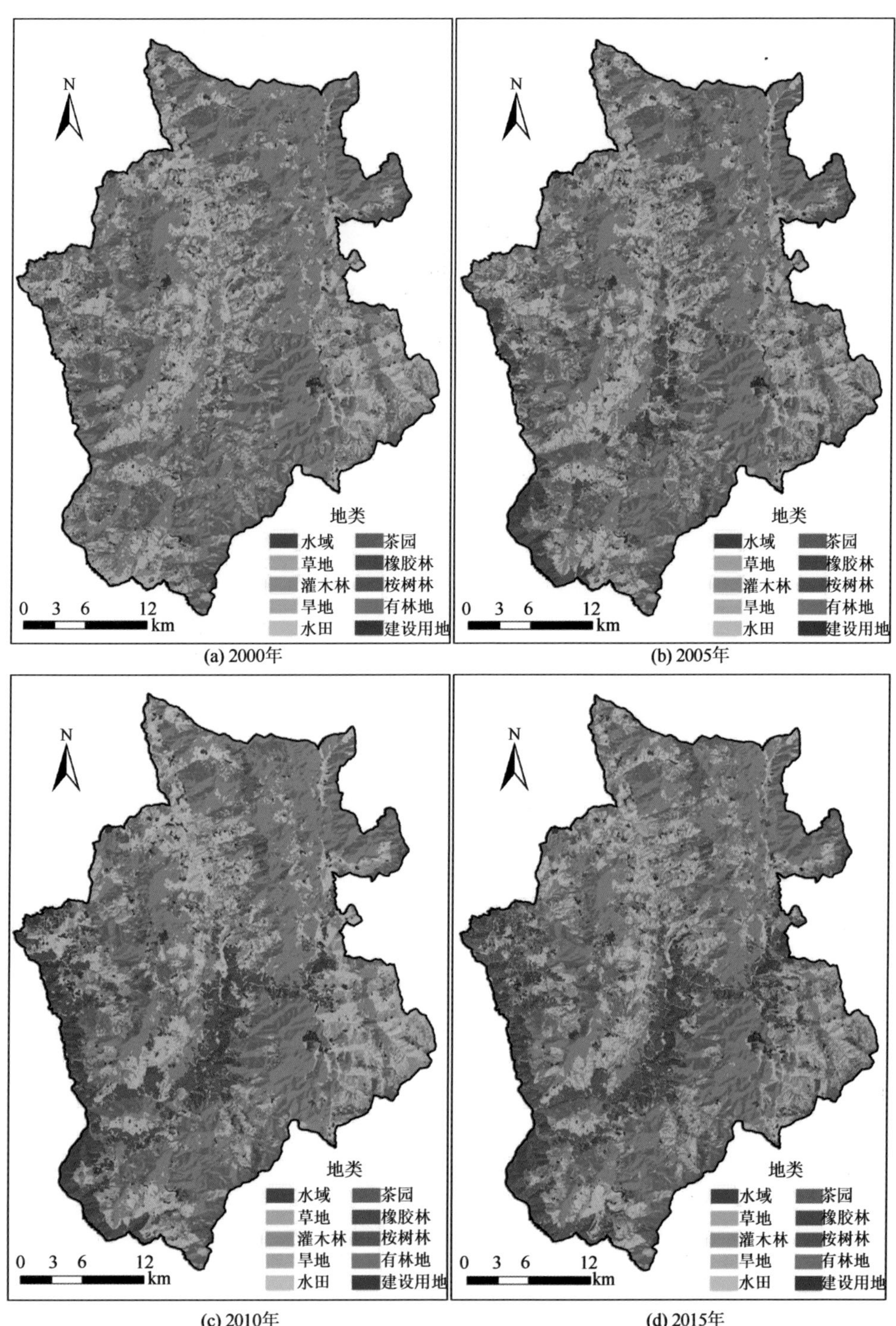

附图1　西盟佤族自治县2000年、2005年、2010年、2015年土地利用现状图

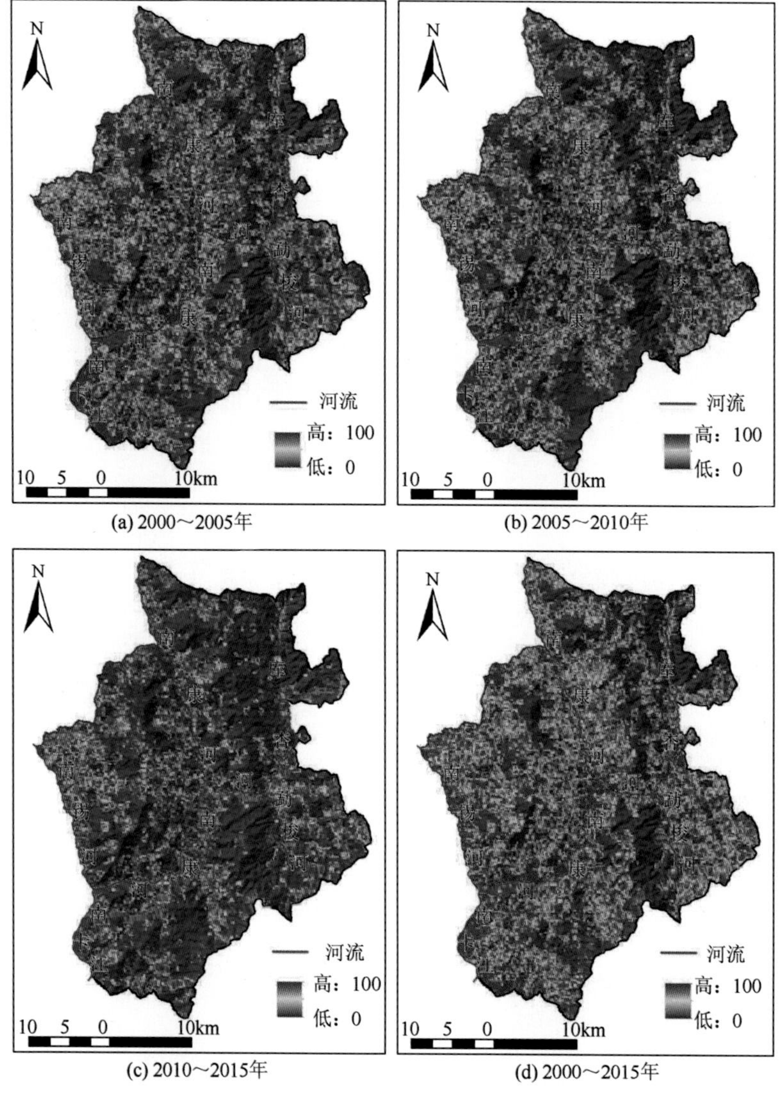

(a) 2000～2005年　(b) 2005～2010年

(c) 2010～2015年　(d) 2000～2015年

附图2　西盟佤族自治县综合土地利用动态度

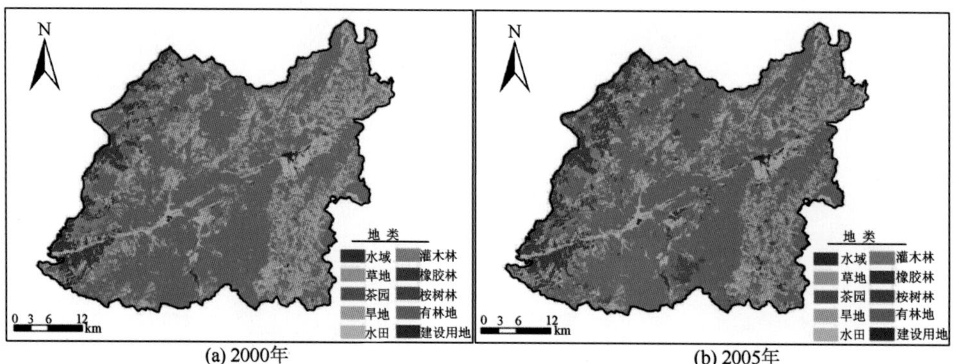

(a) 2000年　(b) 2005年

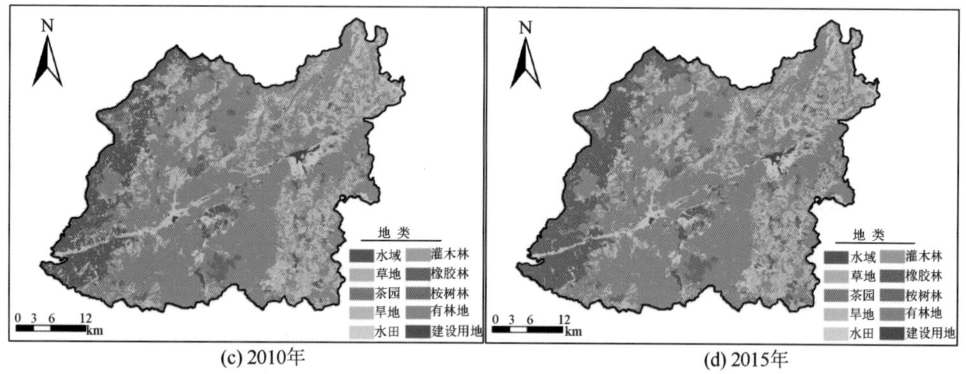

(c) 2010年

(d) 2015年

附图 3　孟连傣族拉祜族佤族自治县 2000 年、2005 年、2010 年、2015 年土地利用现状图

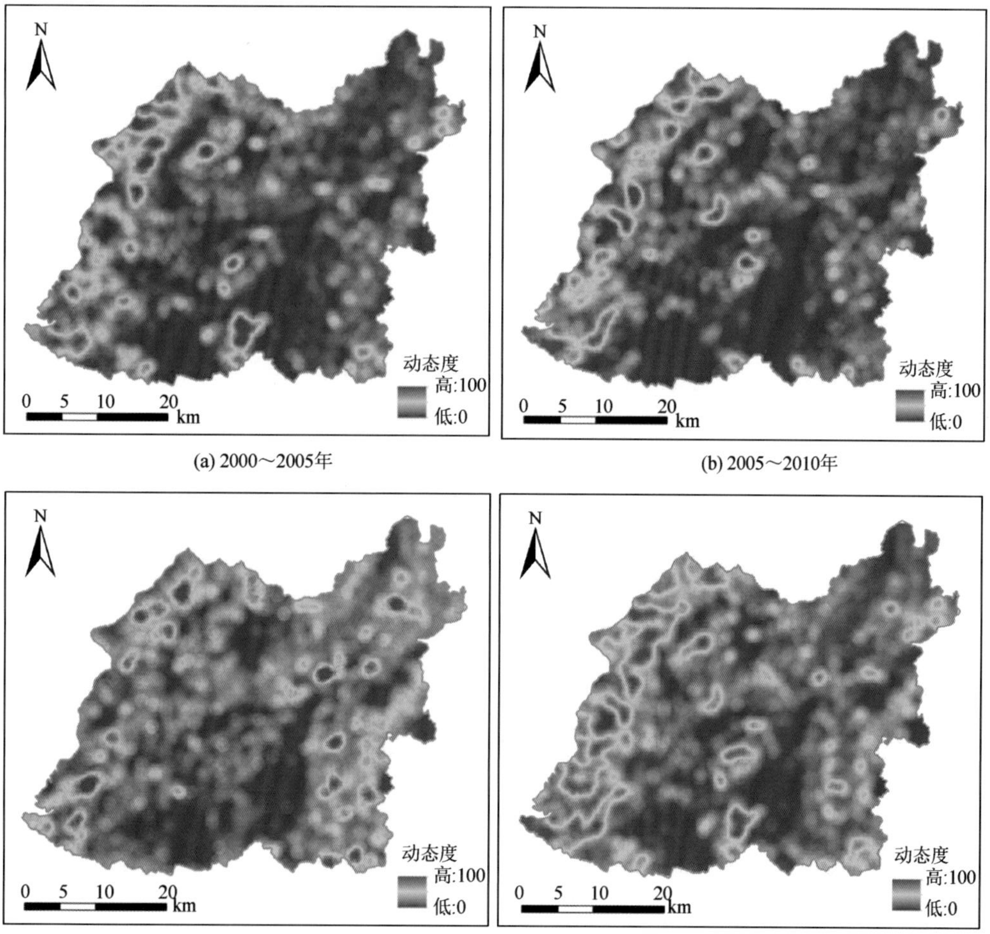

(a) 2000～2005年

(b) 2005～2010年

(c) 2010～2015年

(d) 2000～2015年

附图 4　孟连傣族拉祜族佤族自治县综合土地利用动态度

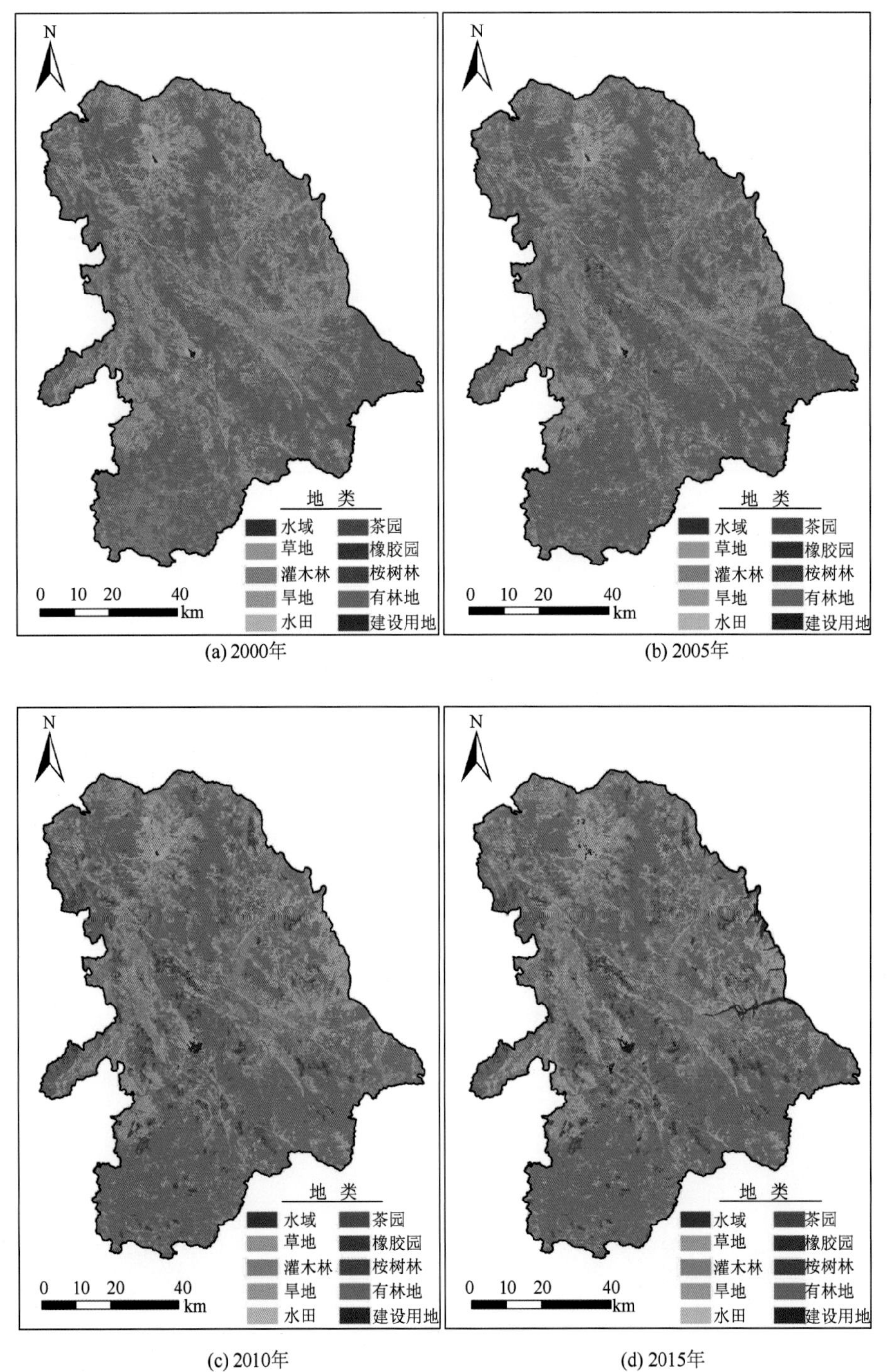

(a) 2000年

(b) 2005年

(c) 2010年

(d) 2015年

附图5　澜沧拉祜族自治县2000年、2005年、2010年、2015年土地利用现状图

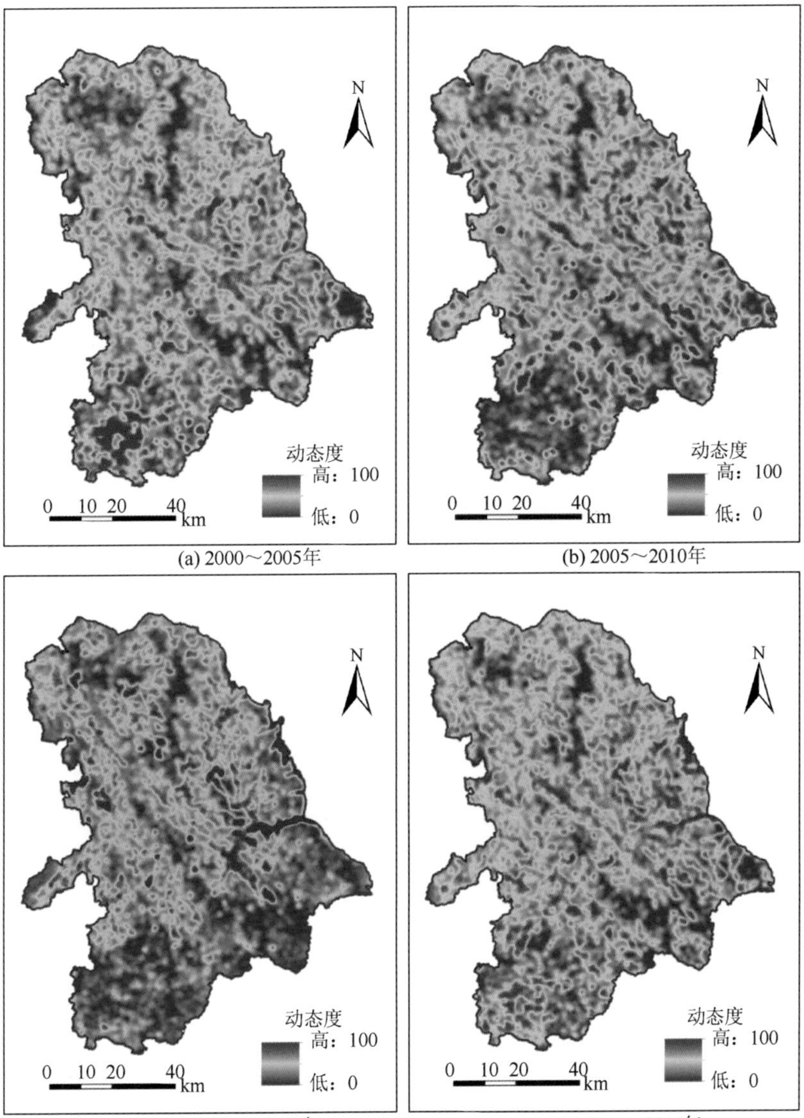

(a) 2000～2005年

(b) 2005～2010年

(c) 2010～2015年

(d) 2000～2015年

附图 6　澜沧拉祜族自治县综合土地利用动态度

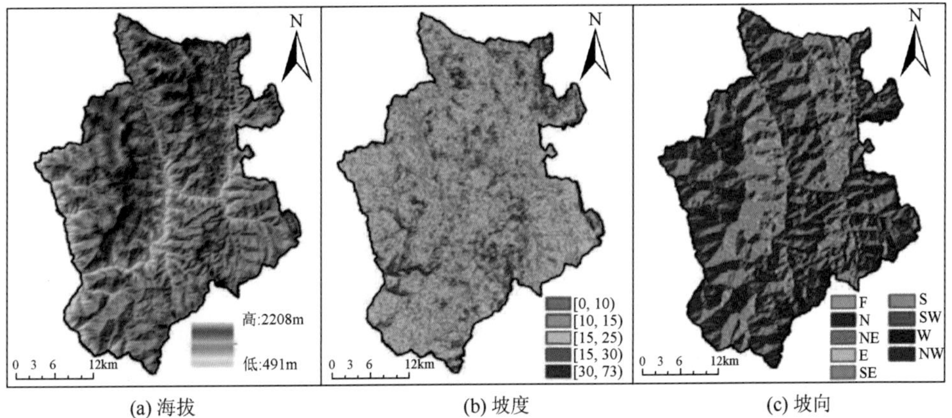

(a) 海拔

(b) 坡度

(c) 坡向

附图 7　西盟佤族自治县地形

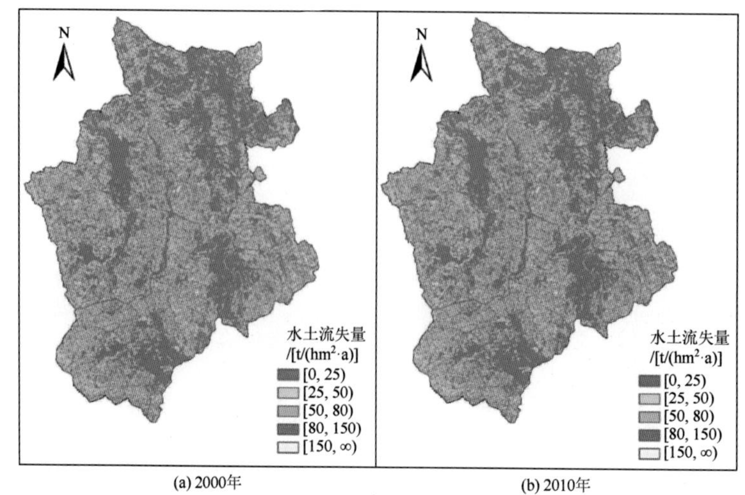

(a) 2000年　　(b) 2010年

附图 8　西盟佤族自治县水土流失量

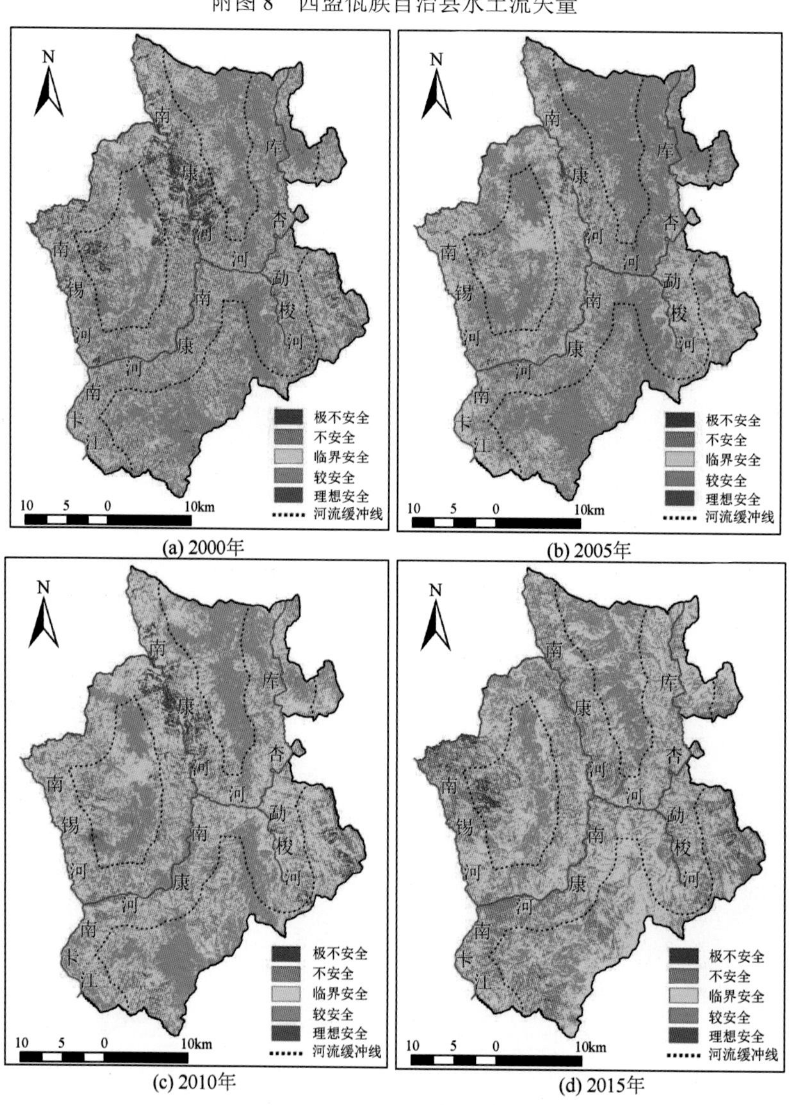

(a) 2000年　　(b) 2005年

(c) 2010年　　(d) 2015年

附图 9　西盟佤族自治县土地利用生态安全等级分布图

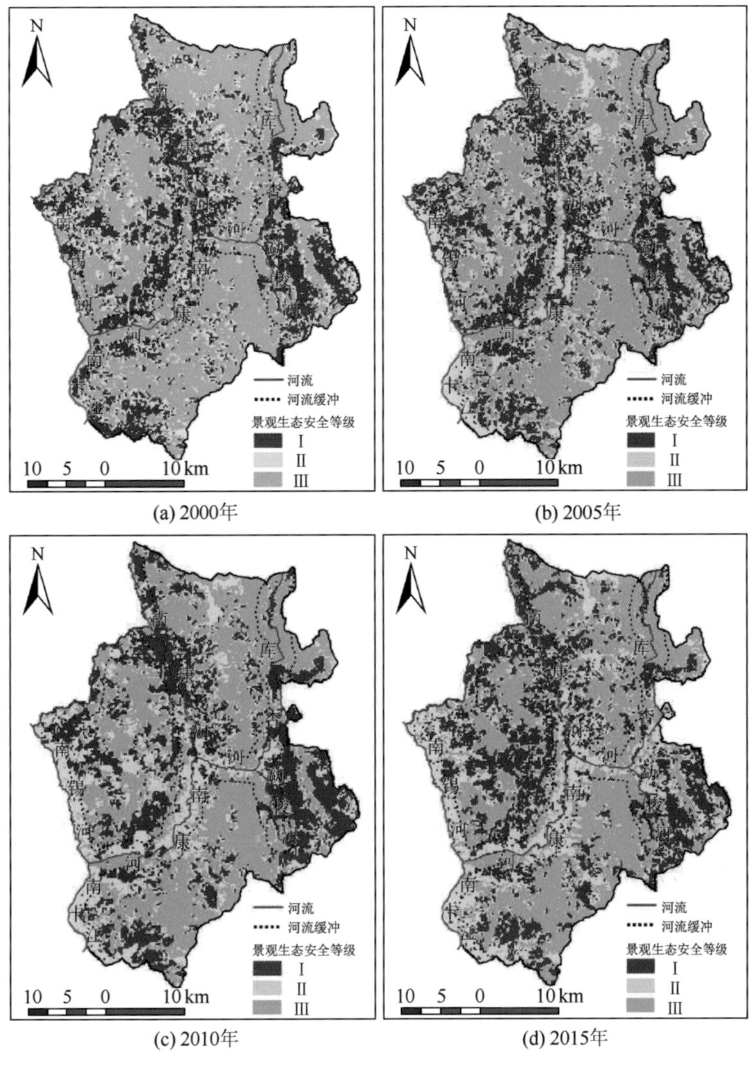

(a) 2000年 (b) 2005年

(c) 2010年 (d) 2015年

附图 10　2000 年、2005 年、2010 年和 2015 年西盟佤族自治县景观生态安全度分级

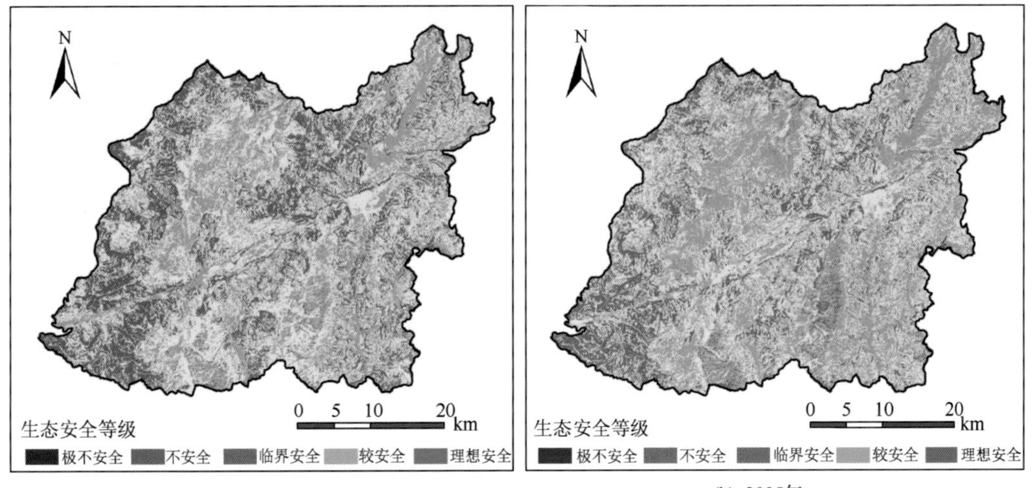

(a) 2000年 (b) 2005年

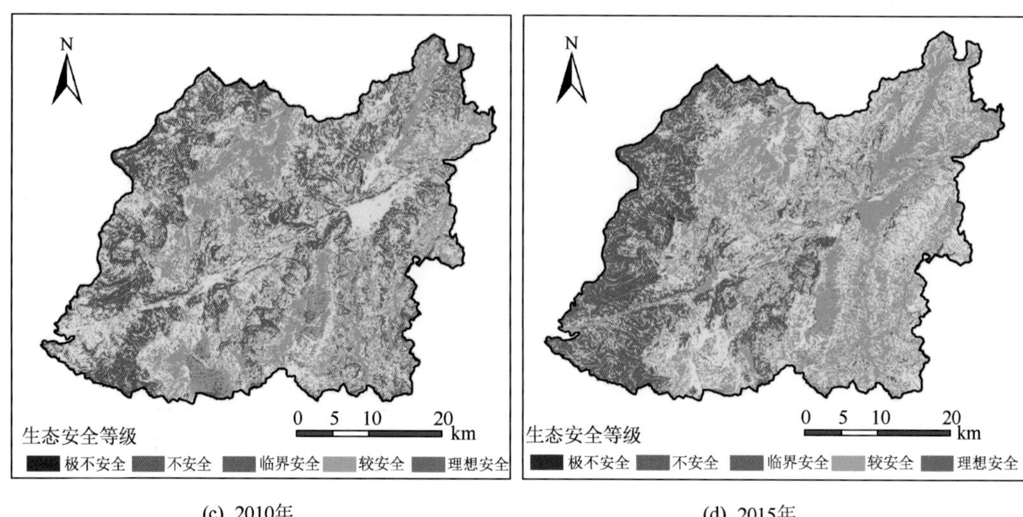

(c) 2010年

(d) 2015年

附图 11 孟连傣族拉祜族佤族自治县土地利用生态安全等级分布图

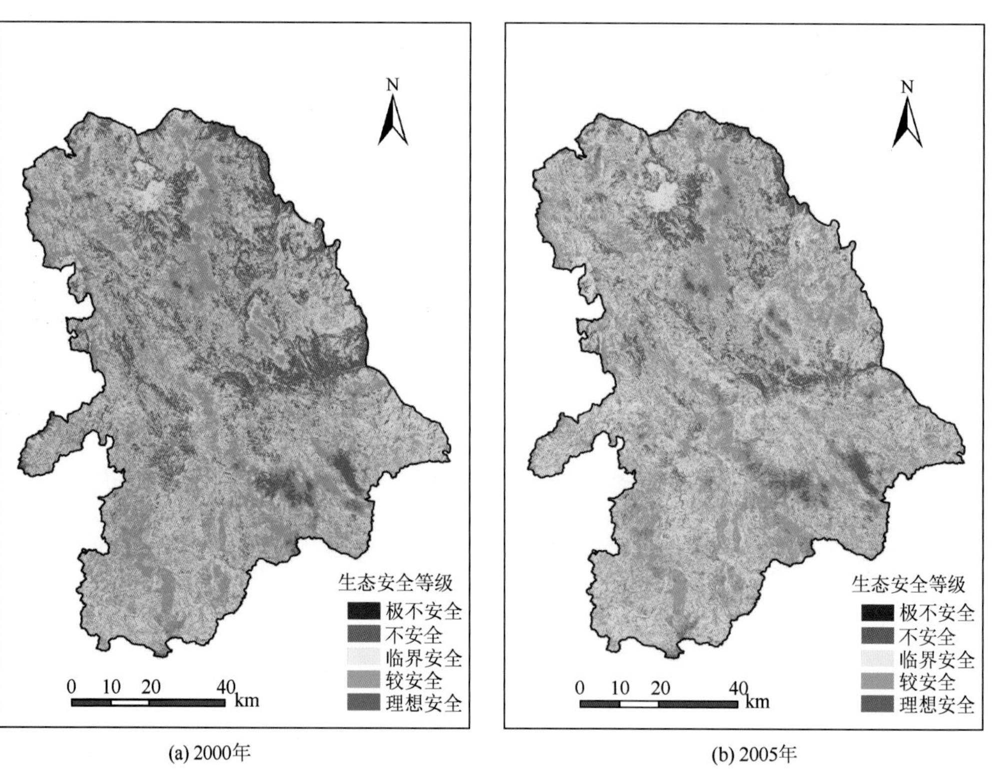

(a) 2000年

(b) 2005年

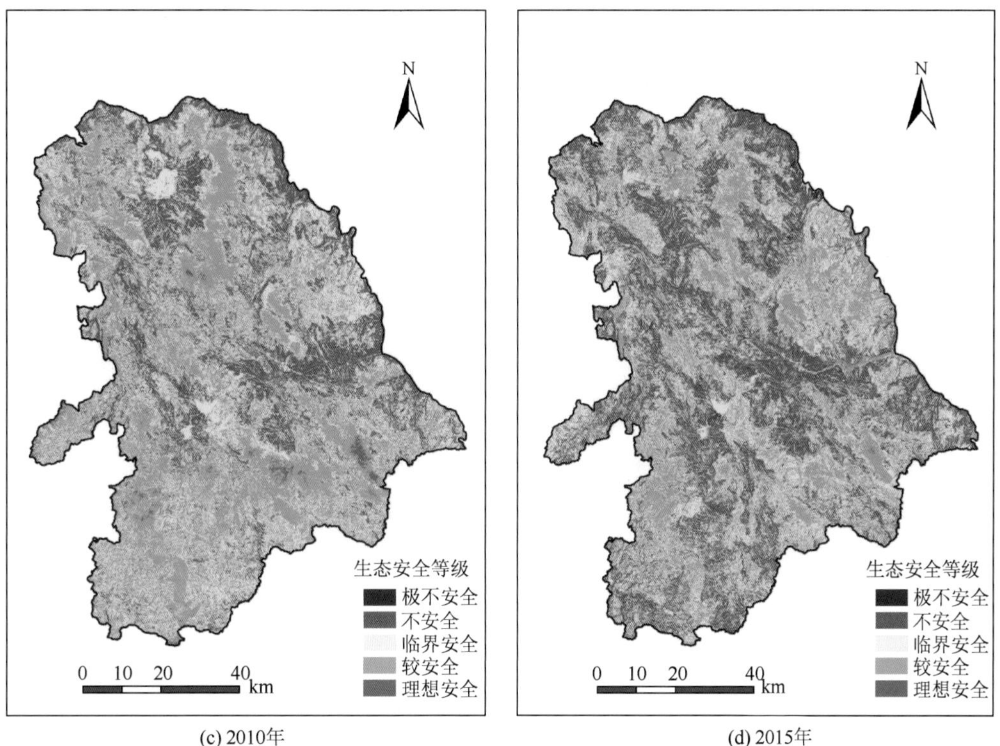

附图 12　澜沧拉祜族自治县土地利用生态安全等级分布图

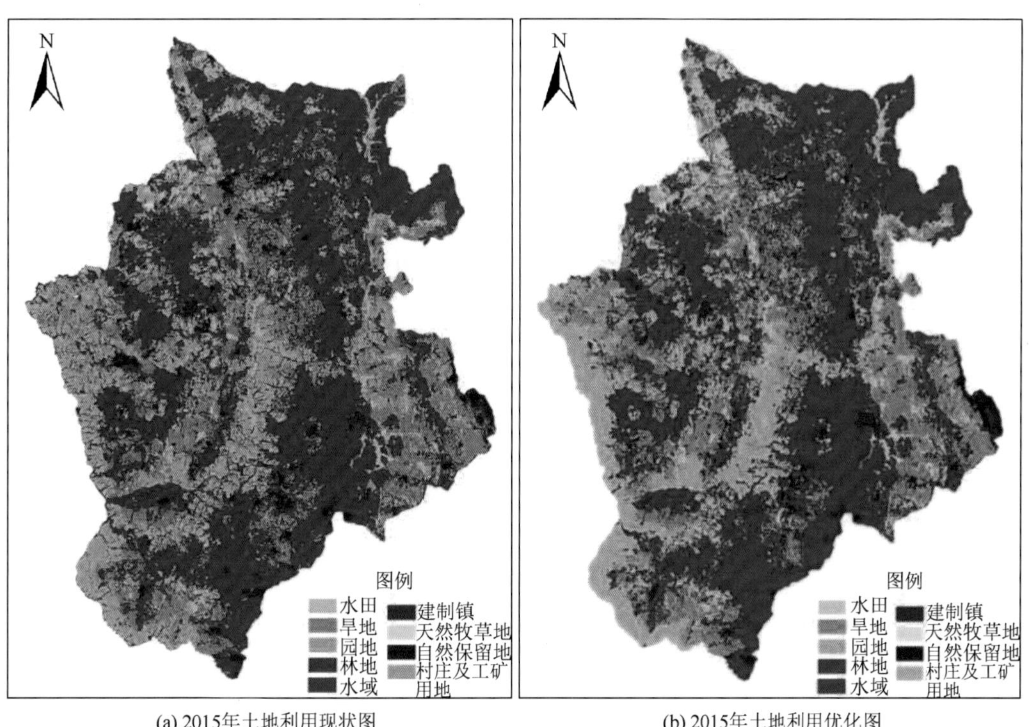

附图 13　2015 年土地利用现状图和土地利用优化图

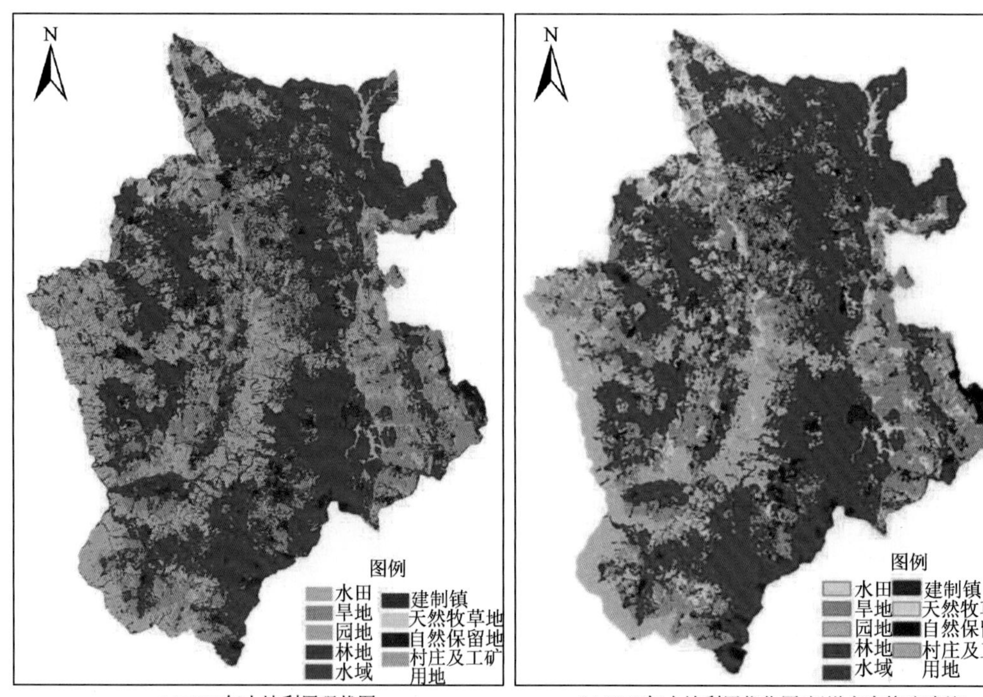

附图 14　2015 年土地利用现状图和土地利用优化图

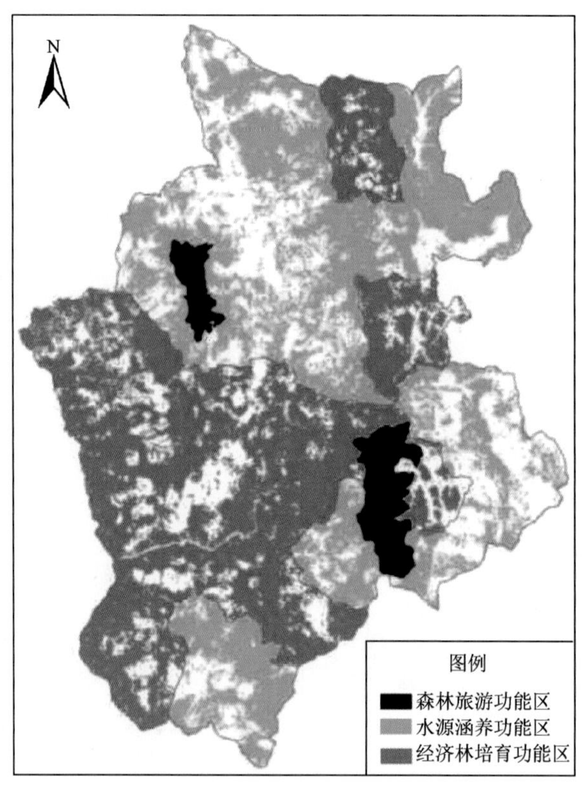

附图 15　西盟佤族自治县林地功能分区图

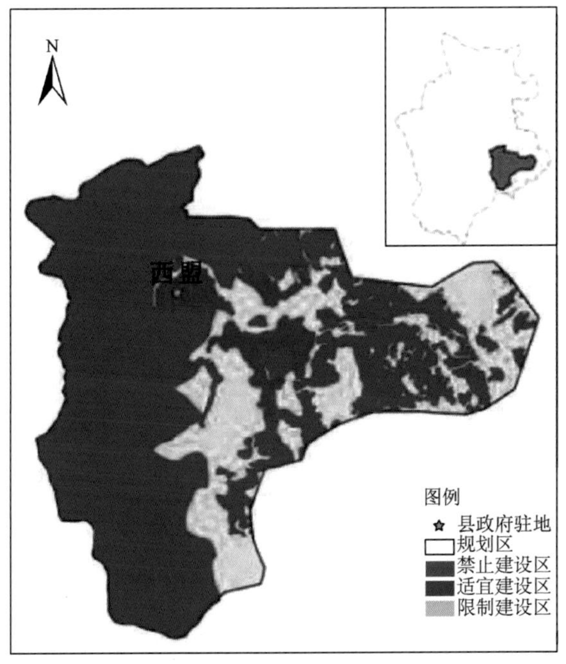

附图 16　西盟佤族自治县建设用地（建制镇）空间管制分区

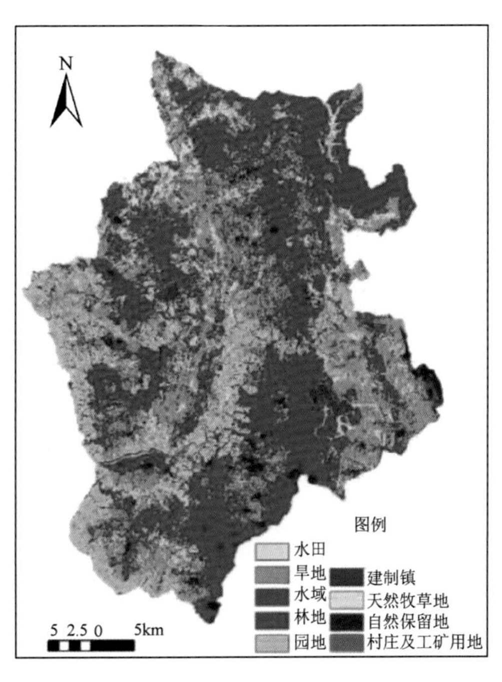

附图 17　西盟佤族自治县 2025 年土地利用空间布局优化配置图

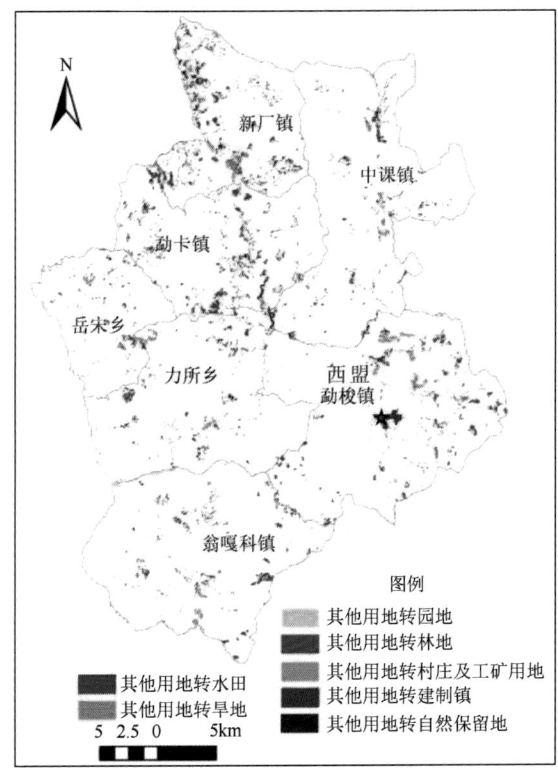

附图 18　2015～2025 年（优化）土地利用空间转移分布

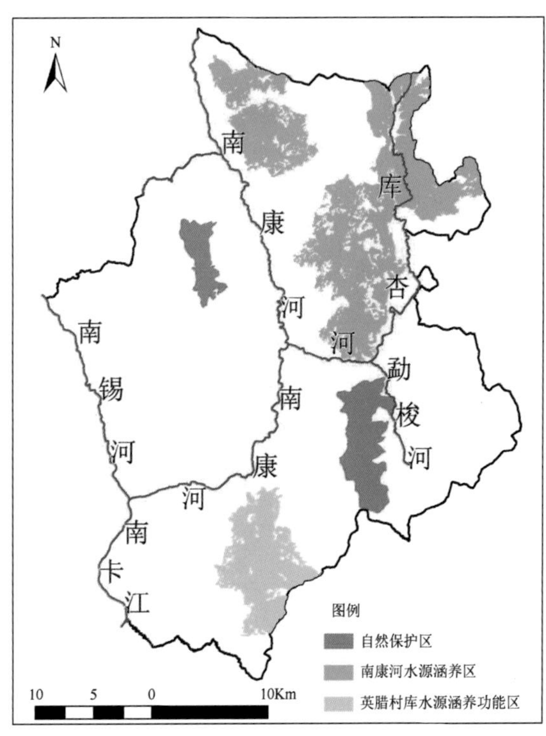

附图 19　“源”的分布

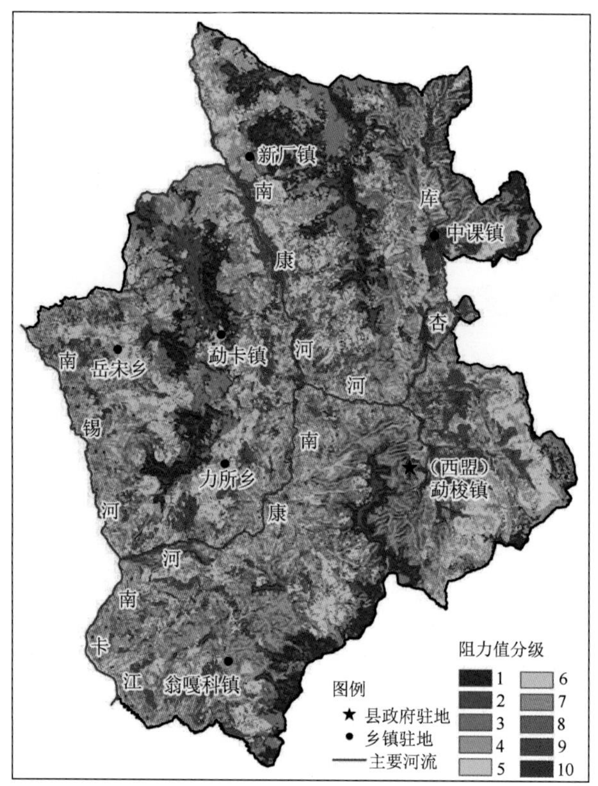

附图20　土地单元阻力分级图

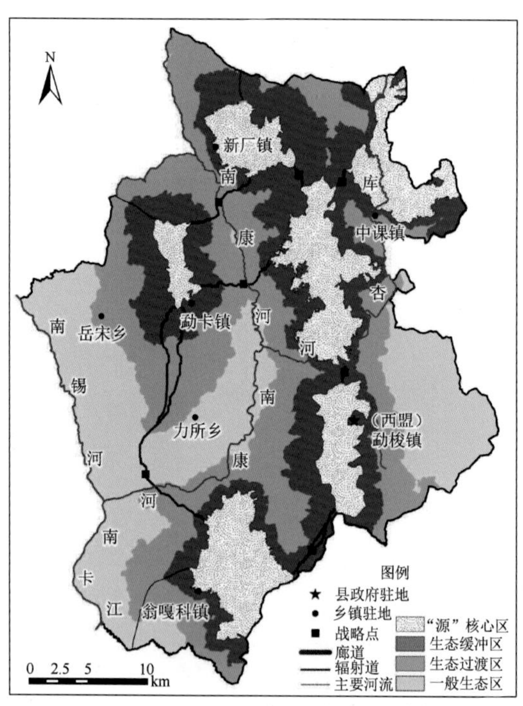

附图21　西盟佤族自治县土地生态安全格局

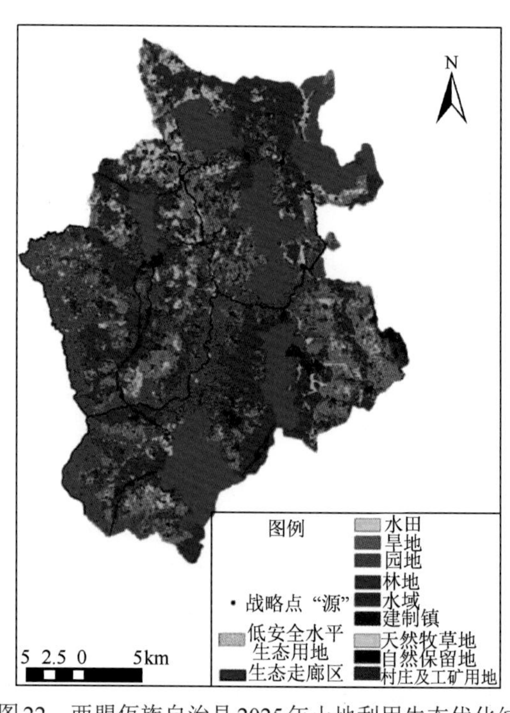

附图22　西盟佤族自治县2025年土地利用生态优化结果图

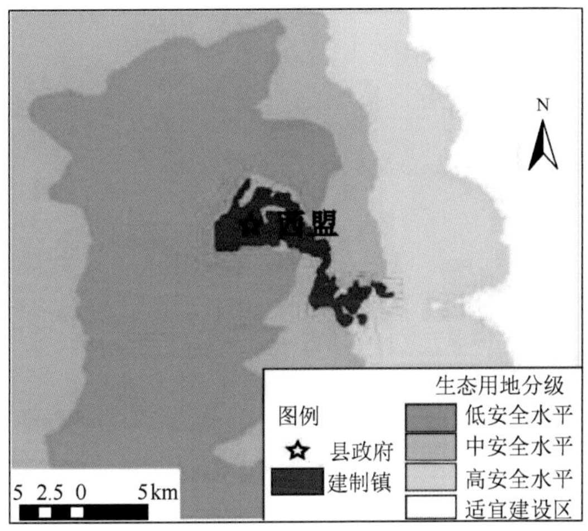

(a) 2015年

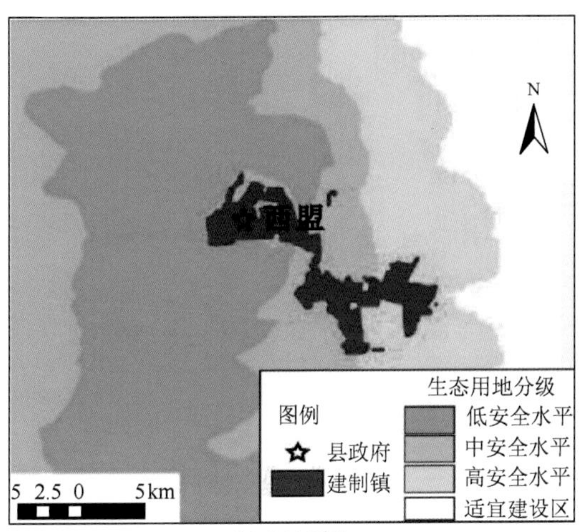

(b) 2020年

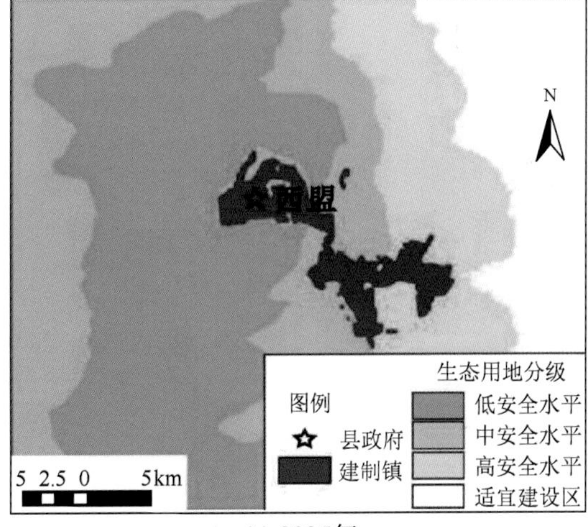

(c) 2025年

附图 23　西盟佤族自治县建制镇（新县城）发展趋势

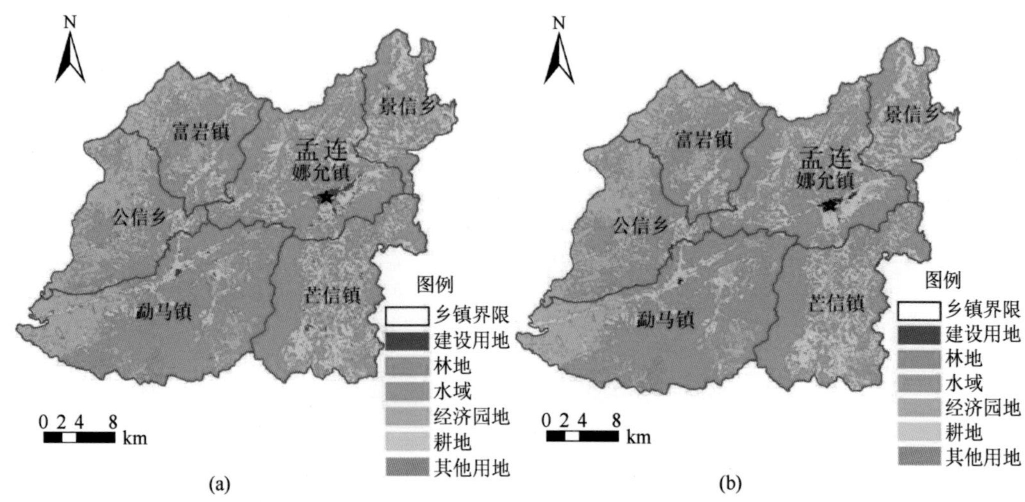

附图 24　2015 年土地利用现状（a）和 Logistic-CA-Markov 模型 2015 年土地利用模拟预测（b）图

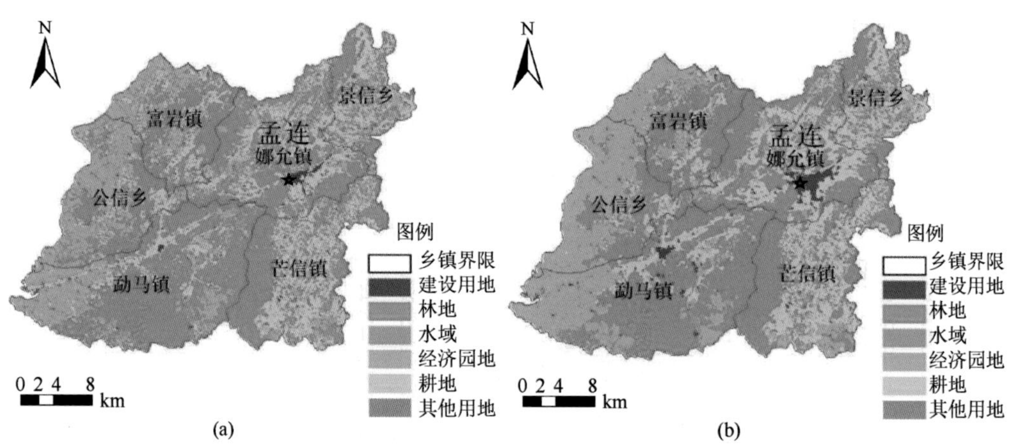

附图 25　2015 年土地利用现状（a）和 Logistic-CA-Markov 模型 2025 年土地利用模拟预测（b）图

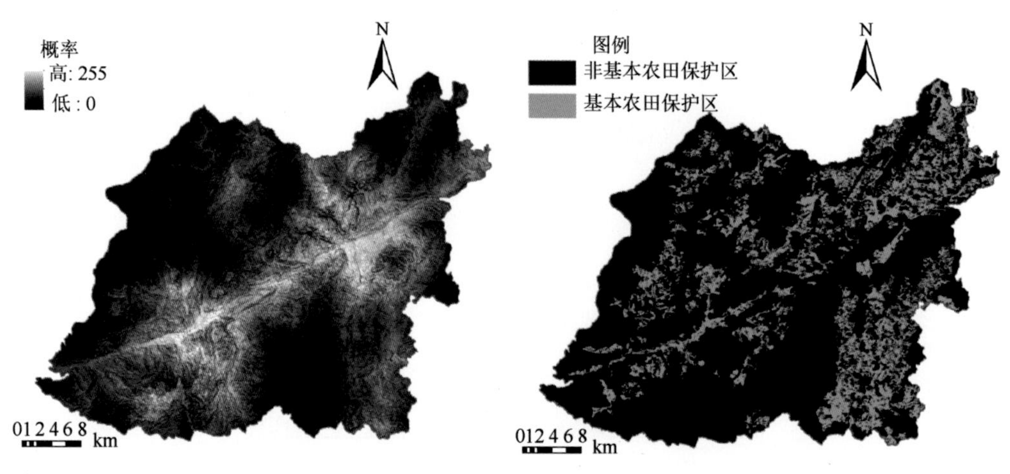

附图 26　孟连傣族拉祜族佤族自治县 2015 年耕地 MAS-LCM 耦合模型转换规则因子

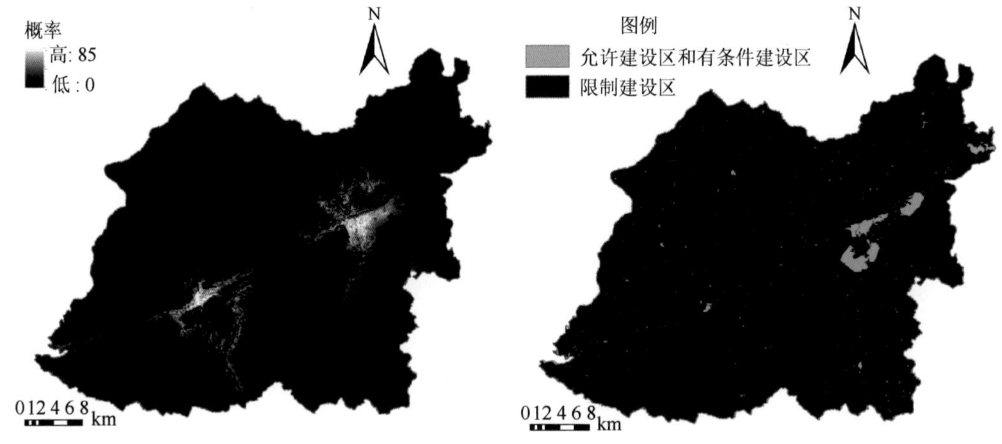

(a) 2015年建设用地二元Logistic回归的空间分布适宜性概率　　(b) 建设用地空间管制分区

附图 27　孟连傣族拉祜族佤族自治县 2015 年建设用地 MAS-LCM 耦合模型转换规则因子图

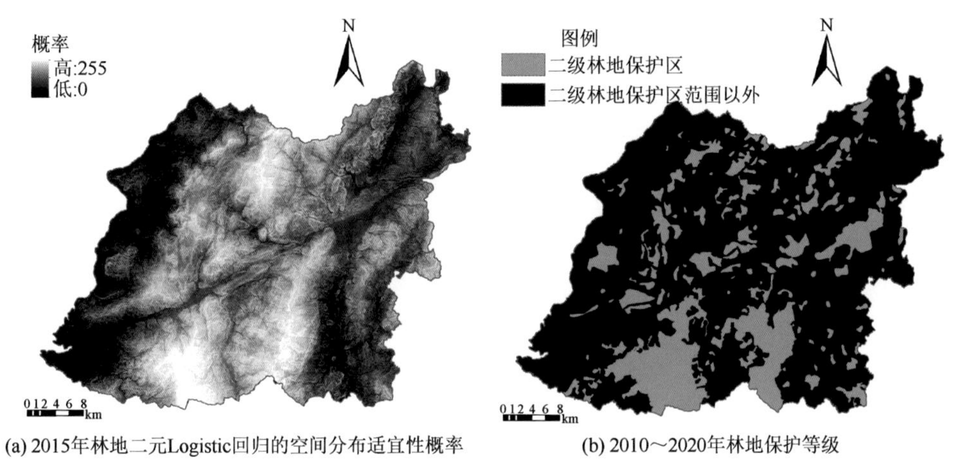

(a) 2015年林地二元Logistic回归的空间分布适宜性概率　　(b) 2010～2020年林地保护等级

附图 28　孟连傣族拉祜族佤族自治县 2015 年林地 MAS-LCM 耦合模型转换规则因子图

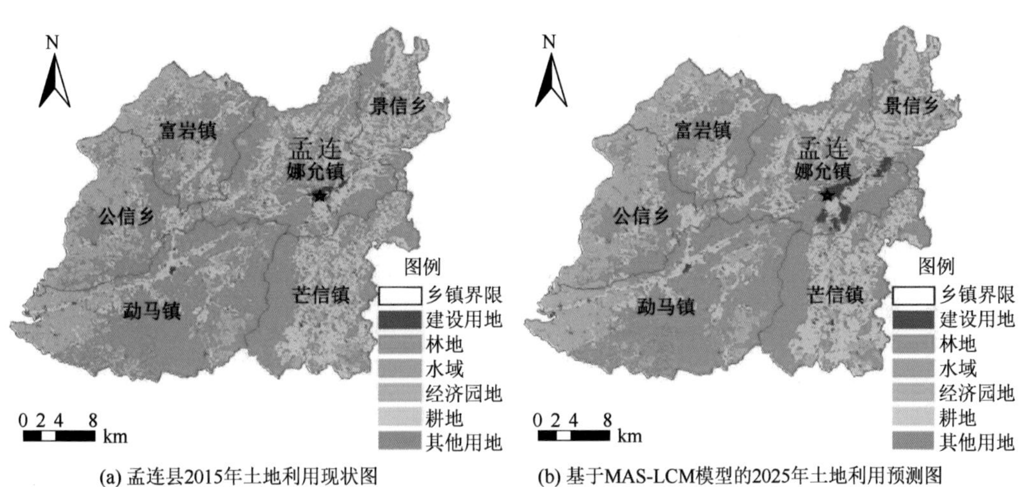

(a) 孟连县2015年土地利用现状图　　(b) 基于MAS-LCM模型的2025年土地利用预测图

附图 29　孟连傣族拉祜族佤族自治县 2015 年土地利用现状图和 MAS-LCM 模型的 2025 年土地利用模拟预测图

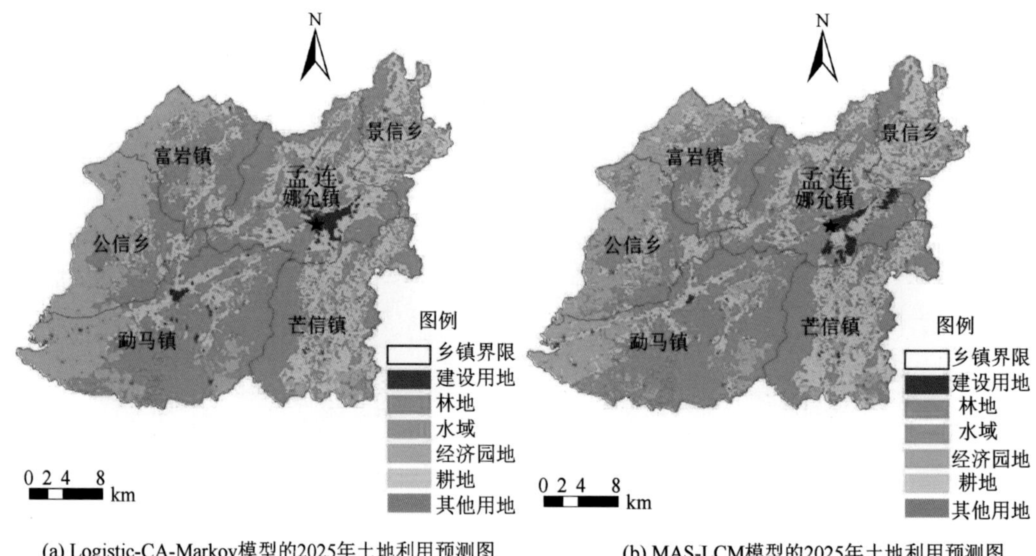

(a) Logistic-CA-Markov模型的2025年土地利用预测图

(b) MAS-LCM模型的2025年土地利用预测图

附图 30　Logistic-CA-Markov 模型和 MAS-LCM 耦合模型的 2025 年土地利用模拟预测图

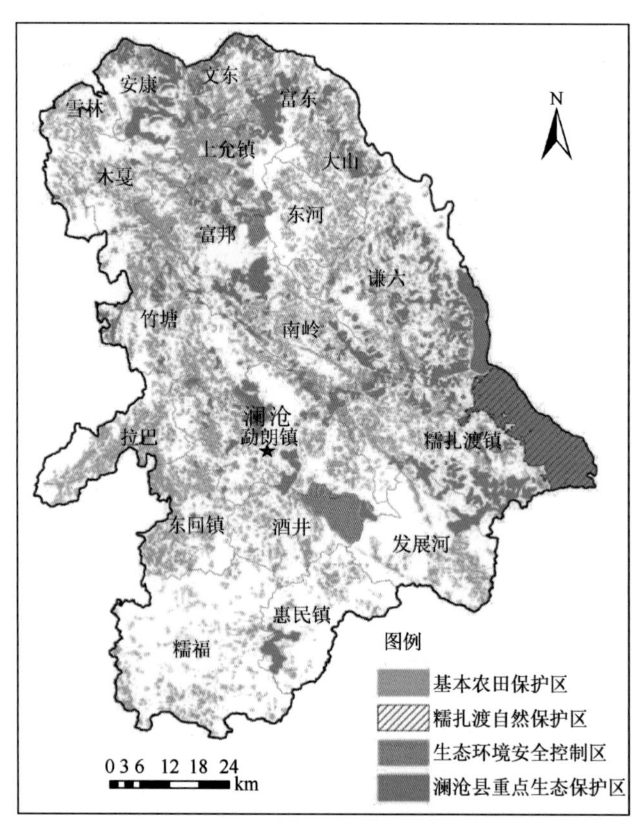

附图 31　澜沧拉祜族自治县空间布局优化限制区域

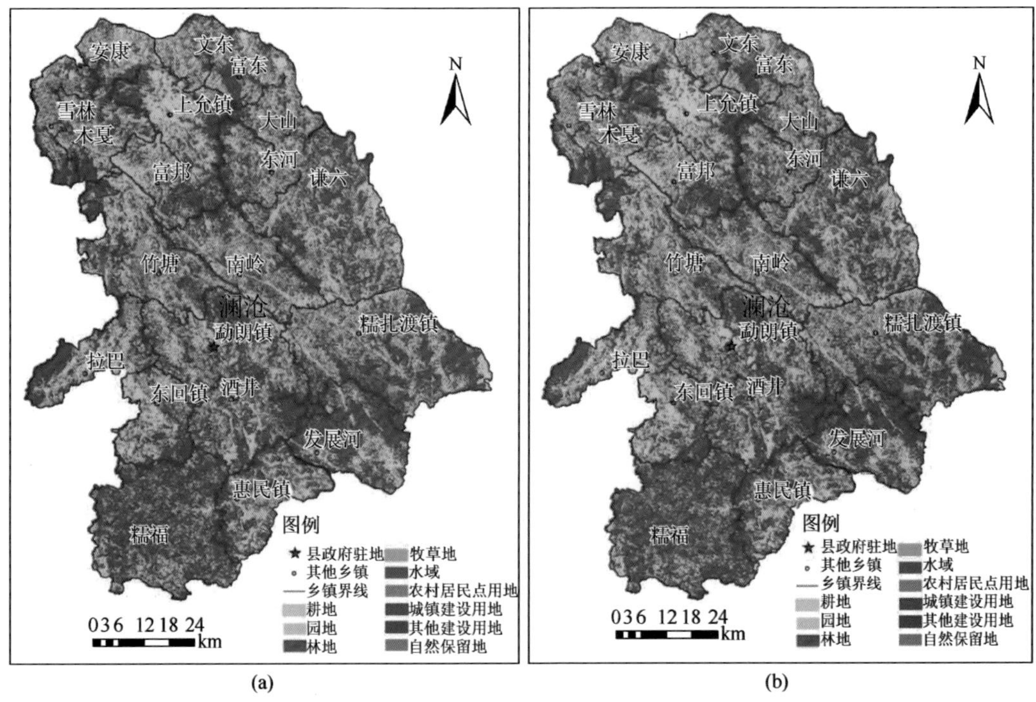

附图 32　澜沧拉祜族自治县 2013 年土地利用现状（a）与模拟空间优化（b）结果

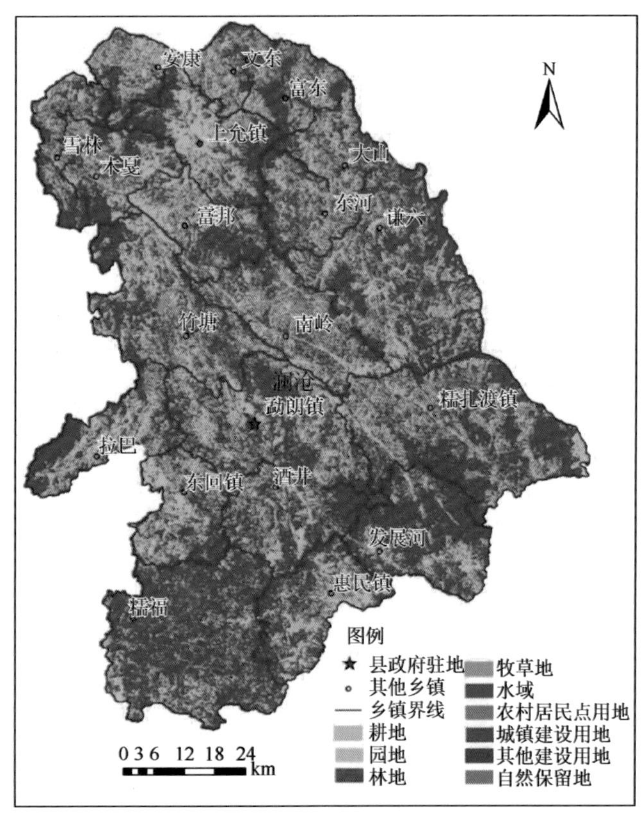

附图 33　澜沧拉祜族自治县 2020 年土地利用空间优化结果

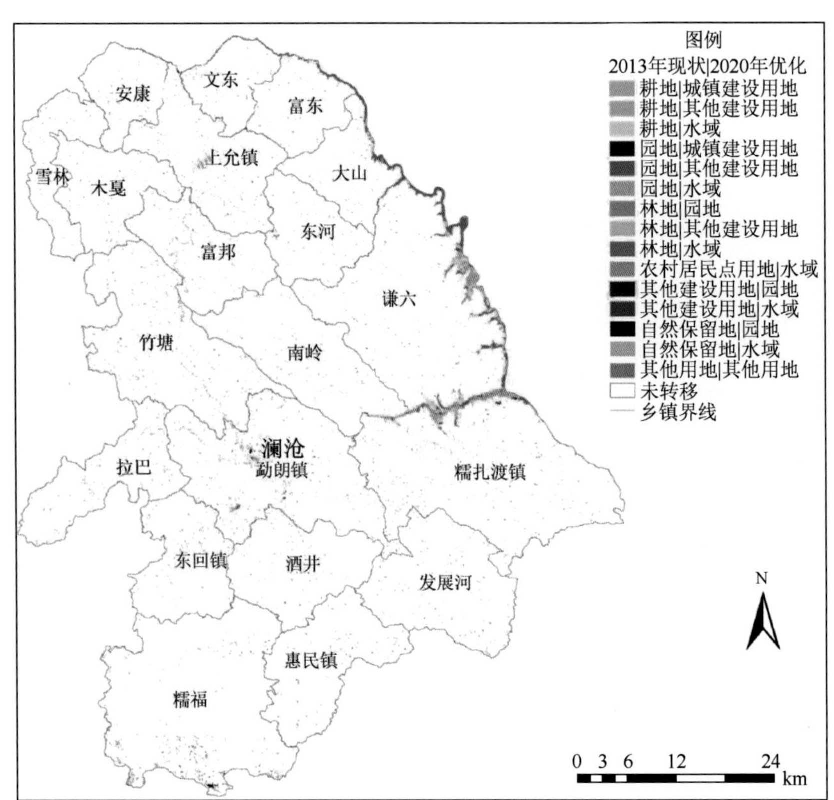

附图 34　2013 年土地利用现状与 2020 年优化土地利用结构空间转移分布图

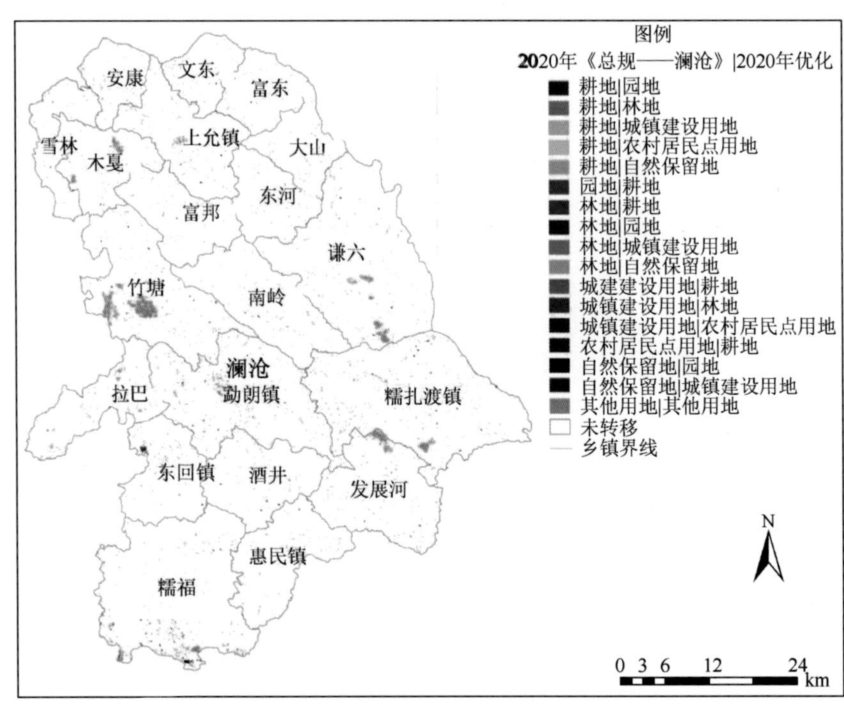

附图 35　2020 年《总规——澜沧》土地利用结构与 2020 年优化土地利用结构空间转移分布图

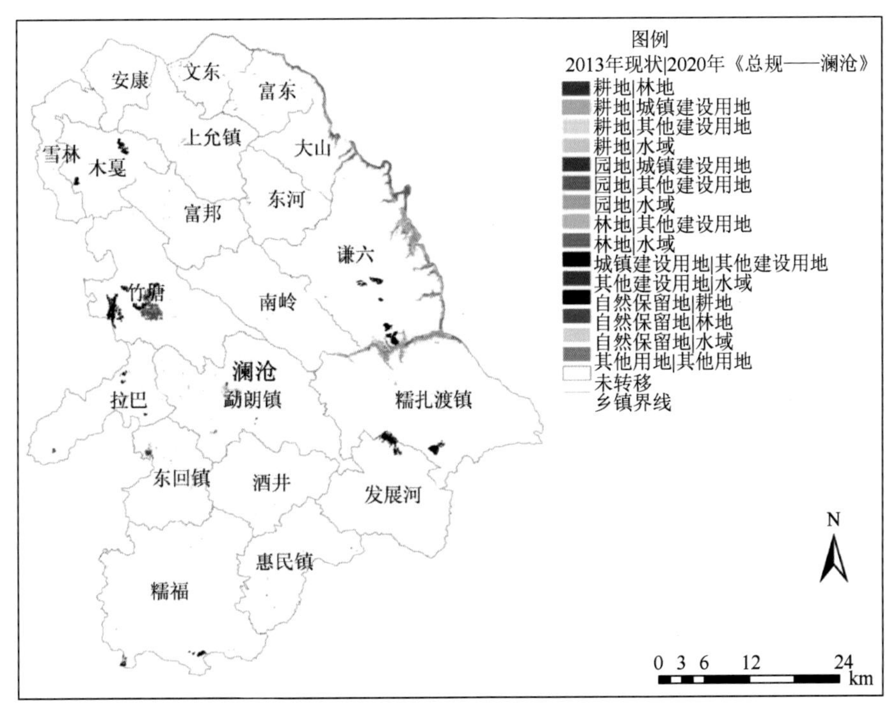

附图 36　2013 年土地利用现状与 2020 年《总规——澜沧》土地利用结构空间转移分布图

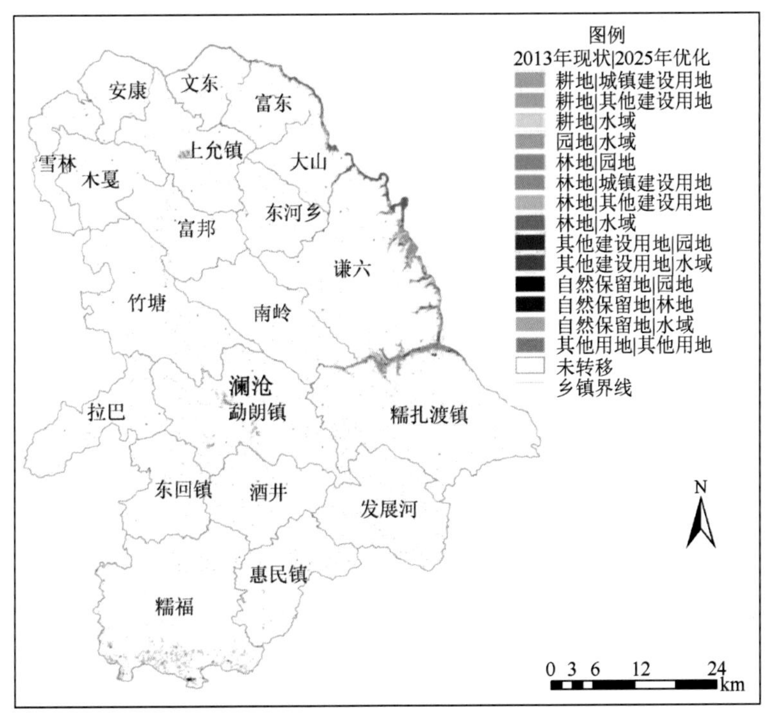

附图 37　2013 年土地利用现状与 2025 年优化土地利用结构空间转移分布图

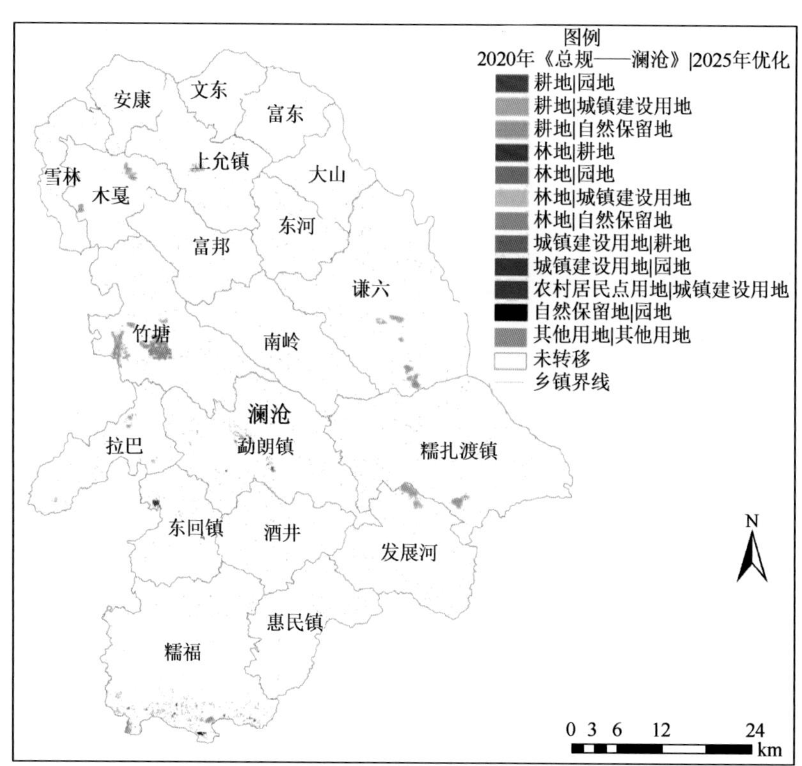

附图 38　2020 年《总规——澜沧》土地利用结构与 2025 年优化土地利用结构空间转移分布图

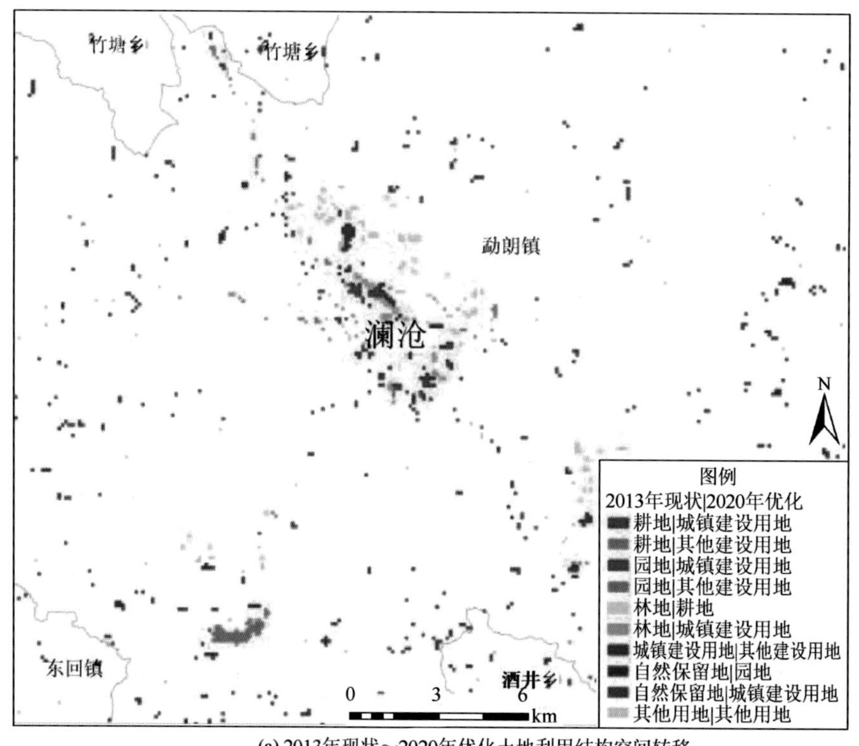

(a) 2013年现状～2020年优化土地利用结构空间转移

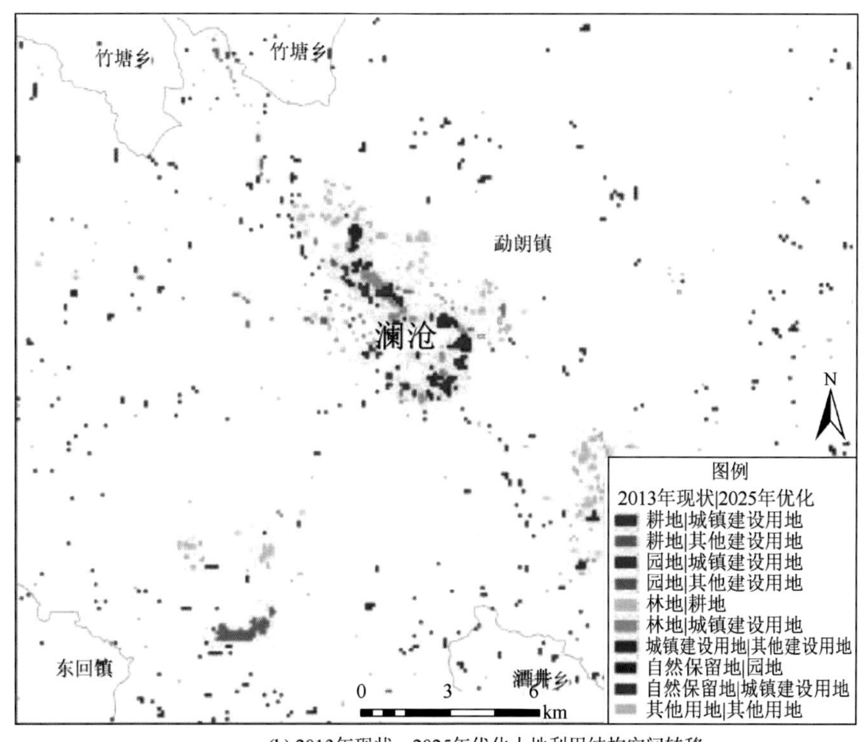

(b) 2013年现状～2025年优化土地利用结构空间转移

附图 39 勐朗镇 2013 年现状与 2020 年和 2025 年优化土地利用结构空间转移分布对比

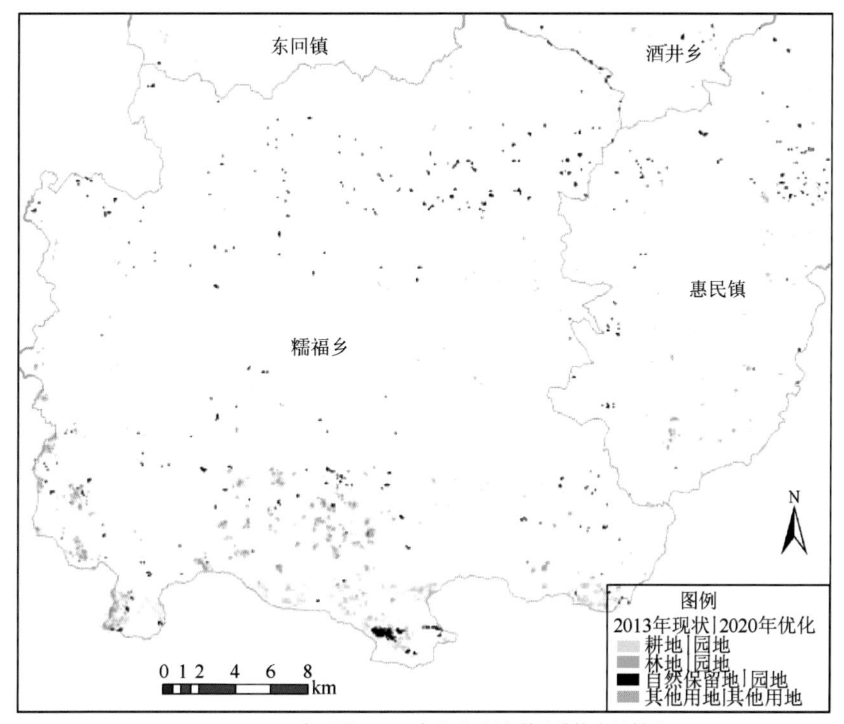

(a) 2013年现状～2020年优化土地利用结构空间转移

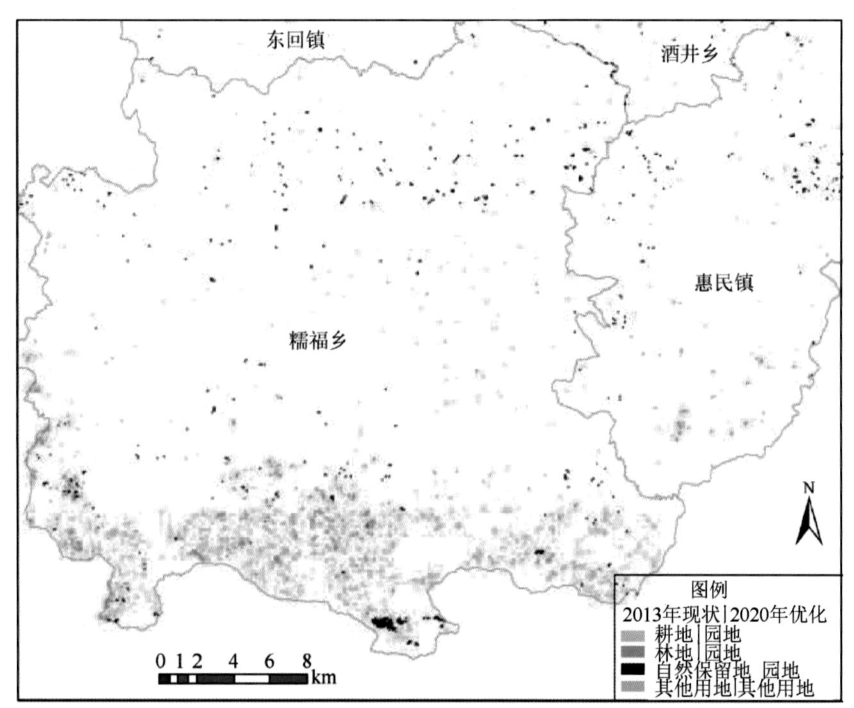

(b) 2013年现状～2025年优化土地利用结构空间转移

附图 40　糯福乡 2013 年现状与 2020 年和 2025 年优化土地利用结构空间转移分布对比

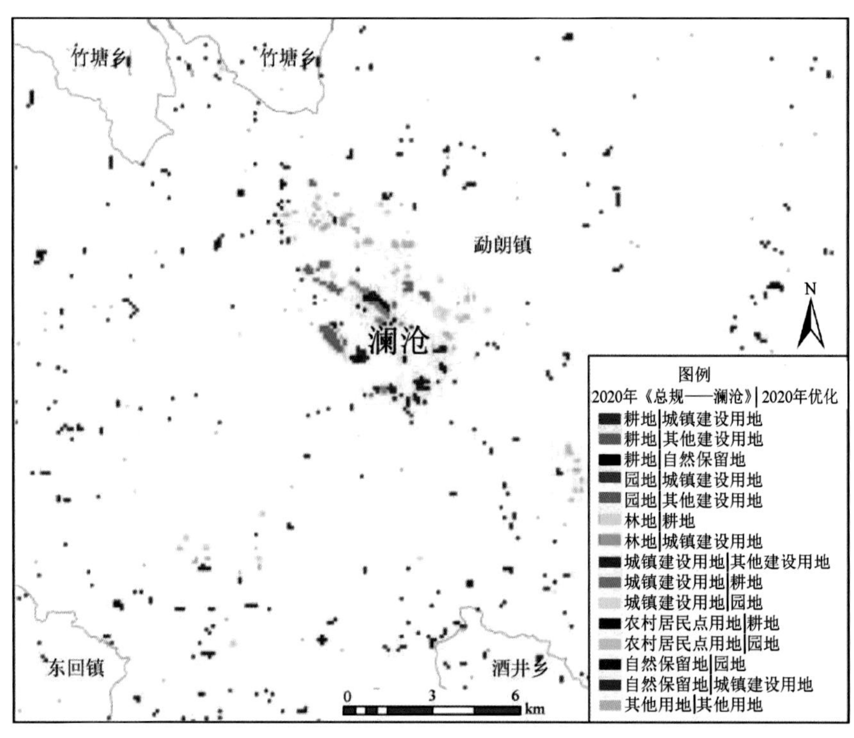

(a) 2020年《总规——澜沧》～2020年优化土地利用空间转移

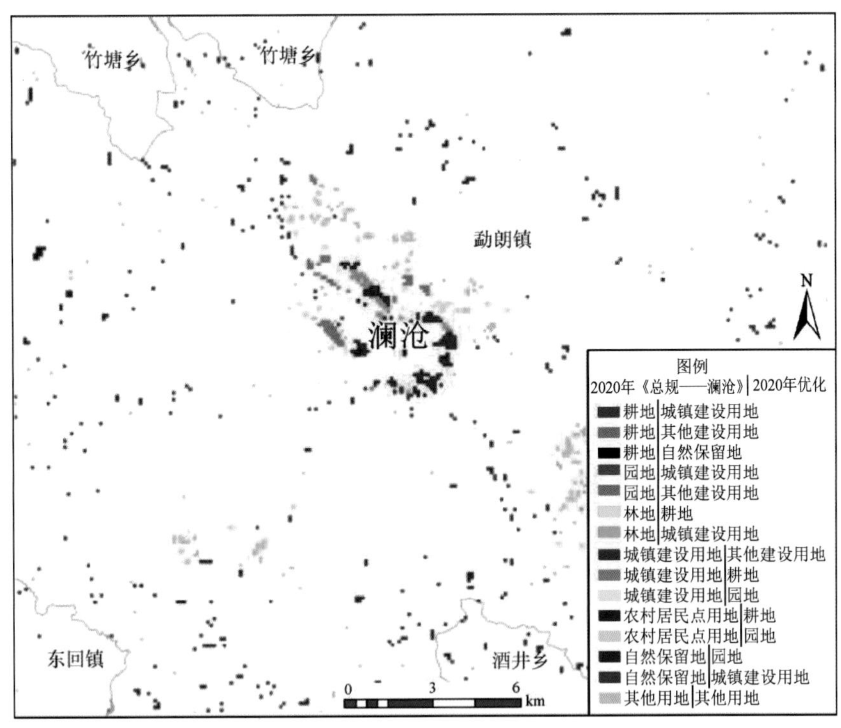

(b) 2020年《总规——澜沧》～2025年优化土地利用空间转移

附图 41 勐朗镇 2020 年《总规——澜沧》与 2020 年和 2025 年优化土地利用结构空间转移分布对比

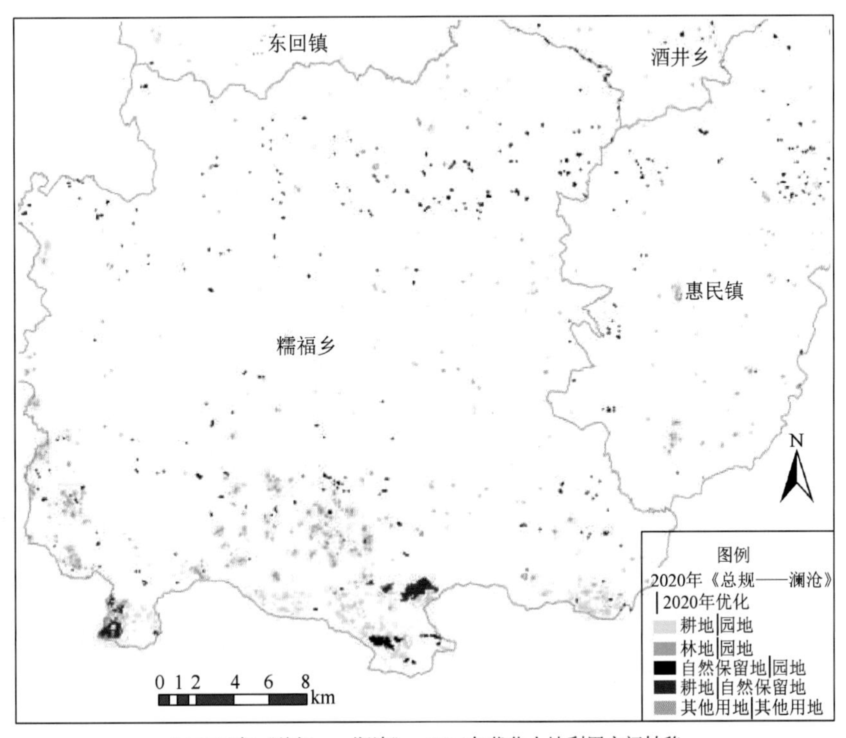

(a) 2020年《总规——澜沧》～2020年优化土地利用空间转移

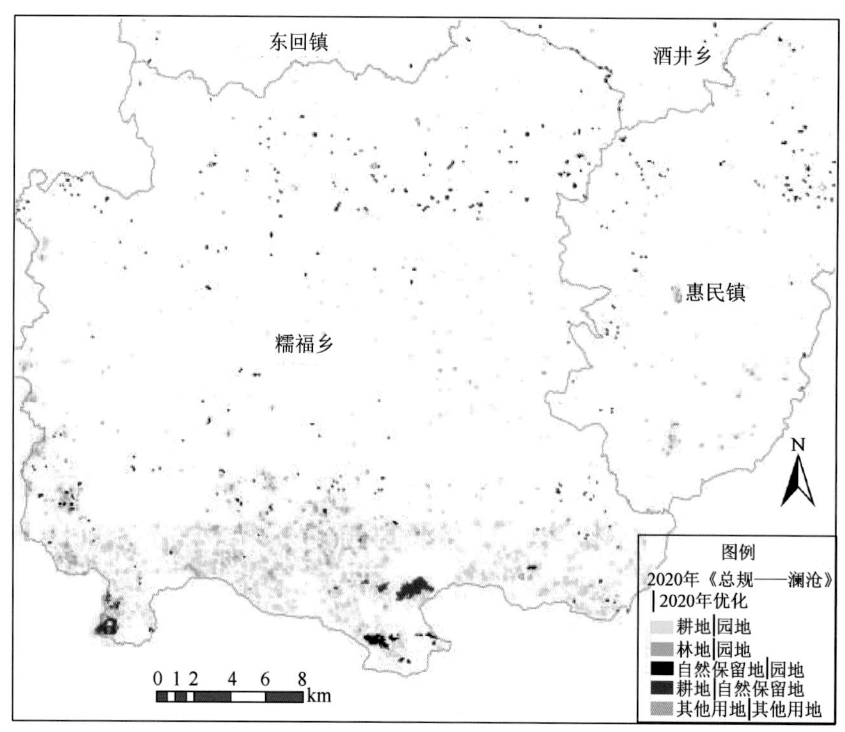

(b) 2020年《总规——澜沧》～2025年优化土地利用空间转移

附图 42　糯福乡 2020 年《总规——澜沧》与 2020 年和 2025 年优化土地利用结构空间转移分布对比

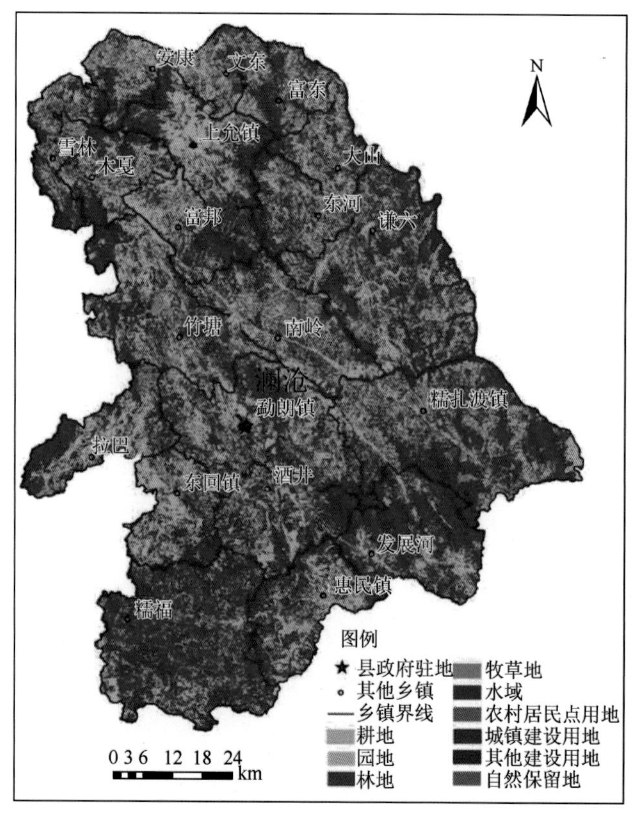

附图 43　澜沧拉祜族自治县 2025 年土地利用空间优化结果